マイクロ/ナノ系カプセル・微粒子の応用展開

Development and Application of the micro/nano Fabrication System of Capsules and Fine Particles

監修：小石眞純

シーエムシー出版

普及版の刊行にあたって

本書は2003年に『マイクロ/ナノ系カプセル・微粒子の開発と応用』として刊行されました。普及版の刊行にあたり，内容は当時のままであり加筆・訂正などの手は加えておりませんので，ご了承ください。

2009年2月

シーエムシー出版　編集部

執筆者一覧（執筆順）

小石眞純	東京理科大学　名誉教授
山下　俊	東京理科大学　理工学部　工業化学科　助教授
三島健司	(現) 福岡大学　工学部　化学システム工学科　准教授
松山　清	(現) 福岡大学　工学部　化学システム工学科　併任講師
中島忠夫	(現) コントロールリポテックス㈱　代表取締役
上徳豊和	九州大学　大学院　医学研究院　循環器内科　研究生
下川宏明	(現) 東北大学　大学院　医学系研究科　循環器病態学分野　教授
吉澤秀和	岡山大学　環境理工学部　環境物質工学科　助教授
神尾英治	岡山大学　環境理工学部　環境物質工学科　博士研究員
上山雅文	(現) TOMOEGAWA　研究開発本部　技術研究所　副所長
田中眞人	(現) 新潟大学　工学部　教授
田口佳成	新潟大学　工学部　化学システム工学科　助手
田中正夫	大日本インキ化学工業㈱　R&D本部　製品開発センター　センター長
鶴見光之	富士写真フイルム㈱　富士宮研究所
江藤　桂	(現) トッパン・フォームズ㈱　中央研究所　第四研究室　室長
手嶋勝弥	(現) 信州大学　工学部　環境機能工学科　助教
日暮久乃	トッパン・フォームズ㈱　開発研究本部　中央研究所　第三研究室　課長
石井文由	(現) 明治薬科大学　薬学部　薬学科　教授
酒井秀樹	(現) 東京理科大学　理工学部　工業化学科　准教授
大久保貴広	東京理科大学　理工学部　特別研究員 (現) 岡山大学　大学院　自然科学研究科　准教授
柿原敏明	(現) ㈱IHI　原子力事業部
阿部正彦	東京理科大学　理工学部　工業化学科　教授
中村哲也	(現) 長谷川香料㈱　技術研究所　第6部　部長

関谷幸治	チバ・スペシャルティ・ケミカルズ㈱　ホーム・パーソナルケアセグメント　テクニカルサービス
福井　寛	（現）㈱資生堂　新成長領域研究開発センター　特別研究員
石脇尚武	キリンビール㈱　研究開発部　応用開発センター　主任研究員 （現）キリンビール㈱　品質保証部　酒類品質保証センター　センター長
江口敬宏	（現）キリンホールディングス㈱　フロンティア技術研究所　食品応用技術担当　主任研究員
浅田雅宣	（現）森下仁丹㈱　バイオファーマ研究所　所長
辻　孝三	製剤技研　代表
森岡健志	フマキラー・トータルシステム㈱　企画開発部　次長
田中　勲	（現）清水建設㈱　技術研究所　高度空間技術センター　主任研究員
大野桂二	（現）和光純薬工業㈱　試薬事業部　事業開発本部　試薬研究所　主席研究員
佐野淳典	（現）和光純薬工業㈱　化成品事業部　事業開発本部長
小林　榮	（現）岡山大学　ナノバイオ標的医療イノベーションセンター　特任教授；戦略企画室長
酒井俊郎	（現）信州大学　ファイバーナノテク国際若手研究者育成拠点　助教
加茂川恵司	（現）文部科学省　初等中等教育局
岡林南洋	（現）高知工業高等専門学校　物質工学科　教授
長崎幸夫	（現）筑波大学　学際物質科学研究センター　教授
伊達正芳	（現）日立金属㈱　冶金研究所　研究員
三觜幸平	日鉄鉱業㈱　研究開発部　資源素材開発課　主任
田辺克幸	（現）日鉄鉱業㈱　研究開発部　次長
新子貴史	（現）日鉄鉱業㈱　研究開発部　資源素材開発課　課長

執筆者の所属表記は，注記以外は2003年当時のものを使用しております。

目　次

【基礎と設計 編】

第1章　マイクロ／ナノ系カプセル技術の研究動向　　小石眞純

第2章　高分子のナノ空間における自由体積分布と定量化　　山下　俊

第3章　超臨界二酸化炭素を利用した微粒子・マイクロカプセル

三島健司，松山　清

第4章　膜を用いる微粒子・マイクロカプセルの調製　中島忠夫

第5章　ナノテクノロジーに基づくナノ医療の開発：ナノカプセル（ナノロボット）

上徳豊和，下川宏明

第6章　機能性マイクロカプセル調製における機能化設計

吉澤秀和，神尾英治

【応用編】

第1章 記録・表示材料

第2章　ナノパーティクル（ナノカプセルおよびナノスフェア）による薬物送達　**石井文由**

第3章　化粧品・香料

第4章　食　品

第5章　農　薬

第6章 土木・建築

【機能構築のための微粒子技術 編】

第1章 新規ポリマー微粒子の調製とモルフォロジー

酒井俊郎，加茂川恵司，阿部正彦

第2章 コアにハロゲン化銀を含むコアーシェル構造球状シリカ系粒子

岡林南洋

第3章　金・半導体ナノ粒子の調製　長崎幸夫

第4章　均一液滴噴霧法によるPbフリーはんだボールの作製とその評価　伊達正芳

第5章　高機能化無機素材の調製とモルフォロジー　三觜幸平，田辺克幸

第6章　ミクロン／ナノレベル多層被覆の調整による複合素材

新子貴史

基礎と設計 編

第1章　マイクロ／ナノ系カプセル技術の研究動向

小石眞純*

1　はじめに

現実的かつ実務的観点より技術を取り上げると，企業の立場では「製品開発」において基礎・応用研究も重要であるが，それらの研究前提の「アイデア」を充分に思考し，具体的に実現することが大切である。また，再現しなければ主義主張のある研究とは言えないであろう。すなわち，技術産出能力の発揮とともに，技術思考能力の豊かさが要求される。

最近のe-businessでは，効率向上，経費削減，収益増大，顧客サービス改善などが，検討課題として幅広く取り上げられているのが現状である。

ビジネスの連結には，インフラストラクチャーの構築が必要であり，インテグレーション，セキュリティー，そしてワイアレス対応が不可欠な要素である。

インテグレーションとは，必要な事項をすべて結びつけ，かつ円滑に動かす力であり，セキュリティーとは，信頼性，堅固な安全管理である。さらに，ワイアレスとは，必要に応じて，いつ，どこからでもリアルタイムの情報に応答できる環境である。

これらの3要素を備えたインフラストラクチャー，すなわち下部組織を実現するためには，総合力の協力な連携が望まれる。

最近では，知識管理（Knowledge Management）という学問が関心大であるが，これは，小さなアイデアをブレンストーミング，また組織的な議論，さらに企画というプロセスを経過しながら，新しい製品化を試み，実現するための管理システムである。

このように，新規のアイデアを製品化するためには，各自の専門知識あるいは情報だけでなく，総合的なインフラストラクチャーの構築を，異業種・異分野の研究者間の提案で前進させることが，極めて大切であり，望まれる事項であろう。

* Masumi Koishi　東京理科大学　名誉教授

2 マイクロ／ナノ系カプセル技術，微粒子技術での戦略の差別化と課題

例えば，マイクロ／ナノサイズの無機・有機顔料利用の戦略を例に説明しよう。

顔料には無限の色彩がある。合成した顔料に優れた彩度・明度・純度色調を与えるためには，結晶構造，結晶形，粒子径，などに工夫と検討が必要であるが，仮に調製された顔料について考えてみると，次の単純な操作のみで多くの顔料に色彩を与えることが可能である。

すなわち，顔料を日光で乾かし，間隙通過型粉砕機で適度な速度で粉砕し，ふるいにかけるだけである。多彩な色調はまさに「顔料そのものの色」なのである。ふるいにかける作業は単調ではあるが，根気のいる作業だが，煙粉が立ちのぼる様子は，光の干渉とともにイメージを膨らませるアイデアの宝庫であろう。なお，粉砕を手作業で進めることの出来る石臼を用い，充分な時間をかけてゆっくりと粉砕するのがポイントである。粉砕時には，石臼の間隙部分では摩擦熱が発生することに留意が必要である。茶の新芽を採り，蒸した後，そのまま乾燥してできた葉茶を時間をかけて臼で挽いて粉末にすると良質な抹茶が得られることが知られている。1時間に10g程度の挽き粉末と50gの挽き粉末では，味が異なるとされている。散茶の妙味である。

さて，本来の美術作品は創造者の自己表現だが，いかに自分を出さないで素材の良さを出していけるかを，常に考えることが大切と指摘されている。

陶磁器の製造に用いられる「土」を例にとると，土の持つ多彩な顔は，北海道は白や黄色が強く，グレーっぽい。東北になると鉱物の影響なのかグリーン系が入ってくる。温泉地帯はピンク系。関東は焦げ茶色で，西に行くにつれて明るい色合いになる。長崎で採取した土には紫色のものもある。

このような土の色からは成分の組成を判断することはできないが，陶磁器の生産においては，大切な素材の選択であろう。セラミック産業においても大切な事実である。

「ミクロ／ナノ系カプセルおよび微粒子技術」では，前述の顔料／土のように，①粉砕された，あるいはふるい分けられた顔料（または土）の成分分析，物性確認などの検討と同様なレベルでの検討からスタートしなくてはならないが，さらに，②カプセル，微粒子としてのテキスチャー面の情報（加工と制御）も大切である。なお，ミクロ／ナノ系カプセル，ミクロ／ナノ系微粒子の定義からスタートすることも忘れてはいけない。

3 ミクロン／ナノテクノロジーを支えるマイクロ／ナノ系カプセル技術，微粒子技術

固体細分化による粉体の研究は，微細化の方向に焦点が絞られる。いわゆるナノテクノロジー

で表現される研究が多い。

微粒子である粉体は，素材が無機・有機・金属・木材・プラスチックなどから製造され，多面的側面からの評価が重要である。仮に無機素材に限定したとしても，その製造は多数の技法が知られており，簡単にはその特性を評価できない。

そこでカプセル技術，微粒子技術に関連した基礎的事項である粒子径からの分類を，素材に関係なく試みる。

概念的には，分子，ナノクラスター，ナノ粒子，コロイド粒子，微粒子，粒子，粒体などに分けることが可能である。また，簡単に整理すると，1nm，10nm，50nm，100nm，1μm，100μmが，分類における各機能的に区別できるサイズの「境界粒子径」に相当する。

例えば，ナノテクノロジーにおけるナノ粒子は，原則として100nm径が臨界粒子径であり，本来の100nm～1μmはサブミクロン粒子に相当するとして区別されている。

この区分でのナノ粒子にはコロイド粒子も含まれており，両者の定義は明確ではない。詳細な議論は別として，100nm径のもつ意味を考えてみよう。これは「マイクロ／ナノ系カプセル技術，微粒子技術の特性」にも関係し，今後の研究開発の動向にも示唆を与えるであろう。

物理化学的，物理的，あるいは機械的な手段での細分化は，top down技法として知られており，微細加工・精密加工技術が駆使されてなされる。この可能な加工限界は100nmである。他方，bottom up技法では100nmまでの加工は容易に可能である。したがって，境界線を引くならば，この大きさになるであろう。

ここで別のとらえ方をすると，マクロ領域，メゾ領域，ナノ領域に区分される。これに分子領域が加味される。ナノ領域になると，自己組織化，表面・界面効果，量子サイズ効果などが発現し，分子になると原子・分子サイズ効果，量子サイズ効果などが発現される。これらの諸現象は，有効な利用が望まれる。

さて，もう一度境界線について説明すると，100nm以下になるような加工を低価格で大量生産することが技術的に未解決であるという事実に基づいている。

ここでは，以上の議論を踏まえて，①一般的なミクロ／ナノ系カプセル，②ミクロ／ナノ系微粒子などの機能を中心に解説する。なお，複合化・カプセル化にさいしてコロイド粒子もその議論の範疇に加えてある。

4　カプセル技術／微粒子技術における基礎的思考ポイント

4.1　表面改質技術の位置付けにおけるカプセル技術とは

ナノ・ミクロンに細分化された微粒子は，その粒子の占有する体積効果に比較して，表面のもつ機能性，つまり表面効果がクローズアップされるようになる。通常，素材表面に新しい機能や物性を理学的・工学的に付与し，新規な性能をもつ素材に構築することが話題になっている。この創製材料はバルクの性質を生かしたうえで，使用目的に適した新規機能を正確に発現することになる。

これらの処理は「分類と定義」が材料別になされているが，代表的な扱い方を示そう。

「表面改質」の意味は，基本的な考え方から大別して①表面処理（Surface treatment，Surface finishing，Metal finishing），②表面技術（Surface technology），③表面改質（Surface modification），ならびに③表面改質技術（Surface modification technology）など表現されている[1)]。

また，別の観点からは次のように整理される[1)]。精密工学における粒子設計では，粒子の高機能化技術に関連して，表面改質は以下の索引語で整理されている。シソーラス（情報検索用索引語辞書）の立場からの解釈である。

・Surface improvement　・Surface treatment
・Surface modification　・Surface finishing
・Surface coating　・Surface polishing
・Surface grinding　・Surface encapsulating
・Surface melting

このような技法の意味は素材の幅の広さに起因しており，各技法での加工は総括的な表面改質における重要な位置を有している。

粒子の表面を処理するさいの具体的な技法を技術面から整理すると，次のようになる。

(a)コーティングによる改質，(b)トポケミカルな改質，(c)メカノケミカルな改質，(d)メカニカルな改質，(e)カプセル化による改質，(f)高エネルギー利用による改質，(g)沈殿反応による改質，(h)集積化による改質，(i)超臨界流体利用による改質，(j)マイクロチャネル利用による改質

カプセル化技術を表面改質技術の一つとしてとらえることも可能であるが，このカプセル化技術は，さらに幅広く，独立した形でのとらえ方が必要である。すなわち，ある厚みの連続膜を有すること，また粒子膜を有することと，さらに徐放性，膜内での独立した機能発現，粒子膜のように複合粒子としての機能付与などが加味できる点は，表面改質とは別の機能を持つ加工技術として理解する方が当然であろう。

現実には，表面改質を志向した研究者とカプセル化を志向した研究者とは，確実に区分すべきであるが，両方を有効に利用する研究者も多くなりつつあるのが現状である。なお，乳化あるいは分散のような界面科学からの研究志向，高分子からの研究志向の研究者もおり，現在では境界領域は不明確になりつつある。デジタルペーパーに利用されるマイクロカプセルは，エレクトロ

ニクス分野の研究者の創意工夫に依存する確率が高いのも，興味ある展開であろう。

表面改質と並行して開発動向の先端技術としては，無機と有機を統一した視点から扱う考えが，基礎化学的にも，また応用化学的にも最近の開発動向の中心になりつつある。これは，①ポリマー系ナノコンポジットの可能性を探る研究［特集として，工業材料誌，49巻11号（2001）参照］，②無機マテリアルに見るナノの世界（*Inorganic Materials, Japan*，8巻11月号，2001），③無機有機ナノ複合物質，日本化学会編，学会出版センター刊（1999）：No.42, 1999（季刊化学総説）などの雑誌，書籍の内容からも判断できる。

例えば，無機有機ナノ複合物質に関しては，一次元包接格子への有機物の導入，粘土結晶面でのキラル識別，ゾルーゲル法による有機修飾セラミックスの合成と構造，有機分子ドープ型アモルファスセラミックス（分子－原子レベルでのハイブリッド化材料），有機－無機ポリマーハイブリッド，バイオミネラリゼーション，集積型金属錯体，高分子－粘土ナノコンポジット，高分子－金属ナノ粒子複合体の合成と機能，交互吸着法による無機有機ナノ複合膜，ミセル・LB膜，合成二分子膜を利用した無機合成，などがある。

4.2　マイクロ／ナノ系カプセル技術

マイクロ系カプセル技術については，多くの研究があり，実用化されているが，その後も研究は進展しており活用用途も多くなっている[2, 3]。具体的な研究については，今回出版した本書の各専門家の執筆されたものを参照していただきたい。

なお，ナノ系カプセル技術については，マイクロ系カプセル技術に包含されるので，特にここでは分類を示してない。ナノカプセルは，本書でも解説されているので，各章にて関連事項を参照していただきたい。

4.2.1　機能性カプセル技術の最近の製法分類と特長(1)

技法は化学的技法，物理化学的技法，機械的かつ物理的色彩の濃い技法に大別されている。なお，カプセルは機能性内包物を保護し有効利用する，あるいは被覆層（膜，粒子層）を通して機能性物質を放出するのが目的である。また，液体・気体などの物質を内包し，見掛け上は固体として挙動させるのが主要な目的でもある。さらに，流動性のある固体，粘性のある半固体等を内包し，その機能を発現するのも大きな目的である。

(1) 化学的技法

① 界面反応法：界面反応法，界面乳化反応法，界面重合法（界面重縮合法），レプリカゲルカプセル（多孔性有機ゲルカプセル法）など

② *in situ* 重合法：界面膜形成法，マイクロスポンジ空孔内反応法

③ 液中硬化被覆法：分散法（微粒子化法），オリフィス法（流体マクロカプセル化法）

(2) 物理化学的技法

① 水溶液系からのコアセルベーション法（相分離法）：単純コアセルベーション法，複合コアセルベーション法

② 有機溶液系からのコアセルベーション法（相分離法）：温度変化法（温度活用法），非（貧）溶媒添加法（相溶性利用法），相分離誘起剤添加法（相溶性利用法）

③ 界面ゲル化反応法：単純ゲル化界面形成法，複合ゲル化界面形成法

④ 液中乾燥法：界面沈殿層（相）形成法，界面濃縮層（相）形成法

⑤ 融解分散冷却法：自己融解分散冷却法，熱交換分散冷却法，熱交換融解分散冷却法

⑥ 内包物交換法

⑦ 粉床法：強制攪拌カプセル化法，界面反応カプセル化法

⑧ 層間複合体法：ホスト層／ゲスト層（相互積層）法，イオン性複合体化法，分子性複合体化法

⑨ 超臨界流体法：超臨界乾燥法，超臨界噴出法，貧溶媒化法

⑩ 電気メッキ法

⑪ 電気乳化法

⑫ コロイド利用法：ゾルーゲル法

(3) 機械的かつ物理的色彩の濃い技法

① 気中懸濁被覆法（Wurster法）

② スプレードライ法（噴霧乾燥法）：ナノカプセル集合（球壁）カプセル利用カプセル化法，一般噴霧乾燥法

③ メカノケミカル法（粉体／粉体系）：低・中速攪拌混合法，低・中速粉砕混合法

④ 真空蒸着被覆法：真空蒸着法，粉末スパッタリング法（物理的蒸着法）

⑤ 静電的合体法：摩擦帯電カプセル化法，噴霧静電的合体カプセル化法

⑥ 高速気流中衝撃法：高速攪拌法・カプセル化法，高速粉砕混合・カプセル化法，高速界面反応カプセル化法

⑦ マイクロチャンネル法：液滴合体カプセル化法，染料（コロイド粒子）分散液／液体合体カプセル化法，液滴界面反応法

⑧ SPG膜乳化法：界面重付加反応法，界面重縮合反応法，膜乳化法／懸濁重合併用法

以上のように，マイクロカプセル化技法は年々増加の傾向にある。どの技法が活用できたら良いのかは，目的により選択すべきであろう。なお，既に触れたようにナノカプセルおよびマイクロカプセルの正式な分類は現在のところなされていないので，上述の分類が参考になるであろう。

マイクロ／ナノ系の組み合せについては，今後，分類が出来ることを期待したい。

4.2.2　機能性カプセル技術の最近の製法分類と特長(2)

既に説明した分類と特長の考え方とは別に，最近では「尾見提案」がなされており参考になるので説明する[4)]。

(1) 調製法の原理（調製法各論）

① 界面沈積法（物理的，物理化学的な手法を利用して皮膜を形成する）
相分離法，液中乾燥法，融解分散冷却法
噴霧乾燥法，Wurster法（気中懸濁被覆法）
粉床法（芯物質液滴を皮膜の粉体床に転がして，被覆する）
粉体混合法（芯物質を皮膜微粒子と混合。摩擦帯電利用で被覆，
摩擦熱等で溶融，固定する）

② 界面反応法（界面での反応により皮膜を形成する）
界面重合法，*in situ*重合法
液中硬化法（オリフィス法）
界面反応法（無機物質の沈殿生成反応を利用。無機質壁を界面に形成）

マイクロカプセルの特長は，保護機能，遮断機能，気体・液体の固体化，芯物質の放出制御，機能性の付与，素材の複合化，用途に応じたモルフォロジー設計などである。なお，マイクロカプセル化手法をグリーンケミストリー12ヶ条の視点からの評価は，今後の手法選択において参考になるであろう。詳細な点は原著解説を参考にしていただきたい。

マイクロカプセル技術の展開：既に説明したようにカプセル技術は目的により選択することになる。現状では，大量生産され，販売されている製品が知られているが，これからは新技法によっても新たなものが可能になる。

各単位操作の組み合せにより，すなわち，二つ以上の技法を活用することが望ましいであろう。また，調製されたカプセルを再度，カプセル化することなども実用面では重要なことになるであろう。

マイクロカプセルとエネルギー源との相互作用は，インタラクティブ材料の定義から考えてみると，外部からのエネルギーとの相互作用を外部エネルギーで行うとともに，外部環境の変化に応じて材料自体も特性を変えつつ機能を果たすことになる。蓄熱と放熱を繰返すことのできるカプセルは，冷熱サイクルへの利用ができ，また自己修復型のカプセルは，目的に対応した修復が可能になる。振動を吸収するカプセルなどは，今後の課題として取り上げられている。

外部エネルギーを利用することは，特にマイクロカプセルでは問題無く可能であるが，外部環境の変化に応じて特性を変化させながら機能を果たすことは，壁膜材の選択にポイントがある。

この問題に関連するのは，生分解性ポリマーの活用である。すなわち，医学／医療／医農薬分野での膜選択理由を学ぶことが条件解決の糸口になるであろう。

その他の多くの分野でのとらえ方と活用については，文献3）を参照していただきたい。特に，マイクロカプセル技術による機能性材料の創製と機能発現のための分散系構築については，表面改質技術との関連性に配慮が必要であろう。

例えば，最近の機能性微粒子の名称には，nano-hybrid particles/micro-hybrid particles/*in situ* coating particles/monolayer particles coated powder/microencapsulated particles なども用いられている。

(2) 最近のマイクロカプセル関連の研究論文・解説

① カプセル化サンスクリーン剤：Merck社（独）では，ガラスビーズ内にサンスクリーン剤を内包させたカプセルを調製した。マイクロスフェアは直径がヒト毛髪の百分の一程度の大きさであり，安定性が高く，皮膚上で保護膜を形成する特性をもつ。シリカガラスは通常のガラスは1000℃で作製するのに対して，室温で加水分解することによる生産方式が可能である。同技術は，共同研究機関であるSol-Gel Technologies社により生産される（フレグランスジャーナル，2003-1，11頁引用）。

② マイクロカプセルからナノカプセルへの提言：文献4）(尾見）によれば，次のような展開が指摘されている。

特許公報や最近のトピックスを紹介する技術ジャーナルを参照すると，目下のところマイクロカプセル調製に意欲を燃やしている業界は，情報，印刷部門であるといえそうである。記憶容量が大きく，紙面の消去，書き込みが可能な電子（電気）ペーパー，印刷用トナー・インク，感熱紙（フィルム）用発色剤カプセル，液晶表示素子などである。特に，電子ペーパーの表示素子のカプセル化，小型化への開発競争は激しさを極めている。（財）科学技術戦略推進機構では「界面機能制御無機／有機ナノハイブリッド粒子を用いたマイクロカプセル構造設計」という研究プロジェクトを新規に組織して，電子ペーパーの高機能化をターゲットの一つとしている。

電子ペーパーのマイクロカプセル調製法は，重縮合法，重付加法，ラジカル反応法を利用して，カプセル化と皮膜形成を同時に達成しており，ミクロンからナノサイズを指向している。また，均一な分散液滴を低エネルギーで調製できる乳化素子として，ガラス膜（SPG）乳化法が用いられるようになってきた（さらに具体的な事項の説明がなされているが，ここでは省略した。文献を参照希望）。

③ 紫外線吸収剤シリコン樹脂ーポリペプタイドマイクロカプセル：The Characteristics of Microcapsule Made Entirely from a New Silicone-Resin-Polypeptide and its Application (Yuka Ueda, Akihiro Segawa, and Masato Yoshioka), *IFSCC Magazine*, Vol. 6, No.2/2003, pp.111～116.

④　電子ペーパー（電気泳動方式）：上下の基板と微小リブでセルを形成し，その中に逆極性に電荷を持たせた黒色と白色の帯電ポリマー微粒子を封入，電界の向きにより白黒の表示を行う。ポリマー微粒子は特殊な表面処理により流動性が極めて高いliquid powderの性質を持たせてある。セルの中は液体ではなく空気であるため，応答速度が0.2msと速いのが特徴。ディスプレイ国際会議「SID2003」(SID International Symposium)，米国Baltimore，2003年6月20日～22日開催。Reiji Hattori, Shuhei Yamada, Yoshitomo Masuda, Norio Nihei, 20. 3 : Novelof Bistable Refletive Display using Quick Response Liquid Powder, pp. 843～849·SID 03 DIGEST；参考文献：猿渡紀男，ナノ材料と応用技術，45～47頁，材料技術研究協会　表面改質研究会　第4回表面改質夏季フォーラム講演要旨集，富士通（株）飯綱総合センター（2003年7月16日～18日開催）；関連文献：電子ペーパー用表示微粒子の開発（マイクロチャネル「微細流路技術」を用いた二色（黒・白）微粒子の開発），同上，フォーラム講演要旨集，44頁（綜研化学　研究開発センター　高橋孝徳，滝沢容一，東京大学精密機械工学科　西迫貴志，鳥居徹，樋口俊郎）；津田大介，環境調和型電子材料－デジタルペーパーの現状と展望，化学と工業，55巻，7号，769～773（2002）；［特集］マイクロチップを用いる分析化学，ぶんせき，2002年5月号（通巻329号）；久本秀明，渡慶次学，北森武彦，インテグレーテッド・ケミストリー　化学技術のオーダーシフト革命，化学と工業，**54**［5］，564-568（2001）＊集積化化学システムの基盤技術と応用例を解説。

⑤　超臨界二酸化炭素を利用したβ-カロテンのマイクロカプセル化：サヤエンドウタンパク質のマイクロスフェアをW／Oエマルション技法で調製後，マイクロ波で1～4分程度熱処理（90～126℃）する。このマイクロスフェアとβ-カロテンを超臨界二酸化炭素条件300bar，32℃で15分間保ち，その後に大気圧まで減圧して取り出す。20％w／w β-カロテン含有のマイクロカプセルが得られる。［P. F. H. Harmsen, M. H. Vingerhoeds, L. B. J. M. Berendsen, R. M. Harrison, J. M. Vereijken, Microencapsulation of β-Carotene by Supercritical CO_2 Technology, *IFSCC Magazine*, Vol. 4, No.1, 34-36 (2001)；関連文献：横須賀正彦，武林　敬，超臨界二酸化炭素を利用した新しいリポソーム調製技術の確立，*PHARM TEC JAPAN*，19巻5号，619-628（2003）；大竹勝人，井村知弘，阿部正彦，超臨界二酸化炭素のバイオナノ材料創製への新展開－新規リポソーム調製法の構築－，表面，40巻10号，368-381（2002）；大竹勝人，鷺坂将伸，好野則夫，阿部正彦，超臨界二酸化炭素流体中への効率的な水の分散，表面，40巻10号，353-367（2002）；依田　智，超臨界流体を利用したナノ粒子の調製技術，色材協会誌，**76**［4］，142-148（2003）

⑥　ナノカプセルの製造：連載　海外ナノテク開発情報－ナノカプセル，木下洋一，工業材料，

51巻6号，88-89（2003）。ナノカプセルの製造は，マックスプランク研究所のGreb B. Sukhoukovらは，コア・シェル構造で製造した多層電解質高分子シェルをもつナノカプセルの有用性を調査した。例えば，有機，無機のコロイド粒子，タンパク質凝集体，細胞，薬品結晶のような異なるテンプレートはコアに使用できる。シェルは荷電または非荷電ポリマー，バイオポリマー，脂質，多価染料，無機ナノ粒子のような多種化合物から製造できる。コアの大きさについては，文献を参照していただきたい。なお，コアに荷電した高分子電解質を用いることも可能である。詳細は省略するが，用途としてはインクジェット印刷およびフォトリソグラフィによる水素結合積層のパターン化技術に応用される。これらの応用事例には，高分子系エレクトロニクス素子，ポリマー基板，センサーやガス分離，メンブレンなどの多機能製品がある。

⑦　光で「ふた」を開閉できるナノサイズカプセル：産業技術総合研究所関西センターの藤原正浩主任研究員らは，投与されたカプセル化した薬物が患部に到達した後に，光を照射し薬物を放出させる薬物送達システム（DDS）を研究している。このカプセルは内径が2nmから4nmの微小な筒が蜂の巣状に並んだ構造で，シリカゲル製である。開口部に蓋の役目をする有機分子「クマリン」を複数結合させた。この分子間の結合は250nm～260nmの紫外線を1分程度照射すると切れるので蓋が開き，逆に波長310nm以上の紫外線を数十分照射すると，クマリン分子同士が自然に結合して蓋が閉じる（ポリファイル，2003．3，9頁参照。1．23　日経産業新聞9面）。

⑧　潤滑油内包マイクロカプセル複合ニッケルめっき：芯物質として潤滑油を内包したポリアミドマイクロカプセルを界面重縮合反応で調製した。カプセルはニッケルめっき膜内に共析したが，取り込み効率は電極の形状およびマイクロカプセルの分散方法の観点から検討された。さらに，めっき膜を再溶解させてマイクロカプセルを捕集することで，めっき膜内でのマイクロカプセルの安定性が検討された。なお，マイクロカプセルのめっき膜内への取込みはほぼ100％であった。板垣昌幸，四反田　功，渡辺邦洋，小谷野英勝，潤滑油内包マイクロカプセル複合ニッケルめっき－マイクロカプセル調製と共析の確認－，表面技術，**54**［3］，58-62（2003）。

⑨　Zorbax Poroshell 300SB-C18HPLCカラム：タンパク質を高分解能＆ハイスループットで逆相分離。新型粒子の採用により，タンパク質やDNAを含む生体高分子を高速，高分解能で逆相分離する。多孔質シェルが迅速な物質移動を可能にした結果，流量の高低に関わらずタンパク質分析の効率と分離を高めた。また，分解能を全く損なわずに，劇的な分析時間の短縮を実現している。詳しくは，横河アナリティカルシステム株式会社WEBサイトhttp:www.agilent.co.jp/chem/yan参照。粒子の構造は，硬質コア表面を多孔質外殻層で被覆した球状粒子であり5μmの粒子径である（ぶんせき，2001年第9号［通巻321号］掲載の広告頁。A9頁の右頁）。

⑩　炭酸カルシウム中空体の合成と粒子径制御：マイクロカプセルは内部物質（芯）物質を外部環境から保護あるいは外部に放出する速度調整機能をもっており，特に内部に空げきをもつものを中空体という。無機質あるいは有機質の壁質を利用することができる。無機壁質中空体の合成は，噴霧熱分解法，界面反応法が知られている。ここでは，界面反応法について，炭酸カルシウム中空体の合成を室温下の気液反応で行った研究を説明する。なお，界面反応法は，油および脂肪酸を用いることにより油滴およびこの油滴表面に吸着させる炭酸カルシウムの1次粒子の粒径制御ができる特徴をもつ。すなわち，炭酸カルシウムの1次粒子の球状凝集体である炭酸カルシウム中空体の合成条件，生成機構，粒子制御など検討された（小嶋芳行，安江　任，炭酸カルシウム中空体の合成と粒子制御，*J. Soc. Inorganic Materials, Japan*, **10**, 78-85 (2003)。

文　献

1)　表面技術協会編，表面処理工学　基礎と応用，日刊工業新聞社（2000）；小石眞純：粉粒体の表面改質と高機能化技術，表面，**25**（1），1-19（1987）；小石眞純，微粒子のマクロ界面制御，表面，**36**［2］，24～37（1998）；小石眞純編著：微粒子設計，工業調査会（1987）；小石眞純，マテリアルサイエンスにおけるミクロ構築技術の流れ，色材協会誌，**74**［3］，142-146（2001）；牧野　昇，江崎玲於奈編著：総予測　21世紀の技術革新，工業調査会（2000）；産業技術総合研究所ナノテクノロジー知識研究会，ナノテクノロジーハンドブック，日経BP社（2003）；川合知二監修：図解　ナノテクノロジーのすべて，工業調査会（2001）；川合知二監修：図解　ナノテク活用技術のすべて，工業調査会（2002）；（社）日本粉体工業技術協会造粒分科会編，図説　造粒　粒の世界あれこれ，日刊工業新聞社（2001）；特集　ナノテクノロジーを支える超微粒子技術，工業材料，**50**［10］(2000)（日刊工業新聞社）

2)　近藤　保，小石眞純，新版　マイクロカプセル　その製法・性質・応用，3刷，三共出版（1995）；M. H. Gutcho, “Microcapsules and Other Capsules-advances Since 1975”, Noyes Data Corporation, New Jersey (1979) [Chemical Technology Review No.135]; Editor : Dean Hsieh, “Controlled Release Systems : Fabrication Technology Volume I”, CRC Press, Inc., Florida (1988)

3)　新エネルギー・産業技術総合開発機構（委託先：財団法人化学技術戦略推進機構）：平成11年度先導研究報告書NEDO-PR-9910「マイクロカプセル化技術による高機能化材料技術の調査研究」（平成12年3月刊）；新エネルギー・産業技術総合開発機構（委託先：財団法人化学技術戦略推進機構）：平成12年度先導研究報告書NEDO-IT-0029「マイクロカプセル化技術による高機能化材料技術の調査研究」（平成13年3月刊）＊マイクロカプセル技術調査企画委員会　委員長：小石眞純.

4)　尾見信三，マイクロカプセル調製法と応用の動向，粉体工学会誌，40巻7号，505～512

(2003)；マイクロカプセル関係書籍：前述の参考文献2)の他。Deasy, P.B., "Microencapsulation and related drug processes", Marcel Dekker Inc, New York (1984)；近藤　保編著, "マイクロカプセル　その機能と応用", 日本規格協会 (1991)

5) 最近のマイクロカプセル関連の基盤的な研究を幾つかの分野で取上げてみた。これらの研究は①表面改質, ②粒子複合化の観点からも大切なものである。

①葛谷昌之, プラズマ技術を利用した製剤材料の基礎的研究, ファルマシア, **38** [12], 1149-1151 (2002) ＊プラズマ照射を利用したドラッグデリバリーシステム（薬物送達システム・DDS）開発と将来展望。乾式DDS構築法を開発：A. リザーバータイプ徐放性製剤, B. リザーバータイプ薬物放出時間制御型製剤, C. 薬物含有マトリックス型複合粉末。例えば, プラズマ励起表面ラジカルを有する高分子粉末を高速振動処理すると, メカノケミカル的にラジカル再結合反応が生起し, 固体間架橋が進行する。医薬品粉末とともに高速振動処理を行うことにより高分子の粉砕過程において薬物が粉末間にトラップされる。これによりマトリックス型複合粉末の調製が可能である。

②Masako Kajihara, Toshihiko Sugie, Hiroo Maeda, Akihiko Sano, Keiji Fujioka, Novel Drug Delivery Device Using Silicone : Controlled Release of Insoluble Drugs or Two Kinds of Water-Soluble Drugs, *Chem. Pharm. Bull.*, **51** (1), 15-19 (2003) ; Bozena Kriznar, Tatjana Mateovic, Marija Bogataj, and Ales Mrhar, The Influence of Chitosan on *in Vitro* Properties of Eudragit RS Microspheres, *Chem. Pharm. Bull.*, **51** (4), 359-364 (2003)

③Sukasem Kangwantrakool and Kunio Shinohara, Hot Hardness of WC-Co/TiC-Al_2O_3 Composite Materials, *J. Chem. Eng. Japan*, **35** [9], 893-899 (2002)；篠原邦夫, 新素材創製に求められる粉体プロセス開発の視点, *MATERIAL STAGE*, Vol.2, No.4, 33-39 (2002)；堤　敦司, 超臨界噴出法による粒子コーティング, MATERIAL STAGE, Vol.2, No.4, 40-43 (2002)；尾谷　賢, 内山智幸, 蓑島裕典, 篠原邦夫, 高屋敷一仁, 中尾尚子, 高速気流中衝撃法による粒子形状調整因子, 素材物性学雑誌, **7** [2], 35-45 (1994)

④松野昂士, 渡辺健一, 小野憲次, 小石眞純, ジルコニア被覆水酸アパタイト微粒子の焼結, *J. Ceram. Soc. Japan*, **104** [10], 945-948 (1996) ; T. Matsuno, M. Morita, K. Watanabe, K. Ono, M. Koishi, Strength of bond to bone and cytotoxicity of sintered bodies of hydroxyapatite/zirconia composite particles, *J. Materials Science : Materials in Medicine*, **14** (2003) 547-555.

⑤X. G. Li, S. Takahashi, K. Watanabe, Y. Kikuchi, and M. Koishi, Hybridization and Characteristics of Fe and Fe-Co Nanoparticles with Polymer Particles, *NANO LETTERS*, 2001, Vol. 1, No. 9, 475-480 ; D. Hulicova, F. Sato, K. Okabe, M. Koishi, A. Oya, An attempt to prepare carbon nanotubes by the spinning of microcapsules, Letters to the editor, *Carbon*, **39** (2001) 1421-1426；小石眞純, 微粒子の乾式表面改質と界面構築, *Inorganic Materials*, Vol. 6, Jul. 259-267 (1999)

⑥S/O/W型エマルジョンによる微粉体のマイクロカプセル化：S/OのSは, 二酸化チタン, マグネタイトなどの無機微粉体を指す。まず, 無機微粉体表面に界面活性剤を吸着させ疎水化処理後, 高分子溶液またはモノマー溶液中に分散させる。溶媒除去または重合反応により固体化する。ミニエマルション法を用いたとき, 100nm程度のカプセル, また膜乳化法ではμmサイズのカプセルを調製できる。Omi, S., A. Kanetaka, Y. Shimamori, A.

Supsakulchai, G.-H. Ma and M. Nagai, *J. Microencapsulation*, **18**, 749 (2001)；A. Supsakulchai, A., G.-H. Ma, M. Nagai, and S. Omi, *J. Microencapsulation*, **19**, 425 (2002)；*ibid*, **20**, 1 (2003)；関連研究：重付加反応によるナノカプセルの調製．Yamazaki, N., K. Naganuma, G.-H. Ma, M. Nagai, and S. Omi, *J. Dispersion Sci. & Tech.*, **24**, 249 (2003)；Ma, G. -H., A. -Y, Chen., M. Nagai and S. Omi, *J. Appl. Polym. Sci.*, **87**, 244 (2003)

⑦膜乳化法で調製された単分散マイクロスフェアの表面物性評価：(W/O) 乳化重合法で調製されたpoly (acrylamide-co-acrylic acid) hydrogel microspheresは，粒子径に依存した電気泳動移動度を示し，粒子径が小さくなるとより負の移動度値を示すことが確かめられている。

この事実より，アクリルアミドモノマーとアクリル酸モノマーの共重合では，マイクロスフェア粒子内において均質な重合が進行していないと考えられた。すなわち，マイクロスフェアの芯領域は，その表面層部分よりも高密度ポリマーネットワークが形成された組成である。なお，両モノマーの親媒性の違いが，表面層と芯部分の密度差に寄与している。より親水性なアクリル酸モノマーが芯部分に高密度になると推論される。これはどちらかというと，粒子径が大きいもので顕著である。

具体的な研究例では，各種サイズのマイクロスフェアを膜乳化法で調製し，スフェアのsoftness，電荷密度（表面性質）の温度依存性が研究された。精力的な多数の研究論文のなかで，ここでは次の研究論文を記載しておく。Kimiko Makino, Hideki Agata, and Hiroyuki Ohshima, Dependence of Temperature-Sensitivity of Poly (*N*-isopropylacrylamide-co-acrylic acid) Hydrogel Microspheres upon Their Sizes, *J. Colloid Interface Sci.*, **230**, 128-134 (2000)

⑧紫外線吸収剤OMC（オクチルメトキシシンナメート）水分散液を，界面重合ゾルーゲル法でマイクロカプセル化した研究がある。壁膜はゾルーゲルシリカガラスである。カプセル平均径は1μm，OMC含量35wt％で調製された。Pfücker F.,Guinard H., *et al*, Sunglasses for the skin : UV absorbers entrapped in glass microcapsules, 22nd IFSCC Congress, Edinburgh, 2002, *Podium* **26**, pp.1～12

第2章　高分子のナノ空間における自由体積分布と定量化

山下　俊*

1　はじめに

1.1　高分子の自由体積

自由体積とは，その物質が占める体積のうち分子の占有する体積以外の空間を指す。すなわち最密充填構造の結晶で原子が結晶格子の67％を占めるとすると，残りの33％の空間が自由体積ということになる。

いまある低分子化合物が液体から固体へ相変化する場合について考える。低分子は液体状態においては分子振動があり，またたとえ固体状態においても格子振動があるため，その占有体積は温度の関数となるが，温度依存性は比較的小さいと考えられる。一方，その物質の占める全体積は気相においては大きな温度依存性をもち，液相でも固体状態よりも大きな温度依存性をもち，このように温度によって自由体積が大きく変化することがわかる（図1）。

一方，高分子性物質の場合には，その冷却過程において液体状態から過冷却固体を経て流動性を失い固化する際に分子間の束縛があるために，低分子化合物のように必ずしも熱力学的に安定な充填状態へ達することができず，大きな自由体積を抱えたまま非平衡状態のガラス状態になりやすい。このような変化をガラス転移および非平衡状態のまま分子運動が凍結されている状態をガラス状態とよぶ。このようにガラス転移は熱力学的転移点ではなく，さまざまなガラス化の条件によって種々の異なったガラス状態が得られる。また，それに伴って熱膨張係数，圧縮率，熱容量，弾性率，誘電率，気体透過性，物質移動度などの物理量の変化は系に固有の値をとらない。自由体積はその分子の置かれている環境によってさまざまに異なり，また自由体積の変化にともなってそ

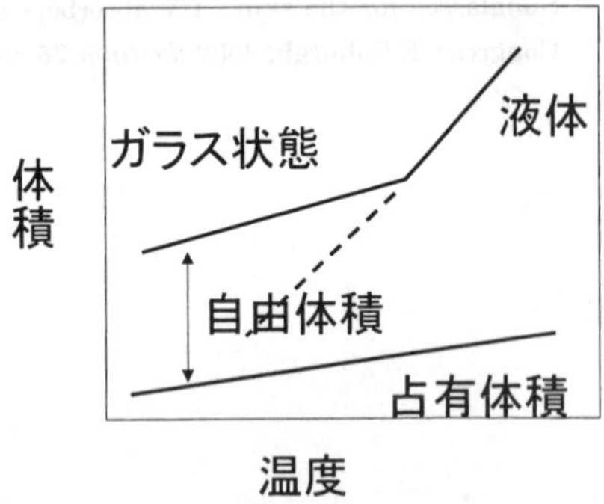

図1　自由体積の温度依存性

＊　Takashi Yamashita　東京理科大学　理工学部　工業化学科　助教授

の材料の物性も異なるので，材料を設計する上で重要な因子である。

1.2　自由体積と材料物性

冒頭で述べた低分子結晶の場合には自由体積の大きさが小さいので，自由空間は真空であるか，せいぜい異原子がインターカレーションできるほどの大きさでしかないが，高分子の自由体積はそれよりもはるかに大きく，さまざまな分子やクラスターなどを取り込むことができ，さまざまな機能材料の機能発現において重要な役割を果たしている（図2）。たとえば光メモリーなどのフォトクロミック分子はポリマー中において光異性化に十分な自由体積がある空間においてのみ光化学反応がおこる。図3にさまざまなポリマー・マトリックス中におけるスチルベンの光異性化の進行度を示す。これはポリマーの種類によってその自由体積の大きさが異なることを示している。酸素富化膜などの分離膜では自由体積と分離分子の大きさの違いによって選択性が向上する。また，近年の超微細加工レジストでは化学増幅系が用いられているが，その酸の拡散も高分

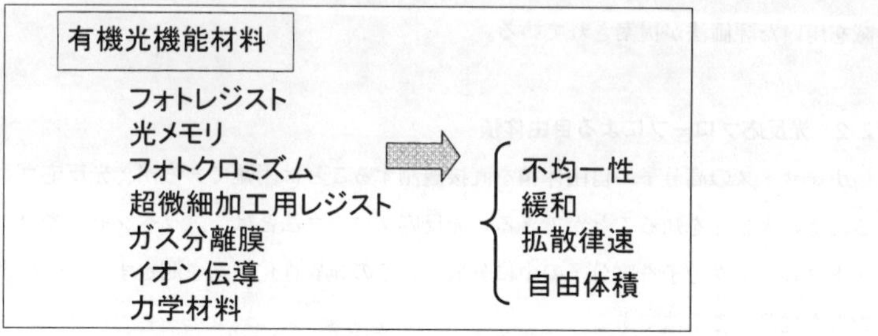

図2　有機機能材料とその物性を支配する要因

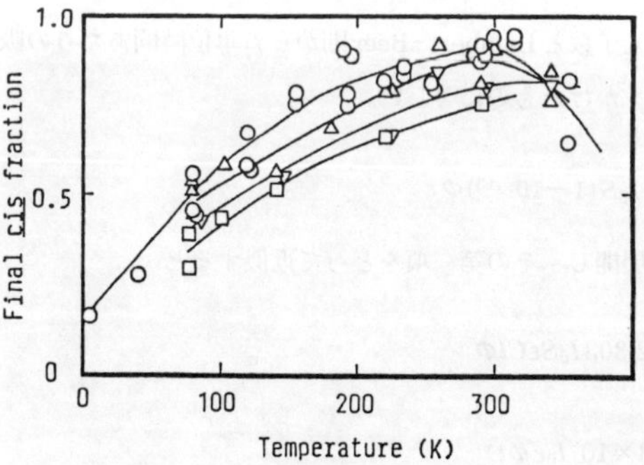

図3　アゾベンゼンの最終異性化率のマトリックス依存性
PC（○），PMMA（△），PVA（□），フェノキシ樹脂（▽）

子の自由体積の分布の影響を受け，それによってレジストの解像度が影響を受けると考えられている。さらに，ポリマーを重合したのちの製膜の仕方や熱処理によって自由体積が異なり，その結果材料物性も異なる。

2　自由体積の評価

2.1　自由体積の階層構造

高分子中には階層構造的なダイナミクスが存在するのに対応して，さまざまな大きさの自由体積が分布している。比較的大きな秩序構造から分子レベルの秩序までさまざまな階層構造があり，その大きさによって適した方法で観察することができる。比較的大きな相分離構造は光学顕微鏡で観察することも可能であるが，さらに小さな構造はX線や中性子散乱などによって調べられている。また，フォトクロミック反応においては分子が異性化するために必要とされる空間はナノメートル程の大きさであり，光反応プローブが有力な手法である。また，近年ではポジトロン消滅を用いた評価法が提案されている。

2.2　光反応プローブによる自由体積

ナノサイズの高分子の自由体積を直接観測することは困難であるが，光反応プローブ法を用いるとその大きさを知ることができる。光反応プローブ法とは，アゾベンゼンやフルギドなどのフォトクロミック分子を高分子の中に分散し，その光異性化挙動を測定することにより自由体積の影響を推測する手法である。

いま，表面積S[cm^2]，長さl[cm] の容器に濃度C[mol l^{-1}] の試料がみたされているとする。これに強度I_0 [einstein cm^{-2} s^{-1}] の光を照射すると，単位時間当たりに消失する分子は，単位時間あたりに照射した光子数とLambert-Beer則から，単位時間あたりの吸収光子数を出し，それに反応の量子収率ϕをかけたものに等しい。

$$-\frac{d(CSl10^{-3})}{dt}=I_0S(1-10^{-\varepsilon Cl})\Phi \tag{1}$$

この式の右辺を級数展開し，その第一項をとって近似すると

$$-\frac{d(CS\lambda 10^{-3})}{dt}=2.303I_0S\varepsilon Cl\Phi \tag{2}$$

$$\log\frac{C}{C_0}=-2.303\times10^3 I_0\varepsilon\Phi t \tag{3}$$

となり，これは濃度Cに関する同時形の微分方程式なので濃度Cは指数的に減少することになる。

そこで濃度Cまたはそれに対応する光学密度ODの対数を時間に対してプロットすると直線的に変化するはずである。一方，フォトクロミック分子は光反応するために活性化体積を必要とする。たとえば図4のアゾベンゼンの*trans*体から*cis*体への光異性化ではフェニル基が*trans*の位置から*cis*の位置にまで動くための空間が必要である。これを活性化体積とよび，アゾベンゼンではおよそ$0.122nm^3$である。

図5に示すように高分子中にさまざまな大きさの自由体積が存在するが，これらのうち光反応プローブの活性化体積と同じサイズの自由体積を臨界自由体積という。臨界自由体積以上の大きさをもつ空間にあるプローブ分子は，その分子固有の量子収率で反応すると予想されるが，臨界自由体積以下の空間にあるプローブ分子ではマトリックス分子の揺らぎによって活性化体積以上の空間となった場合にのみ反応がおこるので，その反応効率は自由体積の減少とともに指数的に減少する。

図6にポリメタクリル酸メチル（PMMA）中のアゾベンゼン（AZB）の光異性化挙動を示すが，低温では，反応の進行とともに理論的に予想されるlogプロットの直線からずれてゆくことが分かる。これが臨界自由体積の影響と考えられる。したがって，PMMA中にはある自由体積分布があるが，異なる光反応プローブを用いればそれらの活性化体積が異なるので，異なる反応挙動が観測される（図7）。このようにして，高分子中の自由体積を推測することができる。

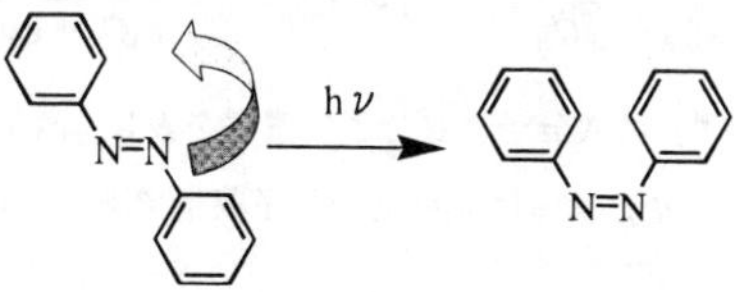

図4　アゾベンゼンの異性化と活性化体積

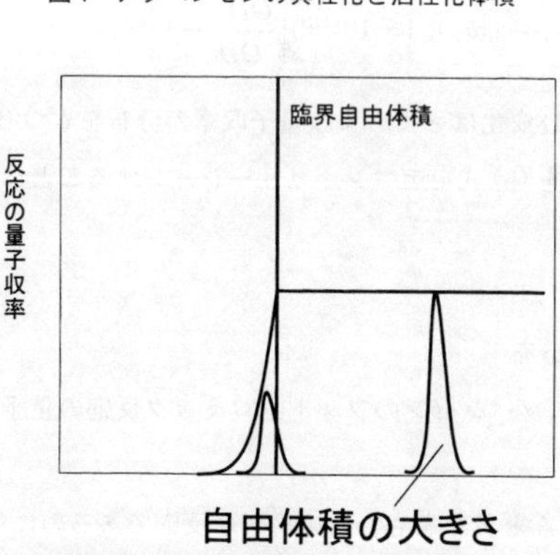

図5　自由体積分布と臨界自由体積

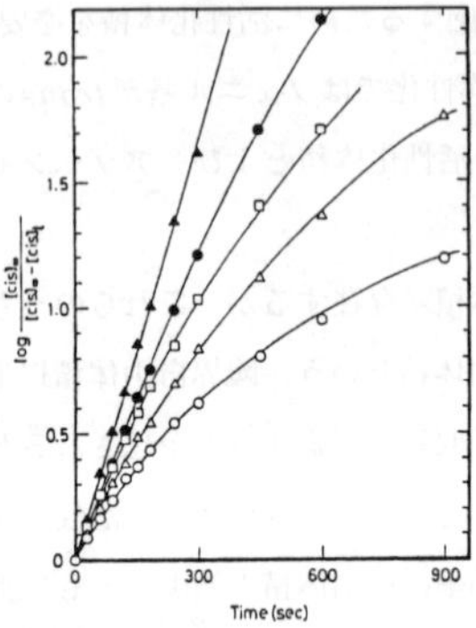

図6　PMMA中のアゾベンゼンの光異性化速度
288K（▲），260K（●），180K（□），
140K（△），77K（○）

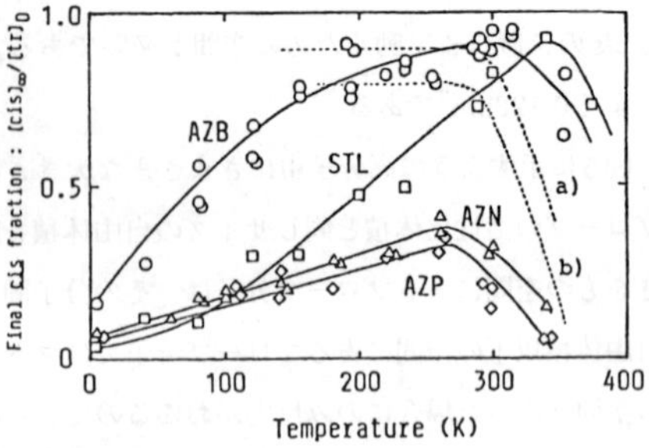

図7　PMMA中での最終異性化率
アゾベンゼン（○），スチルベン（□），
アゾナフタレン（△），アゾフェナントレン（◇）

2.3　自由体積分布の定量化

フォトクロミック分子の光反応挙動は，厳密には(4)式のように表すことができる。

$$\frac{d\,(C_B S l 10^{-3})}{dt} = I_0 S \frac{\varepsilon_A C_A}{\varepsilon_A C_A + \varepsilon_B C_B}(1-10^{-OD})\Phi_A - I_0 S \frac{\varepsilon_B C_B}{\varepsilon_A C_A + \varepsilon_B C_B}(1-10^{-OD})\Phi_B \quad (4)$$

ここで，C_A，C_B［mol l^{-1}］はA分子，B分子の濃度を表し，ε_A and ε_B［$M^{-1}cm^{-1}$］は光照射波長におけるモル吸光係数，Φ_A，Φ_Bは光反応の量子収率である。(4)式は(5)式のように整理できる。

$$\frac{dOD}{dt} = 10^{-3} I_0 (\varepsilon_A \Phi_A + \varepsilon_B \Phi_B)(1-10^{-OD})\left(\frac{OD_\infty}{OD} - 1\right) \quad (5)$$

実験的に観測されるOD変化はさまざまな量子収率の分布をもつ(5)式の重ね合わせであると考えれば，そのOD変化を(5)式でデコンボリューションすることにより量子収率の分布を直接求めることができる。

2.4　PMMAの自由体積分布

PMMAの自由体積をアゾベンゼンのフォトクロミック反応の量子収率の関数として求めると図8のようになる。

エタノール中ではほとんど分布をもたない均一な反応であるのに対し，PMMA中では量子収率は0から0.2までの広い分布をもつ。このうち量子収率が0のものはPMMAの臨界自由体積以

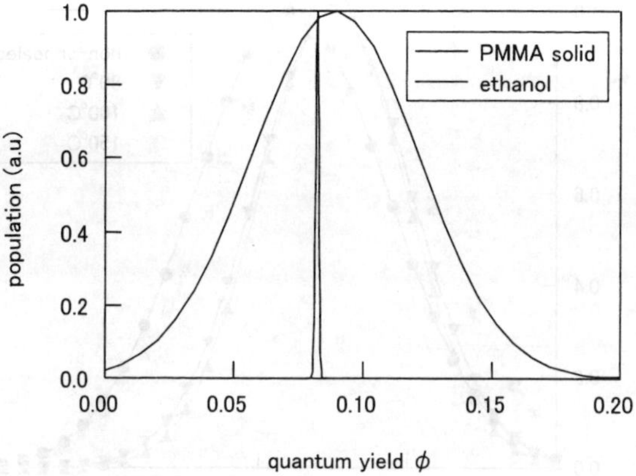

図8　PMMA中，およびエタノール溶液中のアゾベンゼンの光異性化の量子収率分布

下の空間を表す。また，エタノール中の光異性化の量子収率（～0.1）よりも小さな量子収率で反応する空間は，臨界自由体積以下の大きさしかないが，高分子のサブガラス転移運動によって動的な自由体積ゆらぎによる反応がおこることに対応する。さらに興味深いことに，溶液中の反応の量子収率よりも大きな量子収率をもつ空間があり，しかもそれがアゾベンゼンで観測した自由体積の半分程度を占めることである。これは，ポリマー鎖の作る大きな空隙はあたかも真空のように振る舞いアゾベンゼンの光異性化を妨げることなく反応が進行することを表している。このように，ポリマーの自由体積は通常の溶液反応よりも高効率で反応が進行するナノフラスコとしても興味深い。

2.5　自由体積の熱履歴依存性

図9にPMMAを所定温度まで加熱したのち急冷した試料の自由体積分布を示す。80度および100度で熱処理すると，未処理のものに比べ平均量子収率は幾分小さくなり，また分布の幅も小さくなっている。これは熱処理によってポリマー鎖の緩和が起こり，系の不均一性が解消されるとともに，光反応プローブの周りが密に充填されたことを示している。しかし150度で熱処理するとガラス転移温度以上なのでポリマー主鎖の運動がおこるため，未処理の試料と同じ不均一構造に戻ることが分かる。

一方図10では，熱処理した後に室温まで序冷した試料の自由体積分布を示す。序冷すると冷却中に鎖の再配向がおこるためいずれの試料も同じような緩和状態に達すると考えられる。

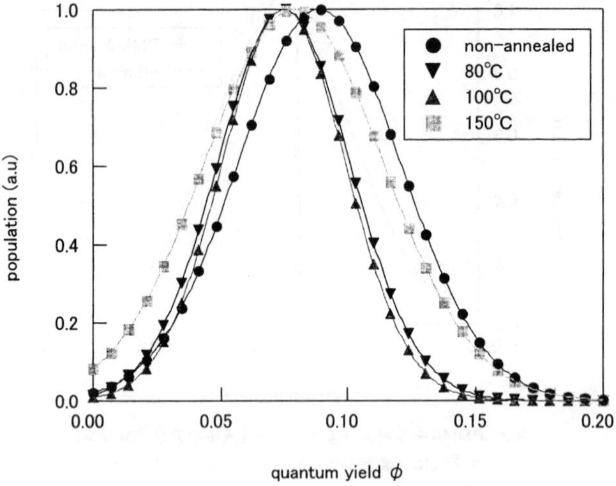

図9　熱処理後，急冷した試料の量子収率分布

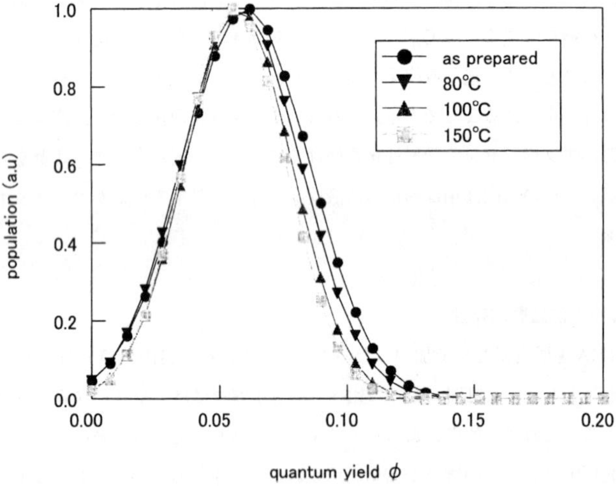

図10　熱処理後，序冷した試料の量子収率分布

2.6　配向緩和と自由体積異方性

アゾベンゼン誘導体のようなフォトクロミック分子に光照射を行うと，*trans*体から*cis*体，*cis*体から*trans*体への可逆的な光異性化が起こる。また，DAAB，DANABなどの置換アゾベン

ゼンは異性化の活性化エネルギーが小さいため光照射中でも熱反応による逆異性化がおこる。このような逆異性化反応の際に図11に示すようにaの経路で反応がおこればはじめと同じ状態になるが，bの経路で反応が起これば分子軸はもとの状態から90度回転することになる。通常の溶液中ではこのような配向変化は系全体で平均化されており，正味の配向変化は観測されないが，高分子固体中の色素では分子運動が固定されているので，配向変化がおこると系の異方性として観測される。図12にDAABの等吸収点（372nm）で光照射したときの吸光度変化を示す。等吸収点では*trans*体と*cis*体のモル吸光係数が等しいので異性化の程度によらず全体の吸光度は変化しないはずであるが，実際には光照射にともなって吸光度は減少する。これは可逆的に異性化を繰り返すうちに光の電場と垂直方向に向いた分子は観測されなくなるためであり，OD変化は分子配向によるものと考えられる。この再配向過程は回転拡散によるものであるので，指数的に相関が減少すると考えられる。また高分子では自由体積の分布によって配向緩和にも分布があると考え，その分布を求めた結果を図13に示す。

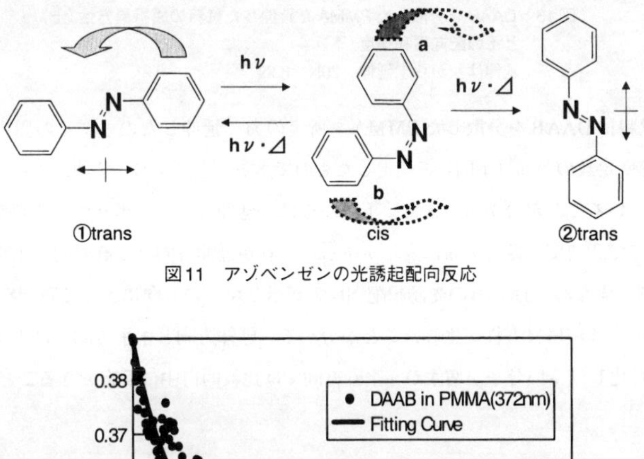

図11　アゾベンゼンの光誘起配向反応

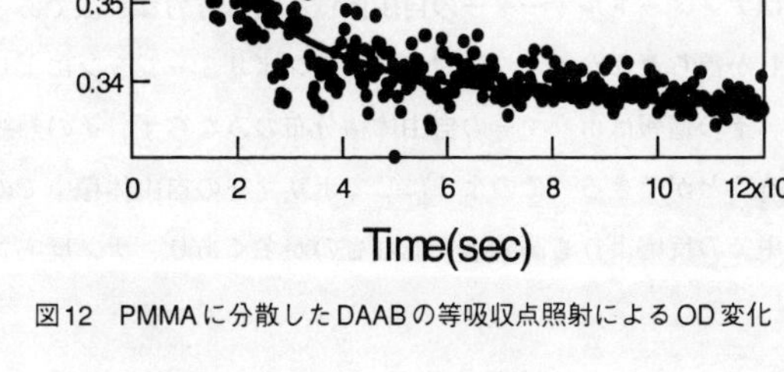

図12　PMMAに分散したDAABの等吸収点照射によるOD変化

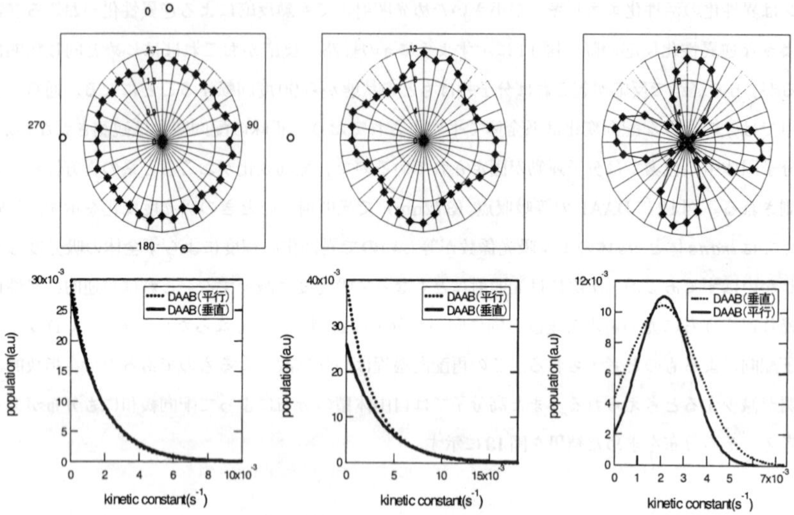

図13　DAABを分散したPMMAを延伸した試料の屈折異方性（上）とその配向緩和速度（下）
延伸は左から未延伸，20N，33N

図13の試料はDAABを分散したPMMAを所定の力で延伸したのちにその屈折率異方性（上図），反応速度定数の分布（下図）を測定したものである。上図から，延伸によってポリマーの異方性が生じていることが分かる。また，下図からは，延伸によってポリマー鎖の異方性が生じるにしたがって緩和速度定数の分布に変化が生じ，それが延伸方向と垂直方向，水平方向で異なることが分かる。すなわちDAABの光誘起配向反応がポリマーの方向によって異なるということは，ポリマーの自由体積に異方性が生じたことが分かる。延伸方向と水平方向ではポリマー鎖の束縛が増し，異性化しにくい分子が増すが，垂直方向では比較的自由に反応できることが分かる。

3　おわりに

光反応プローブはナノメートルオーダーの自由体積を観る有力な手法であったが，従来の方法では定性的な情報しか得られなかったのに対し，デコンボリューションにより，定量的な分布をえることができる。その情報はポリマーの自由体積分布のみならず，その熱緩和挙動や自由体積の異方性も観測することができる。このようにしてポリマーの自由体積中でのアゾ分子の反応挙動を見ると，溶液中での反応よりも高効率で進むものが多くあり，ナノ反応フラスコとして興味深い。

第3章　超臨界二酸化炭素を利用した微粒子・マイクロカプセル

三島健司*1，松山　清*2

1　はじめに

数μmオーダーの粒子径を有する高分子微粒子やマイクロカプセルは，塗装，薬剤，化粧品，トナー，画像素子，食品などの様々な分野で工業的に利用されている。現在，数μmオーダーの高分子微粒子やマイクロカプセルの製造には，界面活性剤や有機溶媒を用いた乳化重合法，懸濁重合法，*in-situ*重合法などが利用されている。しかし，上述の方法により製造した微粒子やマイクロカプセルを工業的に利用するには，粒子の表面や内部に残存する界面活性剤や有機溶媒を除去する必要がある。粒子内部に残存する有機溶媒は，粒子の変性や癒着の原因となる。また，粒子表面に残存する界面活性剤は，製品の欠陥の原因となる。高分子微粒子やマイクロカプセルから有機溶媒や界面活性剤の除去には，大量の洗浄水や乾燥エネルギーが消費されている。このため，界面活性剤や有機溶媒を用いない高分子微粒子およびマイクロカプセルの製造方法の開発が望まれている。有機溶媒や界面活性剤の使用量の比較的少ない微粒子やマイクロカプセルの製造方法としてスプレードライや流動層コーティングが検討されているが，粒子同士の癒着や粒子サイズの適用範囲に限界があるようである。

近年，このような問題を解決するための手法として超臨界流体の利用が注目されている。超臨界流体技術は，溶媒として人体に対してほとんど悪影響を及ぼさない水や二酸化炭素を利用するため，環境問題に対する社会的関心が高まっている現代社会においてグリーンケミストリー（環境に優しい化学技術）を実現する手法としても期待されている[1,2]。超臨界流体とは，物質固有の臨界点を超えた高圧流体である。一般に超臨界流体として利用される水や二酸化炭素は，各物質の臨界点近傍の温度および圧力で利用されることが多い。水の臨界温度は647.3 Kと高温であり，超臨界状態の水は有機物を高速に分解することが知られている。このため，水を用いた超臨界流体プロセスは無機材料の製造に適用されることが多く，金属酸化物ナノ微粒子[3]やナノ多孔質体[4]の製造に利用されている。一方，二酸化炭素を用いた超臨界流体プロセスは，二酸化炭素の臨界温度が304.2 Kと常温近傍であることから，有機物を対象に利用されることが多い。既に，

＊1　Kenji Mishima　福岡大学　工学部　化学システム工学科　助教授

＊2　Kiyoshi Matsuyama　福岡大学　工学部　化学システム工学科　助手

超臨界二酸化炭素を用いた天然物質からの有効成分の抽出は商業化されている。最近では超臨界二酸化炭素を用いたナノおよびミクロンオーダーの大きさを有する有機物（薬剤や高分子など）の微粒子製造技術への応用が注目されている[5~7]。

本稿では超臨界二酸化炭素を用いた微粒子及びマイクロカプセルの製造方法について解説する。

2　超臨界流体とは

二酸化炭素等の純物質の一般的な状態図を図1に示す[8]。臨界温度以下の温度では，蒸気は外圧の増加にともない液化する。物質の臨界点は図中のc.p.（critical point）で表される。超臨界流体（Supercritical Fluid；SCF）とは物質固有の臨界点を超えた流体のことであり，いくら圧力を加えても液化しない非凝縮性の気体である。表1[2]に示すように臨界点付近の超臨界流体の密度は，気体よりも液体密度に類似するが，粘度は通常の気体の数倍程度で，液体ほど大きくない。

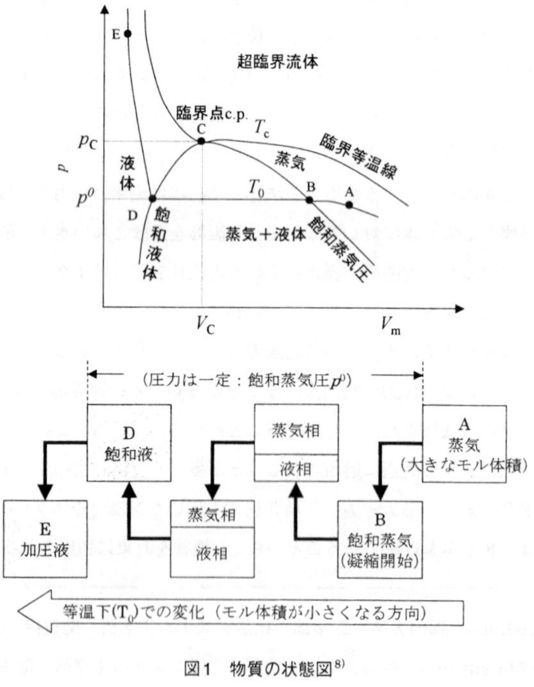

図1　物質の状態図[8]

一方，拡散係数は液体の100倍程度大きくなる。このことは，超臨界流体が液体に類似した密度を有するものの，気体分子程度の速度で運動していることを示している。このような超臨界流体の性質を利用すれば，超臨界流体を用いた触媒反応[9]や酵素反応[10, 11]の高速化が可能となる。

さらに，臨界点近傍にて僅かな圧力変化により密度が急変することも，超臨界流体の大きな特徴である。すなわち，臨界温度・臨界圧力以上の状態にある超臨界流体は，温度あるいは圧力を操作変数として密度，分子間距離を調整することができる流体といえる。特に臨界温度をわずかに超えた領域では，流体に対するある種の物質の溶解度は，臨界圧力付近で圧力の増加とともに急激に増加する。このことは，逆に圧力を減少させることで溶解度を急激に低下させることができることを意味し，減圧操作のみで溶質と抽出媒体（超臨界流体）の分離が可能であることを示している。この原理を利用して物質の分離・精製を行う方法が図2に示すような超臨界流体抽出法であり，二酸化炭素によるコーヒー豆からの脱カフェインや麦芽からのホップエキスの抽出プ

表1　気体，液体，超臨界流体の主な物性値[2)]

	気体	超臨界流体	液体
密度［kg/m^3］	0.6～1	200～900	1000
粘度［Ps·s］	10^{-5}	10^{-5}～10^{-4}	10^{-3}
拡散係数［m^2/s］	10^{-5}	10^{-7}～10^{8}	＜10^{-9}
熱伝導度［W/mK］	10^{-3}	10^{-3}～10^{-1}	10^{-1}

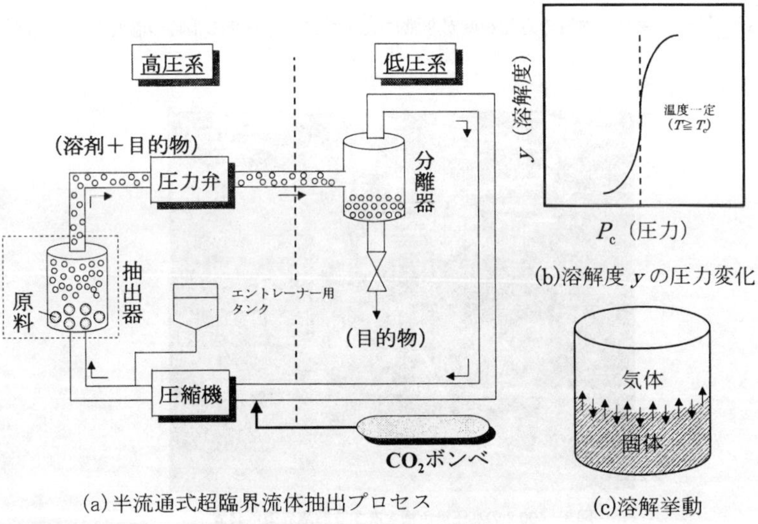

図2　超臨界二酸化炭素抽出の概念図

ロセスが実用化されている。有機溶媒抽出と異なり，人体に対してほとんど無害である二酸化炭素を抽出媒体として用いるため，残留有機溶媒の人体への悪影響の心配もない。また，超臨界流体の高拡散性を利用した技術として，超臨界流体に染料や金属錯体を溶解させ，繊維や高分子素材などの細かなマトリックスに染料や金属錯体を含浸・分散させることで，超臨界流体を用いた無廃液染色[12〜14]や無機ー有機ナノ複合材料の開発[15]も可能である。特に染色については，図3に示すような400 ℓ の高圧染色槽を有する実機が稼動しつつある。

3　超臨界二酸化炭素を用いた機能性微粒子の製造

近年，液体および超臨界二酸化炭素を用いた機能性を有するナノ・マイクロ微粒子の製造技術が開発されている[5]。超臨界および液体二酸化炭素を用いた微粒子製造方法の概略図を図4に示す。主な微粒子製造方法として，超臨界流体からの急速膨張法や貧溶媒化法などがある。それらの概要を以下に示す。

3.1　超臨界流体からの急速膨張法

RESS（Rapid Expansion of Supercritical Solutions）法は，高密度の超臨界流体に溶質を溶解させ，溶質が溶解した超臨界流体を，ノズルを通じて大気圧近くまで急速に減圧させることによって溶質の溶解度を1万分の1以下に急減させ，薄膜，微粒子，ファイバー等を生成する手法である[16〜18]。つまり，溶質の過飽和度が非常に大きくなり，急速膨張時の温度が溶質の融点よ

図3　400 ℓ の高圧染色槽を有する超臨界染色装置
（豊和㈱より提供）

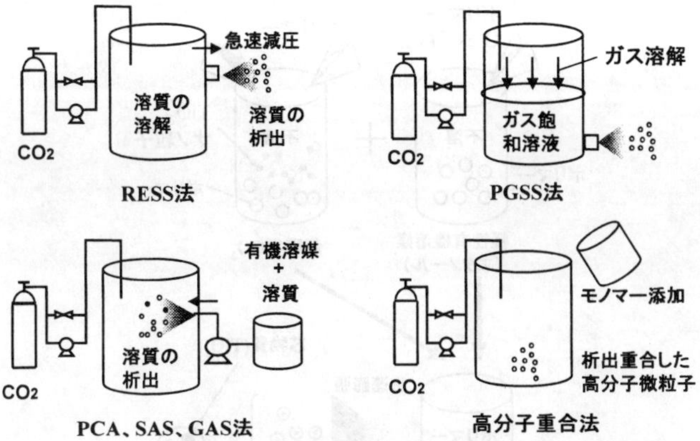

図4　超臨界二酸化炭素を用いたマイクロ・ナノ微粒子の製造方法

り低い場合，溶質の析出が起こり，微粒子等を生成することができる。Matsonら[19]により報告されている初期のRESS法の研究は，主に超臨界状態の水にシリカや金属酸化物等の無機物質を溶解させ，無機物質の粒子を生成するものであった。しかし，最近では二酸化炭素による薬剤等の有機物の微粒化に関する研究も活発に行われ，貧溶媒中に急速膨張させることで，析出した粒子の結晶成長を制御し，ナノオーダーの微粒子が形成可能であることも報告されている[20]。

一方，RESS法による高分子微粒子の製造方法については，高分子量物質の超臨界二酸化炭素に対する溶解度が極めて低いため，あまり検討されていなかった。しかし，目的物質に対して溶解性を示す第3成分の添加[16]や親二酸化炭素性のフッ素基を有する高分子や界面活性剤[21,22]を添加することで，超臨界二酸化炭素の溶媒特性を制御し，超臨界二酸化炭素中への高分子の溶解が可能となり，超臨界二酸化炭素を高分子材料の開発に適用した研究が報告されている。また，筆者らは，その溶媒単体では高分子に対して溶解力を持たない貧溶媒と超臨界二酸化炭素を含む超臨界流体からの急速膨張（RESS-N；Rapid Expansion of Supercritical Solution with a Nonsolvent）法を開発し，安定的に高分子微粒子や高分子マイクロカプセルを製造する手法を提案した[23〜30]。高分子をほとんど溶解することのできないエタノール等の極性有機溶媒と同じく，高分子を溶解しない超臨界二酸化炭素の混合溶媒に高分子を高濃度で溶解し，図5に示すような超臨界流体からの急速膨張法を用いて安定的に高分子微粒子やナノ粒子含有マイクロカプセルを製造する。急速膨張直後，溶解度の減少にともない生成した高分子微粒子は残存する極性溶媒に不溶である。そのため，再溶解することがないので膜にはならず均一な球形の微粒子が得られる。この方法では，従来の高分子微粒子の製造方法である乳化重合法や懸濁重合法と異なり，

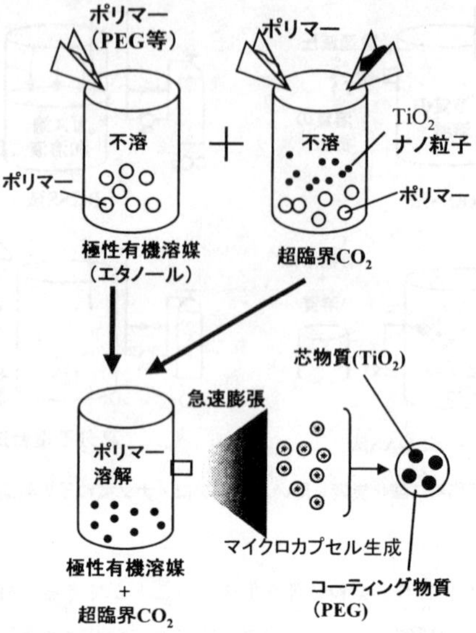

図5 貧溶媒を含む超臨界二酸化炭素からの急速膨張（RESS-N）法によるナノ粒子含有マイクロカプセルの製造方法の概略図

高分子微粒子を作るために界面活性剤を必要としない。RESS-N法を用いて製造した塗装用高分子微粒子の走査顕微鏡（SEM）写真を図6に示す。粒子間の癒着もみられず直径数μmオーダーの球形に近い粒子が得られた。また，RESS-N法は，ナノ粒子や微小薬剤のマイクロカプセル化にも応用されている[23, 28~30]。RESS-N法を用いて製造したナノ無機粒子や微小薬剤のマイクロカプセルの透過型電子顕微鏡（TEM）写真を図7，8に示す。RESS-Nを用いることで，酸化チタン等のナノ粒子を高分子でコーティングできることを示している。RESS-N法を用いて製造したナノ粒子含有マイクロカプセルは，機能性化粧品，画像素子への応用が期待できる。

3.2 貧溶媒化法

RESS法とは対照的に，二酸化炭素に対する溶質の低溶解性を貧溶媒として積極的に利用した材料合成法（貧溶媒化法）も検討されている。代表的な貧溶媒化法として，GAS（Gas Antisolvent）（もしくはSAS；Supercritical Fluid Antisolvent）法，PCA（Precipitation with a Compressed Fluid Antisolvent）法，SEDS（Solution Enhanced Dispersion by Supercritical Fluids）法がある[31~33]。いずれの手法も目的物質を溶媒に溶かした後，超臨界二

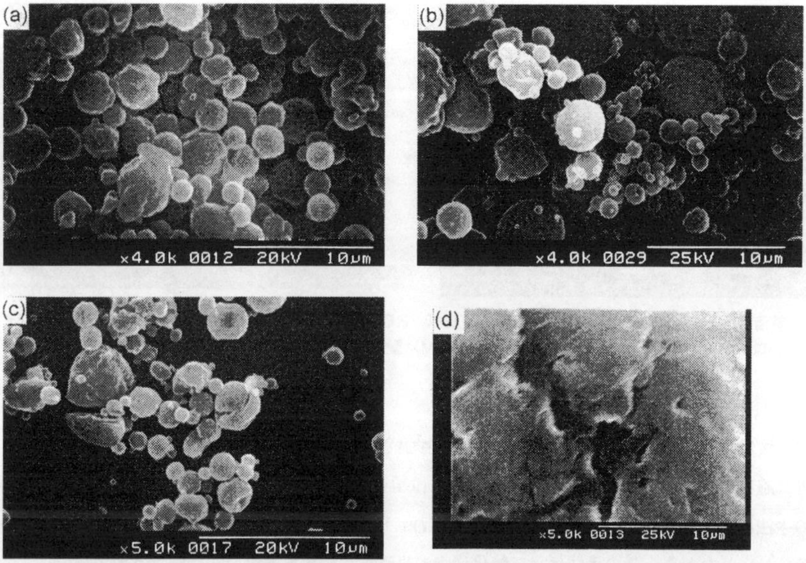

図6　貧溶媒を含む超臨界二酸化炭素からの急速膨張（RESS-N）法を用いて生成した高分子微粒子の走査型電子顕微鏡（SEM）写真
(a) アクリル樹脂，(b) エポキシ樹脂，(c) ポリメチルメタクリレート，(d) アクリル樹脂（RESSにより生成，添加溶媒にトルエン使用）

酸化炭素に対する目的物質の溶解度が極めて小さいことを利用し，ノズル等を通して超臨界二酸化炭素と目的物質が溶解している溶液を接触させ，目的物質を析出・微粒化する方法である。これらの手法は，薬剤の微粒化や有機顔料の分散への利用が検討されている。最近では，SAS法に超音波振動を併用したSAS-EM（Supercritical Fluid Antisolvent-Enhanced Mass Transfer）が提案され，タンパク質や薬剤のナノ粒子を製造する手法を提案している[34]。SAS-EM法では，粒子の析出を行わせる超臨界二酸化炭素相を超音波振動させることで，従来のSAS法に比べ小さな粒子が回収可能なことを示している。しかし，これらの貧溶媒化法では，二酸化炭素を貧溶媒として用いるため，粒子を生成する際，多量の二酸化炭素を消費することや，噴霧時以外の時にノズル中に貧溶媒である二酸化炭素が逆流し，ノズル内で目的物質が析出しノズルの閉塞が頻繁に起こるという問題がある。また，高圧容器中で粒子を析出させるため，粒子の連続回収が困難なようである。

3.3　ガス飽和溶液からの微粒子形成

また，溶融状態の目的物質あるいは目的物質が溶解・懸濁している溶液に，液体または超臨界状

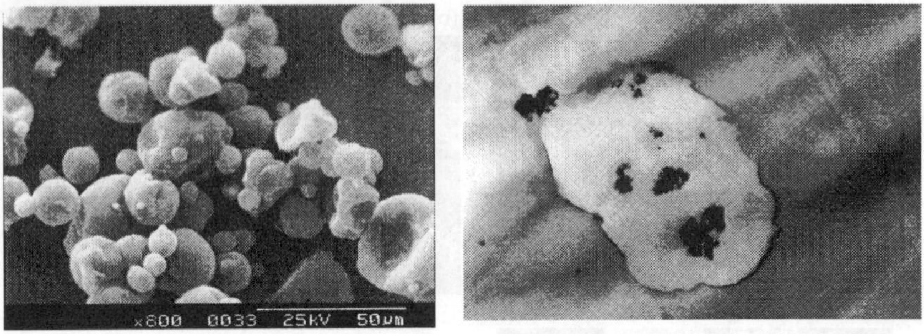

図7　貧溶媒を含む超臨界二酸化炭素からの急速膨張（RESS-N）法により製造したナノ粒子含有高分子マイクロカプセルの走査（SEM）および透過（TEM）型電子顕微鏡写真

態の二酸化炭素を添加し，ノズルを通して急速膨張させ高分子の薄膜や微粒子を生成する手法としてガス飽和溶液からの粒子生成法（PGSS；Particles from Gas Saturated Solutions）がある[35,36]。この手法は，アクリル樹脂等の微粒化に適用され，Ferro社のMandelらによって実用化されつつある。しかしながら，この手法は，二酸化炭素が高濃度に溶解する高分子に限定される。

4　超臨界二酸化炭素中での高分子重合による微粒子製造

近年，環境適応型の高分子製造プロセスとして超臨界二酸化炭素中での高分子重合プロセスが注目されている。特にDeSimoneら[21]によりフッ素系高分子界面活性剤を用いた超臨界二酸化炭素中での高分子重合法が提案されて以来，様々な種類の高分子が超臨界二酸化炭素中で合成されるようになった[37]。二酸化炭素を反応溶媒として用いるため，圧力操作により残留モノマーやオリゴマーの除去や生成高分子の分子量の制御が期待できる。また，二酸化炭素はラジカルに対して反応性がないため，溶媒への連鎖移動反応を考慮する必要がない。しかしながら，フッ素系やシリコン系の高分子を除き，アクリル樹脂等の汎用樹脂や極性基を有するイオン性の界面活性剤の超臨界二酸化炭素に対する溶解度は極めて小さい。このため，超臨界二酸化炭素中では，乳化重合や懸濁重合のように安定した状態で重合過程のモノマーを分散することが困難であるため，成形加工の容易な粉状の高分子を生成することが課題とされている。現在，報告されている超臨界二酸化炭素中での高分子微粉体の重合反応では，重合途中のモノマーを安定した状態で二酸化炭素中に分散させるために，二酸化炭素に対して溶解性を示すフッ素やシロキサン等の官能基を有する高分子界面活性剤を使用している。しかしながら，これらの高分子界面活性剤は，従来の汎用樹脂や界面活性剤に比べ高価であるため，超臨界二酸化炭素を用いた高分子重合プロセ

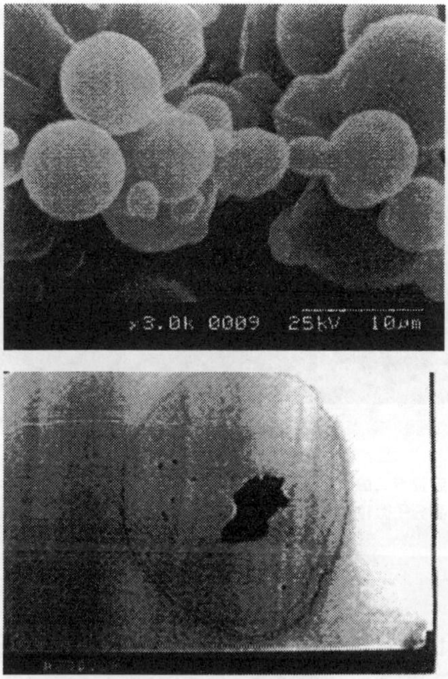

図8　貧溶媒を含む超臨界二酸化炭素からの急速膨張（RESS-N）法により製造した薬剤（フラボン）含有高分子マイクロカプセル走査（SEM）および透過（TEM）型電子顕微鏡写真

スの実用化の妨げとなっている。このため，新規な超臨界二酸化炭素を用いた高分子重合プロセスの開発が望まれている。

筆者らは，カルボニル基の二酸化炭素に対する親和性[38]に着目し，グリシジルメタクリレート（GMA）等の重合過程にメタクリル酸（MAA）を添加することで，生成される高分子の微粒子化について検討した[39, 40]。その結果，フッ素やシロキサン等の官能基を有する高分子界面活性剤を用いることなく，高分子微粒子を製造することに成功した。また，MAAの添加濃度を制御することにより，図9に示すような数百ナノオーダーの高分子微粒子を生成できることを示した。得られた高分子微粒子の表面観察を行ったところ，ほぼ球形状の粒子であることがわかった。MAAは，超臨界二酸化炭素中でGMAと共重合し，結果的にDeSimoneら[33]によりその有効性が示されているフッ素系界面活性剤と同様に超臨界二酸化炭素中で安定剤または分散剤として機能することがわかった。

図9　超臨界二酸化炭素中での高分子重合法を用いて生成した高分子微粒子の走査型電子顕微鏡（SEM）写真

5　おわりに

環境適応型溶媒として注目されている超臨界二酸化炭素を用いたマイクロ・ナノ粒子の製造方法について解説した。また，超臨界二酸化炭素を用いた技術は，グリーンケミストリーを実現する手段としても期待される。

文　　献

1）P. T. Anastas *et al.*, Green Chemistry : Theory and Practice, Oxford University Press (1998)
2）斎藤正三郎監修，超臨界流体の科学と技術，三共ビジネス（1996）
3）T. Adschiri *et al.*, *J.Am.Ceram.Soc.*, **75**, 1019 (1992)
4）N. Yamasaki *et al.*, *J. Mater. Sci. Lett.*, **9**, 1150 (1990)
5）J. Jung *et al.*, *J.Supercritical Fluids*, **20**, 179 (2001)
6）三島健司ほか，ファームテックジャパン，**17**（12），97（2001）
7）三島健司，ケミカルエンジニヤリング，**43**（12），49（1999）
8）荒井康彦ほか，"工学のための物理化学"，朝倉書店（1991）
9）P. G. Jessop *et al.*, *Science*, **269**, 1065 (1995)
10）T. Mori *et al.*, *Chem. Commun.*, 2215 (1998)
11）K. Mishima *et al.*, *Biotechnol. Prog.* **19**, 281 (2003)

12） 三島健司ほか，化学装置，**43**（7），89（2001）
13） S. Maeda *et al.*, *Textile Res. J.*, **72**, 240 (2002)
14） W. Saus *et al.*, *Textile Res. J.*, **63**, 135 (1993)
15） R. K. Boggess *et al.*, *J. Appl. Polym. Sci.*, **64**, 1309 (1997)
16） J. W. Tom *et al.*, *J. Supercritical Fluid*, **7**, 9 (1994)
17） A. K. Lele *et al.*, *Ind. Eng. Chem. Res.* **33**, 1476 (1994)
18） G. -T. Liu *et al.*, *Ind. Eng. Chem. Res.* **35**, 4626 (1996)
19） D. W. Matson *et al.*, *Ind. Eng. Chem. Res.*, **26**, 2298 (1987)
20） T. J. Young *et al.*, *Biotech. Prog.*, **16**, 402 (2000)
21） J. M. DeSimone *et al.*, *Science*, **256**, 356 (1994)
22） S. Mawson *et al.*, *Macromolecules*, **28**, 3182 (1995)
23） K. Mishima *et al.*, *AIChE J.*, **46**, 857 (2000)
24） 三島健司ほか，化学工学論文集，**27**，700（2001）
25） 松山清ほか，化学工学論文集，**27**，707（2001）
26） K. Matsuyama *et al.*, *Environ. Sci. Tech.*, **35**, 4149 (2001)
27） 三島健司ほか，オレオサイエンス，**1**，13（2001）
28） K. Matsuyama *et al.*, *J. Appl. Polym. Sci.*, **89**, 742 (2003)
29） K. Matsuyama *et al.*, *J. Nanoparticle Res.*, **5**, 87 (2003)
30） K. Matsuyama *et al.*, *J. Chem. Eng. Japan*, in press
31） S. -D. Yeo *et al.*, *Biotech. Bioeng.*, **41**, 341 (1993)
32） B. Y. Shekunov *et al.*, *Chem. Eng. Sci.*, **56**, 2421 (2001)
33） T. J. Young *et al.*, *J. Pharmaceutical Science*, **88**, 640 (1999)
34） P. Chattopadhyay *et al.*, *AIChE J.*, **48**, 235 (2002)
35） F. S. Mandel *et al.*, *Inorfanica Chimica Acta*, **294**, 214 (1999)
36） M. Moneghini *et al.*, *Inter. J. Pharmaceutics*, **222**, 129 (2001)
37） J. L. Kendall *et al.*, *Chem. Rev.*, **99**, 543 (1999)
38） T. Sarbu *et al.*, *Nature*, **405**, 165 (2000)
39） 松山清ら，高分子論文集，**58**，552（2001）
40） K. Matsuyama *et al.*, *J. Chem. Eng. Japan*, **36**, 516 (2003)

第4章　膜を用いる微粒子・マイクロカプセルの調製

中島忠夫*

1　はじめに

液状分散物であるエマルションは，液体または固体微粒子やマイクロカプセルの出発物質として，多くの可能性を持っている。液状であるために固状よりも比較的低エネルギーで粒子形成が行えるし，最終的な粒子の用途に合わせた，新たな機能設計や機能付与が容易であることも魅力である。しかしながらその一方で，液状分散物であるがゆえに，エマルションは壊れやすくまた分離し易い傾向があり，たとえエマルションそのものは壊れなくても，構成物質が不用意に漏洩したり，外部環境の影響を受けて安定を失うこともしばしばである。これらの課題を解決したとき，はじめて実用可能なマイクロ／ナノカプセルや微粒子が実現できたと言える。エマルションはもともと熱力学的に不安定な系であるから，壊れてもあたり前の世界だが，我々が求める安定さは，熱力学が保証する無限の安定性ではなく，エマルションの使用に支障のない範囲の有限の時間で壊れなければ，それでよい場合が多い。

より安定なエマルションを得るために，その粒径を均一に制御することが望ましい。しかしながら実際にこれを実現するとなると簡単ではない。通常，エマルションの製造に広く用いられている，機械力による撹拌乳化法やキャビテーションを用いる超音波乳化法では，分散相の破壊が必ずしも再現よく行われない。このため得られるエマルションは粒径の不揃いな多分散になり，多くの場合粒径の均一な単分散エマルションは得られない。

そこで単分散エマルションを調製する新しい手段として，多孔膜を用いる乳化法が考えられた。本法によれば，エマルションのタイプに関わりなく均一な粒径のエマルションができる上，用途に合わせて粒径を変えることもできる。この乳化法は，またW/O/Wエマルションの安定した生産を可能にし，DDS乳化製剤の実用化を実現させた。

2　膜を用いる乳化法

膜を用いる新しい乳化法（以下，膜乳化法）が初めて提案された[1]のは，1988年のことであ

---

*　Tadao Nakashima　宮崎県産業支援財団　常務理事　工学博士

る。これは細孔径の均一な多孔膜を分散素子として，単分散エマルションを調製する独自のアイディアに基づくものであった。すなわち，多孔膜を介して，片側に分散相となるべき液体を，他方に連続相となるべき液体を配し，分散相液体を加圧することにより同液体を膜透過させ，連続相側にエマルションを形成させる。O/Wエマルションを調製するときの概念図を図1に示す。連続水相側に形成される油滴粒子の大きさは，膜の孔径分布に強く依存するから，孔径分布がシャープで均一であるほど，ムラがなく均一になる。図2はこの方法で得られたエマルションと従来法で得られたエマルションである。エマルションの粒径の均一さにおいて，両者の違いは明瞭である。

膜乳化法で重要な役割を果たす，膜が膜乳化の分散素子として具備しなければならぬ要件として，次のようなものがある。①細孔径分布がシャープであればあるほど良い。②分散相液体を加圧したとき，孔径が圧密変形しない。③孔径はその均一さを保ちながら，幅広く変えることができる。④細孔特性を犠牲にすることなく膜の表面化学修飾ができる。

このような要件を満足する多孔膜として，ガラスのミクロ相分離を利用して造られる多孔質ガ

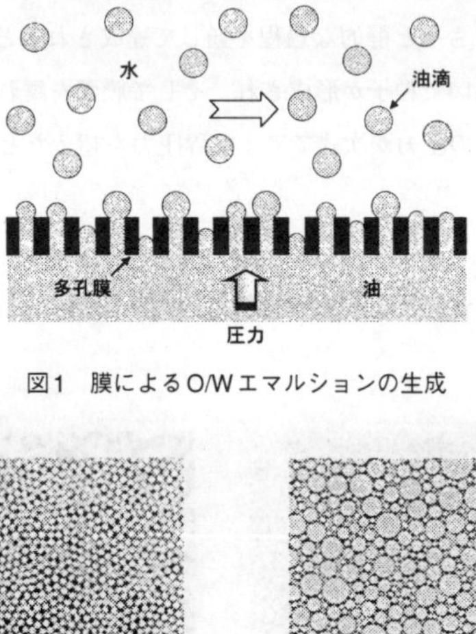

図1　膜によるO/Wエマルションの生成

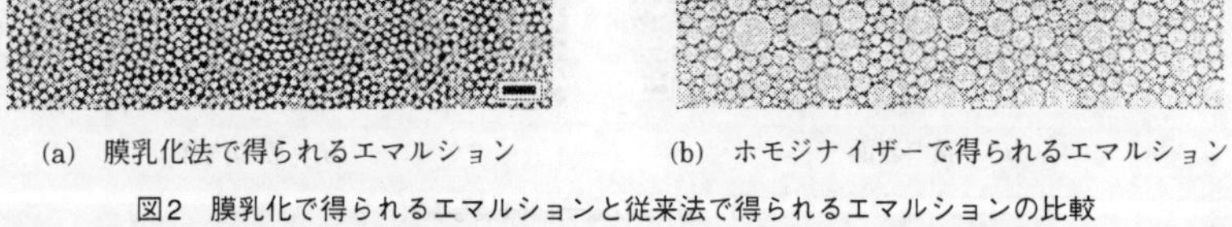

(a)　膜乳化法で得られるエマルション　　(b)　ホモジナイザーで得られるエマルション

図2　膜乳化で得られるエマルションと従来法で得られるエマルションの比較
（エマルションは灯油／水系のO/Wエマルション。スケールは3μm）

ラス（SPG）[2, 3] 膜は，現在のところ最も有用である。この膜は，細孔の大きさを熱力学的パラメーターによってかなり厳密にかつ幅広く制御できる上，機械的強度にも優れている。また膜面に無数に存在するシラノール基-SiOHは表面化学修飾を容易にする。図3は，SPG膜の電子顕微鏡写真である。

膜乳化における分散相粒子の形成機構については，これまで様々の議論が行われている。その第1は，膜面における連続相の流れの剪断力により分散相液体が引き千切られて，粒子ができるというものである。この説によれば，流れの速度はエマルションの粒径に強い影響を及ぼす。すなわち，流れ速度が速いほど強い剪断力を受けるからエマルション粒子は小さくなり，流れの速度が遅ければ，剪断力が小さくなるから大きな粒子が形成されると予測される。このことを検証するため，連続相の膜面流速Uを変えながら膜乳化を行い，平均粒径$\bar{D}_p$に及ぼす効果を調べた。図4の結果は予想に反して，膜面流速が粒径にほとんど影響しない。このことは，連続相の流れの剪断力が，膜の細孔の出口にまで及んでいないことを意味する。この剪断力が及ばない領域を流体力学的な境膜厚みと解釈すれば，エマルションの粒径が境膜厚みよりも小さい限りにおいて，膜面流速が粒径にほとんど影響しない事実を説明することができる。

膜乳化における粒子形成は，分散相液体の破壊という動的な過程で行われるのではなくて，膜の表面化学に支配される，もっと静的な過程を通じて達成されると考えられる。図5に，分散相液体が膜を透過し，細孔出口で粒子が形成され，そして膜面を離れる一連の過程を図示した。分散相液体の膜透過は，液体の圧力が次式で表す臨界圧力を超えたとき初めて可能になる。

$$P_c = 4\gamma \cos q / D_m \tag{1}$$

ここで，P_cは臨界圧力，γは界面張力，θは接触角，D_mは膜の細孔径である。

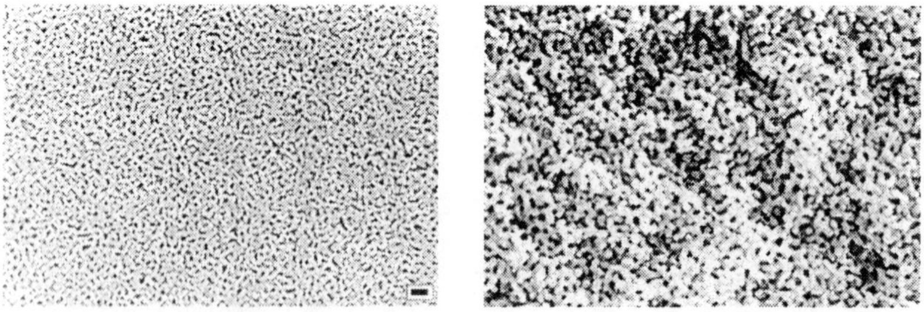

(a) 膜の表面　(b) 膜の内部

図3 SPGの電子顕微鏡写真
（細孔は分相法特有の絡み合い構造を示す。スケールは5μm）

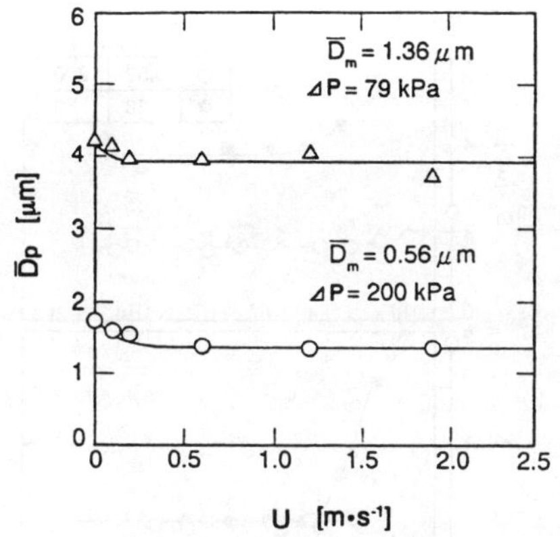

図4　エマルションの粒径に及ぼす連続相膜面流速の影響

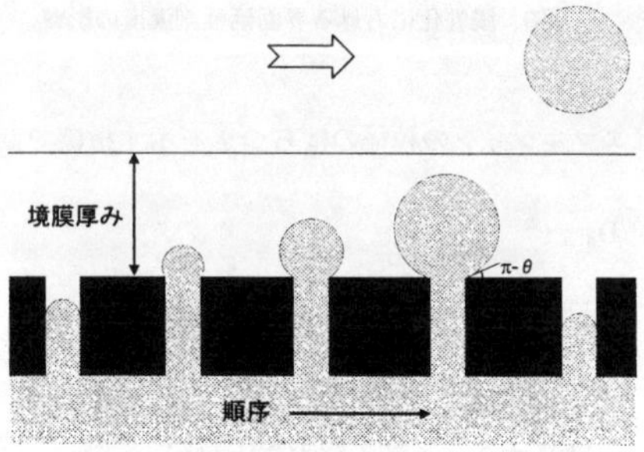

図5　膜乳化における粒子形成モデル

分散相液体が膜を透過し，膜面の細孔の出口に達すると液体粒子が形造られる。粒子の膜面に対する接触角がθになったとき，粒子は膜を離れ，次なる粒子形成が準備されると考えられる。

エマルションの粒径は膜の平均細孔径に強く依存するが，さらに厳密には，細孔の出口の大きさと形状が，粒径を決定する。SPG膜では，多くの場合，細孔の大きさの3.25倍の大きさのエマルションが得られることが，経験的に知られている。

このように膜乳化で均一な単分散エマルションが得られても，エマルションの安定を持続するために，界面活性剤が欠かせない。図6は灯油／水系のO/Wエマルションを調製したとき，活性剤ドデシル硫酸ナトリウム（SDS）の濃度C_{SDS}の影響[4]を調べたものである。SDSの臨界ミセル濃度（CMC）よりもかなり低い濃度でも単分散エマルションが安定して得られるが，SDSが無ければやはりエマルションは不安定になり，粒径はばらつき，合一により粒子は粗大化する。

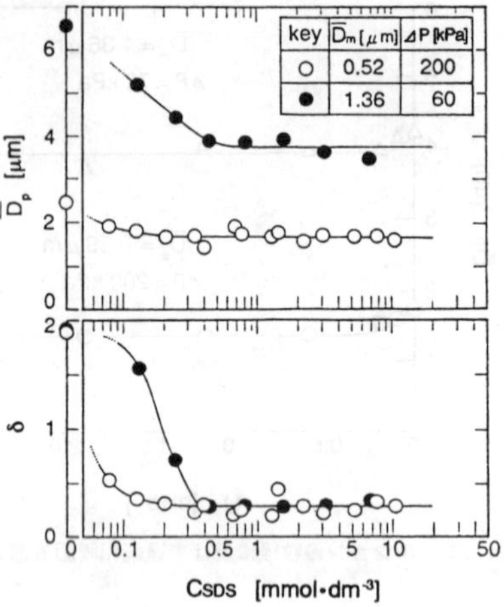

図6　膜乳化における界面活性剤濃度の影響

図中，粒径分散係数δはエマルションの粒径のばらつきを示す指標で，次式により定義される。

$$\delta = ({}^{10}D_p - {}^{90}D_p) / {}^{50}D_p \quad (2)$$

ここで，${}^{10}D_p$，${}^{50}D_p$，および${}^{90}D_p$は累積粒度分布曲線において，積算量がそれぞれ10％，50％，90％を占めるときの粒径を表す。

一方，図7では，同様のO/Wエマルションの調製において，種々の界面活性剤の単分散乳化に及ぼす影響[4]を示す。陰イオン系と非イオン系の活性剤では，良好な単分散エマルションが得られるのに対し，陽イオン系の活性剤セチルトリメチルアンモニウムブロミド（$CTMAB_r$）になると，全く単分散乳化は達成されない。この原因は，$CTMAB_r$分子の正の極性基がシラノール基の解離により負に荷電した膜面に吸着するため，疎水基が外部表面へ配向して膜を見かけ上疎水化させたことによる。疎水化されたことで，分散相の灯油で膜の濡れが促進された。膜乳化では，分散相による膜の濡れが，単分散乳化の最も大きな障害である。このため，膜が連続相に濡れやすく，分散相には濡れにくい条件で，膜乳化を行う必要がある。O/Wエマルションの作成には親水性の膜を用い，W/Oエマルションの作成に疎水性の膜を使用するのは，このためである。

3　膜乳化法の特徴とマイクロカプセルの可能性

従来の乳化法を念頭に置きながら，膜乳化法の特徴を上げると，次のとおりである。

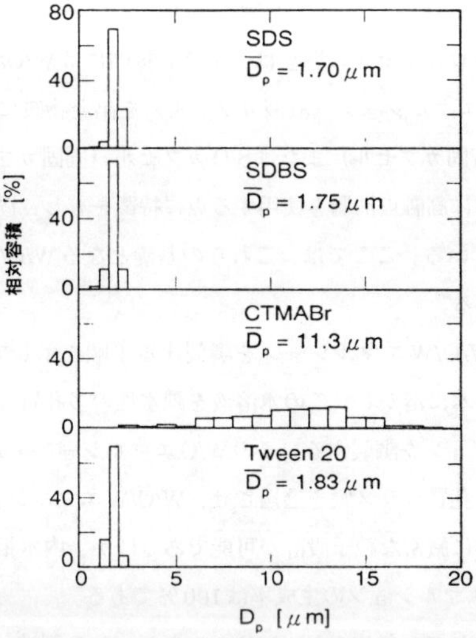

図7　膜乳化における界面活性剤の種類の影響
陰イオン活性剤のドデシル硫酸ナトリウム（SDS）とドデシルベンゼンスルフォン酸ナトリウム（SDBS），及び非イオン活性剤ポリオキシエチレンソルビタンラウラート（Tween20）では単分散エマルションができるが，陽イオン活性剤のセチルトリメチルアンモニウムブロミド（$CTMAB_r$）では，単分散エマルションができない。

① 孔径の均一な分相法多孔質ガラス膜を用いることによって，粒径の均一な単分散エマルションが安定して得られる。SPG膜は種々の孔径のものが得られるから，用途に適した様々のエマルションをつくることができる。

② 粒子の形成は，分散相の動的な破壊によるのでなく，膜の界面化学によってもたらされる。このためやや生産性に欠けるのは否めない。

③ 界面活性剤は生成したエマルションの安定を保持するための最小限，存在すればよい。活性剤の臨界ミセル濃度がこの目安となる。

④ 膜が連続相に優先して濡れ，分散相には濡れにくい条件で乳化する必要がある。このためO/Wエマルションの調製には親水性膜を，W/Oエマルションには疎水性膜を使用する。

⑤ 膜乳化では，分散相は少なくとも液状であることが前提である。サスペンションであれば，固体分散粒子が膜を閉塞ししばしば乳化の障害となる。

これらの特徴を利用して，現在様々の微粒子が製造されているが，膜乳化法の可能性を近年高めているのは，ドラッグデリバリーシステム（DDS）への応用を目指すマイクロカプセルの開発である。

膜乳化法によるマイクロカプセルの開発は，より直接的にはW/O/Wエマルションの調製に基礎をおく。このW/O/Wエマルション（液液カプセル）を出発物質にして，液液カプセルのみならず，W/Oカプセル（液固カプセル）またはS/Oカプセル（固固カプセル）の開発も行われている。液固カプセルは壁材に高融点油脂を使用する点に特徴を有し，固固カプセルは液固カプセルの内水相から水を除いている。ここでは，これらの基礎となるW/O/Wエマルションの調製法を従来法と比較して説明する。

図8は膜乳化によりW/O/Wエマルションを調製する手順を示している。まず第1段乳化で，カプセル化したい物質を水に溶かし，この水溶液を疎水性の多孔質ガラス膜を介して液体油脂に分散させ，W/Oエマルションを調製する。このW/Oエマルションを第2段乳化では，第1段より孔径の大きな親水性の多孔質ガラス膜を透過させ，W/O/Wエマルションを得る。この方法では，内水相粒子と油相粒子共に厳密な粒子設計が可能であるほか，内水相粒子は油相粒子に確実に充填されるから，W/O/Wエマルションの生成率は100％である。

膜乳化の2段乳化に対して，従来のW/O/Wエマルションの製造は撹拌法によるものである。第1段乳化では，油相を撹拌しながら少量の分散水相を注ぎ，W/Oエマルションを得る。W/Oエマルションは粒径制御ができないから多分散である。第2段乳化で，多量の外水相を撹拌しながら，W/Oエマルションを加えW/O/Wエマルションを調製する。このようなW/O/Wエマルションは，粒子サイズが均一でないために不安定であり，内水相粒子の充填は一定せず，W/O/Wエマルション生成率は高くても40％前後に過ぎない。DDSへの応用を想定したとき，粒子径が一定しないのは安全性と再現性の上から問題だし，低い生成率は治療に必要な十分な薬量を確保できるかどうか，製剤の実現性に課題を残す。このような訳で，より安全で確実なカプセル製剤

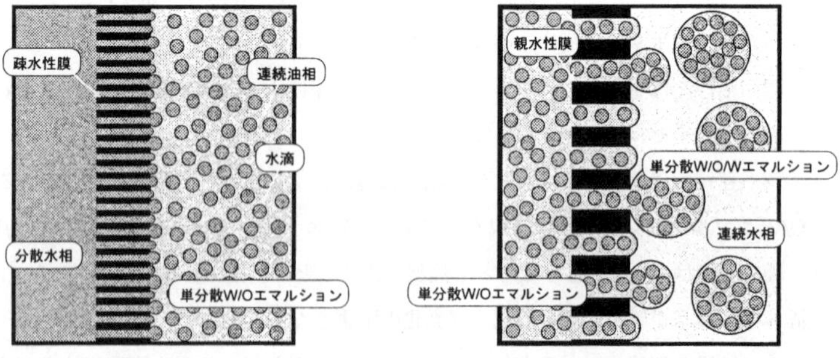

(a)　第1段膜乳化　　(b)　第2段膜乳化

図8　膜乳化によるW/O/Wエマルションの調製

の設計に膜乳化法は極めて有用である。

4　膜乳化法の課題と解決

上述のように膜乳化では，膜の界面化学を利用した静的な条件で粒子形成が行われるから，従来の機械的な乳化法などに比べて，エマルションの生産性は高いとは言えない。分散相液体の膜透過圧力を臨界圧力よりもはるかに高くすれば，大きいフラックスを得ることができるけれども，粒径はばらつき，単分散乳化は達成されない。これは分散相の急激な透過により細孔壁に存在する連続相の薄膜が破壊され，多孔膜が分散相で濡れるためと解釈されている。膜乳化でより高い生産性を実現するために，鈴木ら[5)]は分散相を直接膜透過させるのではなく，従来の乳化法であらかじめ粗い乳化を行い，この乳化物を膜乳化する予備乳化法を提案した。この方法によれば，連続相が分散相とともに供給されるから，仮に連続相の薄膜が破壊されたとしても，薄膜は直ちに修復されるので膜の濡れは阻止できる。予備乳化法の開発によって，膜乳化の課題とされた生産性が改善され，大きなフラックスで単分散乳化ができるようになった意義は大きい。

膜乳化に係る第2の課題は，W/O/Wエマルションの調製における疎水性界面活性剤の選定にある。第1段乳化で油相に添加する疎水性活性剤には，高い分散特性が望まれる。もしも凝集性であると，凝集物が第2段乳化で膜の細孔を閉塞し，円滑な膜乳化ができない。ところが実際に使える活性剤は極めて限られている。この点でポリグリセリンエステル系活性剤のPGCRは，W/O/Wエマルションの調製に使える疎水性活性剤として最も優れた分散特性を持っている。しかしこれとても食品添加物として認められているが，医薬品ではないのでDDS向けのマイクロカプセルの開発の課題となっている。医用活性剤の中から乳化分散性に優れた疎水性活性剤の開発が待たれる。

5　膜乳化法の産業応用

膜乳化法は当初実用化の視点から多くの研究や開発が開始された。その結果，食品から化学工業，高分子，医療など幅広い分野で目覚ましい成果が得られ，産業応用に貢献した。

まず食品分野において，低カロリー・健康指向の市場ニーズにマッチした超低脂肪マーガリン[6)]が創製された。マーガリンは代表的なW/Oエマルションだが，低カロリーを実現するには分散水相の割合を増やさなければならない。しかし分散相の増加は転相の危険があるので，従来は低カロリー化にも限度があった。この問題を厳密な粒子設計により解決し，従来品のカロリー1/3の超低脂肪化を実現した。化学工業分野では，HPLC用充填剤や化粧品ファウンデーション向けの単分散シリカパウダー[7]が開発された。ケイ酸ソーダの水溶液を，膜乳化法で油中に単分散乳化し，得られた乳化物を炭酸水素アンモニウム水溶液に接触させ，界面反応によりケイ酸をゲル化させた。膜の孔径やケイ酸ソーダの濃度によりシリカパウダーの粒径を幅広く設計することができるようになった。高分子関係では，液晶ディスプレイ用スペーサーとして，単分散ポリジビニルベンゼン粒子[8]が工業化された。ポリジビニルベンゼン粒子の製造は，その前駆体となるジビニルベンゼンモノマーと触媒になる過酸化ベンゾイルが膜乳化法により水に分散され，単分散O/Wエマルションを得る。これを加熱して懸濁重合させたときできるポリジビニルベンゼンはエマルションの均一さをそのまま反映して粒径にむらがない。最近になって，膜乳化を利用した単分散金属微粒子[9]の製法が開発されて注目されている。これによれば，低融点のハンダを加熱し，溶融状態で多孔質ガラス膜を透過させる。多孔質ガラス膜は，耐熱性に富み，かつ溶融金属に濡れない性質を有するので，最も優れた分散素子となる。

医療分野における著明な貢献は，DDSへの応用に見ることができる。まず，東ら[10]はW/O/Wエマルションを肝細胞癌治療用の抗癌剤エピルビシンの薬物キャリアとし，これらの製剤を動注投与することを提案した。膜乳化法を用いることにより，安定かつ安全であり，標的指向性に優れたエマルション製剤ができるのではないかと考えた。エマルションカプセルの設計図を図9に示す。内水相粒子はあらかじめ，エピルビシンが溶解された直径0.5μmの水滴である。油相は油性造影剤のヨウ素化けし油脂肪酸エステル（リピオドール）とし，これに界面活性剤ポリオキシエチレン（40）硬化ひまし油HCO-40を添加，これらを含めた見かけのW/O粒子のサイズを30μmとした。図10は実際に得られたエマルション製剤の顕微鏡写真と粒度分布である。この製剤を肝動脈に挿入されたカテーテルを用いて肝臓へ注入するとき，W/O粒子は腫瘍にの

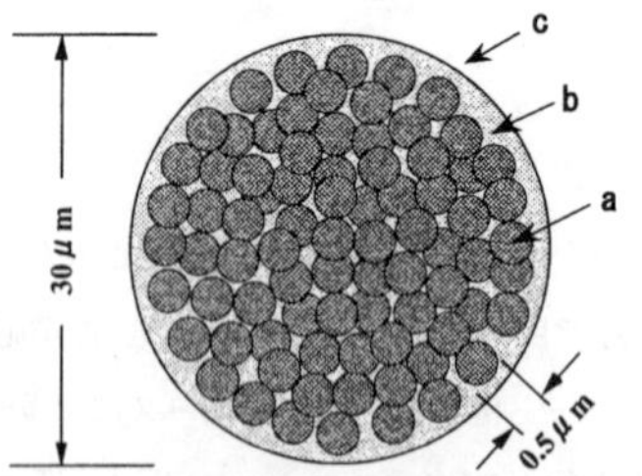

図9　肝動注用DDS乳化製剤の設計図
a：抗癌剤エピルビシンを溶かした内水相粒子，b：疎水性活性剤HCO-40を添加したヨウ素化けし油造影剤，c：生理食塩からなる外水相

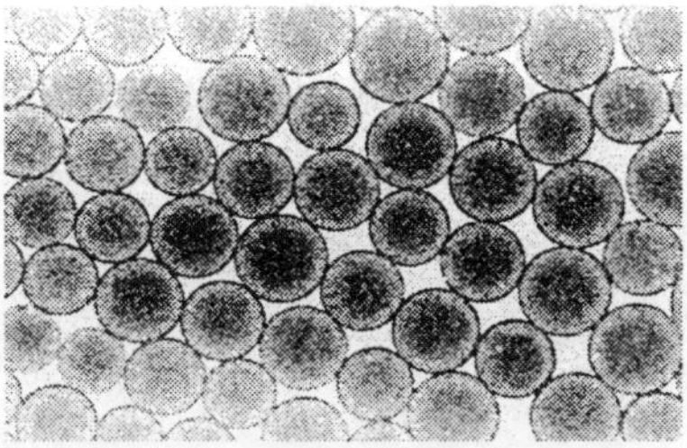

(a)　顕微鏡写真
薬物を含む内水相滴は無数の黒い点として観測される。

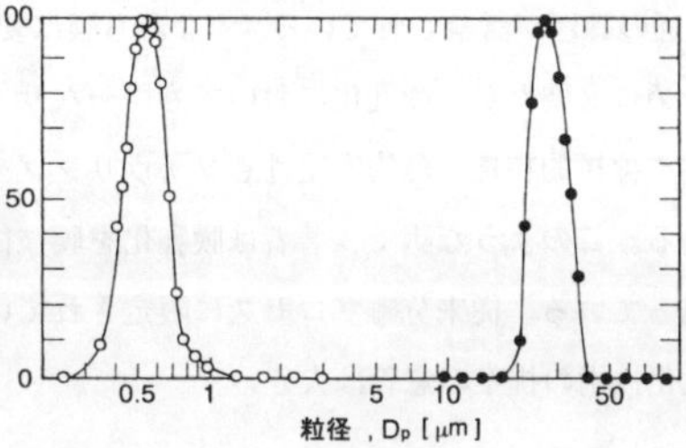

(b)　粒度分布
白丸は内水相水滴，黒丸はW/O粒子を表す。

図10　DDS乳化製剤の顕微鏡写真と粒度分布

み沈着して，非腫瘍部からは流出される。1000例近い臨床研究の結果から得られたエマルション製剤の特徴は，次のようなものである。

①原発部位が多数にわたる多発性の肝細胞癌や10cm以上の巨大に成長した末期の肝細胞癌に有効である。②手術しなくても，肝細胞癌を治療することが可能である。③抗癌剤の副作用が抑制され，安全性が高い。④末期癌における，生存率の飛躍的向上が期待できる。

一方，優れた抗癌剤でありながらしばしば重篤な副作用で知られる塩酸イリノテカンを膜乳化でカプセル化し，経口投与しようという試み[11]もある。カプセル化することにより副作用を軽減しながら，飲み薬にすることで患者のQOL（生活の質）を高めようという狙いである。薬物の放出制御とバイオ・アベイラビィリティの確保が課題である。

6　おわりに

以上述べた膜乳化法に対して，川勝ら[12]は，シリコンチップに精密加工されたマイクロチャネルを利用することにより，単分散性に優れたエマルションをつくる新たな乳化法を開発し，これをマイクロチャネル乳化法と称した。無数の細孔を有する多孔膜を用いる膜乳化に比べて，チャネル数に限りがあるマイクロチャネル乳化は，実用的な視点からエマルションの生産性にやや難があるものの，少量でも標準球となる微粒子の調製手段として有効だし，液滴形成機構の解明に関してマイクロチャネル乳化が果たした役割は大きい。膜乳化とマイクロチャネル乳化は一見異なる乳化法のようだが，膜を無数のマイクロチャネルの集合体と見なせば，同じ範疇で議論すべき技術と考えられる。

最後に，膜技術における膜乳化法提案の工学的意義に触れて稿を閉じたい。

膜技術はこれまで主に物質分離の手段として発展を遂げてきたが，膜乳化技術においても様々の膜の機能が利用され，共通の課題が議論されている。すなわち膜に要求される孔径の均一性は，物質分離の精度を上げるために必要だが，膜乳化においても均一なサイズの粒子形成に重要である。また膜の表面化学特性や機械的特性，熱的安定性もファウリングや濡れ，及び耐久性に関連して無視できない要素である。このような訳で，著者は膜乳化を膜技術の一つと捉え，共通する課題を議論してみたいと思っている。従来分離プロセスに限定されていた膜技術に新たな可能性を示したものとして，膜乳化技術の提案の意義は大きい。

文　　献

1) 中島忠夫ほか，化学工学会第21回秋季大会研究発表講演要旨集，p.86（1988），中島忠夫ほか，化学工学論文集，**19**，984（1993）
2) 中島忠夫ほか，日化，**1981**，1231
3) 中島忠夫ほか, *J. Ceram. Soc. Japan*, **100**, 1411 (1992)
4) 中島忠夫ほか，化学工学論文集，**19**，991（1993）
5) 鈴木寛一ほか，化学工学会第25回秋季大会研究発表講演要旨集第1分冊，p.180（1992）
6) 小此木成夫ほか，公開特許公報，平4-210,553（1992）
7) T. Nakashima *et al.*, U.S. Patent, 5, 278, 106 (1994)
8) 内藤真典，第22回機能材料と利用に関するフォーラム講演要旨集，p.66(1994)
9) 清水正高ほか，特願2001-328, 672（2001）
10) S. Higashi *et al.*, *Cancer*, **75**, 308 (1995)
11) 清水正高ほか，平成14年度地域新生コンソーシアム研究開発事業成果報告書（事業番号13G8005），p.34（2003）
12) T. Kawakatsu *et al.*, *JAOCS*, **74**, 317 (1997)

第5章　ナノテクノロジーに基づくナノ医療の開発：ナノカプセル（ナノロボット）

上徳豊和[*1]，下川宏明[*2]

1　ナノ治療戦略の背景

従来，種々の疾患に対する薬物投与におけるその投与量の設定は，個別の薬物における吸収率，体内でのコンプライアンス，排泄率などを考慮し設定されてきた。個々の薬剤には自ずと治療域が存在し，治療域を超えた場合標的部位以外の組織・臓器に障害をきたす場合がある。特に毒性の強い薬剤の場合，一般的にその治療域は極めて狭く，その使用には十分な注意を要する。よって，いかに薬剤を標的の組織に対し有効に，かつ選択的に送達できるかが以前より検討されてきた。また，投与方法も薬物の動態に重要なファクターとなる。経口・経静脈・経動脈・経皮など種々の投与方法があるが，その前提として投与経路における組織障害，吸収率などの問題が不可避である。特に抗腫瘍薬の分野においては，使用薬剤の特性上，有効な薬物送達は臨床上きわめて重要な課題であり，通常一般に行なわれている投与方法（経口投与・経静脈投与）以外にも種々の投与法（経動脈投与・ポート留置等）が試みられてきたが，やはり抗腫瘍薬に由来する多くの全身性の副作用は，腫瘍組織自体の薬剤抵抗性とともにその治療成績を大きく制限してきた。同分野においては，最近のナノテクノロジーの進歩に伴い，特定の薬剤を内包したナノミセルの開発が試みられてきた。

2　抗腫瘍薬含有ナノカプセルの開発

K.Kataokaらは，1997年にPEO-PBLA（poly（ethylene oxide）-block-poly（β-benzyl-L-aspartate)）にドキソルビシンを搭載したミセルの検討を行い[1)]，さらに2001年にNK911としてその腫瘍特性を詳細に検討し，腫瘍組織においてドキソルビシン単独投与と比較し約2から3倍の濃度でドキソ-ルビシンが集積することを確認した[2)]。またAlexander Marinらは，Pluronic P-105 copolymerにより形成されるミセルにドキソルビシンを搭載し，さらに超音波の局所照射を併用することで高い細胞内へのドキソルビシンの送達を報告している[3)]。さらに

＊1　Toyokazu Uwatoku　九州大学　大学院　医学研究院　循環器内科　研究生
＊2　Hiroaki shimokawa　九州大学　大学院　医学研究院　循環器内科　助教授

Kevin A. Janesらは，chitosan（cationic polysaccharide）で形成されたミセルにドキソルビシンを搭載し，表面電荷による腫瘍細胞親和性，腫瘍細胞によるミセルのendocytosisの検討等を行っている[4)]。またKoert N.J. Burgerらは，特殊な冷凍凍結法によりシスプラチン含有脂質ミセルを作成し，シスプラチン単独と比較し1000倍にも及ぶ細胞毒性を確認しており[5)]，Tatsuhiro Jokiらは，エンドスタチンをトランスフェクトした細胞をナノミセルで包み（厳密にはナノミセルではないが），局所投与を行うことで，長期の局所でのエンドスタチンの放出，そして腫瘍組織における血管新生の抑制を得たと報告している[6)]。

このように，抗腫瘍薬のキャリアとして，現在までに数々のナノミセルが検討されているが，特に今回われわれの研究室で着目した薬剤は前述したNK911と呼ばれるドキソルビシン含有ナノミセルであり，従来のドキソルビシンと比較し明らかに高い抗腫瘍効果を示すことが既に認められている。このミセル製剤が腫瘍組織に対し高い親和性を持つ背景として，従来より腫瘍組織に認められていた独特な組織特性が挙げられる。これはEnhanced Permeability and Retension Effect（EPR Effect）と呼ばれる特性であり，①高密度の血管新生，②栄養血管自体の血管透過性の亢進，そして③リンパ組織などのwash-out系の組織が未発達なことに伴う局所の高い薬剤停滞性，といった点が挙げられる。NK911は，直径約40nmの粒径をもつミセルであり，特に血管透過性の亢進した部位に選択的に集積し組織内へ移行，局所到達後内部からドキソルビシンを徐放することにより高い抗腫瘍効果を示すと考えられている（図1）。血管透過性亢進部位に

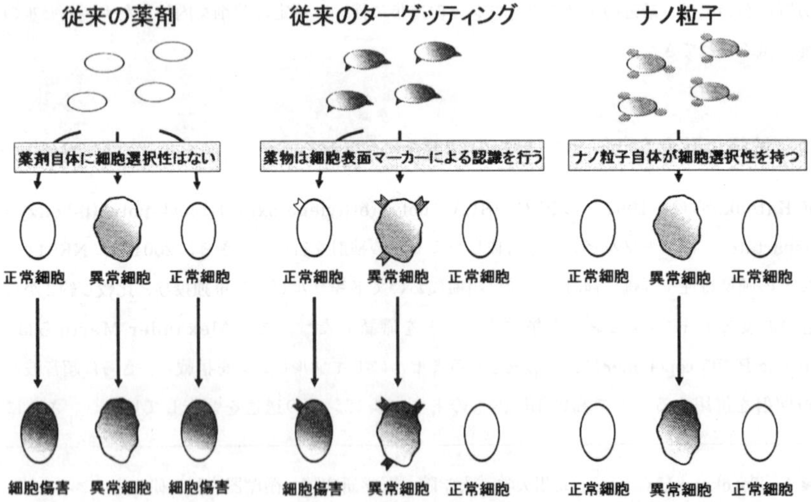

図1　ナノ治療の概念

特異的に集積するため，正常組織に対し腫瘍組織に対するドキソルビシンの集積度が上昇し，結果として全身性の副作用を抑えつつより高い抗腫瘍効果を期待することができる。また，腫瘍組織におけるEPR効果をもたらす要因としては，H.Maedaらが検討しているように，ブラジキニン，一酸化窒素（NO），プロスタグランジン，MMP，活性酸素種などのメディエーター，血管の分岐や伸展といった機械的刺激などがその誘因と考えられている[7]。

3　NK911及び心血管病変への適応

循環器疾患領域においても，血管病変の形成過程においてこのようなメディエーターも動脈硬化病変の形成に深く関与していることが現在までに多数報告されている。そこでわれわれの研究室では，前述したドキソルビシン含有ナノミセルであるNK911の循環器疾患への応用を検討した。循環器分野において，冠動脈疾患に対するインターベンション（経皮経管的冠動脈形成術・ステント埋め込み術）後の再狭窄は，今なお重大な合併症の一つである。現時点までに，再狭窄予防における局所への薬物送達の方法としては，インターベンション時のパーフュージョンカテーテルによる薬剤・ウイルスベクターの導入，冠動脈内への薬物投与，さらには放射性核種や抗腫瘍薬を含む種々の薬剤を搭載したステントなどが検討されてきた。しかし薬物自体の病変部位選択性の問題や，冠動脈自体への2次的傷害といった問題があり，再狭窄の有効な抑制には至っていない。過去の検討において，冠動脈に対するインターベンション後一定期間にわたり局所での血管透過性の亢進が報告されており，その機序として，過収縮や，周囲に突起を有した形態学的に異常な内皮細胞や，白血球の接着といった要因が考えられている[8]。また一方で先述の通りNK911は血管透過性部位選択性を有している。われわれはNK911の循環器疾患への応用の可能性を検討するため，ラット頸動脈バルーン傷害モデルを用いて，インターベンション後の動脈硬化病変の形成に対するNK911の抑制効果を検討したのでここで報告する[9]。

4　研究方法と結果

実験動物はWKYラット（体重240～280g）を使用した。まず予備実験としてわれわれはラットの総頸動脈に2Fのフォガティーカテーテルを用いてバルーン傷害を加え，傷害後の血管透過性亢進の評価をEvans-Blueと呼ばれる色素を用いて行った。その結果傷害部位は傷害後7日目の時点に到るまで青染が認められ，本モデルにおいては，バルーン傷害後少なくとも1週間にわたり，局所での血管透過性が亢進していることを確認した（図2）。これにより，血管透過性亢進部位に対する選択性を持つNK911は，バルーン傷害部位に選択的に集積し，抗増殖作用を発

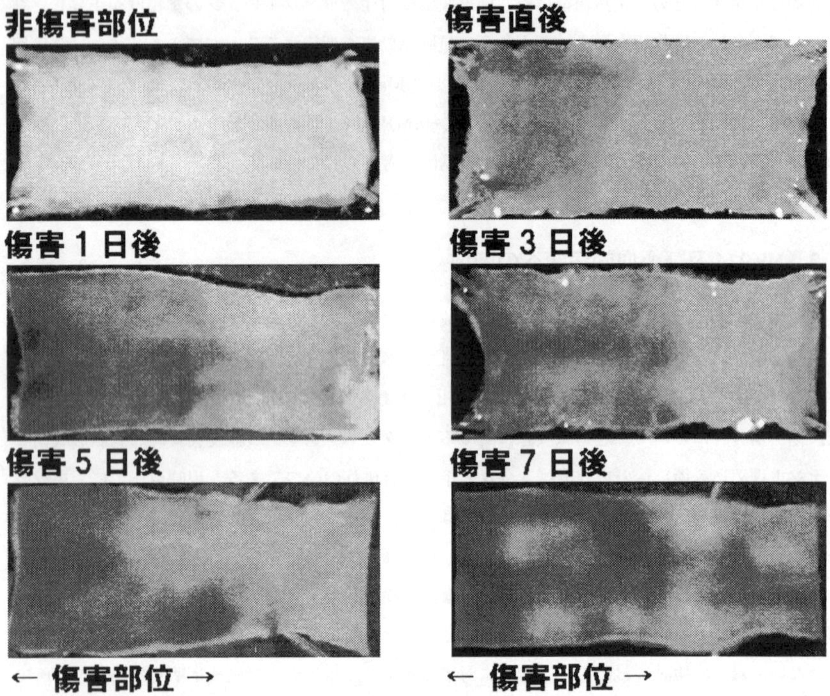

図2　Evans-Blueによる血管透過性亢進の確認
傷害後7日の時点まで傷害部位（血管片左側）の青染が認められた。
（＊文献9より許可を得て転載）

揮することが期待された。バルーン傷害後の薬剤の投与方法・投与量は通常の臨床における投与方法に準じ，傷害直後，傷害後3日目，6日目の3回，それぞれNK911（0.1, 1, 10mg/kgの3群）およびドキソルビシン単独（0.016, 0.16, 1.6mg/kgの3群）を経静脈的に投与した。なお，ドキソルビシン単独群の投与量は，おのおのNK911に含有される実際のドキソルビシン量に調製した。バルーン傷害後4週間後に頚動脈を摘出しNK911及びドキソルビシン単独投与の動脈硬化病変に対する抑制効果を検討した。また単独傷害モデルと並行し，より臨床に近い状況を再現するため，先行するバルーン傷害により形成された既存の動脈硬化病変に対して再びバルーン傷害を与え，より重度な病変に対するNK911およびドキソルビシン単独投与の効果も検討した。

また動脈硬化に対する影響を評価するとともに，全身性の副作用の評価や，さらにNK911による傷害部位局所へのドキソルビシン送達効率も検討した。その結果，NK911は，4週間後の動脈硬化病変の形成を用量依存性に抑制することが明らかとなった（図3）。またその抑制効果は

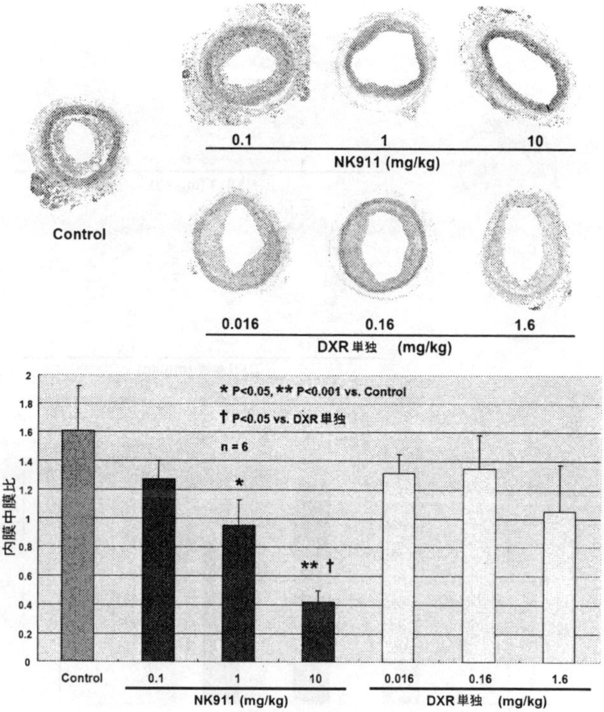

図3　単回傷害モデルにおけるNK911の新生内膜形成に及ぼす抑制効果
上段：組織像　下段：内膜中膜比（＊文献9より許可を得て転載）

ドキソルビシン単独群に比較しNK911群において顕著に強く認められた。また並行して検討した再傷害モデルにおいては，単独傷害に比較し重度な病変が形成され，ドキソルビシン単独投与では病変抑制効果は認められなかったものの，NK911は再傷害モデルにおいても有意に動脈硬化病変の形成を抑制し，単回傷害のレベルまでに病変の形成を抑えることができた（図4）。また動脈硬化病変抑制の詳細については，主にその抑制箇所は傷害後の新生内膜の抑制であり，収縮性リモデリングなどの因子に対する抑制効果は認められなかった。また4週間後の時点において，体重増加率，血行動態，肝・腎機能，血算には有意な影響は認められなかった。またわれわれは，単回障害群において，傷害後1週間内のいくつかのTime Pointで頚動脈組織中のドキソルビシン含有量を定量評価した。その結果，傷害頚動脈において，ドキソルビシン単独投与群に比較して，NK911群では優位に高値のドキソルビシン濃度が検出され，NK911が血管透過性の

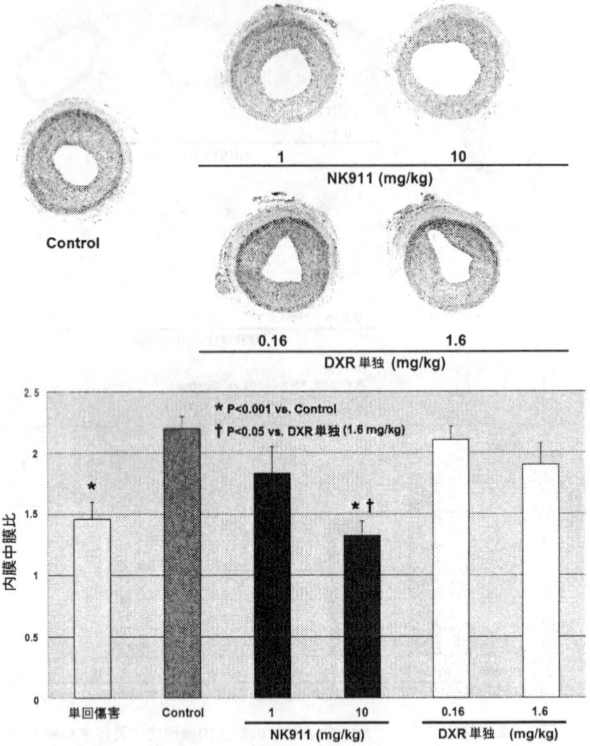

図4　再傷害モデルにおけるNK911の新生内膜形成に及ぼす抑制効果
上段：組織像　下段：内膜中膜比（＊文献9より許可を得て転載）

亢進したバルーン傷害後の頚動脈に対して，有効にドキソルビシンを送達していることが明らかとなった（図5）。引き続きわれわれはNK911の新生内膜形成抑制効果の機序を免疫染色により検討したところ，NK911・ドキソルビシン単独投与群ともにアポトーシスや炎症細胞の浸潤には影響を与えなかったものの，NK911は傷害後1週間の時点においてドキソルビシン単独群と比較し有意にPCNA陽性の増殖細胞数および，一切片あたりの細胞数を強力に抑制していた。このように，腫瘍とは異なる病理で形成される動脈硬化病変に対し，EPR効果をターゲットとするNK911は，含有薬剤であるドキソルビシンを有効に病変部位に送達し，局所での細胞増殖を直接抑制することにより，動脈硬化病変の形成を抑制することが確認された。

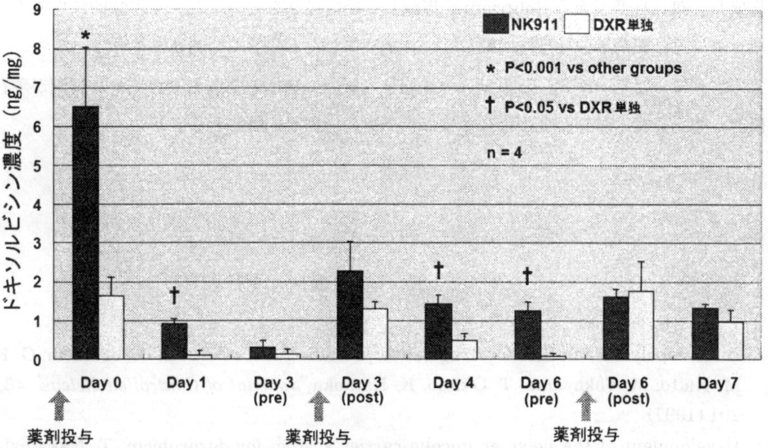

図5　単回傷害モデルにおける傷害頸動脈組織中のドキソルビシン含有濃度
グラフ下の矢印は薬物投与のポイントを示す。（＊文献9より許可を得て転載）

5　循環器疾患領域及び他分野におけるナノカプセル製剤

このように，循環器疾患分野におけるナノミセルキャリアを含むDDSの検討についても，現在までにいくつかのグループから報告されている。例を挙げると，Luis A. Guzmanらは，PLGA重合ミセルをバルーン傷害後のラット頸動脈に圧入し，ラット頸動脈局所でのミセル導入効率を検討している[10)]。またIlia Fishbeinらは，Platelet-Derived Growth Factor Receptor β（PDGFR-β）の特異的な阻害薬であるTyrphostinを含有したpolymeric matricesのシートを傷害血管外周に巻きつけることで血管病変形成を抑制したと報告し[11)]，さらにTyrphostin含有ナノミセルをバルーン傷害後のラット頸動脈に圧入し血管平滑筋の増殖抑制効果を検討し[12)]，さらにその粒径や導入時間（バルーン傷害後圧入）を種々に変更し導入効率や病変の抑制効果などを検討している[13)]。また最近の報告としては，Frank D. Kolodgieらが，ウサギの大腿動脈ステントモデルに対し，paclitaxel含有ナノミセルを投与し（動脈内投与＋静注），新生内膜形成の抑制およびその機序としての再内皮化の促進を報告している[14)]。またナノミセル製剤の検討は前述の抗腫瘍薬や循環器疾患領域以外にも多くの疾患領域での検討がなされるようになっている。Krishnendu Royらは，特定の食物アレルギーをターゲットとし，アレルゲンのプラスミドDNA-Citosanナノミセルを経口投与し，消化管での抗原遺伝子の発現および結果的な減感作効果を確認している[15)]。それ以外にも，Alf Lamprechtらは，poly（lacticcoglycolic acid）によりミセルを作成し，抗炎症薬であるRolipramを搭載し，経口投与を行うことで，実験的に作成された腸炎モデルに対し薬剤単独投与に比較し，より長期にわたる病勢の抑制効果を得ている[16]。

このように，特定の薬剤，およびミセル自体に種々の機能を搭載させたミセル製剤が現在も多数研究・開発されており，今後より多様な疾患への応用が期待される。

文　献

1）Block copolymer micelles for drug delivery: loading and release of doxorubicin, G. Kwon, M. Naito, M. Yokoyama, T. Okano, K. Kataoka, *Journal of Controlled Release* **48**, 195-201 (1997)

2）Development of the polymer micelle carrier system for doxorubicin, T. Nakanishi , S. Fukushima , K. Okamoto , M. Suzuki , Y. Matsumura *et al.*, *Journal of Controlled Release* **74**, 295-302 (2001)

3）Acoustic activation of drug delivery from polymeric micelles:effect of pulsed ultrasound, Alexander Marin, Muniruzzaman, Natalya Rapoport, *Journal of Controlled Release* **71**, 239-249 (2001)

4）Citosan nanoparticles as delivery systems for doxorubicin, Kevin A. Janes , Marie P. Fresneau, Ana Marazuela , Angels Fabra , Mar.a Jose Alonso, *Journal of Controlled Release* **73**, 255-267 (2001)

5）Nanocapsules: lipid-coated aggregates of cisplatin with high cytotoxicity, Koert N.J. Burger, Rutger W.H.M. Staffhorst, Hanke C. de Vijlder, Maria J. Velinova, Paul H. Bomans *et al., Nature Medicine* **8**, 1, 81-84 (2002)

6）Continuous release of endostatin from microencapsulated engineered cells for tumor therapy, Tatsuhiro Joki, Marcelle Machluf, Anthony Atala, Jianhong Zhu, Nicholas T. *et al.*, *Nature, Biotechnology* **19**, 35-39 (2001)

7）The Enhanced Permeability And Retention (EPR) Effect In Tumor Vasculature: The Key Role Of Tumor-Selective Macromolecular Drug Targeting, Hiroshi Maeda: *Advan. Enzyme Regul* **41**, 189-207 (2001)

8）Long-Term Endothelial Dysfunction Is More Pronounced After Stenting Than After Balloon Angioplasty in Porcine Coronary Arteries, Heleen M.M. Van Beusekom, Deirdre M. Whelan, Sjoerd H. Hofna, Stefan C. Krabbendam, Victor W.M. Vav Hinsbergh *et al., JACC.* **32**, No. 4, 1109-1117 (1998)

9）Application of nanoparticle technology for the prevention of restenosis after balloon injury in rats. Uwatoku T, Shimokawa H, Abe K, *et al.*, *Circ. Res.* **92**, e62-e69 (2003)

10）Local Intraluminal Infusion of Biodegradable Polymeric Nanoparticles, A Novel Approach for Prolonged Drug Delivery After Balloon Angioplasty, Luis A. Guzman, Vinod Labhasetwar, Cunxian Song, Yangsoo Jang, A. Michael Lincoff, *et al.*,

Circulation. **94**, 1441-1448 (1996)

11) Local Delivery of Platelet-Derived Growth Factor Receptor-Specific Tyrphostin Inhibits Neointimal Formation in Rats, Ilia Fishbein, Johannes Waltenberger, Shmuel Banai, Laura Rabinovich, Gershon Golomb *et al., Arterioscler Thromb Vasc Biol*. **20**, 667-676 (2000)

12) Nanoparticulate delivery system of a tyrphostin for the treatment of restenosis, Ilia Fishbein , Michael Chorny , Laura Rabinovich , Shmuel Banai , Gershon Golomb *et al., Journal of Controlled Release* **65**, 221-229 (2000)

13) Formulation and Delivery Mode Affect Disposition and Activity of Tyrphostin-Loaded Nanoparticles in the Rat Carotid Model. Ilia Fishbein, Michael Chorny, Shmuel Banai, Alexander Levitzki, Gershon Golomb *et al., Arterioscler Thromb Vasc Biol*. **21**, 1434-1439 (2001)

14) Sustained Reduction of In-Stent Neointimal Growth With the Use of a Novel Systemic Nanoparticle Paclitaxel, Frank D. Kolodgie, Michael John, Charanjit Khurana, Andrew Farb, Renu Virmani *et al., Circulation*.**106**, 1195-1198 (2002)

15) Oral gene delivery with chitosan-DNA nanoparticles generates immunologic protection in a murine model of peanut allergy, Krishnendu Roy, Hai-Quan Mao, Shauku Huang & Kam W. Leong, *Nature Medicine*. **5**, No. 4, 387-391 (1999)

16) Biodegradable Nanoparticles for Targeted Drug Delivery in Treatment of Inflammatory Bowel Disease, Alf Lamprecht, Nathalie Ubrich, Hiromitsu Yamamoto, Ulrich Schafer, Claus-Michael Lehr, *The Journal Of Pharmacology And Experimental Therapeutics*. **299**, No.2, 775-781 (2001)

第6章　機能性マイクロカプセル調製における機能化設計

吉澤秀和*1，神尾英治*2

1　はじめに

アメリカのNCR社が感圧複写紙の商品化にマイクロカプセルを利用して以来，約50年が経過した。この間，マイクロカプセル化技術は様々な分野において応用され，香料，液晶などの酸化防止，酵素や高分子物質の漏出抑制，反応性の高い物質同士の隔離などの目的に利用され，医薬品，農薬，肥料などにおいては内包物の外部環境への徐放制御といったインテリジェント材料として発展を遂げている[1)]。また，環境問題が深刻化している現代において，例えば金属抽出試薬を芯物質として内包したマイクロカプセルによる工業廃液からの金属回収システムへの適用例も報告されている。さらに近年では，従来の目的であった芯物質の保護とは全く異なる目的で，このマイクロカプセル化技術をデジタルペーパーとして応用する試みが世界的に注目を集めている[2)]。

これら高機能性マイクロカプセルの開発には，使用時にそれらが十分な特性を発現できるよう，調製法の選択，調製プロセスやその条件の決定，さらには内包したい芯物質や芯物質を取り囲む壁膜の材料選定などに関する開発設計（開発指針）が重要となる。言い換えれば，どんな有用な調製法であっても，調製されるマイクロカプセルはそれらの条件の選定により，所定の特性とは全く異なる特性を示すからである。このため，用途に適したマイクロカプセルの調製には，その設計が非常に重要といえる。例えば，医薬品や肥料，農薬などへ応用されるマイクロカプセルを考えた場合，壁膜が多孔性で，芯物質が徐放されるような構造を持つものが望ましい。一方でマイクロカプセルトナーやマイクロカプセルインキなどに代表されるようなマイクロカプセルの場合，内包物が揮発あるいは漏出しないようにするため，膜には細孔が空かないように設計するべきであり，色材の色を邪魔しない透明性が要求される。

以下に，マイクロカプセル形成の基礎として，代表的なカプセル化法の例を挙げ，その適用例を示す。

---

*1　Hidekazu Yoshizawa　岡山大学　環境理工学部　環境物質工学科　助教授

*2　Eiji Kamio　岡山大学　環境理工学部　環境物質工学科　博士研究員

2　マイクロカプセル形成の基礎

2.1　マイクロカプセル調製法

(1) コアセルベーション法[3)]

高分子溶液はその環境を変化させることによりきわめて濃厚な分散相と希薄な連続相とに相分離する。このようにして生じさせた濃厚液滴はコアセルベートといい，これを利用するマイクロカプセル化法をコアセルベーション法という。図1にゼラチン－アカシアマイクロカプセル調製例を示す。表1にはその調製条件件を示している。連続相であるゼラチン水溶液に，適当な方法で粒径を整えたエマルションを添加し，40℃一定温度下にて500rpmで撹拌し，エマルションを連続相中に分散させる。1分後にアカシア水溶液を加え，さらに1分後に蒸留水で希釈する。5分間撹拌を続けた後，酢酸を添加し，その5分後から系の温度を0.5K／minの速度で1時間かけて10℃にする。これによりコアセルベート相がエマルション表面に形成されるので，ホルマリン水溶液を加えることによりコアセルベート相を硬化させ，マイクロカプセル膜形成を行う。調製されたマイクロカプセルは吸引濾過により回収される。

コアセルベーション法において用いられる水溶性高分子としては，ゼラチンがもっともよく用いられている。ゼラチンは無害で優れた皮膜形成能を持つ水溶性のタンパク質であり，その物理化学的および化学的性質が有効に活用される。ゼラチンと複合コアセルベーションを形成しうる

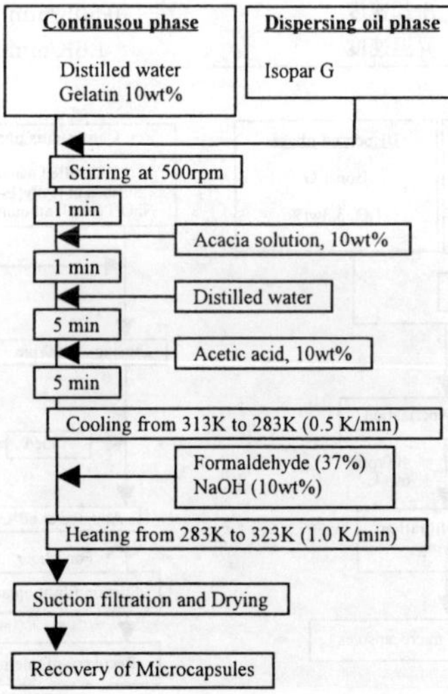

図1　ゼラチン－アカシアマイクロカプセル

ポリアニオンコロイドには，アラビアゴムやアルギン酸ナトリウム，カルボキシメチルセルロース，カラギーナンなど環境負荷の小さい物質が多用されている。また，酢酸濃度を調節することでカプセル膜厚の制御がある程度可能である。

(2) 相分離法[4, 5]

相分離法とは，芯物質の内あるいは外側のどちらか一方からモノマーや重合触媒を供給して，油ー水界面上にポリマー層を析出させ，マイクロカプセルを形成させる方法である。以下にその代表的な例を示す。

芯物質の外側からカプセル膜を形成する場合，モノマーとしては尿素やメラミンが利用できる。図2に尿素あるいはメラミンをモノマーとして用いた場合の微粒子分散液内包マイクロカプセル調製例を示す。架橋尿素マイクロカプセルに対しては1粒子内包系，架橋メラミンマイクロカプ

表1　ゼラチンーアカシアマイクロカプセル調製条件

調製条件	添加物	添加量
連続相	ゼラチン	$15kg/m^3$
	アカシア	$15kg/m^3$
	酢酸	$3.0kg/m^3$
	ホルマリン	$1.85kg/m^3$
	NaOH	$2.25kg/m^3$
分散相	Isopar G	$0.10m^3/m^3$
操作条件		
撹拌速度		400rpm
冷却速度		0.50K/min
昇温速度		1.6K/min

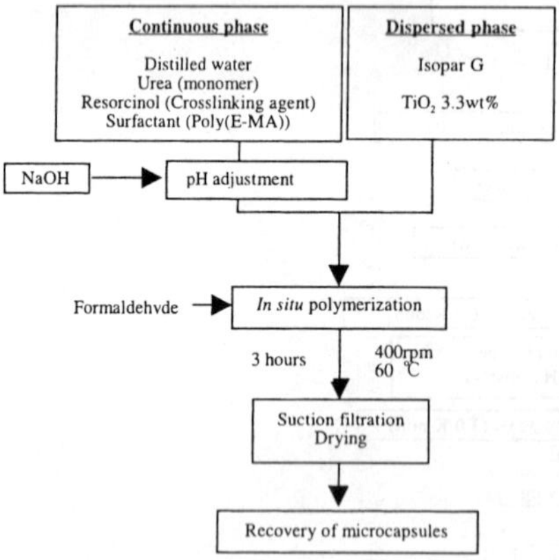

図2(a)　尿素架橋マイクロカプセル

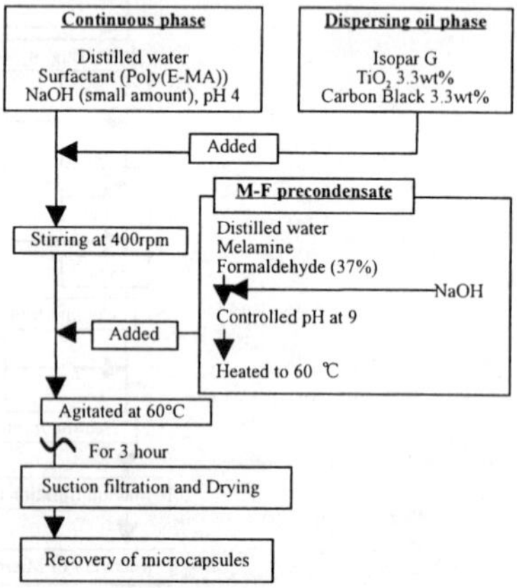

図2(b)　架橋メラミンマイクロカプセル

表2(a)　架橋尿素マイクロカプセル調製条件

連続相	尿素5g, Resorcinol 0.5g, poly (E-MA) 5g, pH3.5, 蒸留水で全量を150gとした。 ホルマリン添加量12.5g
分散相	Isopar G15g, チタニア0.5g
操作条件	温度333K, 撹拌速度：エマルション形成時700rpm, MC形成時400rpm, 反応時間3h

表2(b)　架橋メラミンマイクロカプセル調整条件

連続相	M-F水溶液　メラミン5g, ホルマリン12.5g, pH9.0, 蒸留水で全量50gとした。 poly (E-MA) 水溶液　poly (E-MA) 5g, pH4.0, 蒸留水で全量100gとした。
分散相	Isopar G15g, チタニア0.5g, カーボンブラック0.5g
操作条件	温度333K, 撹拌速度：エマルション形成時700rpm, MC形成時400rpm, 反応時間3h

セルに対して2粒子内包系のマイクロカプセル調製例をそれぞれ示した。また，各々のカプセル調製条件は表2(a)および(b)に各々示した。適当な方法で粒子径を制御した微粒子含有エマルションを，高分子界面活性剤であるpoly（ethylene-alt-maleic anhydride）（poly（E-MA））を溶解した連続相中に注入し，60℃一定温度の下にて400rpmで撹拌することにより分散させる。ここに反応開始剤としてホルマリン水溶液を添加し，エマルション表面に高分子層を析出させ，カプセル膜を形成させる。カプセル膜形成反応は約3時間で終了し，得られたカプセルは吸引濾過により回収される。これら架橋尿素マイクロカプセルや架橋メラミンマイクロカプセルは機械的強度には優れているが膜の柔軟性に乏しい。また，これらマイクロカプセルの膜形成機構も明らかにはされておらず，膜厚の制御技術の確立も今後の課題であろう。

芯物質の内側からカプセル膜を形成する方法としては，スチレンージビニルベンゼンのラジカル重合を利用する相分離カプセル調製法が挙げられる。モノマーとしてスチレン，架橋剤としてジビニルベンゼン，ラジカル重合開始剤としてADVNやAIBNを溶解した有機溶媒を，エマルション安定剤を溶解した水相中に添加し，撹拌下で乳化させ，窒素雰囲気下，70℃で約3時間程度反応させることでスチレンージビニルベンゼンをカプセル壁とするマイクロカプセルが得られる。

2.2　マイクロカプセル粒子径制御法

O／Wエマルションの粒径制御に関しては，マイクロリアクター[6]やマイクロチャンネル[7]，SPG膜乳化装置[8]など様々な方法が適用可能である。図3にSPG膜乳化装置によるエマルション粒径制御法を利用して調製したマイクロカプセルのSEM写真を示した。写真のマイクロカプセルは架橋メラミンマイクロカプセルであり，カプセル膜が連続相側からエマルション表面均一に形成されるため，マイクロカプセルの粒子径も調製されたエマルションの粒子径を反映した単分

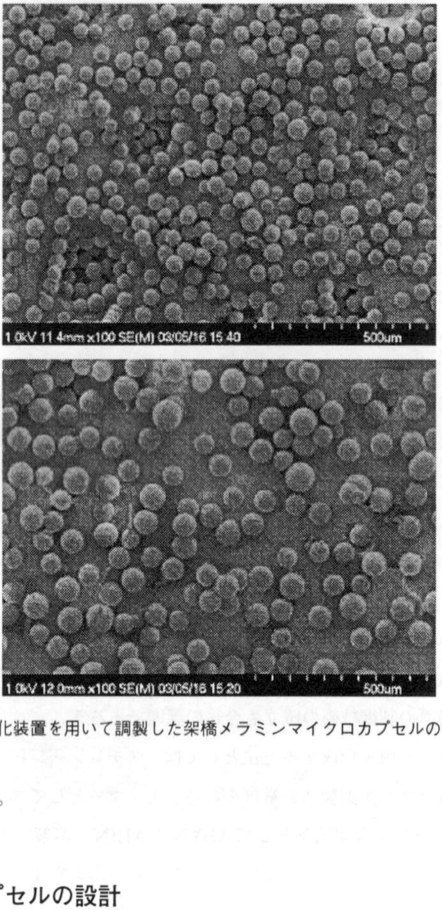

図3　SPG膜乳化装置を用いて調製した架橋メラミンマイクロカプセルの電子顕微鏡写真

散なものとなっている。

3　マイクロカプセルの設計

3.1　金属吸着剤マイクロカプセル[9～13]

金属回収法としては，従来から溶媒抽出法やイオン交換樹脂を用いた金属吸着法が一般的に広く用いられてきた。溶媒抽出法では，金属選択性は高いが環境負荷の大きい抽出剤を大量に使用しなければならない。一方，イオン交換樹脂を用いた方法では，イオン交換樹脂は固定層に充填して用いることが出来るため連続操業に向いているが，使用するイオン交換樹脂自体が非常に高価であるため，大量の溶液を処理できるような大型の装置を作るのが難しい。そこで，抽出剤を有効に，かつ固定層として使用する目的で，溶媒抽出法で用いられる抽出剤をマイクロカプセル化して，安価で簡単に調製できる吸着剤として用いる金属吸着法が検討されている。

(1) 設計概念

一般的に金属吸着剤は，吸着と脱着の作業を一連のプロセス下で用いるために流通管型反応器（カラム）に充填して使用される。また，金属イオンは一般的には高濃度の酸に溶解してイオンとして存在しているため，金属の吸着は酸性条件下で行われる。従って，金属吸着剤としてのマイクロカプセルの機械的および化学的安定性は，連続操業の必要性から，繰り返し使用に耐えうるだけの機械的強度と耐酸性を有している必要がある。また，芯物質として使用される金属抽出試薬は，従来の溶媒抽出法で用いられている抽出剤を用いるため，調製されるマイクロカプセルは有機溶媒を含浸したものとなる。すなわち，マイクロカプセルの壁膜は有機溶媒に対する耐性を必要とする。さらに，マイクロカプセルに吸着された有用金属は回収を，有害金属は分離除去をする必要があるため，含浸する抽出剤は可逆的に金属を吸・脱着できるものを選択するのが望ましい。一方，金属イオンはマイクロカプセル内に含浸された抽出剤と錯体を形成してマイクロカプセル中に取り込まれることになるので，その吸着量を上げるためには金属錯体がカプセルの中心部に拡散し，カプセル内に濃縮される必要がある。すなわち，カプセル壁膜は金属錯体が拡散移動できるような細孔を有する必要がある。また，マイクロカプセル充填カラムを用いた金属吸着操作に関しては，最終的に工業的に用いられることを考慮すると，その金属吸着挙動を簡単に解析できる方がよい。すなわち，マイクロカプセルは真球形であるほうがよい。

以上の観点から，金属吸着剤としてのマイクロカプセルは壁材として酸や有機溶媒に高い耐性を有するスチレンやジビニルベンゼンなどのラジカル重合性モノマーを使用し，*in-situ* 重合法によってカプセル化を行う方法が考えられる。また，ラジカル重合に加えて低沸点有機溶媒の液中乾燥をカプセル化プロセスに組み込み，有機溶媒の揮発を促すことで，物質移動を円滑に行わせるための細孔をカプセル壁膜に形成させる。このようにして得られたマイクロカプセルは，球状で芯物質として金属抽出試薬を内包している。図4に例として金属吸着剤マイクロカプセル充填カラムを用いた希金属の吸着破過曲線を示す。破過曲線に示されているように，金属はマイクロカプセルにより水溶液中から良好に回収されており，カラムの繰り返し使用に対する吸着能の低下も見られない。

3.2　マイクロカプセルインキ[14～17]

マイクロカプセルを利用したデジタルペーパーは，アメリカのE-ink社によってすでにプロトタイプが発表されているが[2]，その構造は微粒子を分散した有機溶媒を芯物質とする単核マイクロカプセルであり，従来提案されてきた微粒子系ディスプレイに対するカプセル化の優位点として，ライフタイムや製造性の向上，微粒子分散液を事実上固体物質として取り扱うことが出来るため任意の表面にプリントできることなどが挙げられる。現在E-ink社によって公表されている非水系電気泳動型デジタルペーパーのプロトタイプでさえも，on／offサイクル試験による繰り返し画像表示の劣化はほとんど見受けられず，また画像形成後の画像保持性に関しても良好な結果が示されており，マイクロカプセル化の有効性は非常に高いことが示されている[3)]。

（1）設計概念

電気泳動性マイクロカプセルインキが有する特性は，電界の印可による内包した微粒子の電気泳動特性を利用した画像表示特性に集約される。その画像印字原理を図5に示した。独立したマイクロカプセル1個ごとに，無数の白色系微粒子がマイクロカプセル中に分散している1粒子方式と白色系および黒色系微粒子がマイクロカプセル中に分散している2粒子系の2つの方式がある。この特性を発現するために必要となるマイクロカプセルの性質としては，1粒子方式ならば内包する溶液は染色されている必要があり，分散微粒子は正または負のどちらかに帯電していな

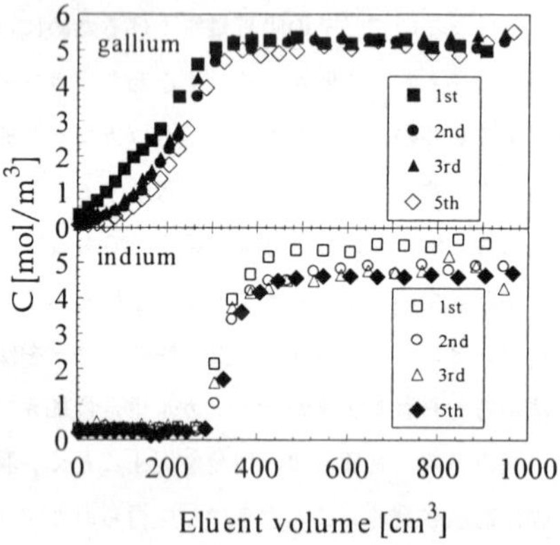

図4　マイクロカプセル充填カラムによる希金属の吸着破過曲線

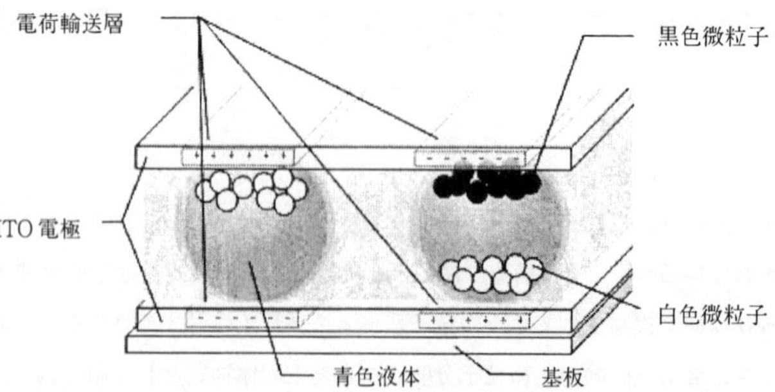

図5　電気泳動型マイクロカプセルインクの基本構造（左：1粒子系，右：2粒子系）

ければならない。また，2粒子系方式の場合ならば分散微粒子は各々が正あるいは負の逆の電荷に帯電している必要がある。一方，壁膜に関しては，内包した溶液あるいは微粒子の色を表示するために透明性の物質である必要がある。さらに内包物の色調表示のためには光の反射による色調の変化に関しても考慮する必要があり，そのためマイクロカプセルの直径を望ましい大きさに制御する必要がある。このマイクロカプセル径の制御に関しては，マイクロカプセルを基盤上に単層に配列するためにも，また，解像度を上げるためにも，単分散で出来る限り小さい粒径が望ましい。また，マイクロカプセル中に内包される微粒子はカプセル壁膜形成中にカプセル壁膜内に取り込まれないようにする必要がある。すなわち，カプセル壁膜は微粒子の分散している油相からではなく，水相側から形成されることが望ましい。さらに，調製されたマイクロカプセルを用いたデジタルペーパーはペーパーライクに折り曲げて使用できることが望まれているため，そこに配列されるマイクロカプセルも折り曲げに耐えうる柔軟性あるいは機械的強度を有する必要がある。また，表示の保持性を持たせるためには，マイクロカプセル中に内包される溶媒と微粒子の密度を同じに保つ必要がある。さらに，カプセル形成物質に人体に有害な物質は用いるべきではない。これらの条件を考慮すると，非水系電気泳動性マイクロカプセルインキとしては，相分離法によって調製される架橋尿素マイクロカプセルや架橋メラミンマイクロカプセル，あるいはコアセルベーション法や界面重合法によって調製されるマイクロカプセルの使用が可能である。実際，筆者がマサチューセッツ工科大学（MIT）メディア研究所のJoseph Jacobson準教授とともに開発したデジタルペーパーの1粒子系プロトタイプは，相分離法により調製した架橋尿素マイクロカプセルを用いている。芯物質には白色微粒子として低密度ポリエチレンでコーティングしたチタニアを分散した青色染料を用いており，電圧の印可により良好な青／白画像表示が認められている[14]。

一方，内包される微粒子に関しては，その粒子径がナノオーダーであり熱力学的に大変不安定であるため，芯物質溶媒中における微粒子同士の凝集やマイクロカプセル内壁への付着に伴う電気泳動特性の劣化をさけるため，分散安定剤や高分子膜を用いてその表面を改質して用いる必要がある[18]。微粒子の表面改質法に関しては本報の趣旨にはずれているため他に譲るが，微粒子の表面改質の際に用いる分散安定剤がマイクロカプセル膜形成に及ぼす影響については十分に考慮する必要がある。一般的に分散安定剤は界面活性能を有しているため，カプセル内部の分散相中の界面活性剤が油ー水界面に吸着しカプセル膜の形成を阻害する可能性がある。

(2) 最近の動向

1999年にE-ink社は最初の試作品Immediaを発表して以来，Lucent Technology社やIBM社，Philips社および凸版印刷㈱と技術提携し，意欲的にデジタルペーパーの開発に取り組んでいる。2001年には白色／黒色系ディスプレイの試作品を発表し，2002年にはカラー表示可能な試作品を発表した。図6に示した写真は2002年に発表されたカラー型デジタルペーパーのプロトタイプである[19]。このディスプレイの試作品はカラーフィルターの使用により4,096色の色彩表示が可能であり，その解像度は80ppiである。また，薄さの面では，2002年に発表された試作品では，厚み0.3mmが達成されている[20]。図7にその写真を示す。図に示されているコインの厚みとの比較から，実物の薄さがわかっていただけると思う。さらに，2003年に開催されたSID03においても，E-ink社は160ppiの高解像度を有する試作品を展示発表しており[21]，精力的に量産化に向けて開発を行っている（図8）。

このように，デジタルペーパーへのマイクロカプセルインキ使用実現のために数多くの研究が

図6　E-ink社と凸版印刷株式会社との共同開発で作成されたカラーディスプレイの試作品

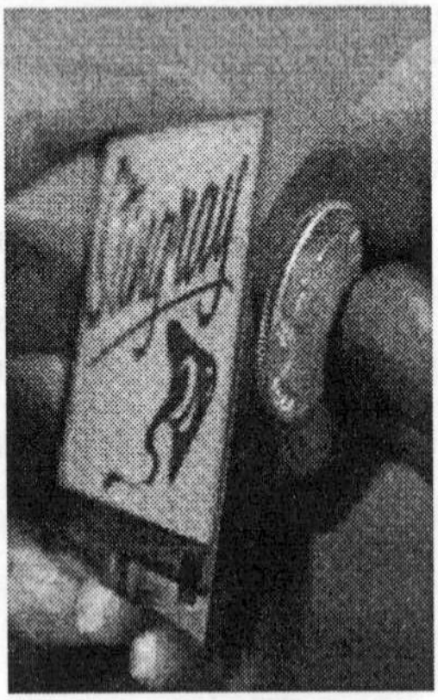

図7　E-ink社が開発した厚さ0.3mmのディスプレイ

図8　E-ink社とPhilips社が共同開発したフォトタイプディスプレイの試作品

行われているが，高コントラストや高速応答性等の高機能性付与技術の確立には，解決されるべき課題が未だ数多く存在する。

4　おわりに

ナノテクノロジーと機能性材料への関心が強まっている現在，マイクロカプセル形成に関してもさらなる高機能性付与技術が要求されている。既存のカプセル化技術に関する知見を基礎としつつ，特性評価・計測技術に基づくカプセル壁膜合成技術の確立，および様々な分野の技術の融合，適用が必要不可欠であり，また急務でもある。

マイクロカプセルに関してこれまでに数多の総説，論文や特許が書かれており，カプセル技術はかなり浸透しているかに思えるが，現実的にはマイクロカプセルという言葉だけが一般化しその調製技術までは波及していない。その主因として，産業界においては詳細な情報を外部に公表せず技術の蓄積をノウハウ化しており，大学などの研究機関では材料開発という言葉の裏で一貫した開発意識や設計概念がなく勝手気ままなアイデアの下で研究を展開しているという現状を挙げることができる。日本のカプセル技術は世界的レベルにあるといわれるが，技術の体系化や共有化がなしえていない分野が今後もトップクラスを維持できるとは考えにくい。

今後のマイクロカプセルの高機能材料へのさらなる発展のためにも，マイクロカプセル調製方法の体系化やその技術の共有化といったような，基礎的な知見の習得と公開が望まれる。

文　　献

1）近藤保ほか，マイクロカプセル　その機能と応用，日本規格協会（1991）
2）http://www.eink.com/technology/index.html
3）鹿毛浩之ほか，化学工学論文集，**23**，p. 659（1997）
4）近藤保ほか，最新マイクロカプセル化技術，㈱総合技術センター，p. 13（1987）
5）小林栄次ほか，岡山大学環境理工学部研究報告，**5**，p. 159（2001）
6）西迫貴志ほか, 化学工学会第68年会要旨集, B106（2003）
7）S. Sugiura *et al., Ind. Eng. Chem. Res.*, **41**, p. 4043 (2002)
8）中島忠夫, 清水正高，化学工学論文集, **19**, p. 984（1993）
9）H. Yoshizawa *et al., J. Chem. Eng. Jpn.*, **28**, p. 78 (1995)
10）H. Yoshizawa *et al.*, ISEC '96, Melbourne, March, p. 899 (1996)
11）K. Shiomori *et al., Sep. Sci. Technol.*, in print (2003)
12）S. Nishihama *et al., Hydrometallurgy*, **64**, p. 35 (2002)

13） E. Kamio and K. Kondo, *Ind. Eng. Chem. Res.*, **41**, p. 3669 (2002)
14） B. Comiskey *et al., Nature*, **394**, p. 253 (1998)
15） J. D. Albert and B. Comiskey, U. S. Patent, 6,392,785 (2000)
16） A. Loxley and B. Comiskey, U. S. Patent, 6,262,833 (1999)
17） 吉澤秀和, 非水系電気泳動型デジタルペーパーの開発動向, 面谷信監修，デジタルペーパーの最新技術，p. 29，シーエムシー出版，東京（2001）
18） 川口春馬ほか，微粒子・粉体の最先端技術，シーエムシー出版，p. 270（2000）
19） http://www.eink.com/news/releases/pr62.html
20） http://www.eink.com/news/releases/pr60.html
21） http://www.eink.com/news/releases/pr69.html

応用編

第1章　記録・表示材料

1　重合法トナー

上山雅文*

1.1　はじめに

トナーとは，電子写真方式を用いる複写機やプリンタにおいて，画像形成に用いる樹脂微粒子である。その市場規模は12万トン／年以上あり，樹脂機能性微粒子としては重要な市場を形成している。ちなみに，全体の約70％が日本のメーカにより生産されていると推定されている。電子写真方式とは，光起電力特性を持つ材料と，物質の摩擦帯電特性を組み合わせた複雑なシステム[1]である。最終的な画像形成を担うトナーにも（しばしば相反する）多くの機能が要求されるので，それゆえトナーは様々な技術を結集した高度な機能性微粒子である。

1.2　トナーに要求される特性とその対応

トナーは樹脂を主体とし，着色剤，電荷制御剤，磁性粉，その他（離型剤や表面処理剤）で構成される。要求される機能とは，定着性（加熱によって容易に溶融する），離型性，保存性（高温高湿条件下でも融着しない），帯電性，易粉砕性，機械的強度，制御された粒子径分布，光学的特性（光透過性，分光反射性，光沢性）である。これらの特性のいくつかは相反的関係となるので，機能の付与には様々な工夫が必要である。上記特性を得るために，材料の選択や配合処方はもとより，樹脂においてはモノマーの構造や，分子量とその分布形態まで制御する必要がある。以下に，それぞれの要求特性を満たすためにどのような手法が用いられているかを，主なものについて概説する。

1.2.1　定着性，保存性，離型性

定着性とは，トナーは最終的には熱により溶融され，紙（画像の基材）に定着するが，そのときの定着強度をいう。定着の機構は，単純にトナーが溶融して紙に浸み込むことにより得られるアンカー効果が主体と考えられている。したがって，より大きな定着性能を得るためには，低温で容易に溶融，低粘度化する樹脂を用いればよい。しかし，これは保存性と完全に相反する特性である。保存性とは，トナーが高温高湿下に長時間曝されても，粉体としての流動性が維持される（粒子同士が接着しない）ことをいう。これは，トナーが真夏の空調のないオフィスに放置さ

＊　Masafumi Kamiyama　㈱巴川製紙所　洋紙事業部　企画部長

れても，特性が劣化しないことを考慮しているためである。高い保存性を得るためには高温下でも溶融しない樹脂が望ましいが，上述のごとく定着性と矛盾する。さらに，トナーには離型性という複雑な問題を有した要求特性がある。トナーを紙（基材）に定着する方法として，一般的に用いられているのは熱ロール定着法である。これは，紙（基材）上に形成されたトナー層に，加熱したロールを押し付けて紙に定着させる方法である。溶融したトナーはロールに付着せず紙（基材）にのみ付着しなければならない。この時，溶融したときのトナーの粘度が高すぎても，あるいは，低すぎてもロールに付着する（オフセット現象という。それぞれ低温オフセット，高温オフセットと呼ばれている）ことが知られている。オフセットが発生すると画像にオフセット像が現れてしまい，画像品質上重大な欠点となる。オフセットを防止するためには，オフセットが発生しない溶融粘度になる温度で定着すればよいが，定着装置の機械的な問題からピンポイントの温度で定着温度を制御することは困難である。したがって，ある温度範囲で温度が変動しても，適切な溶融粘度を保持する樹脂が必要となる。

これらの要求特性を満足させるための方法は，樹脂ガラス点移転（Tg）の制御により保存性を，分子量分布の調整により定着性を制御している。またオフセット防止には樹脂の分子構造と分子量により対応する。樹脂構造によっては，樹脂の温度に対する溶融粘度をプロットしたとき，ある温度領域で温度変化に対して粘度が変化しない領域が現れる（図1）。この現象を利用して，オフセットが現れない温度領域を確保する。これらの特性を満たすために最もよく用いられる樹脂はスチレン—アクリル共重合体である。図2にその分子量分布の例を示す。一般的には高低二つのモードを持たせ，それぞれのモードの位置や，高低分子量成分の成分比を調節することによってオフセットしない温度とその温度幅や，定着性を制御する。また，スチレンとアクリルの比率を変えることにより，Tgをかなり精密に制御できる。

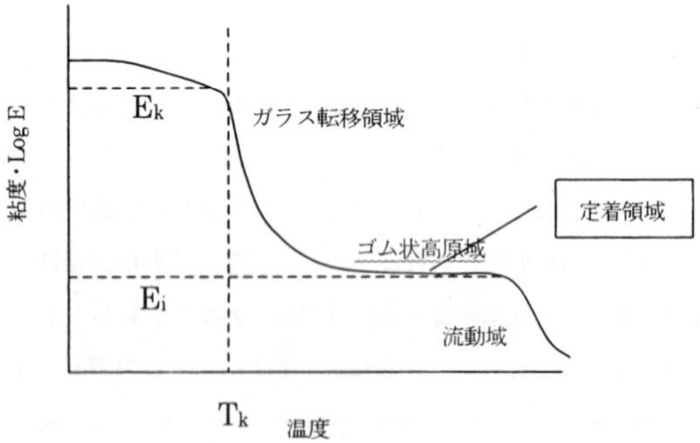

図1　温度・溶融粘度特性

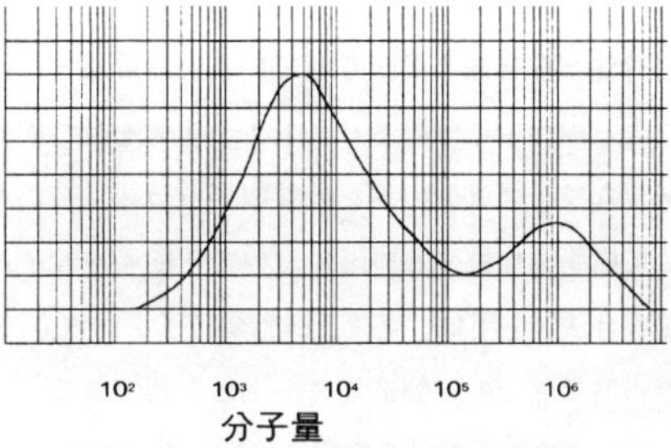

図2　トナー用樹脂の分子量分布の例

これらの特性を満たす粒子設計として，上述のような樹脂性能の制御による方法に対して，マイクロカプセルのように粒子構造を制御することにより，目的を達成する方式も実用化されつつある。たとえば，硬くTgの高い樹脂をシェルとし，溶融粘度の低い樹脂をコアとするマイクロカプセルトナーとすることにより，保存性，定着性という相反する特性を両立できる。

1.2.2　帯電性

トナーには攪拌により摩擦帯電する特性が必要である。それも単に帯電すればよいというのではなく，帯電極性，帯電量，さらには，攪拌開始後急速に一定の帯電量まで帯電し，その後攪拌を続けても帯電量が変化しないという特性が要求される。これらの特性は帯電制御剤を配することにより制御している。帯電制御剤として含金属顔料（ニグロシン系顔料，アゾ系含金属顔料など）が用いられる。しかし，これらの顔料がどのような機序を経ることによって帯電制御能を発揮しているのかはよくわかっていない。帯電制御剤の構造だけでなく，その分散状態や量によって，帯電特性が変化することが知られている。カラートナー用にはこれら着色顔料は使用できないので，特殊なポリマーや無色顔料が用いられる。

1.2.3　粒子径制御

トナーは平均粒子径6～10μmに制御される微粒子である。平均粒子径ばかりでなく，粒子径分布の広さも画質に影響を与えるので制御する必要がある。トナーの製法には粉砕法と重合法とがある（後述）が，それぞれ粒子径制御の方法は異なる。粉砕法とは文字どおりトナー樹脂の塊を機械力により粉砕し，求める大きさの粒子のみを分級操作により取り出す方法である。粉砕方式や分級方式は近年大きな発展を遂げており，多くのシステムが知られている。重合法では重合方式自体を工夫して求める大きさの粒子を得る重合法が開発されている。

1.3 トナーの製法

トナーの製法には，粉砕法と重合法とが知られている。粉砕法とは，着色剤，電荷制御材などを，溶融混錬することにより樹脂中に分散させ，トナー組成を持つ樹脂塊を作製した後，これを機械力により粉砕し，必要な粒子径成分のみを分離取得（分級）したものである。一方，重合法とは，モノマーを重合して樹脂を作製する段階において，樹脂が粒子として得られる重合法（主として乳化重合法か懸濁重合法）を用い，直接，樹脂微粒子を得る方法である。重合法では混錬，粉砕，分級という工程が省略できるので製造コスト上は有利である。しかし，トナーとして要求される粒子径（5～10μm）の微粒子を得る重合法は知られていなかった。現在の市場ではほとんどのトナーは粉砕法で生産されている。最近では重合法の研究も進展し，重合法トナーはトナー市場の一廓を占めるようになった。

製法により，粒子形状も大きく変わる。図3及び図4に，それぞれ粉砕法トナーと重合法（懸濁重合法）トナーの外観を示す。粉砕法では文字通りの粉砕粒子で，不定形で多数の稜を持つ。一方，重合法では真球状（懸濁重合法）や真球の会合粒子（乳化重合法）となる。また，表面の性質も大きく異なり，粉砕法では添加した構成材顔料が不規則に露出したヘテロ面となるが，重合法では均質な面となる。

1.3.1 粉砕法

トナー用の樹脂をハンマーミルなどであらかじめ粗粉砕しておき，これに着色顔料，電荷制御材（顔料）を加えよく混合した後，混錬機により溶融しながら混錬する。この操作により上記顔料が樹脂中に分散する。その後，この樹脂を適当なミル（ジェットミルがよく用いられる）により粉砕し樹脂微粒子を得る。ジェットミルでは，樹脂を高速空気流に乗せてノズルより衝突板に

図3　粉砕法トナーの形状

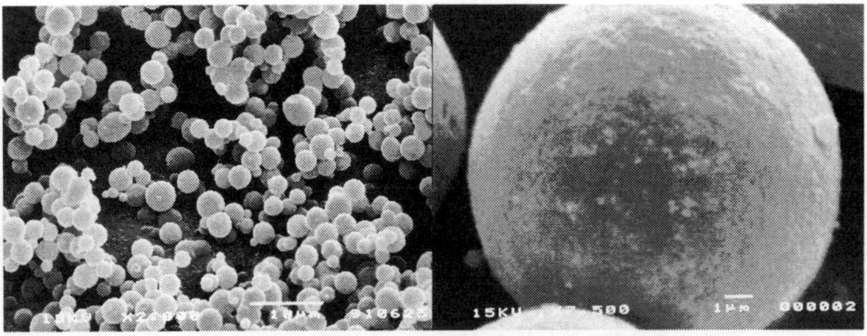

図4　重合法トナーの形状

衝突粉砕し，粉砕物はそのまま空気流に乗せて分級機にまで導き，求める粒子径以下の粒子を分離した後，残りの大きな粒子は再び粉砕過程に回流する。分離した粒子から微粒子を取り除き求める粒子径を持つ微粒子を得る。

1.3.2　重合法

モノマーの重合により樹脂を得るとき，生成物が粒子となる重合法がいくつか知られている。その代表的例は乳化重合法と懸濁重合法である。しかし，これらの方法をトナー製造に応用すると，前者では粒子径が小さすぎ，後者では大きすぎるという問題があるので，それぞれ何らかの工夫が必要である。乳化重合法を応用する場合では，得られた粒子を会合，凝集させることによりトナーに要求される大きさの微粒子とする。懸濁重合法では粒子を小径化させるために大きな剪断力を与える懸濁法が必要となる。しかし，水中の分散相を機械力により懸濁させるとき，その粒子径（この場合は液滴径）を制御することはできないといわれていた。懸濁重合法において，その生成物粒子径を制御する研究例はさほど多くはない。懸濁により液滴サイズを制御する方法として，特殊な撹拌法[2]の検討，撹拌中での分裂と合一過程の制御[3]，撹拌容器の幾何学的形状の検討，分散安定剤の選択などの方法が考えられる。また，懸濁重合の開始時に，目的とする粒子径とその分布の液滴を得ておいて，重合過程で液滴の分裂や合一をまったく経験させないで重合を完結する方法もある。その一例として一段分散法がある[4]。一段分散法では，特殊な分散システム（図5）[5]を用いる。通常の懸濁法では，連続相（水相）と分散相（モノマー相）を反応装置に入れて撹拌，懸濁させる。この方法では，分散相が撹拌装置により剪断力を受けて液滴に分裂する過程において，容器内の微細領域に注目したとき，各微細領域ごとに剪弾力場や相比が不均一となり，得られる液滴径も不均一となる。更に，撹拌を継続する段階で，液滴が合一したり分裂するという現象も発生し，液滴径の制御はさらに困難となる。これらの解決を図った方式が一段分散法である。この方式で用いる分散装置は，剪断力発生場全域において均質で大きな剪断力を発生するように設計される[6]。また，液滴の合一，分裂を経験させないので，他材料との複合化や，構造化粒子の作製が容易となる[7, 8]。

1.4 今後の動向—新機能の付与

今後のトナーに求められる要求は，フルカラー化（高画質化）と対環境（安全性，省エネルギー）特性への配慮であろう。この点については，重合法は粉砕法に比べて有利な点が多い。高画質化のための小粒子径化や形状制御が容易であるし，生産面においても工程が少ないので省エネルギー化も容易である，などの理由による。さらに，重合法の特徴として，構造化への対応が可能であるという点が挙げられる。これは，トナー用途に限らず，機能性微粒子への応用と考えると大きなポテンシャルを持つ特質である。

構造化の代表的な例はマイクロカプセル化であろう。図6にその一例を示す。シェルを構成しているのはスチレン樹脂でコアはアクリル比率の高い（Tgの低い）スチレン—アクリル共重合樹脂で構成されている。これはスチレンを外皮とすることで，耐熱性，保存性を確保し，溶融時にはコア樹脂の特性により低い溶融粘度となり，高い定着性が得られる。また，この構成により定着温度の低下（省エネルギー性）をもたらすこともできる。海島構造をもつ粒子は，海の部分

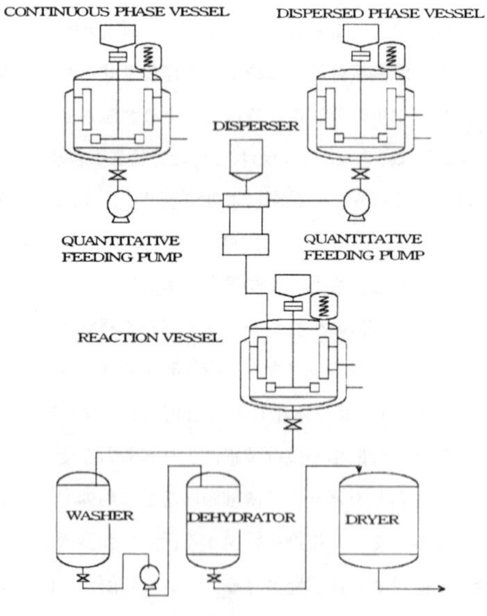

図5　一段分散法の概念図

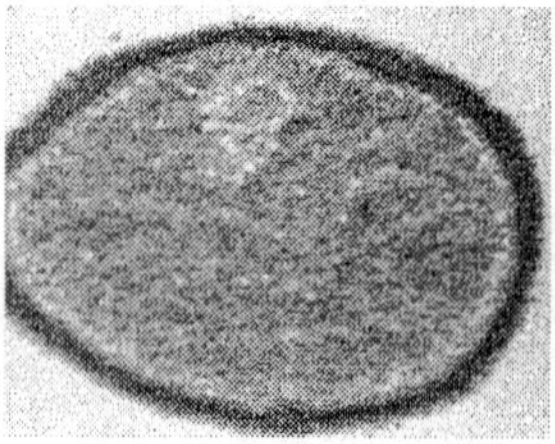

カプセル化粒子（断面）

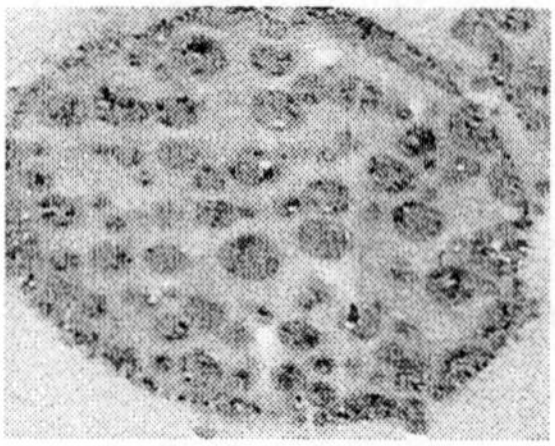

海島粒子（断面）

図6　構造化トナー

が通常のトナー樹脂で，島を構成しているのはワックス粒子である。ワックス粒子が離型剤として働くことにより，オフセットが生じない温度領域を拡大することができる。

トナーには今後高度な特性が要求されるであろう。構造化技術の応用により，要求される機能を分離して，それぞれに適した材料を組み合わせることができるので，広範な要求に対応できる。

文　献

1）例えばUSP 2, 221, 776 (1940)

2）例えば田中真人ら，化学工学論文集，**11**（1985）490

3）田中真人，細貝和彦，田中正樹，大島榮次，化学工学論文集，**14**（1988）689

4）M. Kamiyama *et. al.*, *J. App. Polym. Sci.*., **39**, 433 (1995)

5）M. Kamiyama *et. al.*, *J. App. Polym. Sci.*., **50**, 107 (1993)

6）例えば㈱巴川製紙所，特開平3-197504，同　特開平3-247601，同　特開平3-131603，同　特開平3-215502

7）上山雅文，表面，**31**（1），55（1993）

8）上山雅文，小山菊彦，高分子論文集，**50**（4），227（1993）

2　液中乾燥法・懸濁重合法によるマイクロカプセル化

田中眞人*1，田口佳成*2

2.1　はじめに

マイクロカプセル化法は，化学的方法，物理化学的方法，機械的方法に大別されるが，液中乾燥法は物理化学的方法に，懸濁重合法は化学的方法にそれぞれ属する。それぞれの基本的なマイクロカプセル化プロセスと具体的な応用例は以下のようである。

2.2　マイクロカプセル化法[1)]

2.2.1　液中乾燥法

液中乾燥法では，芯物質（固体，液体，気体）を，シェル層を形成する物質（各種合成ポリマーや各種天然高分子系物質など）を溶解した溶液中に微分散させて分散系（一次分散系，分散粒子を一次粒子という）を調整する。この一次分散系を，この分散系の分散媒と相溶性のない溶媒に添加・混合して複合分散系（二次分散系，分散粒子を二次粒子という）を調整する。一次および二次分散系調整時の条件（撹拌強度，分散安定剤濃度，一次分散系の量）などによって，二次粒子径，すなわちカプセル径は強く影響される。

その後，二次分散系の温度を昇温してシェル材を溶解している溶媒を蒸発・除去するにつれて，溶解していたシェル材が析出しながら芯物質をカプセル化することになる。液中乾燥法で可能なカプセル化条件で出現する分散系は，(芯物質)／(シェル材溶液相)／(連続相)＝(気体，液体，固体)／(油相，水相)／(水相，油相）である。したがって，多種多様な物質のカプセル化が可能である。

2.2.2　懸濁重合法

重合開始剤を溶解した重合性モノマー相に芯物質（固体，液体，気体）を微分散させて一次分散系を調整する。この分散系を，モノマー相と相溶性のない液体中に添加・混合して複合分散系（二次分散系）を調整する。その後，二次分散系の温度を昇温することにより重合を開始して懸濁重合プロセスへ移行する。一次および二次分散系の調整条件により，二次粒子径，すなわちカプセル径は強く影響される。特に，連続相における懸濁安定剤種および濃度と剪断エネルギー強度が支配的となる。

2.2.3　マイクロカプセル化における芯物質の安定性とカプセル内部構造[2)]

液中乾燥法では，溶媒が除去されるにつれてシェル材溶液相の粘度が増加するが，この現象は，

＊1　Masato Tanaka　新潟大学　工学部　化学システム工学科　教授

＊2　Yoshinari Taguchi　新潟大学　工学部　化学システム工学科　助手

懸濁重合法において重合が進行するにつれてポリマー相の粘度が増加することと酷似している。このシェル材溶液相の粘度の増加は，芯物質としての染料・顔料の安定性，カプセル化率，カプセル内部構造などに強く影響を及ぼす。カプセル内部構造が芯物質の安定性により変化する様相を図1に示した。すなわち，粉末状芯物質の内包率を向上するためにシェル材溶液相中における芯物質を可能な限り微分散させる手法がとられている。その後の一次滴径調整プロセスとカプセル化プロセスにおいて，芯物質の分散安定性が内部構造を支配することになる。

(1) 内部構造決定機構について

粉末状芯物質の分散安定性が内部構造を支配する因子として，以下のような速度論的な要素がある。

● 芯物質の凝集速度R_A（液体状の芯物質であれば，合一速度R_C）……シェル材溶液相中における粉末同士の凝集速度である。一次滴径調整プロセスとカプセル化プロセスにおいて，凝集速度が無視小（$R_A=0$）であり，かつ安定であれば，微分散した状態の内部構造となることから，マトリックス型あるいは多核型のカプセルとなる。

また，凝集がある程度進行すると（$R_A>0$），多核型カプセルとなったり，あるいは，凝集形態により，コロニー型や環状型の構造となる。さらに速く凝集が進行すると，単核型カ

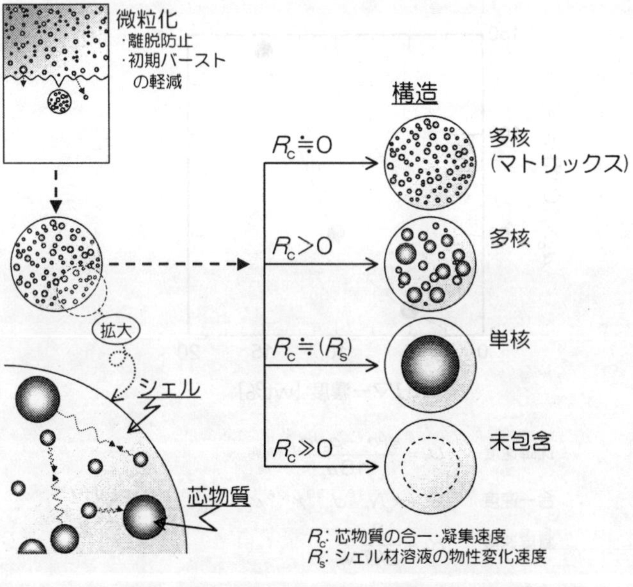

図1　芯物質の安定性と内部構造

プセルとなる。

- シェル材溶液相の物性変化速度R_P……シェル材溶液相の粘性が芯物質の分散安定性に強く影響を及ぼす。図2に，液中乾燥法で出現するシェル材溶液相の粘性変化を示す（ポリマーのジクロメタン溶液，濃度10wt％)。なお，粉末の凝集速度R_A，液滴の合一速度R_C，分散粒子の移動速度U_Tの粘性依存性を同時にそれぞれ示した。ここで，粉末粒子の移動速度は，分散相の分裂速度やカプセル化プロセスにおいて，分散液滴相内で粉末粒子が移動する距離である。この移動距離が，液滴直径より大きいと粉末粒子が液滴から離脱することになる。凝集速度と合一速度は，シェル材相の粘性の増加により著しく減少することがわかる。すなわち，凝集速度と合一速度は，それぞれμ_C^{-1}，$\mu_C^{-0.1}$に比例して減少することになる。このことは，一次滴径調整プロセスとカプセル化プロセスにおける粘性変化を，溶媒除去速度やポリマー濃度（液中乾燥法）によって，あるいは重合開始剤濃度や重合温度（懸濁重合法）によってそれぞれ制御できるので，凝集速度および合一速度とバランスをとりながら内部構造を制御することが可能であることを示唆している。
- 芯物質の離脱[3]……一次滴径調整プロセスにおいて，マイクロあるいはナノサイズまで，シェル材溶液相を分裂させるが，この分裂過程においては，図3に示すように，シェル材溶液

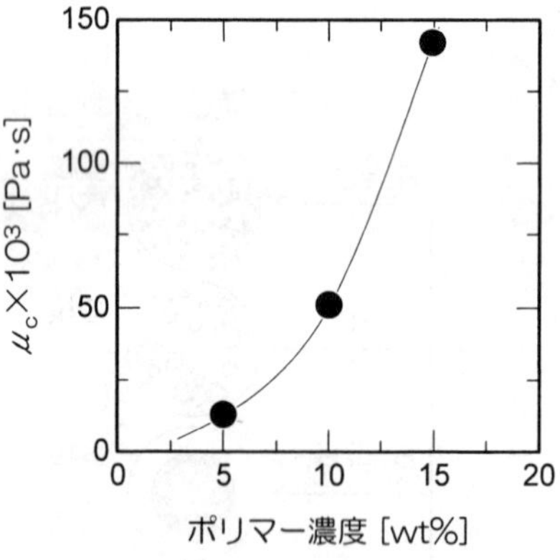

沈降速度　$U_t = \dfrac{g(\rho_s-\rho_c)d_p^{\,2}}{18\mu_c}$

合一速度　$R_c = k_c N_r^{\,1.8} d_p^{\,3.9} \gamma^{-2.8} \mu_c^{\,-0.1} \mu_d^{\,0.5} \Delta\rho^{-1.0} N^2$

凝集速度　$R_A = \dfrac{3\mu_c}{2kTN_o}$

図2　粘度変化と各速度

相と連続相の粘性比により，分裂形態が異なるといわれている。すなわち，シェル材溶液相粘性が増加し，粘性比が2以上になると，分裂抵抗として粘性抵抗が支配的になる。この場合には，引き伸ばされたシェル材溶液相の先端から引きちぎれるように滴化されるように，すなわち，*Capirally-breakup*形態により分裂して微小滴を生成することになる。また，粘性比が2以下の場合には界面張力支配となり*Binary-breakup*形態に従い微小滴を生成することになる。このような分裂過程において，芯物質は，液滴内を移動することになるので，前者の分裂形態による過程では，液・液界面の増加と滴径が小さいので，芯物質が離脱しやすくなる。芯物質がシェル材溶液相滴内からの離脱は，図4に示した移動距離により評価できるが，粘性のμ_C^{-1}に比例して減少する。

したがって，芯物質の凝集と離脱は，それぞれの速度とシェル材溶液相の粘性変化に強く依存することになることから，内部構造と内包率は，これらの速度の調整により制御可能であることが推察される。

(2) 芯物質の内包率向上

芯物質の安定性に伴う内部構造と内包率に及ぼす影響として，芯物質の界面化学的な物性がある。このことを利用した内包率向上方法として，①シェル材溶液相の粘性増加により，上記した移動抵抗を増加させる。②芯物質の表面改質によるシェル材溶液相溶液との親和性を向上させる。具体的には，界面活性剤の添加やカップリング剤による表面修飾などがなされている。③芯物質

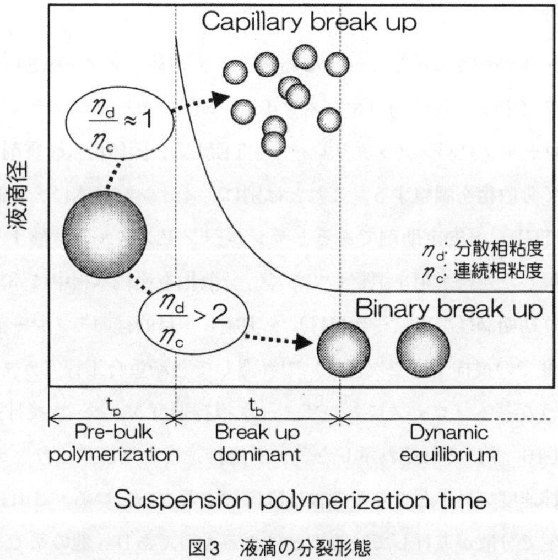

図3　液滴の分裂形態

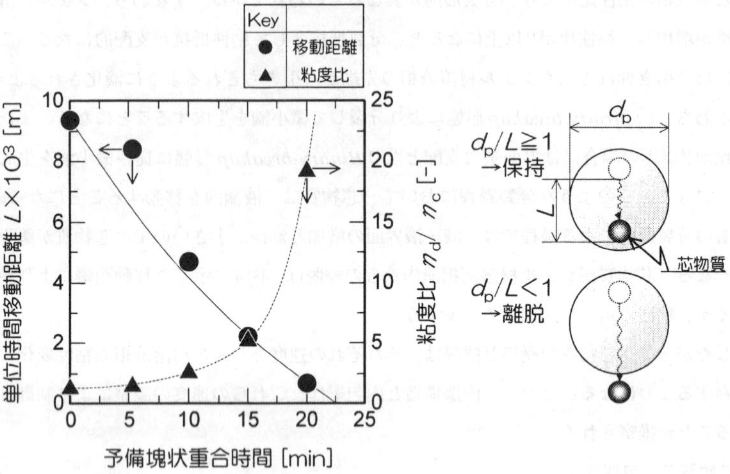

図4　芯物質の移動距離の粘度への依存性

とシェル材溶液相とを化学的に結合する。具体的には，二重結合を有するカップリング剤による表面改質と，この二重結合とシェル材ポリマーやモノマーとの化学的結合を利用する。

2.3　実施例

2.3.1　懸濁重合法[4)]

操作のフローチャートを図5に示した。すなわち，スチレンモノマー（ST）に，重合開始剤（過酸化ジベンゾイル，BPO），磁性粉（マグネタイト，SF），カーボンブラック（CB），架橋性モノマー（トリメチロールプロパンメタクリレート，TEMA），固体粉末改質剤（レシチン，LC）などを添加・混合して分散相を調整する。これとは別に，イオン交換水に，懸濁安定剤であるリン酸三カルシウム（TCP）と安定助剤であるドデシルベンゼンスルホン酸ナトリウム（DBS）の所定量を添加・溶解した連続水相を調整しておく。分散相を連続水相中に添加してから，高速ホモジナイザーにより初期滴径調整（一次撹拌）を実施して目的径のモノマー滴を生成する。その後，所定の撹拌速度での撹拌下（二次撹拌）で昇温して懸濁重合工程（カプセル化プロセス）に移行する。このような基本プロセスにおいて，一次撹拌速度N_{r1}と二次撹拌速度N_{r2}のカプセル径に及ぼす影響を図6，7にそれぞれ示した。一次撹拌速度の増加により，カプセル径は減少していくが，ある撹拌速度で最小となりその後はほぼ一定となっている。これは，初期滴径調整プロセスが，分裂支配で分散が進行していることによるものであり，他の系でも観察されること

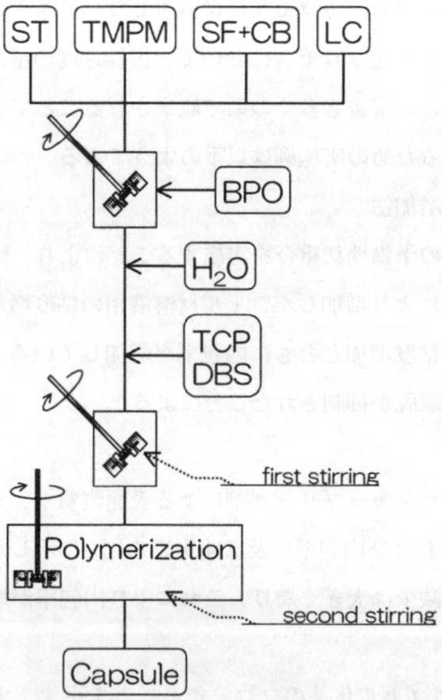

図5　懸濁重合法のフローチャート

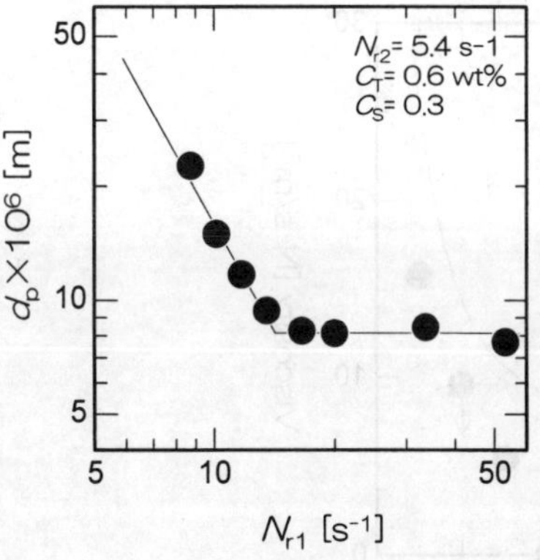

図6　一次撹拌の影響

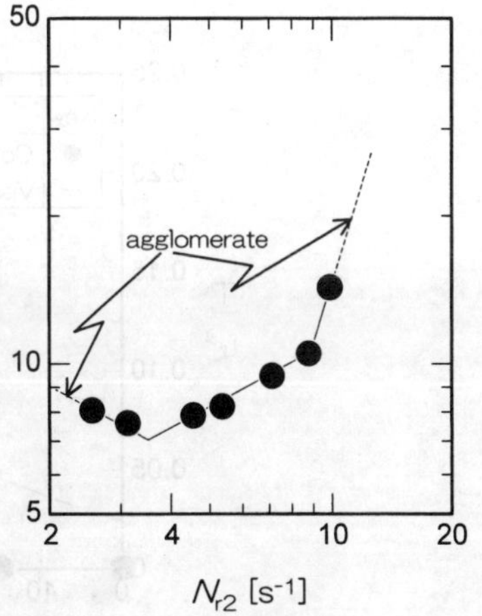

図7　二次撹拌の影響

である。二次撹拌速度の増加により，カプセル径は減少していくものの，ある撹拌速度以上になると増加する。これは，カプセル化プロセスにおいて，撹拌速度の増加によりモノマー滴間の合一が顕著になることによる。この現象も多くの系で観察されることである。

芯物質の内包率を向上させるための実施例は以下のようである。

① シェル材溶液相の粘度増加法

懸濁重合法ではモノマー相の予備塊状重合を実施することにより，粘度を増加させる。図8に，予備塊状重合を実施することにより増加したシェル材溶液相の粘度増加と内包率（●印）の変化を示した。シェル材溶液相の粘度増加とともに内包率が増加している。これは，芯物質粒子の移動距離が減少することによる離脱が抑制されたことによる[3]。

② 芯物質の表面改質[3]

芯物質の固体粒子表面のシランカップリング剤による表面改質が，シェル材溶液相における芯物質の自由エネルギーの低下および内包率に及ぼす影響を図9に示した。処理剤濃度が高くなるにつれて，自由エネルギーの減少は大きくなり，これにより内包率が増加している。

2.3.2 液中乾燥法

図10に液中乾燥法によるカプセル化法のフローチャートを示す。すなわち，シェル層を形成するポリマー（POL）をジクロロメタンに溶解すると同時に，油溶性界面活性剤（スパン80）と芯物質を添加・混合して分散相を調整する。これとは別にイオン交換水に分散安定剤（PVA）を

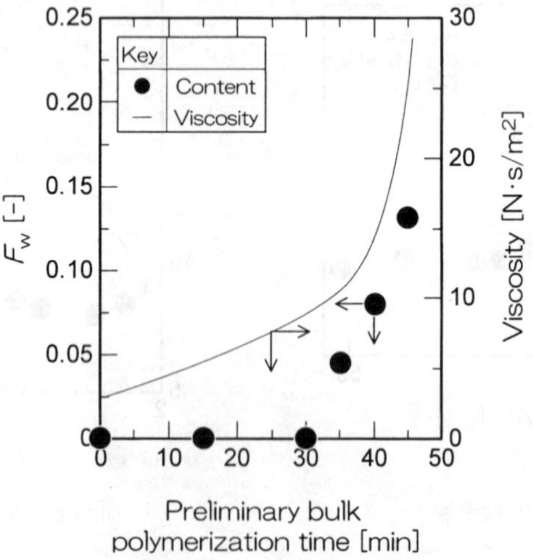

図8 内包率のシェル材相粘度への依存性

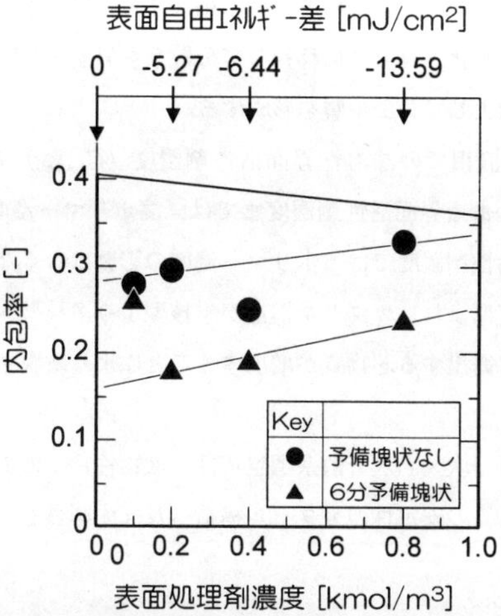

図9　表面改質の内包率および自由エネルギー変化に及ぼす影響

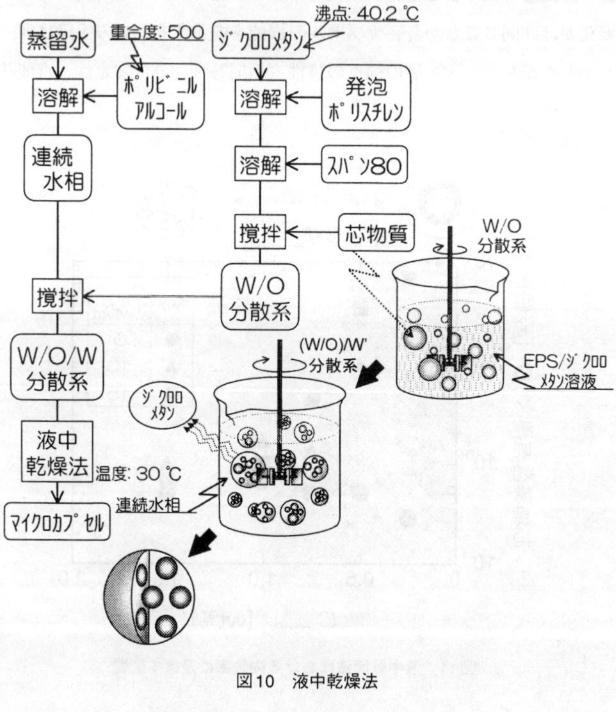

図10　液中乾燥法

溶解し連続水相を調整しておく。分散相を連続水相に注入・撹拌することにより二次分散系を調整する。その後，カプセル化プロセスに移行して分散系を昇温・減圧することにより，溶媒のジクロロメタンを蒸発・除去してシェル層を形成する。

図11に，シェル材溶液相での油溶性界面活性剤濃度（C_{pan80}）とシェル材のポリマー濃度（C_{ps}）の影響を示した。ある界面活性剤濃度までは，高ポリマー濃度で高内包率となっている。しかしながら，高界面活性剤濃度では，ポリマー濃度の影響はなくなっている。これは，界面活性剤濃度とポリマー濃度により，カプセル構造が単核型より多核型へと変化することによる。多核型では，液・液界面に露出する芯物質が増加することにより離脱する可能性が増加することに起因している。

カプセル径の諸条件（一次・二次分散系調整条件，液物性）への依存性は，懸濁重合法とほぼ同じである。また，芯物質の安定性のカプセル構造へ及ぼす影響も，懸濁重合法とまったく同様に解釈される。

2.4　おわりに

液中乾燥法と懸濁重合法による染料・顔料のカプセル化は，カプセル化プロセスにおいて出現する液物性変化がほぼ同じことから，カプセルの機能を向上するための手段は同一に考えることができる。しかしながら，シェル層の種々の特性（熱応答性，分散安定性，官能基付与）を付与

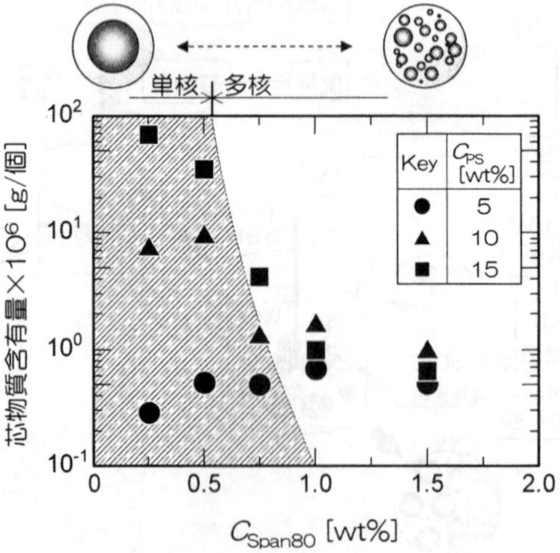

図11　液中乾燥法における内包率に及ぼす影響

しようとする場合は，懸濁重合法が有利であろう。また，芯物質の物性（特に，高活性であったり，分散安定性が低い場合）により，液中乾燥法と懸濁重合法を逐次的に実施することが有利となることがある。今後の展開として，カプセル径のミクロンからナノへとダウンサイジングの要求が増すことが予想される。このような背景でのカプセル化では，粉体状芯物質の細粒径化を図ることがまず必要であろうし，シェル材溶液相中での分散安定性を達成することが必要不可欠となる。

文　　献

1）近藤保ほか，マイクロカプセル―その製法・性質・応用―，三共出版（1978）
2）田中眞人ほか，化学工学会粉体プロセス・機能性微粒子合同シンポジウム講演要旨集4（2003）
3）老松あいこ，平成12年度新潟大学修士論文（2001）
4）田中眞人ほか，色材，5，No.5，271（1989）

3　顔料表面修飾技術としてのマイクロカプセル化（インクジェット材料）

田中正夫*

3.1　顔料における表面修飾の重要性

顔料は印刷インキ，塗料，プラスチック等の着色成分として広範に使用されている。色材すなわち着色材料は大きく顔料と染料に分類される。両者は化学構造的に峻別されているものではなく，着色媒体への溶解性で区別され，着色媒体に可溶なものを染料，不溶なものを顔料と呼ぶ。

顔料は着色媒体に不溶であり，媒体中に分散した状態で用いられる。有機顔料，特に透明性を重要視した顔料は50nm前後の一次粒子径を有するものが多く，分散媒体中で凝集しやすい。良好な顔料分散体を得るには，如何に凝集体を一次粒子に近い状態までほぐすか，分散した粒子の再凝集を防止するかが重要なポイントである。

粉体顔料から分散体を作成する過程は，濡れ，解砕，安定化の三つの素過程からなる。濡れとは粒子表面の空気が分散媒体で置換される過程である。凝集粒子界面の細かい部分にまで媒体が浸透してゆけば，凝集体はほぐれやすくなる。解砕過程で機械的力により凝集体がほぐされた後に，分散粒子の再凝集が抑制されるメカニズムが機能すると分散体は安定化する。顔料粒子の場合には粒子表面に吸着した樹脂の立体障害が支配的な要因とされており，顔料表面と樹脂との相互作用が重要な役割を演じる。即ち，濡れおよび安定化の過程において顔料の表面状態が強く関わる。また，分散体のレオロジー，即ち粘度やチキソトロピー性にも顔料の表面状態が影響を及ぼす。

3.2　顔料表面修飾技術としてのマイクロカプセル化

3.2.1　顔料マイクロカプセル化の目的

従来から用いられてきた顔料の表面処理剤としては，シナージスト（顔料誘導体），ロジン，脂肪酸，界面活性剤等の低分子化合物，アクリル樹脂，スチレン－マレイン酸樹脂等の高分子化合物，等種々の物質が知られている。シナージストとは顔料骨格にスルホン基，スルファモイル基，ジアルキルアミノ基，カルボキシル基，等の極性基を導入したものであり，樹脂吸着のサイトになると考えられている。

しかしながら，顔料に対する要求が高まるにつれて，これら従来からの表面処理技術では満足すべき性能に到達できないケースが目立つようになってきた。そこでわれわれは新しい顔料表面処理技術として，顔料粒子を樹脂で被覆するマイクロカプセル化手法の開発に取り組んできた。

われわれが顔料のマイクロカプセル化で期待したことの一つは顔料表面を水性系に適した形態

---

*　Masao Tanaka　大日本インキ化学工業㈱　R＆D本部　製品開発センター　センター長

に修飾することである。基本的に疎水性物質である有機顔料は水性系での分散が十分ではなく，例えば塗料用途において油性系での発色を水性系では実現できていない顔料がいくつも存在する。もう一つ，マイクロカプセル化手法に期待したことは，化学構造の異なる種々の顔料粒子の表面特性が類似のもの，望ましくは同一になることである。有機顔料は疎水的であるとはいえ，フタロシアニンのようなグラファイト様のものからアゾレーキ顔料のようなイオン性金属錯体まであり，疎水性の程度は様々である。そのため，例えばオフセット印刷用インキのようにいくつかの顔料をセットで同じ用途に使用する場合でも，最適ワニスは別々に設計されている。また，いくつかの顔料で混色を調整した場合，顔料によって樹脂との相互作用の強さが異なるため分散安定性に差を生じ，いわゆる色別れを起こす。表面特性が同一になればこれらの課題が解決される可能性がでてくる。

3.2.2　マイクロカプセル化の手法

顔料粒子をマイクロカプセル化する手段として以下のような方法が提案されてきた。

①　表面重合法

②　表面堆積法

③　混練微細化法

④　合体法

表面重合法は顔料粒子表面にモノマーもしくはオリゴマーを吸着させたのち，重合させる方法である。表面堆積法は樹脂溶液に顔料を分散させたのち，何らかの方法で樹脂を媒体に不溶化し，顔料粒子を析出核として機能させることにより顔料粒子の表面に樹脂を堆積させる方法[1]である。樹脂を不溶化する方法としては貧溶媒による希釈，酸やアルカリに可溶な樹脂溶液のpHを変化させること等がある。混練微細化法は顔料を樹脂と混練，分散して一種のマスターバッチを作成したのち，微細化する方法[2]である。粉砕法トナーをナノサイズまで微粒子化したものを考えるとわかりやすいが，凝集を防ぐため微細化は湿式で行われる。合体法は分散剤分散等により別途調整した顔料分散体と樹脂エマルションを機械的に合体させる方法[3]である。

われわれは微粒子・高分散性顔料の開発を進めている過程で，自己水分散性樹脂で顔料粒子表面を被覆したマイクロカプセル化顔料が，水性媒体に対して極めて優れた分散性と分散安定性を有することを見出した。ここでいう自己水分散性樹脂とは，カルボキシル基，スルホン基等，イオン化能のある官能基を有する樹脂で，中和率を制御することにより分散剤を用いなくても10nm程度の微粒子として水中に分散できる樹脂を意味している。分散は撹拌程度で十分である。樹脂を溶液重合等により合成しておき，別途水性分散体を調整することができる。この点でいわゆるソープフリーエマルションとは異なる。また，樹脂は数種のモノマーを用いたランダム重合体であり，ブロックコポリマーの考え方とも大きく異なる考え方に基づいている。

カプセル化樹脂の組成，分子量，酸価，ガラス転移点等を制御することにより，はっきりした樹脂—媒体界面を有する状態から顔料粒子表面に濃厚な樹脂水溶液が存在しているのに近い状態まで変化させることができ，設計した分散体特性が発現する。図1は表面堆積法でマイクロカプセル化された顔料のTEM写真である。

樹脂組成の影響は大きく，あるモノマーの含有量を数パーセント変化させるだけで，マイクロカプセル化顔料分散体の特徴である分散性や分散安定性，あるいは顔料に対する選択性が大きく変化する。このことは，従来，樹脂の構造と顔料分散性を論じる場合には，酸塩基相互作用，疎水性相互作用，静電的相互作用等，巨視的な考察がなされてきたが，マイクロカプセル化のような高度な分散状態が発現する系ではこれら巨視的視点では十分とはいえず，π-π相互作用，双極子—双極子相互作用，水素結合，CH-π相互作用等，顔料と樹脂の分子構造を明確に意識した，分子レベルでの考察が必要であることを示唆している。

3.2.3　マイクロカプセル化顔料分散体の特徴

(1) 分散性・分散安定性

マイクロカプセル化顔料の特徴の一つが優れた分散性と分散安定性である。表1にマイクロカプセル化顔料分散体を長期保存した場合の諸物性の変化を示した。分散体はビーズミルを用いて調製され，顔料分は顔料により多少異なるがおよそ15％前後である。保存場所は屋外に設置された市販のスチール製プレハブ物置であり，夏季は50℃以上に，冬季には0℃以下になる。

カーボンブラックや銅フタロシアニンブルーでは100nm以下の分散粒径を達成し，5年保存後でも分散粒径や粘度がほとんど変化していない。キナクリドンマゼンタ顔料の場合には一次粒子がやや大きいため，100nm以上の分散粒径となっているが，2年保存後も初期状態を保っている。

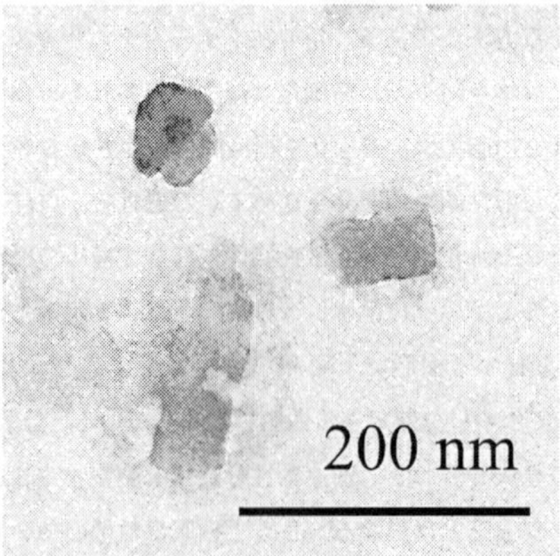

図1

表1　マイクロカプセル化顔料分散体の保存安定性

顔料	平均分散粒径［nm］			粘度［mPa·s］		
	調製直後	2年後	5年後	調製直後	2年後	5年後
カーボンブラック	88	—	82	3.5	—	3.2
フタロシアニンブルー	95	—	92	4.1	—	4.2
キナクリドンマゼンタ	122	130	—	5.5	5.4	—

表2　マイクロカプセル化顔料分散体の耐溶剤性

有機溶剤	分散粒径［nm］			
	マイクロカプセル化		分散剤分散	
	調製直後	70℃，3日	調製直後	70℃，3日
エタノール	84	86	88	110
2-プロパノール	85	83	102	139
エチレングリコール	85	82	92	93
2-エトキシエタノール	88	82	97	116
トリエチレングリコールモノブチルエーテル	84	88	100	894
ジメチルホルムアミド	88	84	90	111
1-メチルピロリジン-2-オン	84	80	105	98

マイクロカプセル化顔料分散体がきわめて優れた分散安定性を有することがわかる。

(2) 粘　度

表1には粘度も示したが，顔料分が15％前後と比較的高いにもかかわらず，数mPa・s程度の極めて低い値である。これは通常の水性樹脂を用いて調整した分散体の粘度に比べると2ないし3桁低い数値である。この低粘度もわれわれの開発したマイクロカプセル化顔料分散体の特徴である。

(3) 耐溶剤性

表2にインクジェットに関する特許の実施例に記載されたインク処方に使用されている水溶性有機溶剤に対する耐久性を示した。有機溶剤の添加量は10％である。

マイクロカプセル化顔料分散体は試験した全ての水溶性有機溶剤に対して優れた耐久性を有しており，70℃，3日間の貯蔵後においても平均分散粒径はほとんど変化しなかった。それに対し，市販高分子分散剤で分散したものが良い耐久性を示したのはエチレングリコールとN-メチルピロリドンに対してのみであった。アルコール系ではエタノールでも貯蔵後に分散粒径の増加が認められ，2-プロパノールでは顕著に粒径が増加した。グリコール系でもエーテル化すると耐久性が低下し，2-エトキシエタノール（セロソルブ）にするとやや分散粒径が増加するようになり，トリエチレングリコールモノブチルエーテルでは著しく分散安定性が低下して1桁近い分散粒径の増加が認められた。

これらの事実より，マイクロカプセル化することによって顔料と樹脂との相互作用が大きくなり，比較的疎水性の高い水溶性有機溶剤が存在しても分散破壊を起こしにくくなることがわかる。その結果，インク処方に使用できる水溶性有機溶剤の種類や量に関して自由度が増すことが期待される。

3.3 インクジェットへの応用

3.3.1 インクジェット用顔料インクの課題と解決策としてのマイクロカプセル化

インクジェット用インクの色材には染料が用いられてきたが，耐水性や耐光性の面で難点があり，顔料への転換が志向されている。オフィス用プリンタではブラックインクにカーボンを用いた機種が従来から存在していたが，最近ではカラーインクも含め，全色顔料を用いた機種が市場に出てきている。工業印刷用途では顔料インクがかなりの市場占有率を得るに至っている。

顔料インクの課題は分散性・分散安定性の付与と画質の改良である。画質に関しては発色性，光沢，定着性（耐擦過性，耐マーカー性）の向上が要求される。

顔料は粒子であり分散体として使用されるため，顔料インクでは本質的に分散破壊の問題が避けられない。長期保存時のカートリッジ中での沈降やノズルの目詰まり等の解消が重要な課題である。インクジェット用顔料インクに求められる分散安定性は，塗料やグラビア・フレキソインキへの要求水準に比べてはるかに厳しいものであり，年単位で分散状態が変化しないことが要求される。

顔料インクの発色性には印字物表面での顔料の存在状態が重要な影響を及ぼすため，受理層表面の性質，インクの浸透性等も関係してくるが，顔料で実現すべきことは分散粒径を小さくすることである。粒子性の影響をなくすには分散粒径を可視光波長の十分の一程度にする必要があるといわれており，30～50nmの分散粒径が目標となる。この値は顔料を一次粒子レベルまで分散できれば達成可能な数字ではあるが，顔料をインクジェット用インクのような水系媒体中に一次粒子レベルまで分散することは容易なことではない。

これらの要求に対し，上述したような卓越した分散性，分散安定性を有するマイクロカプセル化顔料分散体は有力なソリューションである。また画像の光沢，定着性に関しても，樹脂で粒子表面を被覆したマイクロカプセル化顔料は印字表面の平滑化，顔料粒子と紙，あるいは顔料粒子同士の結着により優れた効果を発現することが期待される。

3.3.2 マイクロカプセル化顔料を用いたインクジェット印字画像の特徴

(1) 耐水性，耐マーカー性：定着性

プリンタメーカーの特許実施例に記載された処方を参考にインクを調製し，市販のプリンタで印字させた結果によれば，マイクロカプセル化に用いられる樹脂の特性を適切に設計すると，印

刷物の品位を大幅に向上させることができる。分散剤分散した顔料や自己分散型顔料を用いた場合に比べて，印刷物の定着性が増し，耐水性や耐擦過性が向上する。また，オフィス用ブラックインクに要求される耐マーカー性（油性マーカーで文字をマーキングした場合に黒が滲み汚れる現象）に関してもマイクロカプセル化することで著しく改善される。

図2は色材として染料，自己分散型カーボンおよびマイクロカプセル化カーボンを用いた普通紙（コピー用紙）への印刷物の耐水性試験結果を示したものである。自己分散型カーボンを用いた場合には印刷時に紙面方向の拡散が少なく，シャープな画像が得られるが，定着性がないために水に浸漬すると顕著に流れてしまうことがわかる。染料を用いた場合には水浸漬により文字がかなり太くなる。それに対しマイクロカプセル化カーボンを用いた場合には水に浸漬しても初期の状態を維持している。

図3は図2で用いた印刷物と同じものを，市販の油性蛍光ペンでマーキングしたものである。自己分散型カーボンを用いた場合には真っ黒に汚れ，染料を用いた場合にはヒゲ状の汚れが発生するが，マイクロカプセル化カーボンの場合は全く変化を生じない。表面を樹脂でコートした光沢紙，いわゆる専用紙を用いた場合にはこの傾向がより顕著になり，図4に示したように，マイクロカプセル化カーボンを用いた場合には印字直後に蛍光ペンでマーキングしても文字の変化がないのに対し，自己分散型カーボンを用いた場合には1日放置後でもマーキングすると文字が完全に消えてしまう。

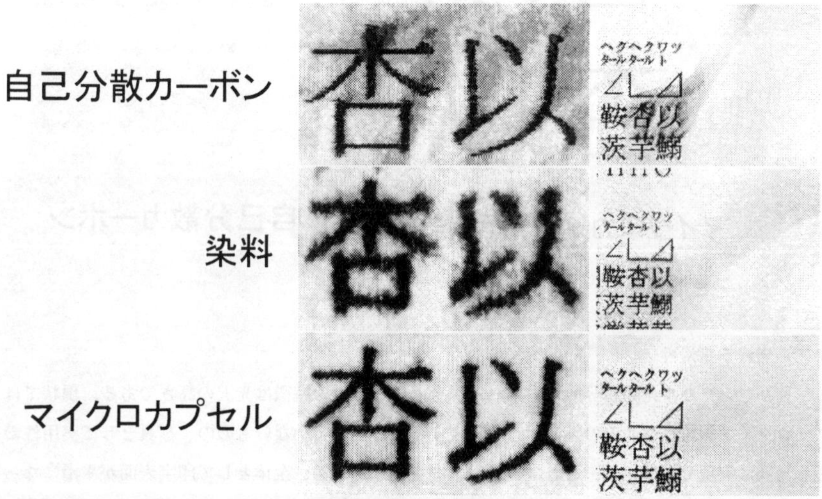

図2

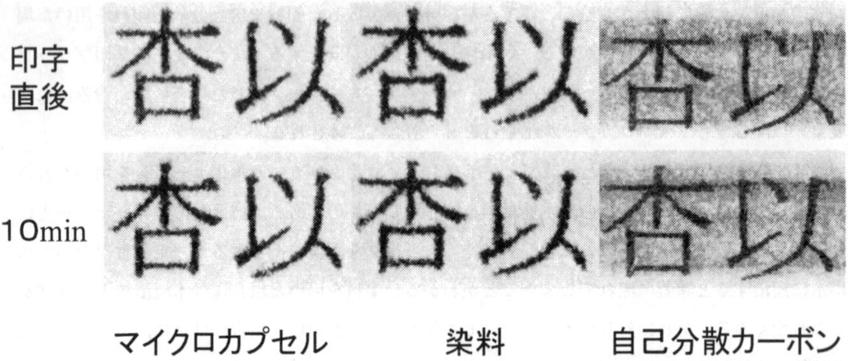

図3

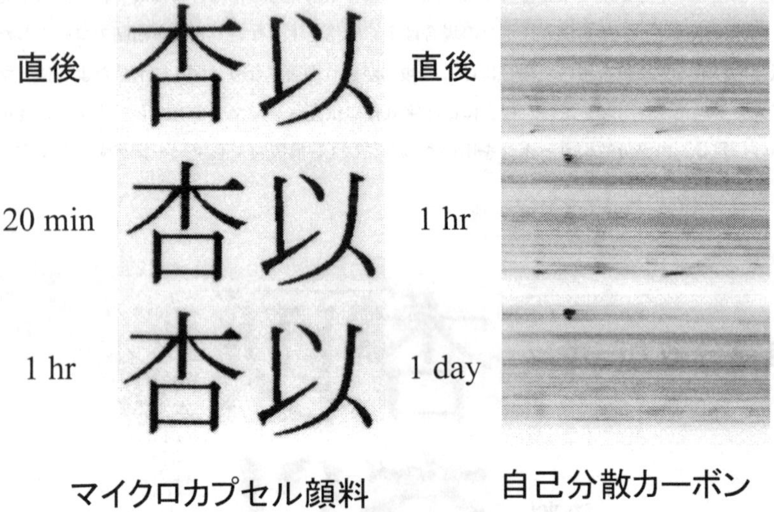

図4

(2) 光沢：平滑性

マイクロカプセル化顔料分散体を用いた場合のもう一つの特徴は光沢の高さである。現状ではフェロタイプ銀塩写真並みの超光沢感を発現するには至っていないものの，写真として実用性のある光沢は実現できている。これは顔料粒子間を樹脂が埋め，全体として印字表面が平滑になっているためである。図5に光沢紙にベタ印刷した場合の表面粗さを示した。マイクロカプセル化

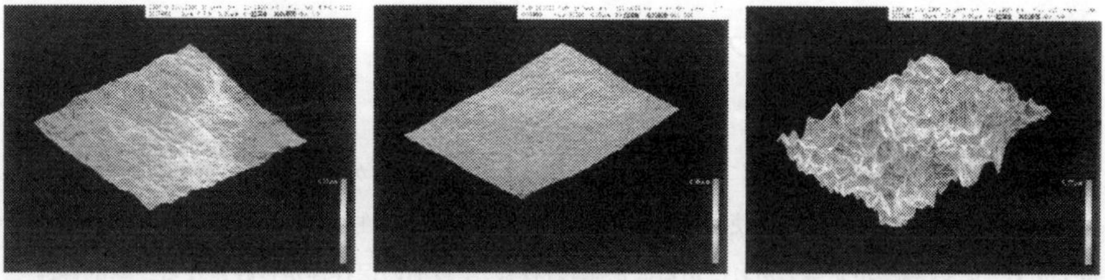

Ra: 0.132　　Ra: 0.096　　Ra: 0.540

マイクロカプセル化顔料　　**染料**　　**自己分散型カーボン**

図5

カーボンを用いた場合には表面がきわめて平滑になっていることがわかる。

3.4　おわりに

顔料の表面処理技術は顔料メーカーにとって最も重要な，キーとなる技術である。マイクロカプセル化の手法はユニークな表面処理技術であり，特に水性系への適用において卓越した効果を発揮する。本節ではインクジェット用インクへの適用可能性を紹介したが，他にも塗料や印刷インキの水性化においても発色性，鮮明性の改良手段として有用であると考えている。

文　献

1) US　5741591（大日本インキ）
2) US　6074467（大日本インキ）
3) T.Tsutsumi, *et al*, *IS&T's NIP15*, 133 (1999)

4　熱応答性マイクロカプセル

鶴見光之*

4.1　はじめに

マイクロカプセルを記録材料に使用するアイデアはかなり古くからあり研究がなされてきた。記録材料でマイクロカプセルを使用するメリットは，記録前は活性な物質を外界から隔離できる点であり，この隔離が完璧であればあるほど記録材料の記録前の保存性が良好となる。熱応答性マイクロカプセルは「常温では十分な隔離機能を有しつつ高温加熱時には十分な物質透過性を有する」という機能，言い換えればカプセル芯の密封性が温度により大きく変化するカプセルである。変化点はマイクロカプセルの殻を構成するポリマーのガラス転移温度（Tg）に依存し，物質透過性の変化は数桁以上にも及ぶ。言わば保存性と記録性という相反する特性を両立させる特徴をもつ。以下に熱応答性マイクロカプセルの特徴および製法について概説し，その応用例としていくつかの感熱記録材料について紹介する。

4.2　熱応答性マイクロカプセルの特徴

通常マイクロカプセルは直径数μmから数百μmのコア（芯）ーシェル（殻）構造を有する粒子であり，芯部分は殻（カプセル壁）により外部と遮断されている。熱応答性マイクロカプセルはこれに加え温度により殻（カプセル壁）の物質透過性が変化する特徴をもつ。特に熱記録材料に用いようとした場合，十分な記録速度を達成するためには熱を加えた場合の殻（カプセル壁）の物質透過速度が十分に速い必要があり，そのために殻（カプセル壁）を薄くする必要がある。また，画像のきめ細かさを再現するためにはカプセルが十分に小さい必要がある。そのため通常熱記録材料に使用されるマイクロカプセルは直径数百nm～数μmと通常のマイクロカプセルより小さなものが使われる。

マイクロカプセルの殻は一般に高分子材料が用いられる。特によく使用される殻（カプセル壁）の材料としてはゼラチン，ポリウレタン・ウレア，尿素・ホルマリン，メラミン・ホルマリン，その他架橋をつくる一般的な高分子化合物（アクリル系，アミド系，エステル系等）が挙げられるが，中でもポリウレタン・ウレアを採用すると，記録材料用のマイクロカプセルとして十分な隔離性を有し，かつ大きな熱応答性を示す。

熱応答性のメカニズムは以下のように考えられている[1)]。ポリウレタン・ウレアはモノマー材料を選択することにより3次元ネットワークを形成することができる。さらに分子内に強力な水素結合可能な基を有しており，ポリマー膜はそれらにより緻密な膜を形成する。しかしポリマー

＊　Mitsuyuki Tsurumi　富士写真フイルム㈱　富士宮研究所

膜のガラス転移点以上の温度では，水素結合が破壊されネットワーク自身の運動も大きくなるため緻密な膜構造が失われる。その結果膜の物質透過性が変化するものと思われる。

熱応答速度は殻（カプセル壁）の膜厚が薄いほど，カプセルの表面積が広いほど（粒子サイズが小さいほど）速い。直径約1μm，膜厚数十nmのポリウレタン・ウレア殻のマイクロカプセルは，同じ材料を用いたモデル膜のガラス転移温度が約130℃であるのに対し，130～170℃数ミリ秒のオーダーの加熱に対して十分な応答性を示すことができる。一方常温では数十年以上経過しても発色は認められないことから，カプセル壁の物質透過性はガラス転移点前後で数桁以上変化しているのではないかと考えられている。図1に熱応答性マイクロカプセル壁（殻）の熱特性を示す。

4.3 熱応答性マイクロカプセルの製法

熱応答性マイクロカプセルを得るためにはコア—シェル構造を有するマイクロカプセルの殻を上記の高分子化合物で作成すればよい。基本的にはカプセル化手法は界面重合法を用いる[2)]。ここでは塩基性染料前駆体含有マイクロカプセルをポリウレタン・ウレアの殻で作成する例を概説する。

① 芯となる高沸点オイルに塩基性染料前駆体を溶解する。

高沸点オイルは物理的，化学的に安定であるとともに，塩基性染料前駆体の良溶媒である必要があり，更に水との界面を形成するように水への溶解度が低いものである必要がある。好んで使用されるものとして，アルキルナフタレンやアルキルビフェニル，フタル酸エステル，リン

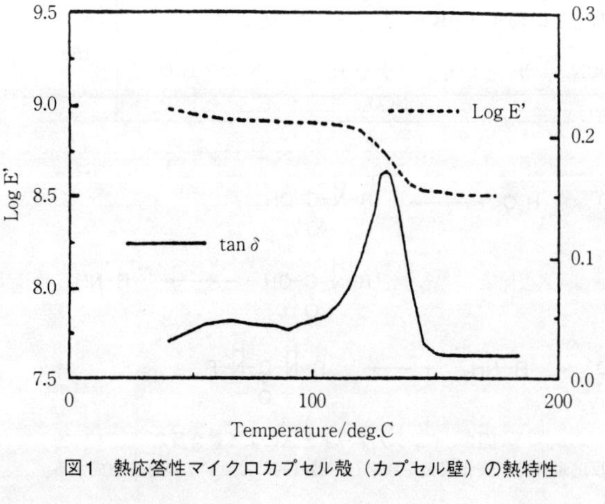

図1 熱応答性マイクロカプセル殻（カプセル壁）の熱特性

酸エステルのようなものが挙げられる。
② 高沸点オイルにカプセル殻ポリマーを形成するモノマーを溶解する。
本例のポリウレタン・ウレア殻を形成するマイクロカプセルを作成するには多価アルコール（トリメチロールプロパン等）と多価イソシアネート（キシリレンジイソシアネート等）を反応させたオリゴマーや多価イソシアネート多量体などを壁材オリゴマーとして用いる。一般的には表1に示すような壁形成材料が使用される。
③ 保護コロイドを含有した水相中で乳化分散しO／W（oil in water）エマルジョンを作成。保護コロイドとしてはPVAやゼラチンなどの水溶性高分子化合物が用いられる。エマルジョンの作成は目的に応じて種々の乳化機が用いられる。
④ エマルジョンを昇温し、O／W界面で反応させ殻を形成する。
この場合はO／W界面で油相中のイソシアネートが水と反応し図2のような重合反応が生じる。図2では理解しやすいようにモノイソシアネートで記述したが、実際には表1に示したよ

表1 壁形成材料とそれらのモデル膜のTg

WALL-FORMING MATERIALS	T_g(℃)
A. $C_2H_5C(CH_2OCONH(CH_2)_6NCO)_3/H_2O$	95
B. $C_2H_5C(CH_2OCONHCH_2\text{-}⌬\text{-}CH_2NCO)_3$ /$HOCH_2CH_2O\text{-}⌬\text{-}OCH_2CH_2OH/H_2O$	105
C. $C_2H_5C(CH_2OCONHCH_2\text{-}⌬\text{-}CH_2NCO)_3/H_2O$	130
D. $C_2H_5C(CH_2OCONHCH_2\text{-}⌬\text{-}CH_2NCO)_3$ /$OCN\text{-}⌬\text{-}(CH_2\text{-}⌬)_n CH_2\text{-}⌬\text{-}NCO/H_2O$ NCO	150

$$R\text{-}N=C=O + H_2O \longrightarrow R\text{-}\underset{O}{\overset{H}{N}}\text{-}\overset{}{C}\text{-}OH$$

$$R\text{-}\underset{O}{\overset{H}{N}}\text{-}C\text{-}OH \longrightarrow R\text{-}NH_2 + CO_2\uparrow$$

$$R\text{-}N=C=O + R\text{-}NH_2 \longrightarrow R\text{-}\underset{O}{\overset{H}{N}}\text{-}\overset{H}{\underset{}{C}}\text{-}\overset{H}{N}\text{-}R$$

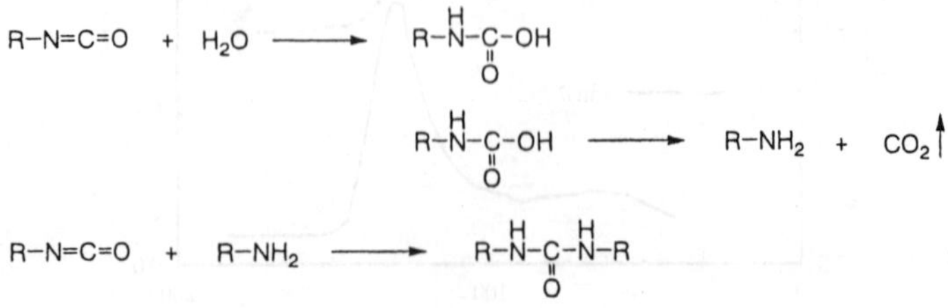

図2 イソシアネートと水による重合反応
反応過程で二酸化炭素を放出し、最終的にはウレア結合を生成する。

うな3官能以上のポリイソシアネートを用いて網目構造を有する高重合度のポリマーを形成させる。重合で得られたポリマーはO／W界面に析出し，カプセル殻が形成される。カプセルの粒子サイズは最初に乳化分散で得られるO／Wエマルジョンの粒子サイズにほぼ一致する。また，殻の膜厚は簡易的に以下の式で求められる。ここで，tは得られるマイクロカプセルの殻の厚み，Dはカプセルの直径，Cは芯物質（高沸点オイル＋染料前駆体）の容積，Wは殻モノマーの容積である。CおよびWはO／Wエマルジョン作成時の仕込み比率で決まる。

$$t = \frac{D}{2} \cdot \left(1 - \sqrt[3]{\frac{C}{W+C}}\right) \tag{1}$$

熱応答性マイクロカプセル作成時の第1のポイントとして，熱応答性を左右するカプセル殻のTgが用いた壁材オリゴマーの一次構造でほぼ決まるところがあげられる。従ってモノマー選択は極めて重要である。一般にキシリレンジイソシアネートのように一次構造に芳香環のようなリジッドな骨格を有するイソシアネートは重合して得られるポリウレタン・ウレアのTgが高くなる。またイソシアネート基間の分子鎖長が短いモノマーも緻密な網目構造をとりやすくTgが高くなる。ただし，これらの2官能イソシアネートから得られるポリマーは直鎖であり，カプセル殻に要求される緻密な構造が得られにくいので，2官能イソシアネートを多官能化して用いる。これらの具体的手法については成書[3]に詳しいが図3にアダクト化とよばれる代表的手法を例示する。図3では2官能のキシリレンジイソシアネート3モルから3官能のポリイソシアネート1モルが得られる。このポリイソシアネートを殻材モノマーとして使用するとウレタン結合：ウレア結合=1：1のポリウレタン・ウレアが得られそのTgは約130℃になる。

第2のポイントとして，実際の記録材料では殻ポリマーのTgのみで熱応答性が決まらない点が挙げられる。即ち殻ポリマーはカプセル芯を形成するオイルや染料前駆体によって可塑化をうけ，その程度によりモデル膜で得られるTgよりも低下する。更にO／Wエマルジョンを作成するときに使用する界面活性剤や保護コロイドとして使用する水溶性高分子の選択もTgに影響を与える。また染料前駆体を発色体にするためにカプセル外に加えられる有機酸や増感剤によるカプセル壁の可塑化効果も考えられる[4, 5]。更に熱応答性ということを考えるとマイクロカプセル

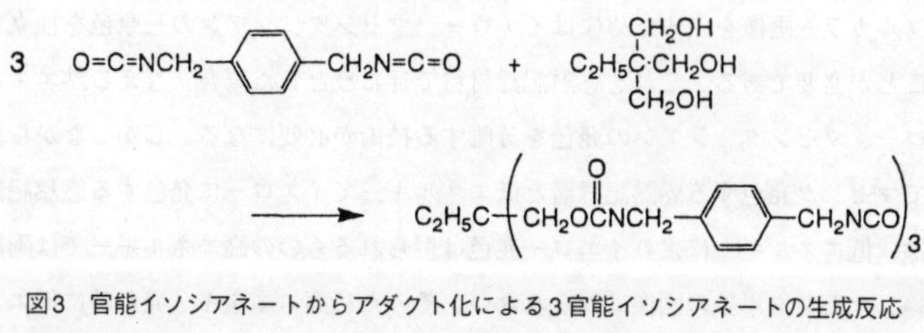

図3　官能イソシアネートからアダクト化による3官能イソシアネートの生成反応

の粒子径や殻の厚み等もからんでおり，実際に記録材料を作成する場合にはそれらを勘案してカプセルに使用する材料を選択しカプセル化条件を決定している。

近年このポリウレタン・ウレアマイクロカプセルの構造解析や物性測定の技術が進み，マイクロカプセルの物性を直接測定することが可能となってきた。特に動的粘弾性測定やNMR測定，その他の測定方法の開発により，実際のマイクロカプセル殻のTg付近の熱挙動[6]や芯物質との親和性[7]，殻膜の物質の透過性などが徐々に明らかになっており，カプセル設計に役立てられている。

4.4 熱応答性マイクロカプセルの実際の記録材料への応用例

① 透明感熱記録フィルム

一般にFax等の用途に使用されている感熱記録材料は塩基性染料前駆体と有機酸を数ミクロンの微粒子に分散し，バインダーとともに紙上に塗布したものである。これを透明フィルム上に塗布しても結晶の形で分散されているため屈折率が粒子ごとに異なっており，また粒子間に空隙が生じてしまうので不透明になってしまう。染料前駆体と有機酸の微粒子をナノオーダーまで小さくすれば透明に近づくが，今度は両者の接触機会が増大し使用前に発色反応が生じてしまう。また染料前駆体と有機酸の間をポリマーバインダーで埋めればやはり透明に近づくが今度は熱に対する感度が著しく落ちる。そこで染料前駆体をマイクロカプセル化し有機酸をエマルジョン化することにより，空隙をなくし屈折率を調整することが可能となり，使用前の保存性，熱感度，透明性を両立させる記録材料を得ることができる（図4）[8]。更に熱応答性マイクロカプセルは生成の過程で分布を有し，結果として壁厚も分布を有するが，これにより一般にFax等の用途に使用されている感熱記録材料と異なり発色特性に階調をもつことができる（図5，6）。このため濃度階調をとることができ，高画質で階調再現性のよい記録材料とすることができる。現在透明感熱フィルムは医療診断用のレントゲンフィルムの代替品等として活用されている。特に医療画像の撮影システムの進歩，電子化が進み，これまでの銀塩写真フィルムに代わりドライ処理である透明感熱フィルムを用いた医療画像出力システムが急速に普及している[9, 10]。

② フルカラー感熱記録紙

減色法でフルカラー画像を出すためにはイエロー，マゼンタ，シアンの三原色を独立してマーキングすることが必要である。これを感熱記録材料で行おうとした場合，与える熱エネルギーによってイエロー，マゼンタ，シアンの発色を分離する技術が必要になる。しかしながら単純に高エネルギーでマゼンタ発色する感熱記録層と低エネルギーでイエローに発色する感熱記録層を積層したのでは，低エネルギーによりイエロー発色は得られるものの高エネルギーでは両層とも発色してしまい，マゼンタ単独の画像は得られない。そのため高エネルギー発色時に低エネルギー

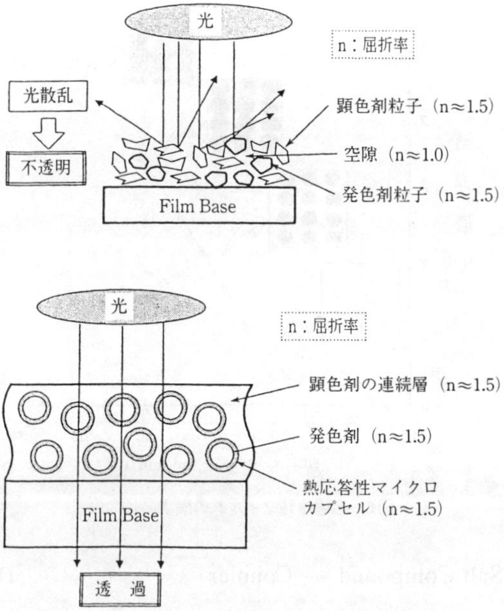

図4　透明な感熱記録材料の原理

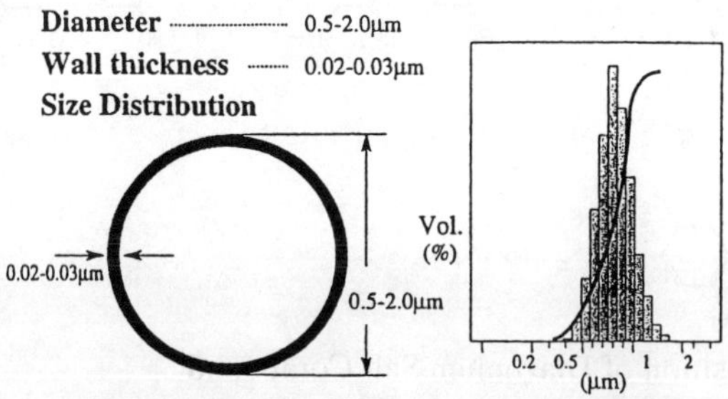

図5　熱応答性マイクロカプセルの壁厚，粒径分布

発色層が発色しないようにする工夫が必要となる。ジアゾニウム塩化合物は無色ないし淡黄色の化合物であるが，カプラーと呼ばれる活性メチレン基を有する化合物と反応し種々の色相の色素を形成する一方，その吸収波長に相当する光（多くは紫外線）により分解し，カプラーとの反応性を失う性質をもつ（図7）。このジアゾニウム塩化合物の性質を利用することにより，高エネルギー発色時に低エネルギー発色層が発色しないようにするしくみを入れることが可能となる。

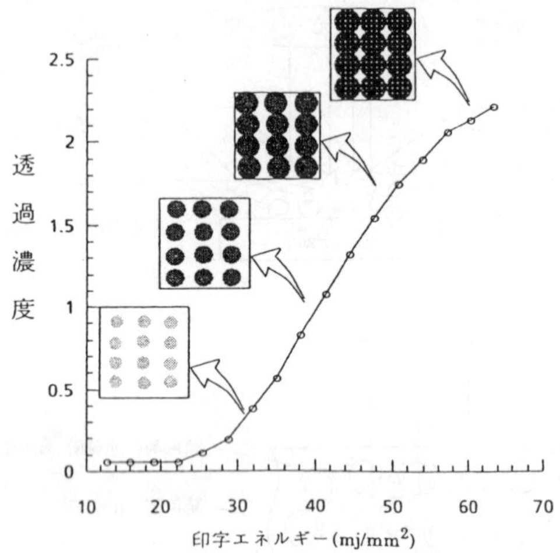

図6　透明感熱フィルムの階調特性の例

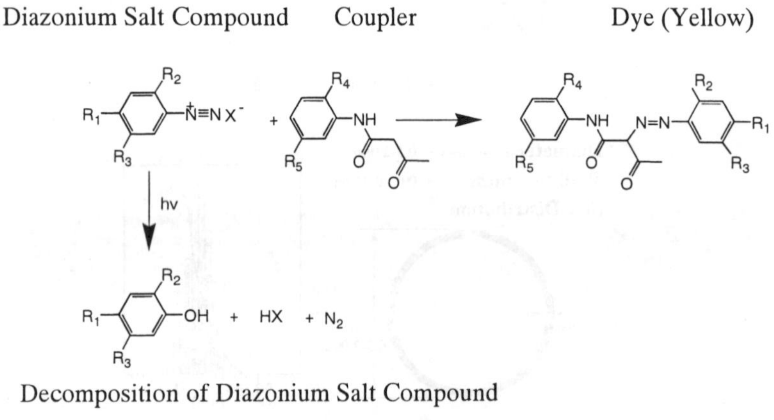

図7　ジアゾニウム塩化合物の反応（イエロー色素生成反応と光分解反応の例）

即ち低エネルギー発色層をこのジアゾニウム塩化合物とカプラー化合物からなる発色層とすることにより，高エネルギー発色前にジアゾニウム塩の吸収波長の紫外線をあててジアゾニウム塩を分解し発色しないようにすることができる。この仕組みを組み合わせて出来上がったのがフルカラー感熱記録紙（プリンピックスペーパー）である[11~13]。プリンピックスペーパーは紙支持体上にシアン，マゼンタ，イエローの感熱発色層を積層したもので，マゼンタ，イエローの両発色層はジアゾニウム塩化合物とカプラー化合物を発色成分とし，シアン発色層は塩基性染料前駆体と有機酸を発色成分とする。ジアゾニウム塩化合物と塩基性染料前駆体はいずれも熱応答性マイクロカプセル中に内包されている。最上層は耐熱性の保護層を設けてある（図8）。このフルカラー感熱記録紙にも熱応答性マイクロカプセルの技術がふんだんに使われている。ジアゾニウム塩化合物は非常に活性な物質であり，常温・暗所でも徐々に分解したり近傍のカプラーと反応しやすかったりする。従って製造後短期間でも発色性の低下や地肌部が着色してくるといった問題をおこしやすい。ところがジアゾニウム塩化合物を疎水性の高沸点溶媒に溶解しマイクロカプセル化すると，外界の水分や化学物質から遮断されるためシェルフライフを向上させることができる[14)]。さらに，プリンピックスペーパーは図9のように各発色層が重複して熱発色しないように熱感度をずらしてある。熱感度は各発色層に含有される熱応答性マイクロカプセルのTgを変えるなどによって設計される。また，下層の発色色相を鮮やかにするために上層の発色層を透明にする技術や，発色エネルギーに対して階調をとるようにする技術は前記透明感熱記録フィルムと同様なものが導入されている。フルカラー感熱記録紙は以下のような過程で記録，画像形成が行われる。

i）イエロー層が発色する発色エネルギーを印加しイエロー画像を形成する。

ii）420nmの紫外線を全面照射し未反応のイエロー発色層のジアゾニウム塩化合物を分解，イエロー画像を定着する（このときマゼンタ発色層のジアゾニウム塩は分解波長が異なるので失活しない）（図10）。

iii）マゼンタ層が発色する発色エネルギーを印加しマゼンタ画像を形成する。

iv）365nmの紫外線を全面照射し未反応のマゼンタ発色層のジアゾニウム塩化合物を分解，マゼンタ画像を定着する。

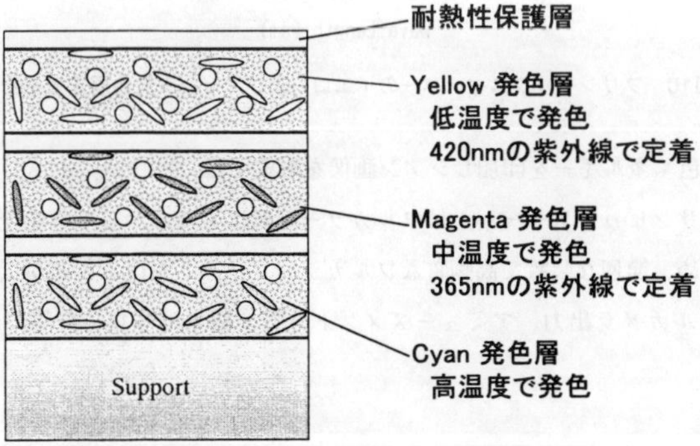

図8　プリンピックスペーパーの層構成

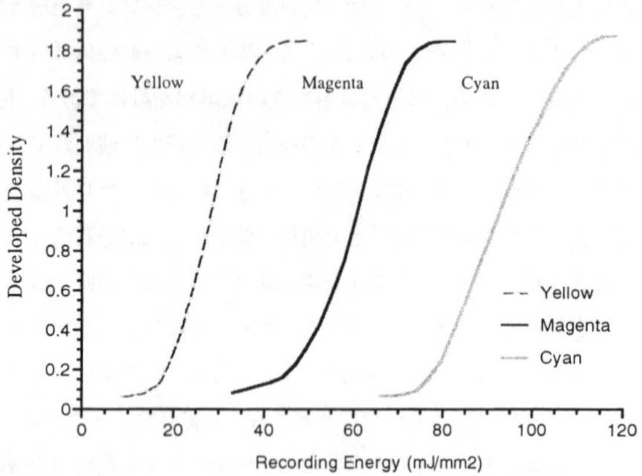

図9　プリンピックスペーパーの各発色層の熱感度特性

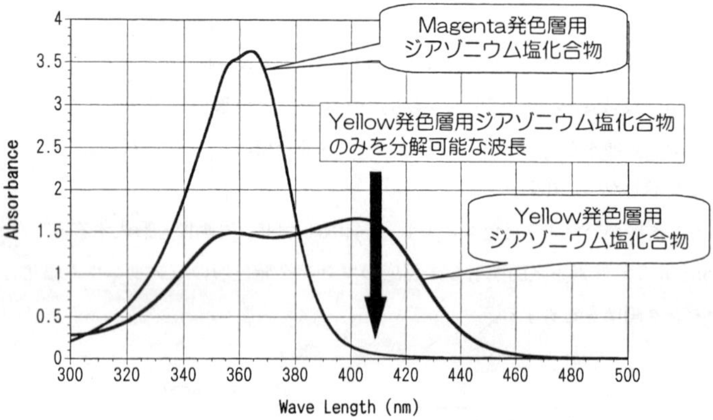

図10　プリンピックスペーパーのイエロー及びマゼンタ発色層定着感光特性

v）シアン発色エネルギーを印加しシアン画像を形成する。

このようにプリンピックスペーパーはフルカラー記録に必要なからくりを全てペーパー内に盛り込んでいるため，簡便な装置で高画質なフルカラープリントを得ることができる。この特徴を利用してデジタルカメラ出力，アミューズメント分野，観光地写真分野等に広く活用されている。

4.5　おわりに

以上，熱応答性マイクロカプセル，およびその製法，応用した商品について概説した。応用例で明らかなように，熱応答性マイクロカプセルを導入することにより，従来形式の感熱記録材料では不可能と思われた高度な付加価値を持ち込むことが可能となった。それにより，簡易・簡便・高信頼性といった感熱記録が持っている特長を生かした，利便性の高い新規商品が開発された。今後熱応答性マイクロカプセルの解析が進むことにより更に精密な設計を行うことができ，新たな高付加価値化，高機能化が可能となるものと期待されている。

文　　献

1） 吉田昌平，龍田純隆，電子写真学会誌，**26**（2），120（1987）
2） 近藤保，小石真純，新版マイクロカプセル，三共出版，p.27（1987）
3） 岩田敬治編，ポリウレタン樹脂ハンドブック，日刊工業新聞社（1987）
4） 宇佐美智正，吉田昌平，*Polymer preprints, Japan*，**45**，No.1，100（1996）
5） 吉田昌平，宇佐美智正，日本写真学会誌，**62**（3），235（1999）
6） 市川紀美雄，高分子加工，**46**（5），217（1997）
7） Y.Matsunami, K.Ichikawa, *International Journal of Pharmaceutics*, **242**, 147 (2002)
8） T.Usami, A.Shimomura, *J.Imaging Tech.*, **16** (6), 234 (1990)
9） 竹内公ほか，Japan Hardcopy '99 論文集，363（1999）
10） 大賀邦彦，日本放射線技術学会雑誌，**50**（1），61（1994）
11） A.Igarashi, T.Usami, S.Ishige, IS&T's 10th International Congress on Advances in NIP Tech., 323 (1994)
12） 五十嵐明，宇佐美智正，石毛貞夫，日本写真学会誌，**58**（5），479（1995）
13） T.Usami, A.Igarashi, *J.Inf.Rec.*, **22**, 347 (1996)
14） 宇佐美智正，田中俊春，石毛貞夫，電子写真学会誌，**26**（2），115（1987）

5　オフセット印刷用マイクロカプセルインキ

江藤　桂*

5.1　はじめに

複写伝票はカーボンインキが全面に塗工された「全面複写製品（カーボンペーパー）」から必要な部分にカーボンインキを印刷する「部分複写製品」へ移行した。そしてマイクロカプセル化技術の誕生によるノーカーボン紙の出現は複写伝票からカーボンインキによる汚れをなくし，複写伝票の仕上がりを美しくした。しかし，「複写に必要な部分にだけノーカーボン紙の機能を印刷したい」という新たな要望が生まれた。

マイクロカプセルは一般には高分子などの薄膜を壁材とした微小なカプセル（容器）であり，インキとして用いられる場合，封じ込まれる芯物質（内包物）としては香料，染料前駆体，顔料などの機能性物質である。またマイクロカプセルの大きさは通常数μmから数百μm程度のものが多いが，インキ用としては印刷適性の点から2～20μmが好ましい。

無色の染料前駆体を内包したマイクロカプセルをインキ化し，これを感圧複写紙用として利用している例は古くからあり，また研究開発も盛んである。従来から用いられている水性インキ以外に，スポット印刷可能な溶剤型マイクロカプセルインキも実用化されている[1]。

印刷物に賦香する技術も歴史は古く，香料をゼラチンのような水溶性高分子でカプセル化したものをスクリーンインキに混入して用いられていたが，最近ではカプセルの壁材としてメラミン樹脂を使用したオフセット印刷用のマイクロカプセルインキも開発されている[2,3]。

しかし，上記のマイクロカプセルインキの例は，いずれも光による硬化技術を必ずしも不可欠とするものではなく，両者の組み合わせ技術，すなわちマイクロカプセル化されたインキを光硬化させる例は意外と少ない。

トッパン・フォームズの「CB-MCインキ」は，数少ない光（UV）硬化型マイクロカプセルインキの代表例である[4,5]。これは染料前駆体が封入された粒子径2μm程度のマイクロカプセルを，UV硬化型オリゴマーの中に均一に分散させてインキ化したものである。これを必要な部分にだけオフセット印刷し，UV光の照射によってオリゴマーを硬化させると複写フォームとなり，通常の筆圧でカプセルが壊れ，カプセル中の染料前駆体がしみ出て，顕色剤が塗布された下葉紙表面で発色する。

オフセット印刷に用いられるCB-MCインキの流動性には，以下のような性能が要求される。

① オフセット印刷時における印刷機のローラー間では，インキは印刷に適した粘性を示し，カプセルは破壊されないこと。

---

*　Kei Etou　トッパン・フォームズ㈱　開発研究本部　中央研究所　第三研究室　室長

② 印刷機のローラー（金属，ゴム，樹脂），感光性樹脂版，ブランケットと非印刷物（紙）の各表面の影響を受けずにカプセルインキが転移していくこと。

③ 印刷後は，インキは用紙のフィブリル構造内部へ浸透せずに，表面近傍に留まり，複写時に筆圧でカプセルが壊れること。

以下，「CB-MCインキ」について詳しく紹介する。

5.2　マイクロカプセルインキの製造方法

5.2.1　マイクロカプセル化工程

染料前駆体が封入されたマイクロカプセルは，通常の*in-situ*重合法により容易に得られる。具体的には，染料前駆体を高沸点オイルに溶解し，これを水系分散液とし，次いでメラミンまたは尿素とホルマリン，あるいはこれらの初期縮合物を用いて縮合させることによってメラミン樹脂または尿素樹脂を壁材としたマイクロカプセルを形成するのが適当である。

この方法によって平均粒径が約$2\mu m$の微細なカプセルが得られる。これは紙に転写されるインキ塗膜が$1\mu m$なのでローラー間を通過できるサイズである。写真1にマイクロカプセルの走査型電子顕微鏡写真を示す[4]。オフセット印刷される「CB-MCインキ」において粒径コントロールは重要なポイントとなる。$2\mu m$より大きいカプセルはローラー間で破壊されてしまうし，$2\mu m$より小さいカプセルは用紙のフィブリル構造内部に埋もれたり，筆圧では潰れにくくなり複写時の発色に寄与しない。マイクロカプセルの粒子径の制御を検討した結果，高速攪拌羽根が芯剤を剪断する回数で粒子径を調整するホモジナイザー（乳化機）より，粘性の高い水溶液で混錬するパドル方式で粒度分布がシャープな粒子径のカプセルを得られた。

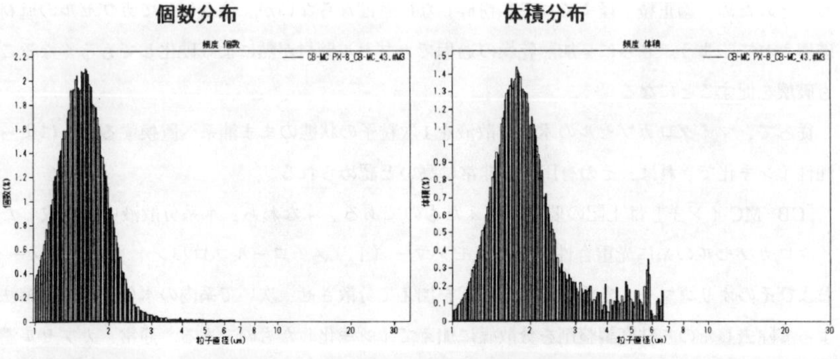

図1　パドル式で作製したマイクロカプセルの粒度分布

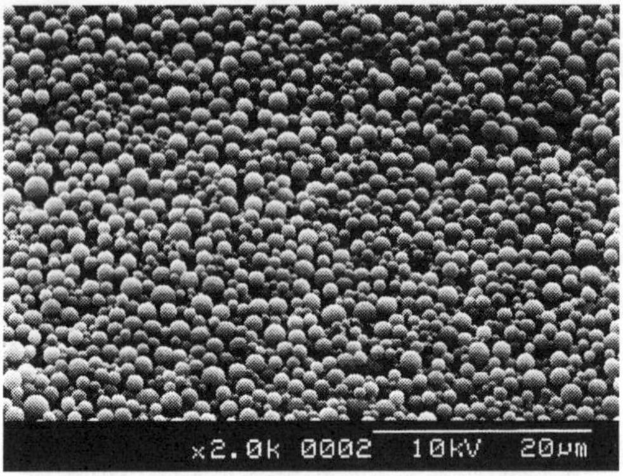

写真1 マイクロカプセルのSEM写真

5.2.2 インキ化工程

通常はマイクロカプセルは水系分散液の状態で得られるため，従来は水性インキとして用いられたが，インキの塗布量が多いと用紙がカールしてしまうので，塗布量にも限界があった。また，必要な部分にのみインキを塗布すると，用紙が部分的に収縮してシワが発生するという問題があり，水性インキから油性インキへの転換が不可欠であった。

従来技術においては，水系に分散しているマイクロカプセルを油性インキ化する場合，マイクロカプセルの水系分散液をいったん，噴霧乾燥法によって乾燥させ，得られたマイクロカプセル粉末を油性ワニスあるいは塗料用樹脂中に錬肉させる方法が採られていた。

しかしながら，このような噴霧乾燥法では，乾燥の過程においてカプセルの1次粒子同士が凝集して2次粒子となり，その結果粒子径がもとの数倍から数十倍に増大してしまうのが普通である。そのため，適正粒子径までロール粉砕しなければならないが，往々にしてカプセルの壁材が破壊されてしまう。さらに，加熱乾燥の過程でカプセル壁材が熱により硬化してもろくなることも破壊を促すことになる。

従って，マイクロカプセルの水系分散液を1次粒子の状態のまま油系へ置換することによって油性インキ化できれば，その有用性は非常に高いと認められる。

「CB-MCインキ」は上記の要望に応えたものである。すなわち，水系分散液中で生成したマイクロカプセルの系に光重合性アクリルモノマー（トリメチロールプロパントリアクリレート）およびそのオリゴマー，光重合開始剤などを加えて分散させ，次いで系内の水分を真空濃縮法によって除去したのち粘度調整剤を分散媒に加えてインキ化したものである。通常，カプセル濃度は重量分率40％，体積分率で41％である。インキ組成物中のカプセルは凝集することなく，1

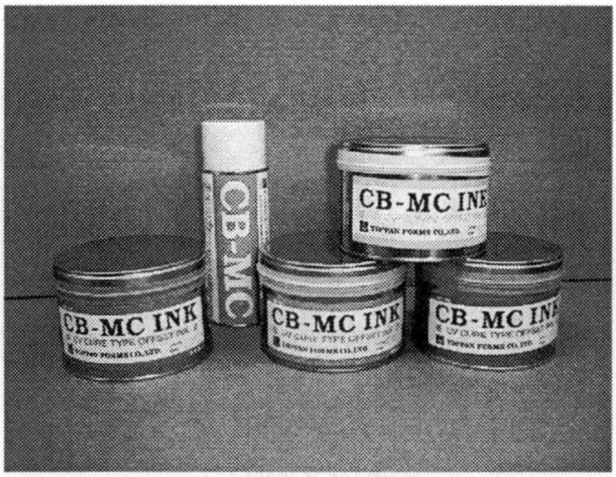

写真2　CB-MCインキとCB-MCチェッカー

次粒子の状態のまま存在している。また本製造法ではカプセルを単離する必要がないため，カプセルの壁材の厚みは0.1μmと薄いにもかかわらず，加熱乾燥による硬化がなく，従って壁材は十分な弾性と強度を保持している。つまり，インキ中のマイクロカプセルはオフセット印刷の際にローラー間で壊れないように芯物質，カプセル壁ともに柔軟に設計されている。

「CB-MCインキ」のUV硬化性に関しては，従来のUVインキと変わらず，印刷機に設置されているUV照射システムで硬化は可能である。

なお，「CB-MCインキ」には，青発色インキ，赤発色インキ，緑発色インキおよびOCR複写インキ（バーコードリーダー読み取り用）の4種類がある（写真2）。また，これらインキの印刷面は透明なためスプレータイプのチェッカーで印刷位置を判断している。

5.3　マイクロカプセルインキの流動特性

マイクロカプセルインキは分散系という観点からみると，粒子径が大きい，分散媒粘度が高い，粒子濃度が高いという特徴があり，印刷適性との関連でその流動特性を明らかにすることは有意義である。

最近，「CB-MCインキ」に関する流動特性が検討され，興味ある結果が報告されている[6,7]。

以下，上記引用文献のなかから，マイクロカプセルインキの定常流粘性に関する検討結果とそれに関する考察を紹介する。

図2にカプセル濃度の異なるインキの定常流粘度のせん断速度依存性を示す。

図2からわかるように，せん断速度の増加とともに粘度が減少するshear-thinningが見られるが，カプセル濃度が高い試料（33％，40％）は，濃度27％のものに比べて低い粘度を示し，かつダイラタント的な挙動を示す。一般に濃厚分散系では分散粒子は凝集し，凝集網目構造を形成

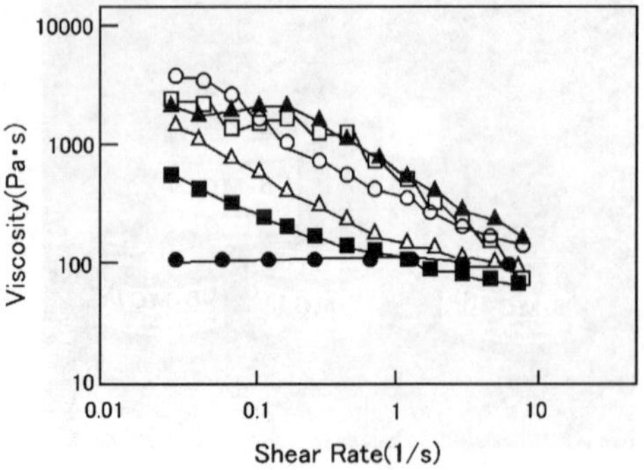

図2 「CB-MCインキ」の定常流粘度のせん断速度依存性
：40％(●)；33％(○)；27％(■)；16％(▲)；0％(△)

しており，これがせん断を受けることにより破壊される過程がshear-thinning的な非ニュートン挙動として現われる。一方，ダイラタント的な挙動は分散粒子の立体幾何学的な粒子配列とその破壊によって説明される。すなわち，粒子濃度に応じ，系内には凝集網目構造が形成されるが，これがせん断を受けて破壊され，粒子濃度が高い場合は，粒子は流動場において一時的に層状の配列構造をとるものと考えられ，これがダイラタント的な挙動に結びついているものと思われる。

つまり，粒子濃度に応じ，系内には凝集網目構造が形成されるが，これがせん断を受けて破壊され，粒子濃度が高い場合は，粒子は流動場において一時的に層状の配列構造をとるものと考えられ，これがダイラタント的挙動に結びついているものと思われる。本研究で用いられているような大きな粒子の場合，網目構造は流動により比較的容易に破壊され，ブラウン運動が活発でないので再形成されにくい。凝集破壊は粒子濃度が高いほど顕著で，いったん破壊が開始されると連鎖的に破壊は進行するものと思われ，これが低せん断速度域で粒子濃度の低い系が高い粘度値を示している逆転現象につながっているものと考えられる。

このような流動場におけるマイクロカプセル粒子の形成する凝集構造の変遷は図3のように考えられる。比較的粒子径の小さい系では低せん断速度域において，マイクロカプセル粒子の形成する凝集網目構造の破壊にともなうshear-thinning挙動が見られるが（図3の[A]），中程度の速度域では，分断された凝集網目の凝集塊が分散媒をとりこんだ大きさのそろった流動単位を形成し，shear-thinningを示さない粘度の平衡領域が出現したものと思われる（図3の[B]）。さらにせん断速度が増加すると，凝集塊は再び細分化され，包含していた分散媒も放出される。このプロセスが再びshear-thinning挙動を示す結果につながったと考えられる（図3の[C]）。粒子の大きなマイクロカプセル粒子の系では，凝集網目は形成されにくく粒度分布も広いため擬似的

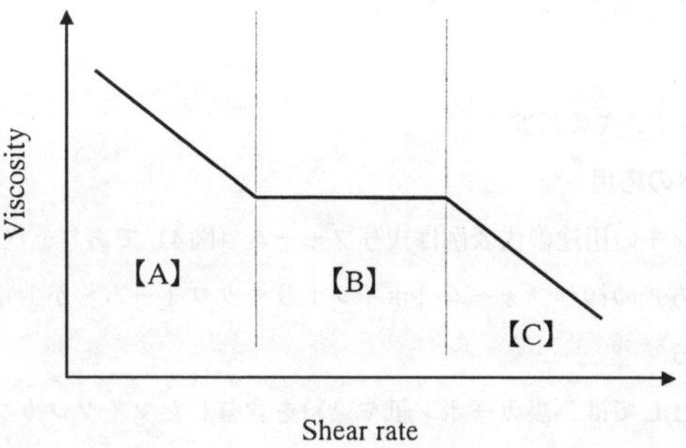

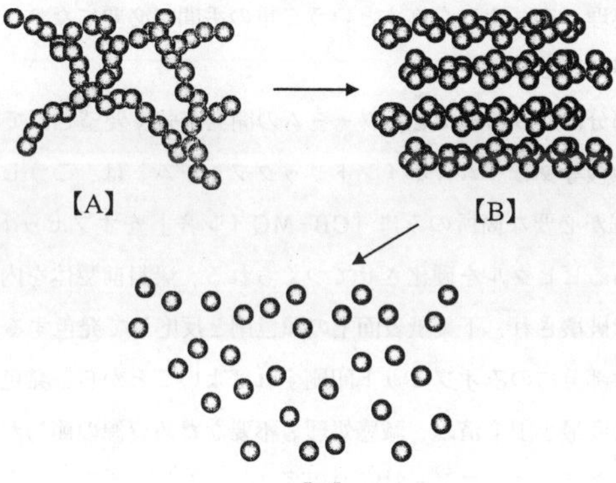

図3　マイクロカプセル粒子の配列

なニュートン流動を示す流動域も現れにくいと思われる。その結果，全速度域を通じ，一様なshear-thinning挙動が観察されることになる。

上記で紹介した流動特性の検討結果から，「CB-MCインキ」の良好なオフセット印刷適性は以下のように説明できる。

すなわち，オフセット印刷時におけるロール間では，インキは高せん断速度領域にあるため粘度が減少して印刷に適した粘性となり，マイクロカプセルは破壊されずに印刷される。一方，印刷後においては，用紙上に付着したインキは低せん断速度領域にあるため高粘度となり，用紙を構成するフィブリル構造の内部へのインキの浸透が妨げられて表面近傍に留まることから，印刷効率（発色性）がよくなると思われる（逆に，用紙上のインキの粘度が小さい場合は，マイクロカプセルが紙のフィブリル構造内部に浸透するため，筆圧で破壊されないマイクロカプセルが多くなり，その結果発色性が悪くなると思われる)。

5.4　マイクロカプセルインキの用途

5.4.1　複写フォームへの応用

マイクロカプセルインキの用途の代表例は複写フォーム（図4）であり，「CB-MCインキ」を利用したクリアバック方式の複写フォーム「ポイントリックフォーム」がトッパン・フォームズによって開発されている[8~10]。

従来，複写フォームとしては，裏カーボン紙や染料を含有したマイクロカプセルを用紙にコーティングしたノーカーボン紙が多く使われてきた。しかし裏カーボン紙は用紙や手が汚れるなどの問題点があり，またノーカーボン紙はフォーム全面に複写機能を持っているため，複写されては困る箇所には減感処理（複写止）を施すという二重の手間が必要になり，そのためコストが高くなるなどの問題点が指摘されている。

このため，必要な部分にのみ複写できるフォームの開発が強く要望されてきた。

クリアバック方式の複写フォーム「ポイントリックフォーム」は，こうした目的のため開発されたものであり，複写が必要な箇所のみに「CB-MCインキ」をオフセット印刷した後，UV光を照射し，分散媒であるビヒクルを硬化させてつくられる。染料前駆体を内包したマイクロカプセルは，通常の筆圧で破壊され，下葉紙表面上の顕色剤と反応して発色する。

このように，必要な部分にのみオフセット印刷すればよいことから，発色剤を含んだマイクロカプセルの使用量が必要最小限で済み，減感処理も不要なため資源の節約が可能になり，また再生紙処理も容易になるなど，エコロジー対応の複写フォームといえる。

ポイントリックフォームには部分複写用紙全般以外に，偽造防止，アイキャッチャー，バーコード読み取りを目的としたものがある。

以下に「ポイントリックフォーム」の機能的な特長を挙げる。

① 用途に合わせて自由に紙を選ぶことができる。

② 高価なノーカーボン上葉紙や中葉紙を使う必要がないため，用紙コストの低減が可能。

③ 複写の必要な部分にのみオフセット印刷するため，従来のノーカーボン紙のような減感印刷が不要。

④ 減感印刷が不要なため捺印性がある。

⑤ 1枚のフォーム中で複数の色の発色が可能。

⑥ 二つ折り，三つ折りのフォームで二次記入が可能。

アプリケーションとしては，売上げ伝票・納品書などの伝票類，申込書など，様々な分野で利用できる。特に部分的に複写が必要なもの，減感印刷が必要なものにメリットがある。

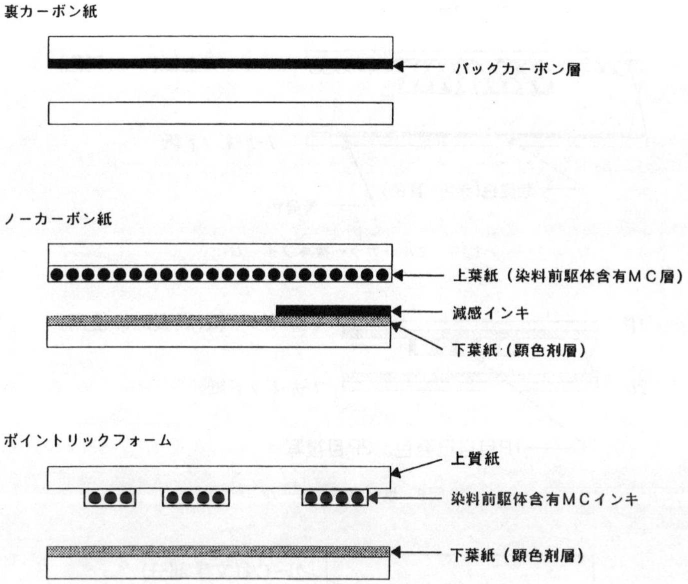

図4　従来の複写フォーム（裏カーボン紙，ノーカーボン紙）と「ポイントリックフォーム」の断面図

5.4.2　新しい用途展開

(1) 偽造防止用フォーム

①　マルチカラー複写フォーム

「CB-MCインキ」とノーカーボン紙の組み合わせにより，同一面上に複数の発色を施すことができる。

領収書の金額欄や領収日などの発色を部分的に変えることで偽造防止や改ざん防止策として使用できる。

②　反転複写フォーム

1P目にノーカーボン下紙を逆に使い，筆記した部分の裏面に反転文字を発色させる。1P目はノーカーボン紙の顕色剤面に直接「CB-MCインキ」を印刷するため自己発色し，2P目は通常の複写形態となる。

(2) スクラッチ発色印刷[11)]

「CB-MCインキ」とクレーインキを同一面に印刷し，擦ることで発色させる。従来のスクラッチインキを用いた場合のような削りかすが生じないことから，衛生的である。

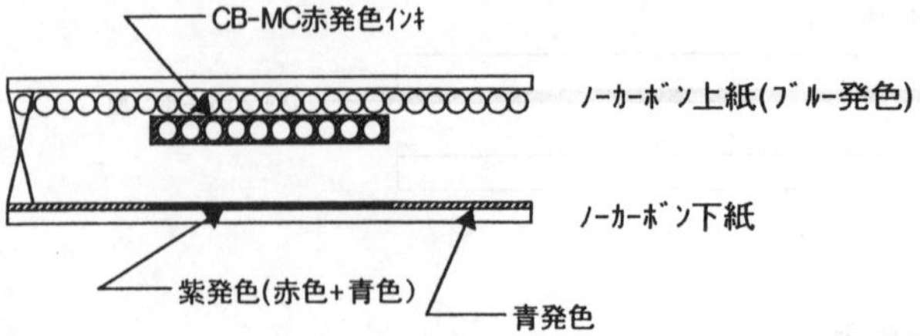

図5　マルチカラー複写フォーム

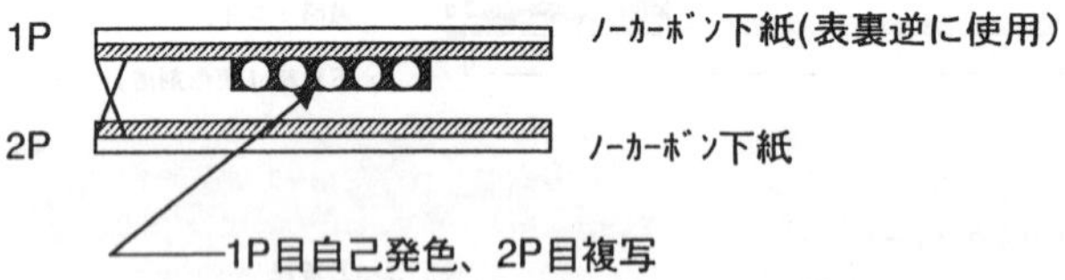

図6　反転複写フォーム

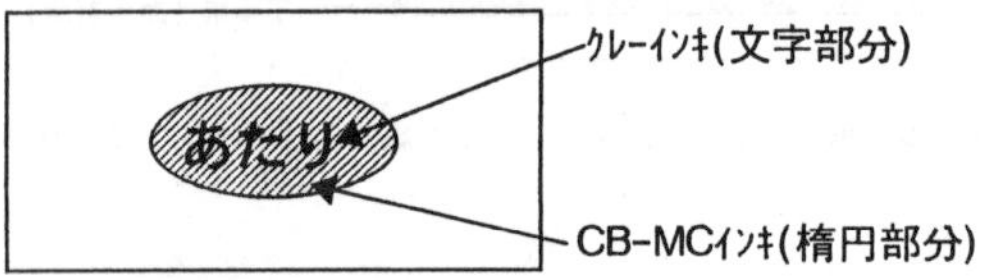

図7　スクラッチ印刷方式によるスピードくじ

スピードくじなどに利用される。

(3) 複写バーコード用フォーム

複写バーコードOCR読み取り用として開発されたフォームであり，複写読み取りが必要な部分だけに印刷加工でき，製造工場・製造設備を選ばないためコストメリットがある。

5.5 おわりに

現在，印刷市場では印刷物に対する品質の向上および新しい機能付与の要求がますます高まっている。このような状況下で，インキについても高品質，高機能性商品の開発が強く求められてきた。

光硬化性マイクロカプセルインキは，これらの期待に応えうる機能性インキであり，単に従来のノーカーボン紙の置き換えではなく，新しい用途への展開が期待できる。

特に注目されるのが，複写フォームの偽造・改ざん防止を目的とした用途であり，マイクロカ

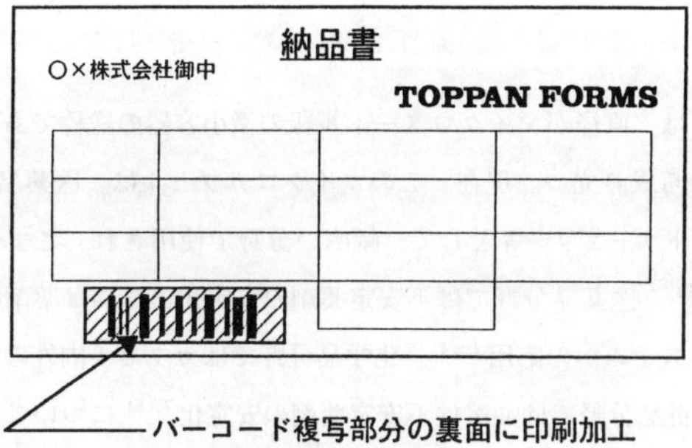

図8　複写バーコード用フォーム

プセルに内包される染料前駆体の種類を変えて印刷すれば，従来の複写フォームでは不可能であった分野へも適用が広がっていくものと思われる。

また，このマイクロカプセル型インキの製造プロセスで開発された油と水の制御技術の応用は，印刷インキの分野だけでなく，コーティング，接着など他の分野への展開も期待される。

文　献

1)　西村正人，伊藤茂樹，朝里敬，特許第1691532，1691533，1691534
2)　井野嘉紀，コンバーテック，**20**［11］，5（1992）
3)　中西真行，高尾道生，井野嘉紀，特開平5-214283
4)　トッパン・フォームズ，*Polyfile*，**36**［2］，33（1999）
5)　江藤桂，平沢朗，日暮久乃，特開平7-216273
6)　中村佐紀子，林徳子，石井千明，小関健一，甘利武司，日暮久乃，平沢朗，江藤桂，日本印刷学会誌，**35**，508（1998）
7)　中村佐紀子，山口祐介，石井千明，小関健一，甘利武司，日暮久乃，江藤桂，日本印刷学会誌，**38**，158（2001）
8)　印刷情報，**56**［8］，76（1996）
9)　江藤桂，化学装置，**39**［7］，92（1997）
10)　平沢朗，日暮久乃，特開平7-266692
11)　重見一臣，特開平10-16386

6　トリメリット酸無水物のマイクロカプセルトナー

手嶋勝弥*

6.1　はじめに

マイクロカプセルとは，直径がマイクロメートル級の微小容器の総称であり，しん物質とそれを封止する皮膜物質から成り立つ。現在，このマイクロカプセルは，医薬品[1~5]，化学品[6]，化粧品[7,8]，食品およびトナー[9~11]等として，幅広い分野で使用され，さまざまなカプセル特性が研究されている[10~13]。医薬品分野では不安定薬剤の安定化あるいは薬剤の徐放化を利用したドラックデリバリーシステムへの応用[2~4]，化学品分野ではカプセル内外の物質移動を利用した分離膜[6]，あるいは化粧品分野では油溶性不安定薬剤の安定化[7,8]について詳細に報告されている。トナーに言及すると，着色剤（顔料等）が樹脂により被覆される形でマイクロカプセルが形成されており，皮膜の働きによって，帯電物質の保持あるいは紙等の媒体への定着が可能となる。さらに，皮膜物質あるいはカプセル形成方法がトナー帯電状態に影響を及ぼすことも報告されている[14~16]。

マイクロカプセル作製方法は，皮膜の形成方法の違いにより，化学的，物理化学的あるいは機械的作製方法に大別される。なかでも物理化学的手法の一種である相分離法は，非常に簡便な作製方法であり，水を用いずに皮膜を形成することも可能である[9~11]。

電子印刷分野を中心に幅広く研究されているトナーは，固体（粉体）あるいは液体状の二種類に大別される。液体トナーとは，マイクロカプセルを電気絶縁性溶媒中に分散し，帯電制御剤を添加することで，正または負に帯電させたものである[10,11,14~16]。液体トナーは，固体トナーよりも粒子径を小さくできるため，高精細印刷に適している。現在，印刷の小ロット化，あるいは多品種化（オンデマンド化）が進み，さまざまな特性を有する機能性トナーが求められている。これまで，印刷分野で発泡抑制剤（壁紙等のケミカルエンボス利用）として使用されるトリメリット酸無水物（以下，TMAと略記）をトナー化した報告例はなく，トナー化技術も確立していない。そこで本研究では，TMAのマイクロカプセル化，さらにはマイクロカプセルを帯電させ，トナー化することを目的とした。マイクロカプセルは，有機溶媒中での相分離法（溶媒置換法[10]および冷却造粒法[11]）により作製された。

6.2　発泡抑制剤とは

発泡抑制剤（TMA）は，発泡促進剤（ステアリン酸亜鉛）と錯体をつくることで，発泡促進剤の働きを打ち消す効果がある。この効果を利用して，塩化ビニル壁紙等の部分的な発泡抑制が

＊　Katsuya Teshima　大日本印刷㈱　研究開発センター　先端技術研究所　研究員

可能となる。発泡抑制の仕組みを図1に示す。図1bのように，発泡抑制剤の存在しない部分では，通常230℃で発泡する発泡剤（アゾジカルボンアミド）が発泡促進剤の作用により，210℃で発泡する。ちなみに，発泡促進剤が存在しない場合は，210℃では全く発泡しない（図1a）。一方，発泡抑制剤の存在する部分（図1c）では，発泡抑制剤が発泡促進剤と錯体をつくることで促進効果を打ち消し，210℃では発泡しなくなる。ただし，230℃まで加熱すると発泡する。このように，発泡抑制剤のパターン（絵柄等）を形成することで，壁紙等へ任意のケミカルエンボスが可能となる。

6.3　発泡抑制トナー作製および評価方法

6.3.1　溶解度パラメーター

樹脂溶解度差は，通常，溶解度パラメーター（SP値：δ）と呼ばれ，樹脂同士の相溶性あるいは非相溶性を表す指標として知られている。樹脂と溶媒との関係では，溶媒に対する樹脂の溶解性の程度をSP値により表すことができ，樹脂のSP値と溶媒のSP値の差が小さければ溶解性が大きく，易溶性となり，一方，その差が大きければ溶解性が小さく，不溶性となる。樹脂のSP値（δ_p）測定方法には，さまざまな方法がある。本研究では，分子引力定数から算出する方法，すなわち，樹脂を構成する官能基または原子団の分子引力定数（G）およびモル体積（V）から，式1により算出される値を使用した[17, 18]。

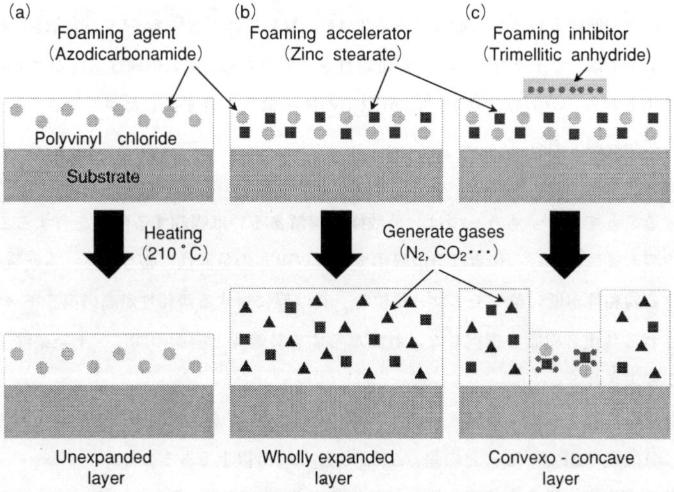

図1　発泡抑制の仕組み
(a) 未発泡，(b) 全発泡，(c) 部分発泡

$$\delta_p = \Sigma G/V \quad (1)$$

さらに，溶媒のSP値（δ_s）は，Hildebrand-Scatchardの溶液理論[19, 20]に基づき，分子間引力を考慮した，式2により算出される値[18]を使用した。

$$\delta_s = (\Delta E_v / \Delta V_1)^{1/2} \quad (2)$$

ここで，ΔE_vは蒸発エネルギー，ΔV_1は分子容積であり，$\Delta E_v / \Delta V_1$は凝集エネルギーである。樹脂と溶媒のSP値を考慮することで，溶媒中での樹脂状態を推定することができる。溶媒置換法（後述）のような希薄系からのカプセル化では，良溶媒中では単分子状かつ分子鎖が伸びた状態で存在していた樹脂が，貧溶媒中では分子鎖が縮まって粒子化し，析出すると考えられる。したがって，貧溶媒として，樹脂が膨潤する程度のSP値差を有する溶媒を使用するか，あるいは樹脂が全く溶解しないようなSP値差の大きい溶媒を使用するかが，マイクロカプセルの粒径に影響を及ぼす。

6.3.2 発泡抑制トナー材料

本研究では，マイクロカプセルのしん物質となる，発泡抑制剤として白色粉末状のTMA（三菱ガス化学社製，平均粒径：約1μm）を選択した。

相分離法（溶媒置換法および冷却造粒法）による発泡抑制トナー作製では，しん物質を核にして，樹脂を被覆させる。このため，良溶媒にはしん物質を溶解しないこと，あるいは樹脂溶解性の高いことが要求される。さらに，揮発性が高いほど，溶媒置換が容易となる。上記を考慮し，良溶媒としてトルエン（$\delta_s = 8.9$）を選択した。トルエンは共重合樹脂に対して溶解性が高く，かつ，本研究で使用されるしん物質であるTMAに対しては不溶性あるいは難溶性である。

液体トナーでは，マイクロカプセルが帯電性を有するため，電気絶縁性溶媒が貧溶媒（分散媒）として使用される。分散媒には$10^{10}\Omega$cm以上の体積抵抗を有することが要求され，液状の脂肪族炭化水素が最適である。

しん物質を被覆する樹脂には，二つの特性が要求される。一つは，しん物質表面に吸着する部位を有することであり，もう一つは，分散媒に溶解あるいは膨潤する部位を有することである。前者は皮膜形成に寄与し，後者は分散媒中でのカプセルの分散性に寄与する。本研究では，貧溶媒に対する親和性が低い第一モノマー単位と，貧溶媒に対する親和性が高い第二モノマー単位から構成される共重合樹脂を選択しなければならず，貧溶媒と樹脂の間に，下記条件①～③のSP値特性が要求される。

① 共重合樹脂を構成する第一モノマー単位のみから構成されたホモポリマーのSP値（δ_{p1}）と，分散媒のSP値（δ_s）との差（$\Delta(\delta_{p1}-\delta_s)$）が1.0以上であること。

② 共重合樹脂を構成する第二モノマー単位のみから構成されたホモポリマーのSP値（δ_{p2}）と，分散媒のSP値（δ_s）との差（$\Delta(\delta_{p1}-\delta_s)$）が1.0以下であること。

③　二つの上記ホモポリマーのSP値の差（$\Delta(\delta_{p1}\text{-}\delta_{p2})$）が0.5以上であること。

本研究では，上記条件を考慮し，分散媒としてIsopar-L（分岐鎖脂肪族炭化水素；$\delta_s=7.3$）を，皮膜物質としてエチレン（$\delta_{p2}=8.1$）－メタクリル酸（$\delta_{p1}=9.4$）共重合樹脂を選択した。エチレン－メタクリル酸共重合樹脂Aの共重合比は96：4，融点は105℃，およびASTM D-1238（American Society for Testing and Materials）で規定されるメルトフローレート（MFRと略記）は7dg/minである。共重合樹脂Bの共重合比は90：10，融点は95℃，およびMFRは500dg/minである。このMFRは重量平均分子量に換算すると，約25万となる。

さらに，マイクロカプセルを分散媒中で帯電させるための帯電制御剤（Charge Control Agent：以下CCAと略記）として，レシチンおよび金属ペトロネートの混合物を使用した。金属ペトロネートとして，塩基性カルシウムペトロネート（カルシウムスルホネート：約45wt.%，水酸化カルシウムおよび炭酸カルシウムに由来するカルシウム：約3wt.%および鉱油：約52wt.%）（以下，BCPと略記），塩基性バリウムペトロネート（以下，BBPと略記）あるいは中性カルシウムペトロネート（以下，NCPと略記）を選択した。レシチンは，その分子中に疎水性の脂肪酸グリセリド基および親水性のリン酸エステル基あるいは（2-ヒドロキシエチル）アミノ基の両者を保有しているので，両イオン性の界面活性能を有している。レシチンを単独で使用すると，マイクロカプセルは両帯電（正および負）になった。レシチンと共にBCPを添加すると，マイクロカプセルは負に帯電し，一方，レシチンおよびBBPを添加すると，正帯電した。このように，添加するCCAの種類および量により，マイクロカプセル帯電を容易に制御することができる。本研究で使用された発泡抑制トナー材料（しん物質，樹脂，良溶媒および帯電制御剤）の化学構造式を図2に示す。

6.3.3　発泡抑制トナー作製方法

印刷分野において発泡抑制剤として使用される，トリメリット酸無水物のマイクロカプセルトナーを，コアセルベーション法の一種である相分離法（溶媒置換法および冷却造粒法）により作製した。溶媒置換法は有機溶媒への樹脂溶解度差を利用した相分離法であり，冷却造粒法は樹脂溶解度の温度依存性を利用した相分離法である。以下，本研究の詳細なトナー作製方法を示す。

（1）溶媒置換法[10]

本研究では，樹脂の溶媒への溶解性（SP値）の違いを利用したカプセル化技術を使用し，発泡抑制トナーを作製した。このカプセル化技術（相分離法の一種）を溶媒置換法と呼ぶ。溶媒置換法は，樹脂を溶解性の高い溶媒（良溶媒）中に溶解させた後，しん物質を分散させ，さらに溶解性の低い溶媒（貧溶媒：分散媒）を徐々に添加しながら良溶媒のみを除去し，しん物質表面に樹脂を吸着・被覆させる方法である。溶媒置換法では，希薄系からマイクロカプセルを作製するため，良溶媒中で樹脂が十分に伸展し，しん物質表面への吸着が良好となる。溶媒置換法により

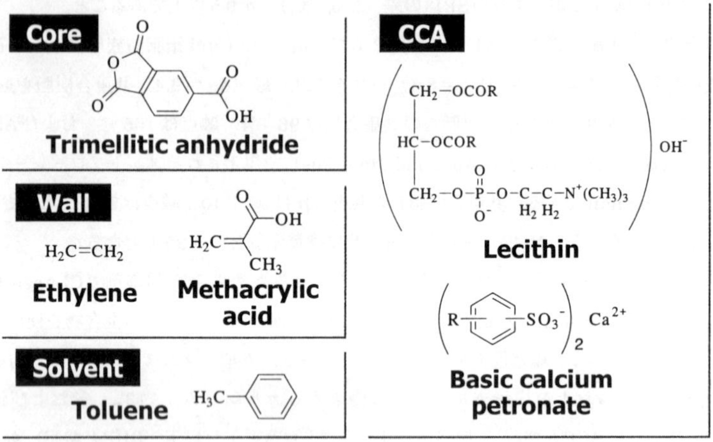

図2　使用された発泡抑制トナー材料（しん物質，樹脂，良溶媒および帯電制御剤）の化学構造式

作製されたカプセルの粒子径は非常に小さく，均一となる。しかし，希薄系からのトナー作製であるため，皮膜が薄くなるという欠点もある。

まず，TMA（3.6g），エチレン－メタクリル酸共重合樹脂B（3.6g），およびCCA（0-1.2g）の混合物をトルエン（80g）中に添加した後，ホモジナイザーおよびペイントシェーカーを使用して，溶解・分散させた。得られた溶解・分散液中に，Isopar-L（360g）を超音波照射しながら添加し，次いで，エバポレーターを使用してトルエンのみを除去し，マスタートナーを得た。最終的に，得られたマスタートナーをIsopar-Lで希釈して，トナー濃度を4wt.%に調整した。

(2) 冷却造粒法[11]

本研究では，溶媒に対する樹脂溶解度の温度依存性を利用したカプセル化技術を使用し，マイクロカプセルを作製した。このカプセル化技術（相分離法の一種）を冷却造粒法と呼ぶ。冷却造粒法は，加熱した分散媒中に第一モノマー単位および第二モノマー単位から構成される共重合樹脂を溶解（あるいは膨潤）し，その後，この溶液を冷却することにより，しん物質表面に溶解した共重合樹脂を析出させるマイクロカプセル作製方法である。冷却により析出した共重合樹脂は，第一モノマー単位部分が分散媒と反発してTMA表面に吸着し，その結果，TMAを核にして共重合樹脂が微視的に凝集した状態となる。形成されたマイクロカプセルは，溶媒置換法により作製されたものと同じ構成であり，分散媒に不溶な核部分と，その核部分を包む，分散媒に溶解（あるいは膨潤）する外縁部分から成る。冷却造粒法は濃厚系からのカプセル作製であるため，皮膜が薄くなるという欠点が解消される。さらに，冷却造粒法では，融点の異なる共重合樹脂を使用することで，しん物質への複数層の被覆が可能となる。本研究でも複数層の被覆を実施することで，マイクロカプセル壁をより強固にすることができた。被覆状態に影響を及ぼす因子として，加熱分散媒中の共重合樹脂濃度，あるいは加熱分散媒の温度および冷却速度等が挙げられる。また，冷却造粒後のマイクロカプセルは互いに吸着するため（濃厚系のため），分散工程が必要となる。本研究では，ペイントシェーカーを利用したビーズ分散あるいはボールミル分散を実施し，分散方式の違いがトナー帯電に与える影響についても調査した。

まず，TMA（300g）およびエチレン–メタクリル酸共重合樹脂B（150g）の混合物をIsopar-L（300g）に添加した後，加熱装置を有するダブルプラネタリーミキサーを使用して120℃にて溶解・撹拌した。混合物を十分に溶解するため，120℃で1時間保持した後，110℃に温度を下げてさらに2時間保持した。次いで，5℃/hの速度で80℃まで冷却し，その後，2℃/hの速度で60℃まで冷却した。さらに，室温まで放冷し，マスタートナーを作製した。一連の冷却工程において，継続して撹拌を実施した。得られたマスタートナーにIsopar-Lを添加してビーズ分散あるいはボールミル分散し，トナー固形分濃度を4wt.%に調整した。トナー濃度調整後，所定の割合で混合したCCA（5.0g）を添加し，30分間振とうして，マイクロカプセルトナーを作製した。樹脂二層被覆を実施する際には，はじめに高融点樹脂Aを上記温度で使用し，マスタートナーを作製した後，マスタートナーおよび低融点樹脂Bをマスタートナーが溶解せず，かつ，樹脂Bの溶解する温度に加熱した分散媒中に分散・溶解し，同様の温度勾配で冷却造粒した。この工程を繰り返すことで，複数層の被覆が可能となり，マイクロカプセルが多層壁構造となる。

6.3.4　発泡抑制トナー評価方法

発泡抑制トナーの極性および帯電量を以下の方法で測定した。間隔1.0cmの黄銅製電極板（5.0cm×4.5cm）の間に，24時間静置後の発泡抑制トナーを満たし，高電圧発生装置（KEITHLEY社製）を使用して，両電極間に1000Vの電圧を印加し，通電開始から60秒間の電流値を経時的に測定した。まず，通電開始時の初期電流量（I_0）から60秒経過後の電流値（I_{60}）までを積分して，通電開始から60秒経過するまでに費やした初期総電荷量（Q_0）を算出した。次に，通電開始から60秒後の電流値に基づいて，定常状態の60秒間に費やされる電荷量（Q_{60}）を算出し，両電荷量の差を算出することで，発泡抑制トナーの総電荷量（Q_t）を算出した（式3）。

$$Q_t = Q_0 - Q_{60} = Q_0 - I_{60} \times 60\mathrm{s} \qquad (3)$$

その後，発泡抑制トナーが付着した電極板を電流測定用セルから取り出し，乾燥させ，電極板上の発泡抑制トナー付着量を測定した。この付着量（M）と総電荷量（Q_t）に基づいて，発泡抑制トナー比電荷，すなわち，トナー1g当たりの帯電量（Q_t/M）（μC/g）を算出した。

さらに，発泡抑制トナー粒径をレーザードップラー法により測定し，その構造を走査型電子顕微鏡（SEM：Hitachi社製，S-5000H）を用いて観察した。最終的には，発泡抑制トナーを市販の印刷機にて使用し，その発泡抑制効果を評価した。

6.4 発泡抑制トナー特性

6.4.1 溶媒置換法により作製した発泡抑制トナー

作製条件を最適化した溶媒置換法により，TMAのマイクロカプセル化およびトナー化が可能となった。発泡抑制トナーの構造モデルを図3に示す。溶媒置換法によるマイクロカプセル化では，メタクリル酸部位がTMA表面に吸着し，溶媒親和性のあるエチレン鎖が溶媒中に分散する形で，薄いカプセル壁を形成する。さらに，この皮膜樹脂にCCAが吸着し，帯電すると考えられる。このマイクロカプセルは比較的均一であり，その粒径（D_{50}）は約2.3μmであった。CCAとマイクロカプセル帯電の関係を表1に示す。CCAを選択することで，帯電を任意に制御でき，所望のトナー極性が得られることが確認された。本研究では，印刷評価装置の特性上，マイクロカプセルを負帯電させる必要があるため，CCAとしてレシチンおよびBCPの混合物を選択し，トナー帯電特性を評価した。

(1) トナー初期電流値のCCA添加量依存性

CCA添加量と通電開始時の初期電流値（I_0）の関係を図4に示す。CCAとして，レシチンおよびBCPの混合物を使用した。混合比は1：1とした。CCA未添加では，マイクロカプセルは

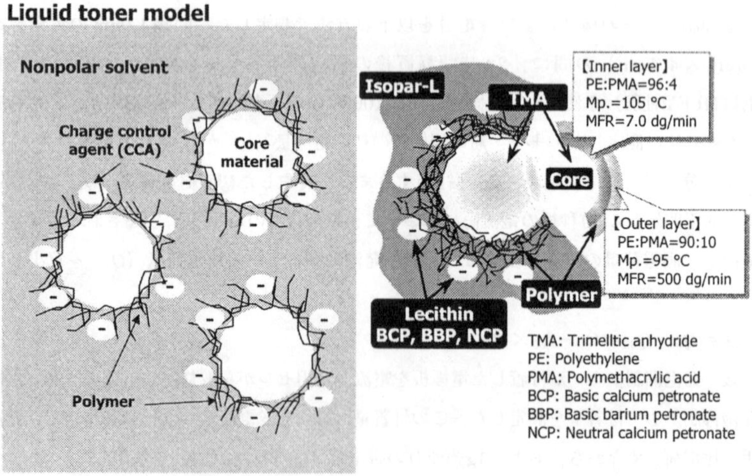

図3 発泡抑制トナーの構造モデル

表1　発泡抑制トナー極性のCCA依存性
(a) 溶媒置換法，(b) 冷却造粒法

(a) Solvent displacement method

CCA	Polarity	CCA	Polarity
(1) Lecithin	+	(1) + (2)	+
(2) Basic barium petronate	+	(1) + (3)	−
(3) Basic calcium petronate	+	(1) + (4)	+
(4) Sulfate system	+	(1) + (5)	+
(5) Aminoalcohol system	×	(3) + (5)	±

(b) Solvent cooling method

CCA	Polarity	CCA	Polarity
(1) Lecithin	±		
(2) Basic barium petronate	+	(1) + (2)	+
(3) Basic calcium petronate	+	(1) + (3)	−
(4) Neutral calcium petronate	±	(1) + (4)	−

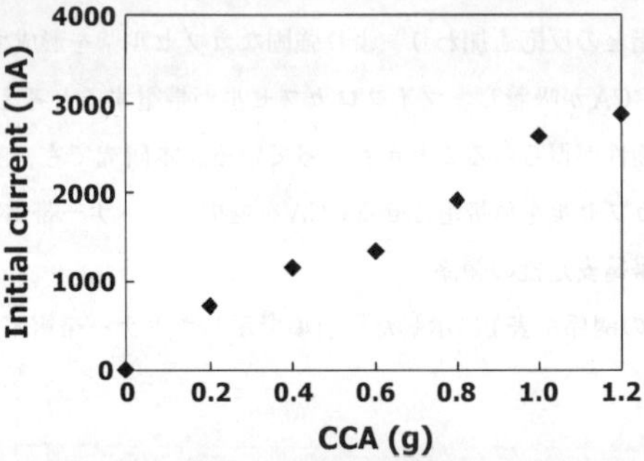

図4　発泡抑制トナー初期電流値のCCA添加量依存性

帯電せず，初期電流値もゼロであった。CCA添加量を増加すると，I_0は直線的に増加した。I_0が2627nAのとき，トナー帯電量は582μC/gであった。I_0およびI_{60}は，電子写真方式の印刷での画像濃度に影響を及ぼす，トナー帯電量に直接的に影響する。たとえば，I_0が非常に小さい場合，トナー1g当たりの帯電量（Q/M）が非常に小さくなり，印刷時の不具合（かぶり等）が発生する。反対に，I_0が大きい場合，帯電量は大きくなり，画像濃度が低下する。印刷機に合わせた帯電量の調整が必要であるが，図4からもわかるように，CCA添加量により容易に初期電流値，つまりは帯電量を制御できる。

(2) 発泡抑制トナー初期電流値の経時変化

CCA（レシチン：BCP＝1：1）を0.8g添加したときの，初期電流値の経時変化を図5に示す。発泡抑制トナーのI_0は経時的に減少した。これは，CCAとTMAが反応することにより，マイクロカプセルの帯電状態が経時的に変化するためと考えられる。つまり，溶媒置換法で作製されたマイクロカプセルは，希薄系からの作製であるため，皮膜が非常に薄く，部分的にTMA表面が露呈する可能性もある。トナー帯電を安定するためには，被覆状態を向上する必要があると考えられる。

6.4.2 冷却造粒法により作製した発泡抑制トナー

二回被覆を実施した冷却造粒法により，TMAのマイクロカプセル化およびトナー化が可能となった。多層壁を有する発泡抑制トナーの構造モデルを図3に示した。マイクロカプセル粒径は，約3.0－15.0μmであり，TMA粉末粒径（約1μm）と比較すると大きくなっており，カプセル壁が厚くなった。前項の溶媒置換法によるマイクロカプセル化と同様に，冷却造粒法によるマイクロカプセル化においても，内層形成時には共重合樹脂構成成分であるメタクリル酸部位がTMA表面に吸着・析出し，溶媒親和性のあるエチレン鎖が溶媒中に分散する形で，薄いカプセル壁を形成する。外層形成時には，エネルギー的に核発生に有利な内層表面に低融点樹脂が吸着析出し，内層形成樹脂との反応も加わり，より強固なカプセル壁を形成すると考えられる。さらに，この皮膜樹脂にCCAが吸着し，マイクロカプセルが帯電すると考えられる。CCAの選択により，所望のトナー極性が得られることがわかっている。本研究でも，前項同様，印刷評価装置の特性上，マイクロカプセルを負帯電させるCCAを選択し，トナー帯電特性を評価した。

(1) CCAとトナー帯電安定性の関係

CCAとトナー極性の関係を表1に示した。前項で示したトナー帯電不安定要因の一つとして，

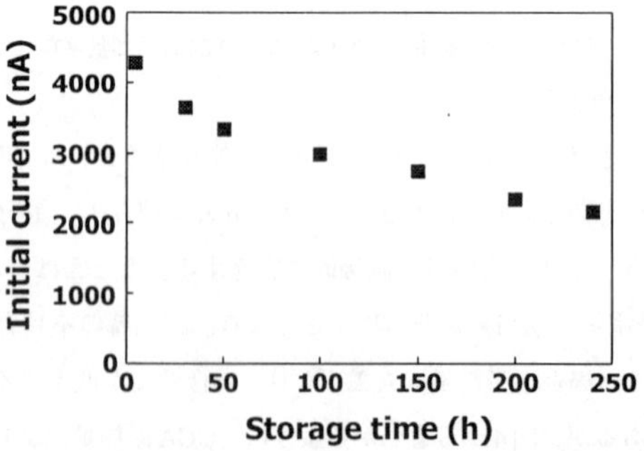

図5 CCA（レシチン：BCP＝1：1）0.8g添加時の初期電流値の経時変化

塩基性CCAが考えられる。本研究では，発泡抑制トナー帯電の安定化のため，CCAとしてレシチンおよびNCP（中性）の混合物を使用した。図6に，レシチンおよびNCPの混合比と帯電安定性の関係を示す。図6で使用されたトナーでは，複数層（二層）被覆およびボールミル分散が実施されている。比較として，レシチンおよびBCPの混合物を用いたトナーの帯電安定性も示す。図6から明らかなように，NCPを使用することでトナー帯電は安定化した。作製30分後までは若干減少しているが，これは，CCA添加により，トナー中でさまざまな反応が生じ，安定までに多少の時間が必要であることを示している。さらに，レシチンに対するNCP添加割合を減少させることで，帯電安定性が向上した。このことから，トナー帯電量はレシチン添加量により制御し，トナー極性はNCPにより制御することが必要であることが確認された。CCAの最適混合割合であるレシチン：NCP＝4：1のとき，トナー作製30分以降は初期電流値が2800nAで安定した。また，そのときのトナー帯電量は約600μC/gであった。前項同様，CCA添加量により，容易に帯電量を制御可能である。

(2) 分散方式のトナー帯電安定性への影響

ビーズ分散あるいはボールミル分散を用いてトナー分散したときの，I_0の経時変化を図7に示す。CCAとして，レシチン：BCP＝1：1の混合物（2.5g）を使用した。発泡抑制トナー粒径は，ビーズ分散およびボールミル分散，それぞれ3.2および11.9μmであった（ともに比較的均一な粒度分布）。BCPを使用しているため，どちらの分散方法でも初期電流値の減少は観察されるが，ボールミル分散のほうが，減少勾配が緩やかである。これは，ボールミル分散がビーズ分散よりも弱いせん断力であるため，マイクロカプセルの破壊が起こりにくいためと考えられる。ビーズ分散のせん断力は比較的強いため，カプセル壁の破壊あるいはしん物質であるTMAの粉砕を引き起こし，TMAとCCAとの反応が促進され，トナー帯電の経時安定性が著しく低下すると考えられる。

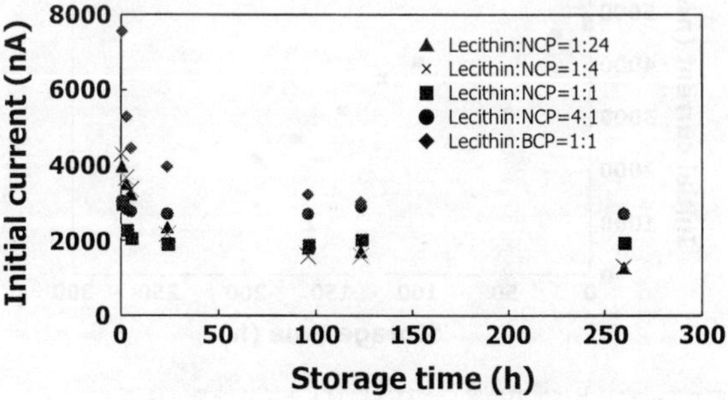

図6　発泡抑制トナー初期電流値安定性へのCCA混合比の影響

(3) カプセル壁形成方法のトナー帯電安定性への影響

図8に，カプセル壁一層および二層被覆したときのI_0の経時変化を示す。CCAには，レシチン：BCP＝1：1の混合物（5g）を使用し，ビーズ分散を実施した。発泡抑制トナー粒径は，一層および二層被覆時にそれぞれ3～4および5～7μmであり，粒度分布は非常にシャープであった。樹脂一層被覆時のトナー帯電安定性は非常に乏しいことが，図8から明白である。二層被覆のI_0の減少勾配は，一層被覆に比べると約半分になっている。被覆回数を増加することにより，TMAの被覆状態が向上し，さらにビーズ分散によるカプセル破壊が起こりにくくなっていることを示している。カプセル壁を強固にすることは，トナー帯電を安定化する，つまりはTMAとCCAの反応を抑制できるということである。

6.4.3 発泡抑制トナーを用いた印刷および発泡抑制効果の評価

溶媒置換法および冷却造粒法により作製された発泡抑制トナーは，市販の印刷機で使用可能で

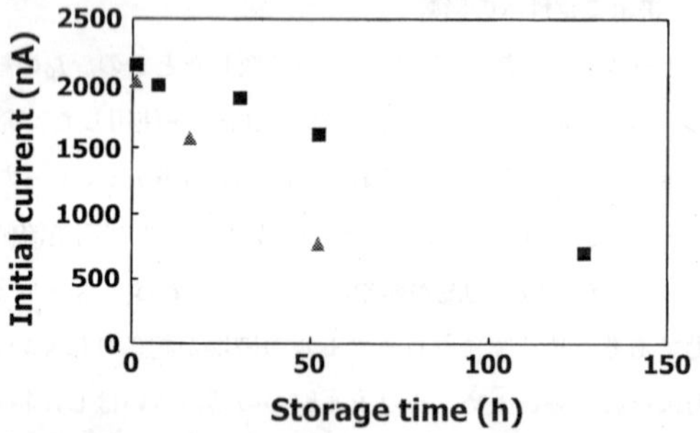

図7　分散方式の違いによる発泡抑制トナー初期電流値の経時変化
▲：ビーズ分散，■：ボールミル分散

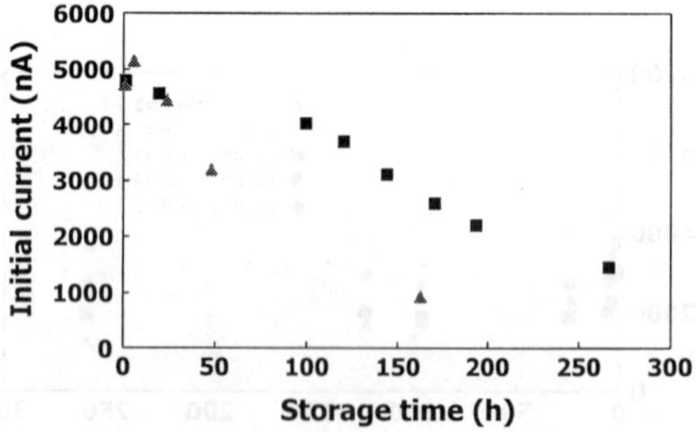

図8　一層および二層被覆した発泡抑制トナー初期電流値の経時変化
▲：一層被覆，■：二層被覆

あった。図9に，塩化ビニル壁紙上に印刷された発泡抑制トナーチャートおよび断面構造図を示す。発泡抑制効果を観察するために，塩化ビニル壁紙を210℃にて3分間加熱した。壁紙上には鮮明な発泡抑制チャートが形成された。本研究で作製されたTMAマイクロカプセルトナーの発泡抑制効果は，印刷濃度により制御可能となった。また，印刷分野で要求される標準値を，本研究の発泡抑制トナーは十分に満たしていた。

6.5 おわりに

マイクロカプセル作製技術の一種である，相分離法（溶媒置換法および冷却造粒法）により，トリメリット酸無水物のマイクロカプセル化およびトナー化に成功した。発泡抑制トナー材料の選定には，樹脂溶解度パラメーターを利用した。帯電制御剤として，レシチンおよび金属ペトロネートの混合物を使用することで，発泡抑制トナー帯電（極性および帯電量）を任意に制御可能となった。

溶媒置換法により作製された発泡抑制トナーの粒径は非常に小さく，均一であった。しかし，溶媒置換法は樹脂濃度の希薄な系からのトナー作製法であり，カプセル壁が薄くなる（部分的なトリメリット酸無水物の露呈）ため，トナー帯電が不安定になりやすい。一方，冷却造粒法により作製された発泡抑制トナーでは，カプセル壁形成方法，分散方法および帯電制御剤を検討することで，トナー帯電を安定化できた。これは，しん物質であるトリメリット酸無水物と帯電制御剤の反応を抑制できたためである。

本研究により作製された発泡抑制トナーは，市販の液体トナー用印刷機において印刷可能であり，印刷分野における壁紙用途として十分な発泡抑制効果を有することが確認された。また，実

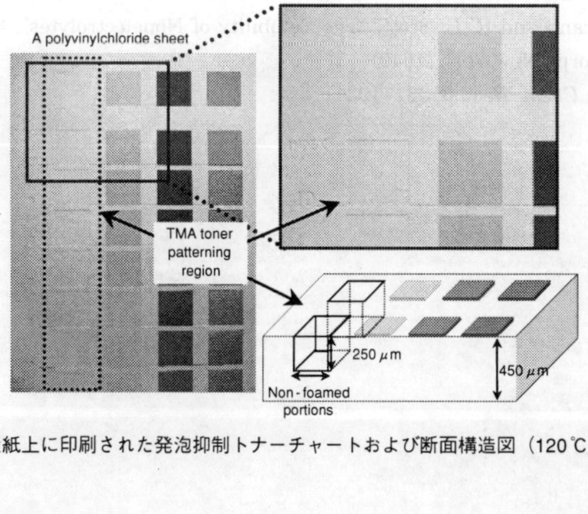

図9 壁紙上に印刷された発泡抑制トナーチャートおよび断面構造図（120℃加熱後）

用面で問題視されるトナー安定性も確保された。本研究のマイクロカプセル作製方法は，液体トナー作製において非常に有効であり，さまざまな機能を有する材料（しん物質）のマイクロカプセル化およびトナー化に応用できる。

文　献

1) F. Lim and A. M. Sun, *Science*, **210**, 908 (1980)
2) S. Nakhare and S. P. Vyas, *J. Microencapsulation*, **13**, 281 (1996)
3) P. R. Hari *et al., J. Microencapsulation*, **13**, 281 (1996)
4) C. Laugel *et al., J. Cosmet. Sci.*, **20**, 183 (1998)
5) O. Gåserød *et al., Biomaterials*, **20**, 773 (1999)
6) A. K. Chakravarti *et al., Colloids Surf. A*, **166**, 7 (2000)
7) 関根知子，オレオサイエンス，**1**，229（2001）
8) T. Sekine *et al., J. Surfact. Deterg.*, **3**, 309 (1999)
9) Z. Tianyong *et al., Dyes Pigm.*, **44**, 1 (2000)
10) 手嶋勝弥，日化，**1**，63（2002）
11) 手嶋勝弥，日化，**2**，169（2002）
12) K. Makino *et al., Colloids Surf. B*, **21**, 259 (2001)
13) N. Zydowicz *et al., J. Membr. Sci.*, **189**, 41 (2001)
14) J. R. Larson *et al., J. Imaging Technol.*, **17**, 210 (1991)
15) K. A. Pearlstine, *J. Imaging Sci.*, **35**, 326 (1991)
16) I. Chen, *J. Imaging Sci. Technol.*, **39**, 473 (1991)
17) P. A. Small, *J. Appl. Chem.*, **3**, 71 (1953)
18) K. L. Hoy, *J. Paint Technol.*, **42**, 76 (1970)
19) J. H. Hildebrand and R. L. Scott, "The Solubility of Nonelectrolytes", 3rd ed, Reinhold Publishing Corp., New York (1949)
20) G. Scatchard, *Chem. Rev.*, **8**, 321 (1931)

7 マイクロカプセル研磨剤

日暮久乃*

7.1 はじめに

磁気ディスクの基板として用いられるアルミニウム等の軟質金属を研削砥石により加工する場合，切り屑が延性に富むため，目づまりが極めて生じやすい。このため多孔質構造を有する高気孔率のPVA砥石のみが，これまで加工に使用されてきた。しかし，PVA砥石においては製法上ダイヤモンドを砥粒に使用しにくいため，加工能率を高めることが困難であった。また，多孔質構造であるため砥粒間隔が大きく，その結果一砥粒当たりの切込み深さが大きくなり，仕上げ面粗さについては，0.1μm Ry程度が達成限界となっている。

そこで，さらなる加工の高精度化，高能率化という相反する目的を達成するために，機械的除去作用に化学的作用を複合化したメカノケミカル加工が検討されている。

メカノケミカル加工には，工作物と砥粒間の固相反応を利用する方法[1]と工作物と加工液間の固液相反応を利用する方法[2]があるが，加工対象のアルミニウム合金と反応を生じる砥粒は知られていない。一方，反応を有する加工液としては，酸性あるいはアルカリ性液が挙げられる[2]が，加工機械の腐食等の問題が生じる。この問題を解決するには化学的作用を加工点に限定することが必要であり，たとえば砥石内部より化学反応液を供給することが有効であると考えられる。

東京大学生産技術研究所・谷泰弘教授は，株式会社リコー，トッパン・フォームズ株式会社，株式会社ノリタケカンパニーリミテドと共同で，アルミニウムとトライボケミカル反応を生じるパーフルオロポリエーテル（以下PFPEと略す）オイルを内包したマイクロカプセルを開発し，それを添加したラッピング砥石をアルミニウムディスクの加工に適用した[3,4]。以下，本技術について詳しく紹介する。

7.2 PFPEオイルによるトライボケミカル作用を用いたアルミニウムディスクの加工

PFPEオイルは，極めて結合力の強い炭素—フッ素結合によりおもに構成されているため，他分子との相互作用力は小さく，化学反応性は極めて小さい。また構造中に極性を高めるためにエーテル基が導入されており，優れた潤滑特性を示すことから，磁気記録媒体や真空環境下での潤滑が求められる宇宙機器等の潤滑剤として広く用いられている。このようにPFPEは通常，化学的に極めて不活性であるが，境界潤滑下では，金属新生面の活性や摩擦による温度や圧力の上昇といった活性化因子によりトライボケミカル反応を生じる[5]。

---

* Hisano Higurashi　トッパン・フォームズ㈱　開発研究本部　中央研究所　第三研究室　課長

図1に使用したPFPEオイル（クライトックス157FSデュポン製）の基本構造を示す。このように主鎖末端をカルボキシル基に変性したオイルを用いているが，これは工作物への付着性を高めることを考慮したためである。そして，このオイルは境界潤滑下においてアルミニウム等の金属材料と反応し，エーテル基の部分で主鎖が切断され，アシル基を有するフッ素化合物（Rf-COF）を生成する。このフッ素化合物は腐食性が極めて強く，金属表面をフッ化し，金属フッ化物を生成する。また，この金属フッ化物は一種のルイス酸であり，PFPEオイルの分解触媒となるため，上述の反応は加速的に進行していく[5]。

こうした反応により生成したフッ化アルミニウムの硬度は明らかでないが，他の金属フッ化物のモース硬さが4程度であることから，フッ化アルミニウムも同程度と考えられる。一方，自然酸化膜等の酸化物はモース硬さが6～9であるため，フッ化アルミニウムの方が軟質である[5]。したがって，このフッ素化合物は自然酸化膜に比べ砥粒により容易に削り取られるため，加工時にPFPEオイルを砥石—工作物間に供給することでフッ素化合物が生成され，除去能率が向上するものと期待できる。

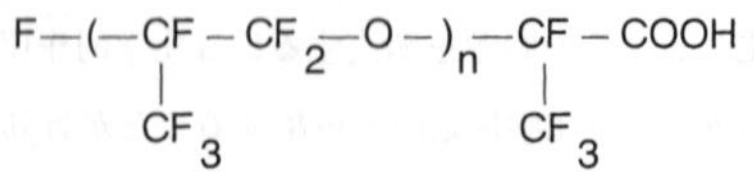

図1　パーフルオロポリエーテル（PFPE）の分子構造

7.3　マイクロカプセルを添加したラッピング砥石の開発

7.3.1　PFPEオイルのマイクロカプセル化

マイクロカプセルの作成方法としてはさまざまなものが知られているが，ここでは*in-situ*重合法を用いた。理由として，①液体を芯物質にできる，②レジンボンド砥石の結合剤にも使われているメラミン樹脂を壁物質にできる，ことが挙げられる。

まず，カプセル芯物質に図1のPFPEオイルを用いたところ，マイクロカプセル化ができないことがわかった。これはPFPE中のエーテル基，あるいはカルボキシル基が乳化分散を阻害したためと考えられる。そこでマイクロカプセル化が可能な程度に希釈することとし，PFPEオイルを10vol％，溶媒としてPFPEオイルを溶解するが水には溶解しにくいパーフルオロカーボンオイル（フロリナートFC-70，住友スリーエム製）を90vol％とした混合オイルを芯物質として作成した。その結果，図2に示すように，平均粒径1～3μmのマイクロカプセルを得ることができた。またマイクロカプセルは加工時に圧力および熱により破壊するが，これらの特性を表1に示す。なお耐圧性については実測困難なため，文献[6]による値を示す。

7.3.2　改良ホットプレス法を用いた砥石成形

次に，表1に示したカプセルの特性値を考慮し，一般的なレジンボンド砥石の作成法であるホットプレス法による砥石成形を試みた。その結果，ホットプレス時の温度をマイクロカプセルの耐熱温度よりも低い150℃に，また圧力も20～30MPaに設定したにもかかわらず，ホットプレス時に芯物質の流出が観察され，カプセルは破壊されてしまった。このことより，ホットプレス法では，加熱によりカプセルの耐圧性が低下した状態で圧力が加わったためにカプセルは破壊したものと考えられ，加熱と加圧のタイミングをずらすこととした。この方法では，まず結合剤樹脂を熱軟化点まで加熱した状態で加圧を行い，次に加圧をやめて，熱硬化温度まで加熱して熟成を行う。すなわち，高温と高圧状態を同時に生じさせない砥石成形法をとった（図3）。

その結果，この方法によりマイクロカプセルを破壊することなく砥石を成形することが可能と

表1　マイクロカプセルの特性[6)]

耐熱性	180℃
耐圧性	約50MPa

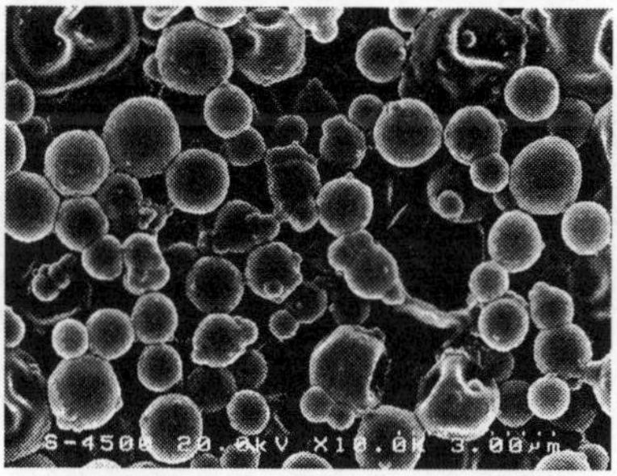

図2　PFPEオイルを内包したマイクロカプセル

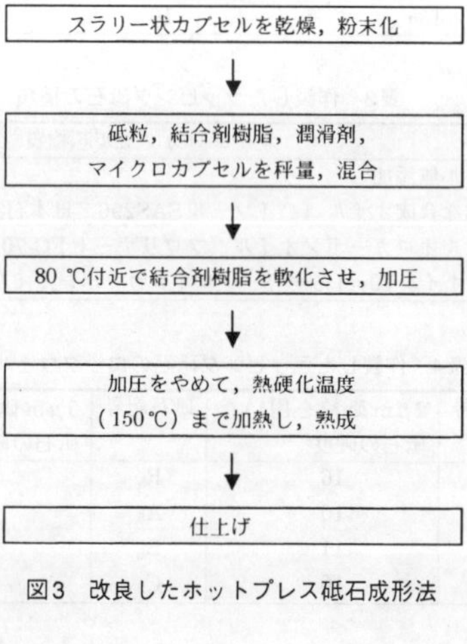

スラリー状カプセルを乾燥，粉末化
砥粒，結合剤樹脂，潤滑剤，
マイクロカプセルを秤量，混合
80 ℃付近で結合剤樹脂を軟化させ，加圧
加圧をやめて，熱硬化温度
（150℃）まで加熱し，熟成
仕上げ

図3　改良したホットプレス砥石成形法

なり，表2に示す仕様のラッピング砥石を作成した。ここでマイクロカプセルについては，化学的作用を高めるために添加量を多くすることが考えられるが，添加量が多い場合，熱硬化後の砥石の変形が著しいため，変形でなく成形できる最大添加率の30vol％とした。またPFPE混合オイルと比較するために，表3に示すように，一般的な合成オイルを内包したカプセルを添加した砥石AとPFPE混合オイルの溶媒として用いたパーフルオロカーボンオイルを芯物質としたカプセルを添加した砥石Bを作成した。これら2種類のオイルはPFPEと異なり，トライボロジー条件下でも反応性に極めて乏しい。なお，砥石記号中，下添字2は平均粒径2μmの砥粒を用いた砥石を，5は平均粒径5μmの砥粒を用いた砥石を示す。

次にこれらの砥石の機械的特性を評価するために，1／4”鋼球を0.3kNの荷重で押し込み，硬度測定をした。その結果，表4に示すように，マイクロカプセルを含まない砥石の硬度は高いことがわかった。そこでこの要因を検討するために，砥石表面の観察を行った（図4）。図4中，白い部分はマイクロカプセルであるが，極めて凝集した状態で存在している。このように柔軟なマイクロカプセルが凝集しているため，砥石としては大きな気孔が形成されたようになり，砥石

表2　マイクロカプセルを添加したラッピング砥石の仕様

砥石寸法	D202，H40，T3
砥粒	平均粒径2μmダイヤモンド砥粒 平均粒径5μmダイヤモンド砥粒
集中度	40（10vol％）
結合剤率　vol％	20
マイクロカプセル添加率　vol％	30
フィラー	40μm　錫粉末
フィラー添加率　vol％	30
気孔率　vol％	10

表3　作製したラッピング砥石の種類

砥石記号	マイクロカプセル芯物質
R_2，R_5	カプセル無添加
A_2，A_5	一般的な合成オイル（ハイゾールSAS296　日本石油化学製）
B_2，B_5	パーフルオロカーボンオイル（フロリナートFC-70　住友スリーエム製）
C_2，C_5	PFPEオイル10vol％＋パーフルオロカーボンオイル90vol％

表4　作製したラッピング砥石のロックウェル硬さ

砥石記号	2μm砥粒を用いた砥石の硬度	砥石記号	5μm砥粒を用いた砥石の硬度
R_2	16	R_5	49
A_2	10	A_5	15
B_2	11	B_5	10
C_2	10	C_5	10

硬度が低下したものと考えられる。なお，砥石表面の観察から，マイクロカプセルの凝集程度，分散状態はいずれの砥石ともほぼ同様となっていると考えられる。

7.4　マイクロカプセルを添加したラッピング砥石の加工特性

7.4.1　アルミニウム合金ディスクの研削加工

表5の加工条件下にマイクロカプセルを添加した砥石による加工実験を行った。結果を図5および図6に示す。ダイヤモンド砥粒2μmの場合，砥石C_2は他の砥石に比べ2.7～6.5倍，除去能率が高くなっており，砥石C_2に添加したマイクロカプセルの芯物質PFPEオイルが有効に作用したものと考えられる。また砥石R_2，砥石A_2，砥石B_2間の差異は，いずれの砥石も工作物に化学的作用を生じないため，カプセルの凝集，分散状態あるいは芯物質の差異によるものと考えられるが，いずれにせよ砥石C_2との差異に比べると小さい。

一方，ダイヤモンド砥粒5μmの各砥石の場合，図6に示すように，砥石C_5は他の砥石に比べ1.3～7.0倍，除去能率が高くなっている。

図6において砥石R_5の除去能率が著しく低いが，これは表4に示したように砥石硬度が極めて高

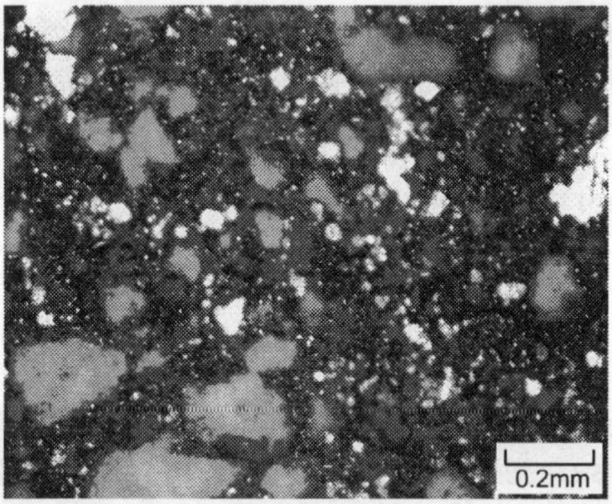

図4　開発したマイクロカプセル添加のラッピング砥石表面

表5　加工条件

工作物		2.5インチアルミニウム合金ディスク（0.12μmRy，15nmRa）
加工圧力	kPa	11.1
砥石回転数	rpm	60
工作物回転数	rpm	40
加工時間	min	10
加工液		純水（イオン交換水）
加工液供給量	mL／min	0.3

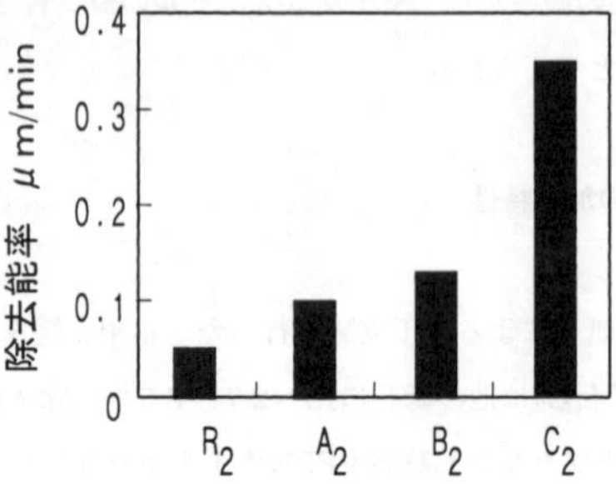

図5　ダイヤモンド砥粒2μmの各砥石における平均除去能率

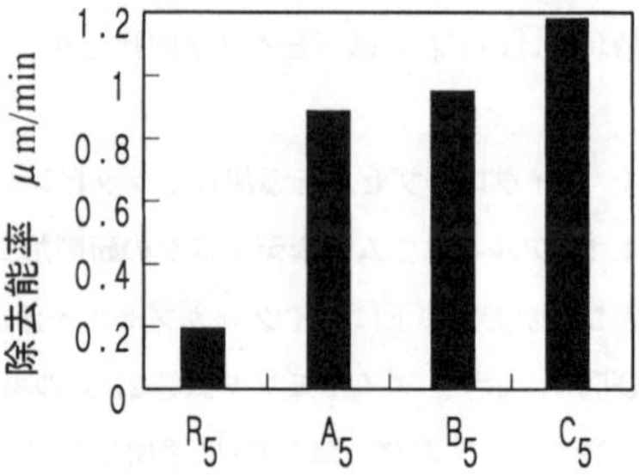

図6　ダイヤモンド砥粒5μmの各砥石における平均除去能率

く，自生発刃が不十分であったことによるものと考えられる。そこで砥石A～Cにおいて除去能率を比較すると，より大きな砥粒を用いている砥石C_5においては，砥石C_2に比べ機械的除去作用が強まり，カプセル芯物質の化学的作用による加工能率向上の程度は相対的に小さくなっている。

図7に本砥石により加工された工作物の加工面粗さ（前加工面は0.12μmRy，0.15nmRa程度）を示す。図7(a)に示すように，砥石R_2においては砥石目づまりが原因と思われるスクラッチが加工面に発生し，表面粗さは0.38μmRy，70nmRa（評価長さ1.3mm，カットオフ0.25mm）と大きく劣化している。一方，(b)に示すように砥石C_2においては正常な切削作用により加工面が創出され，35～50nmRy，5～7nmRa（評価長さ0.4mm，カットオフ0.08mm）に表面粗さが向上している。

7.4.2　シリコンウェーハの研削加工

PFPEはシリコンに対しても，アルミニウムに対してと同様の反応を生じる[7]ことから，3インチのシリコンウェーハ（前加工面は0.10μmRy，0.15nmRa程度）の加工を行った。加工条件は表5とほぼ同様であるが，加工圧力を16.5kPaとした。図8に平均除去能率を示すが，砥石C_5においては他の砥石に比べ，5～30倍高いことがわかる。また，ダイヤモンド砥粒2μmの砥石および砥石R_5，砥石A_5，砥石B_5においては，砥石目づまりが原因と思われる研削焼けが生じ，厚い酸化膜が生成されてしまったが，砥石C_5においては，加工面粗さ50～60nmRy，7～8nmRaの光沢面を得ることができた。

7.5　表面分析による加工メカニズムの検討

砥石中にPFPEオイルを内包したマイクロカプセルを添加することにより，加工能率，加工精度を向上できることがわかったが，ここでPFPEによるトライボケミカル作用の発現を検討する

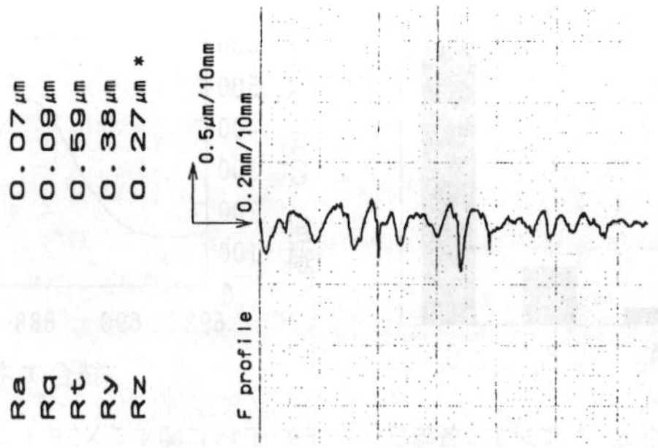

(a) 砥石 R_2による加工面(0.38µmRy, 70nmRa)

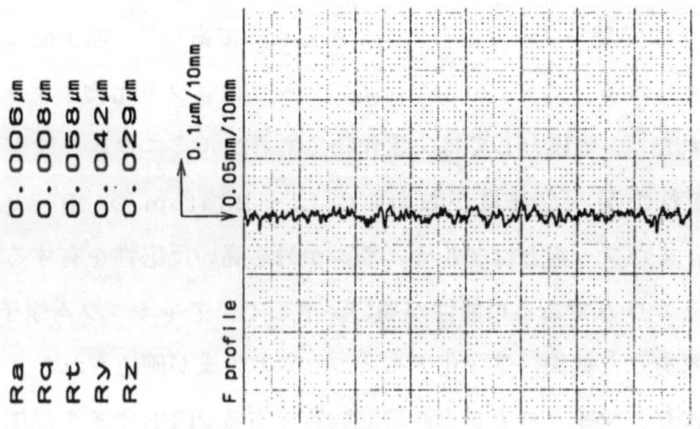

(b) 砥石 C_2による加工面(42nmRy, 6nmRa)

図7　砥石へのマイクロカプセル添加が加工面粗さに及ぼす影響

ために，X線光電子分光分析（X-Ray Photoelectron Spectroscopy，略称XPS）による加工面の分子構造分析を行った。

具体的には，未加工および加工がなされたアルミニウム合金ディスクをアセトンにより超音波洗浄をした後，XPS（Scanning ESCA Microscope QUANTUM 2000φ　PHYSICAL ELECTRONICS製；X線源：AlKα，ビームスポット：ø 0.2mm，分析サイズ：0.6mm四方）により表面分析を行った。

まず加工面に存在する元素の確認を行うために，ほぼ全元素の結合エネルギーを測定したところ，砥石C_2あるいは砥石C_5による加工最表面のみにフッ素に関するスペクトルが検出され，その原子比は8 atom％程度であった。

次にフッ素について狭エネルギー範囲の測定を行った。図9にフッ素原子の結合エネルギースペクトル（F1sスペクトル）を示すが，688eV付近と685eV付近にピークが存在している。

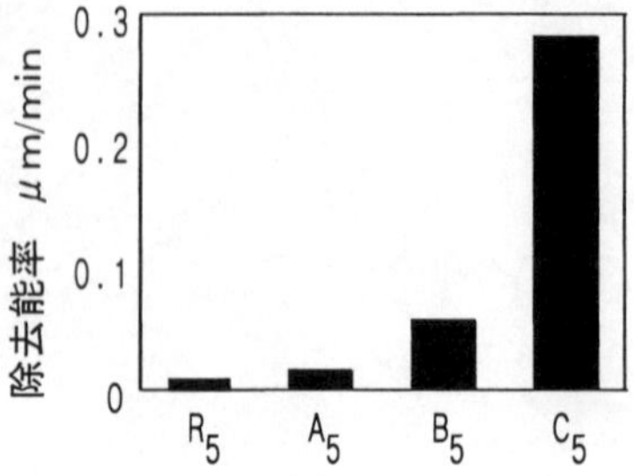

図8　3インチシリコンウェーハに対する各砥石の平均除去能率

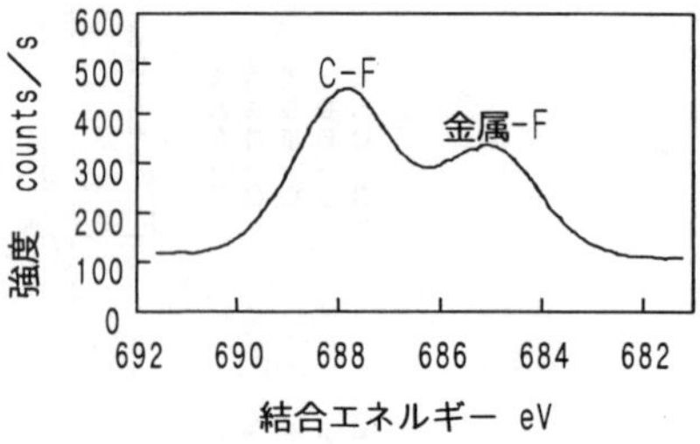

図9　F1sに関するXSPナロースキャンスペクトル（砥石Cによる加工面）

688eV付近のピークは炭素―フッ素結合に由来するものであり[5]，加工面に付着したPFPEオイル成分であると考えられる。一方，685eV付近のピークは，フッ化物イオンであり，金属フッ化物の生成が確認された[5]。金属としては，工作物であるアルミニウム，マグネシウム，砥石骨材である錫が検出されたが，存在量がおのおの13～23atom％，0～0.7atom％，0.1～1.2atom％であり，またフッ素とはアルミニウムが最も高い反応性を有することから，金属フッ化物はフッ化アルミニウムである可能性が高い。そこで，アルミニウム原子についてA12pスペクトルのピーク分離をした結果，フッ化アルミニウムの生成が確認された。

以上の表面分析より，マイクロカプセルの芯物質であるPFPEオイルは加工時に工作物であるアルミニウム合金表面にフッ素化合物を生成し，このことよりトライボケミカル反応が生じたことが明らかになった。

文　献

1) 安永暢男，小原明，今中治，精密機械，**44**-8，939-944（1978）
2) 安井平司，松永竜二，鈴木幸雄，佐藤郁，1994年度精密工学会春季大会学術講演会講演論文集，833-834（1994-3）
3) 榎本俊之，島崎裕，谷泰弘，江藤桂，日暮久乃，山口幸男，酒井安昭，日本機械学会論文集（C編），**65**，394（1999）
4) 榎本俊之，谷泰弘，江藤桂，山口幸男，特開2000-79566
5) Mori, S and Morales, W., *Wear*, 132, 111-121 (1989)
6) 近藤保，小石真純，マイクロカプセル，86，三共出版（1987）
7) Pan, X. And Novotny, V. J., *IEEE trans, magnetics*, **30**-2, 433-439 (1994)

第2章　ナノパーティクル（ナノカプセルおよびナノスフェア）による薬物送達

石井文由*

1　はじめに

近年，科学技術の最先端を象徴するのにナノテクノロジーという言葉が頻繁に聞かれるようになり，医学・薬学や工学を始めとする各分野での技術の飛躍的向上を意味するように使われている。また，この技術を利用した製品が日常生活を豊かにし，特に医療の分野では患者個々人に最適な治療が行われるオーダーメイド医療に多大な貢献をしているのも事実である。二十世紀後半の医薬における微粒子分散系においてはマイクロオーダーの製剤，すなわちマイクロカプセルをはじめとするマイクロエマルションやマイクロスフェアなどが主としてドラッグデリバリーシステムとして脚光を浴びた。21世紀初頭では製剤素材および製剤機械・分析機器のさらなる革新的な進歩により，マイクロサイズよりさらに1次元小さなナノサイズの微粒子製剤が注目を集め始めている。

そこで本節ではナノカプセルおよびナノスフェアをはじめとするナノパーティクルの薬物送達用製剤あるいは微粒子ドラッグキャリヤーとしての利用法を取り上げ，最近の研究例をまじえながら詳解していきたい。

2　ナノパーティクル（ナノカプセルとナノスフェア）の形態

ナノパーティクルはいわゆるナノサイズの大きさを有するすべての粒子ととらえることができ，内部の細かな形態までは特に論じられることはない。しかしながら，ナノカプセルとナノスフェアにおいてはその形態は明らかに異なる。ナノカプセルとナノスフェアの形態を図1に示す。この図から明らかなように，ナノカプセルでは高分子あるいは脂質などの膜が存在し，カプセル内部は10nmないし数十nmサイズの膜によって外界と隔てられているリザーバー型である。この膜厚の大小あるいは膜特性により内部に包埋した薬物の放出制御が行われる。したがって，極めて微小な膜厚を均一に調製する技術も強く要請される。リン脂質の二分子膜閉鎖型小胞体としてのリポソームやベシクルもナノサイズのものがほとんどであり，明確な膜も存在するのでナノ

*　Fumiyoshi Ishii　明治薬科大学　薬学教育研究センター（医療薬学）　助教授

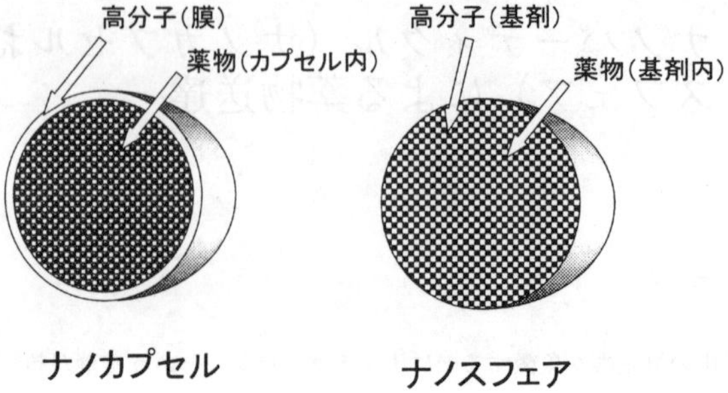

図1　Structure of nanocapsule and nanosphere

カプセルの範疇になる。一方，スフェアは基剤となる高分子が内部まで均一に分布しており，マトリックス型と呼ばれている。この高分子基剤中に薬物を分散あるいは溶解して基剤との親和性あるいは相互作用の大小，あるいは一定期間をかけて基剤が溶解することにより放出のコントロールが行われる。

これらのナノパーティクルは外部の物理的（浸透圧の調整など）あるいは化学的（pHの調整，化学的修飾など）条件に応じて膜特性あるいは表面特性を変化させ，それぞれの目的に応じた使われ方が一般に行われている。

3　ナノパーティクル（ナノカプセルとナノスフェア）に用いられる材料

医薬用に用いられるナノパーティクル（ナノカプセルとナノスフェア）においては，膜あるいは基剤として用いる高分子は製膜性あるいは成形性がよいばかりでなく，生体適合性および生体内分解性の材料が使用される。しかしながら，すべての医薬用ナノパーティクル（ナノカプセルとナノスフェア）がこれら両方の特性を示さなければならないということはない。生体の適用部位によっては，これらのどちらか一方の性質だけでよいこともある。たとえば鼻腔や眼，あるいは直腸などの粘膜に適用される高分子材料は，生体内適合性は必要であるが，分解性まで要求する必要はないであろう。一方，皮下や筋肉内あるいは血管内部などの生体内部への投与となると，生体内適合性はもちろん生体内分解性も必要な性質である。つまり，製剤の一部として投与した高分子（素材）は最終的に役目が終了した際に不必要な材料となるので，生体外へ取り出す必要があるが，上記に示した部位への投与は取り出しができないために，生体内で分解する必要がある。したがって，投与した部位でこれらの素材が分解されるための条件が整っているかも知っておく必要がある。つまり，目的とする投与部位によって求められる素材の特性も異なってくるということになる。

ナノスフェアにあっては高分子ばかりではなく，天然の植物油（大豆油，菜種油，ゴマ油など）をはじめ，その主成分脂質である各種脂肪酸のトリグリセライドあるいは半合成品の各種トリグリセライド（トリカプリン酸グリセライド，トリカプリン酸グリセライド，トリラウリン酸グリセライド，トリミリスチン酸グリセライド，トリパルミチン酸グリセライド）も生体内合成物質あるいは生体内分解性物質であること，さらに脂溶性薬物の溶解性がよいことから汎用されている[1,2)]。ナノカプセルとナノスフェアに用いられる材料をまとめて表1に示す。

4　ナノパーティクル（ナノカプセルとナノスフェア）調製に用いられる製剤機械

ナノパーティクル（ナノカプセルとナノスフェア）を調製するには，化学的方法か物理的方法が用いられる。

化学的方法にはマイクロエマルション法やコアセルベーション法などが知られている。高分子素材を溶媒や溶液に溶解し，この高分子溶液に対して溶解性を減少させたり，析出させたりすることが主な作製法となる。これらの方法では特別な装置・機械は必要としない。ナノパーティク

表1　ナノパーティクルに用いられる生体内分解性材料（2000年以降）

	高分子（膜・基剤）	形　態	内包薬物	調製方法	特　徴	文献
1	ポリイソブチルシアノアクリル酸	ナノカプセル	ピロカルピン	界面重合法	ピロカルピンの縮瞳薬としてのバイオアベイラビリティの改善	14
2	ポリカプロラクトン、ポリ乳酸-ポリグリコール酸共重合体	ナノカプセル（ナノパーティクル）	ヘパリン	ダブルエマルション法、溶媒蒸発法	生体内分解性ポリマーに正に荷電したオイドラギットを添加するとヘパリンのカプセルへの収率が増加する	15
3	ポリ乳酸 - ポリグリコール酸共重合体	ナノパーティクル	破傷風トキソイド	二段階乳化	in vitroでは4ヶ月、in vivoでは5ヶ月以上にわたって免疫反応が持続できる	16
4	ポリエステル、ポリカプロラクトン	ナノパーティクル	ジギトキシン	ナノ沈殿法	ジギトキシンの薬理活性の低下や毒性なしに細胞への取り込み増加	17
5	ポリカプロラクトン	ナノカプセル	クロルヘキシジン	界面重合法	豚の耳付近の皮膚を使ってクロルヘキシジンの持続的作用を得る	18
6	乳化ワックス	ナノパーティクル	プラスミドDNA	マイクロエマルション法	カチオン性ナノパーティクルにプラスミドDNAをコートした製剤を鼻腔粘膜投与すると免疫反応が増加した	10
7	ポリ乳酸 - ポリグリコール酸共重合体	ナノスフェア	インスリン	逆相ナノカプセル化法	無水フマル酸と酸化鉄を添加剤としてインスリンナノスフェアに取り込むと経口投与しても活性が保持できる	19
8	ポリ乳酸	ナノスフェア	アシクロビル	ナノ沈殿法	ポリ乳酸ナノスフェアの表面をPEGでコーティングすることにより目への感染予防にきわめて効果的であった	6
9	塩化ナトリウム修飾シリコン	ナノパーティクル	非ウイルスベクター	合成-修飾法	DNAの分解を抑え、細胞内へ70%DNAを組み込む	20
10	ポリ乳酸 - ポリグリコール酸共重合体	ナノパーティクル	―	ジェット、超音波、ネブライザー法	ネブライザーを用いたエアゾール剤に対してナノ粒子にすると噴出時の凝集が防げて肺へのデリバーが可能になった	21
11	ポリバレブシロン - カプロラクトン、ポリ乳酸、ＰＬＧＡ	ナノカプセル	アトバクオン、ベンジルベンゾエート	界面沈殿法	カプセル化率は最大で１００％であり、ＰＬＧＡを用いた場合3ヶ月目で膜の分解が始まり徐放性が示された	8
12	固体脂質	ナノパーティクル	ガドリニウムヘキサネジオン	クーリング法	組織移行性ナノ粒子は中性子捕獲治療に有用であることが示唆された	22
13	ポリカプロラクトン	ナノパーティクル	タモキシフェン	溶媒置換法	タモキシフェンを含有したナノパーティクル粒子はMCF-7ガン細胞内に非特異的エンドサイトシスによって取り込まれた	7

ル（ナノカプセルとナノスフェア）を生成できるような物理化学的な現象を効率よく作成するための簡単な攪拌装置があればよいということになる。

物理的方法では，用いる機械特性により，ナノパーティクル粒子の分布やサイズが異なってくる。表2にナノパーティクル調製に用いられる機械とその特性を示す[3)]。これらに共通な特徴はいずれも一般の攪拌分散機械に比べて高エネルギー出力が可能な点である。ナノパーティクル（ナノカプセルとナノスフェア）を作る際には，あらかじめミキサーなどで平均粒径数μm程度の粗大分散粒子を作成しておく。その後直ちに，この粗大分散粒子を高圧ホモジナイザーなどの高エネルギー発生装置を用いてナノパーティクルを作製する。こうして二段階の微細化操作を行うと効率よく安定な微粒子分散系製剤を得ることが可能である。

5 ナノパーティクル（ナノカプセルとナノスフェア）に関する最近の話題

5.1 ナノサスペンションとしてのアムホテリシンBの製剤化

アムホテリシンBは消化管におけるカンジダ異常増殖による深在性感染症薬として広く用いられている薬物であるが，重篤な副作用として皮膚粘膜眼症候群（Stevens-Johnson症候群），中毒性表皮壊死症（Lyell症候群）が現れることがあるので，その使用には十分な注意が必要である。また，この薬物は消化管からほとんど吸収されないのでいろいろな剤形が考案されている。その代表的なものはコール酸でアムホテリシンBを可溶化した製剤ファンギゾン（Fungizone®）がある。また上記に示した副作用軽減および吸収性を増大させる目的でアムホテリシンBをリポソーム内にカプセル化したアムビゾーム（Ambisome®）という商品が外国では上市されている。

Kayser等[4)]はアムホテリシンB粉末を3種類の界面活性剤とともに微粒子化したナノサイズのサスペンションを調製し，従来より臨床の場で使用されているファンギゾンやアムビゾームと

表2　ナノパーティクル調製に用いられる機械とその特性

	装　置	操作法	乳化分散原理	粒子サイズ（nm）
1	ハイドロシェア	連続	乱流、キャビテーション	200～20000
2	超音波発生機（プルーブ型）	バッチ	キャビテーション	100～10000
3	高圧ホモジナイザー（～500 kg/cm²）	連続	乱流、キャビテーション	100～1000
4	超高圧ホモジナイザー（1000 kg/cm²～）	連続	乱流、キャビテーション	50～500

比べて，その有用性を検討した。0.4％のアムホテリシンB粉末を3種類の分散安定化剤（0.5％Tween80，0.25％プルロニックF68および0.05％コール酸ナトリウム）を用い，高圧ホモジナイザーにより微粒化してサスペンションを得た。得られたナノサスペンションの各種物性値を表3[4]に示す。サスペンション中のアムホテリシンB粉体の平均粒子径は528nmであった。本実験で調製したナノサスペンションを肝リーシュマニア症マウスに5mg/kgで経口投与して寄生虫減少率を調べた。実験には他の市販製剤（Ambisom®およびFungizone®）やミクロンサイズのアムホテリシンBサスペンションならびに未処理のアムホテリシンBをコントロールとして用い，ナノサスペンションの有用性を調べた。その結果を図2[4]に示す。未処理のコントロールに比べてナノサスペンションは寄生虫量が71.4％へと有意に減少したが，その他の市販製剤ならびにナノサスペンションと同様の処方で調製したマイクロサスペンションはほとんど寄生虫減少を示さなかった。なお，ナノオーダーとマイクロオーダー粒子の薬理効果の違いに対する理論的考察は議論されていないが，消化管での薬物吸収性が原末粉体の粒子サイズに依存していることは明らかである。

5.2　正電荷ナノスフェアの調製：物理的安定性と細胞毒性

一般に安定な微粒子分散系製剤を作製するには界面活性剤は必須であり，また凝集を防ぐためにその粒子表面に電荷を付与する物質も重要な素材である。また，マイクロサイズ以下ナノサイズの微粒子分散系を作製するには装置として高圧ホモジナイザーは必須である。しかしながら，DNA等のように用いる素材によっては高いずり（機械的ストレス）をかけることができない場合，マイクロエマルション法は非常に有効な調整法である。

Heydenreich等[5]はナノサイズ正電荷微粒子キャリヤーの調製と精製はいろいろな因子の影響を受けるとして，粒子サイズ，物理的安定性および細胞毒性の各因子を検討した。正に荷電した

表3　Laser diffractometry (LD) and photon correlation spectroscopy (PCS) diameter, polydispersity index (PI) and zeta potential of amphotericin B nanosuspension after production (Day 0) and after 21 days of storage at 20°C (Day 21)[4]

Parameter	Day 0	Day 21
LD d50%	0.680 μm	0.197 μm
LD d95%	0.607 μm	0.494 μm
LD d99%	0.690 μm	0.624 μm
PCS diameter	0.528 μm	0.495 μm
PI	0.28	0.29
Zeta potential	−38 mV	−36 mV

ナノスフェア（SLN）を調製するために製剤素材としてステアリルアミンおよび各種トリグリセライドを使用した。またナノサイズの粒子にするためにポリソルベート80（Tween 80）およびブタノールを用いてマイクロエマルション法で正電荷ナノスフェアを作製した。そして3種の異なる精製法，すなわち，限外ろ過法，超遠心法および透析法の3方法を試みて，分散系の物理的安定性と細胞毒性の点から比較検討した。その結果を表4[5)]に示す。AからDの4処方のいずれにおいても透析したものはしないものに比べて細胞に対する耐量が大きく，毒性が軽減していることが明らかである。

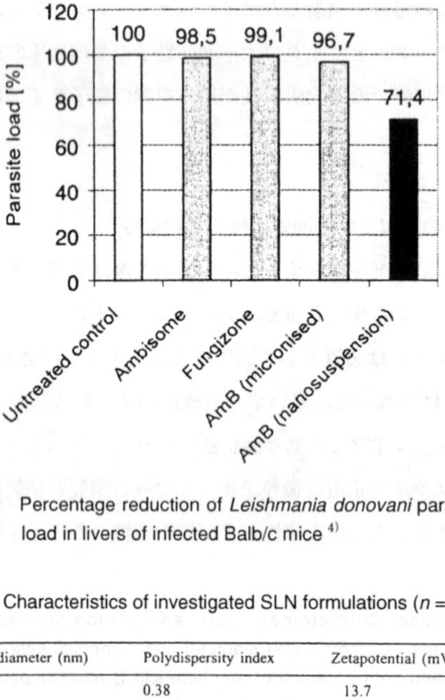

図2　Percentage reduction of *Leishmania donovani* parasite load in livers of infected Balb/c mice [4)]

表4　Characteristics of investigated SLN formulations (n =3) [5)]

SLN formulation	Average diameter (nm)	Polydispersity index	Zetapotential (mV)	Tolerated dose (μg/ml)
A unwashed	151.2[a]	0.38	13.7	n.d.
A ultrafiltrated	146.2[a]	0.31	10.2	42
A ultracentrifuged	287.1	0.25	13.1	340
A dialysed	226.9	0.21	12.7	255
B unwashed	159.1[a]	0.29	17.1	n.d.
B dialysed	191.4	0.19	18.4	510
C unwashed	92.6[a]	0.26	14.0	n.d.
C dialysed	102.8	0.17	14.9	42
D unwashed	189.5[a]	0.21	17.9	n.d.
D dialysed	211.7	0.25	−10.1	128

A: 0.7% SA, 2.5% trimyristin, 6.2% butanol, 28.9% polysorbate 80 and 100% water; B: 0.7% SA, 2.6% glycerol behenate, 6.5% butanol, 25.8% polysorbate 80 and 100% water; C: 4.0% SA, 4.0% butanol, 11.0% polysorbate 80 and 100% water; D: 1.8% SA, 1.2% cetyltriammonium bromide (CTAB), 1.8% trimyristin, 4.8% butanol, 19.0% polysorbate 80 and 100% water. n.d. not determined.
[a] Average of a bimodal size distribution.

細胞毒性はSLNの組成と精製方法に依存した。その結果，透析法は最も効果的に過剰の活性剤を系外へ取り去り，毒性を軽減して，保存中のナノスフェアの物理的安定性を増加させることが明らかとなった。本実験で得られたナノスフェアは優れたDNAデリバリーシステムを構築できるツールであった。

5.3　ポリエチレングリコールでコーティングしたポリ乳酸ナノスフェア

眼に対する薬物投与はその吸収部位面積が非常に小さいことからバイオアベイラビリティが極めて低い。そこで眼への投与ではドラッグデリバリーシステムを利用した製剤が多く報告されている。Giannavola等[6]は眼でのウイルス感染予防に用いられるアシクロビルをポリ乳酸のナノスフェア内に包埋し，その表面特性を各種の界面活性剤や高分子により修飾してバイオアベイラビリティの向上に対する研究を行った。ナノスフェアの調製法はアシクロビルを水-エタノール（1：1）混液に各種の親水性界面活性剤（Brij 96，Pluronic F68，Triton X-100およびTween 80）とともに溶解した。一方，別に用意したポリ乳酸を含むアセトン溶液を先のアシクロビルを含む水相に攪拌しながら徐々に添加し，アシクロビル含有ポリ乳酸をコアセルベートとして得た。その後有機溶媒を減圧下，エバポレーターによって除去し，ナノスフェアを調製した。また，ポリエチレングリコールで表面修飾したナノスフェアを得るために，アセトンにジステアロイルホスファチジルエタノールアミンのメトキシエチレングリコールカルバメートを溶解して同様にして調製した。

各ナノスフェアからの薬物放出特性を図3[6]に示す。調製されたナノスフェアはいずれも8時間以上にわたって徐放化が図られており，用いたポリ乳酸の分子量に依存，すなわち分子量が大きくなるほど，放出は制御できた。一方，ポリエチレングリコールで表面修飾したナノスフェアはむしろ放出が早まることがわかった。さらにウサギの眼に各種ナノスフェアおよび対照としてフリーのアシクロビルサスペンションを投与した結果を図4[6]に示す。ポリ乳酸（PLA）ナノスフェアよりもポリエチレングリコールで表面修飾したPEG含有ポリ乳酸（PEG-PLA）の方がはるかに高い血中濃度とバイオアベイラビリティを示すことが明らかとなった。

5.4　タモキシフェン含有ポリカプロラクトンナノパーティクルの腫瘍への標的化

エストラゲンレセプター陽性の乳がんに対するタモキシフェンの局所濃度を増大させるために，ChawlaとAmiji[7]はポリカプロラクトンを用いてナノパーティクル製剤を開発し，その特性を調べた。ナノパーティクルの調製は，まずポリカプロラクトンを（必要ならば熱や超音波を使用して）アセトンに溶解し，別にタモキシフェンもアセトンにあらかじめ溶解しておき，混合して有機相とした。この有機相を別に用意した界面活性剤Pluronic F68を含む蒸留水に徐々に

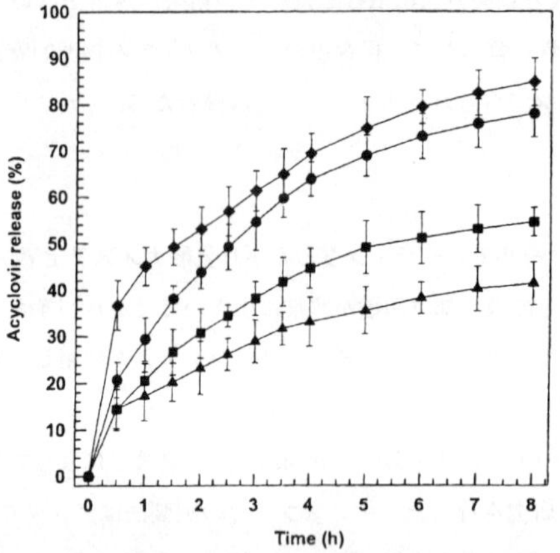

図3　Acyclovir release from various nanosphere colloidal systems made up of PLA at different molecular weights and prepared in the presence of Tween 80 (0.5% w/v) as nonionic surfactant. PLA nanospheres were suspended in isotonic phosphate buffer (pH 7.4). Release experiments were carried out at 37 ± 0.2°C, immediately after sample preparation. Each point represents the mean value of five different experiments ± standard deviation. Keys: ●, RES 203 (MW 16,000); ■, RES 206 (MW109,000); ▲, RES 207 (MW 209,000); ◆, PEG-coated PLA nanospheres made up of RES 203.[6]

添加して，アセトン-水系でいわゆる相分離（コアセルベーション）を引き起こし，さらに遠心分離後，ペレットを凍結乾燥させてナノパーティクルを得た。こうして得られたナノパーティクルの平均粒径は250～300nmであり，ゼータ電位は＋25mV，最大収率は64％であった。

ポリカプロラクトンの生体内分解性を調べるために，シュードモナスリパーゼを用いた*in vitro*実験が行われた。その結果を図5[7]に示す。この図より，ポリカプロラクトンナノパーティクルはリン酸緩衝液（PBS）中では安定であり，ほとんど分解しなかったが，シュードモナスリパーゼの存在下では徐々に分解し，実験開始36時間後に完全に分解することが明らかである。また，MCF-7乳がん細胞を用いたポリカプロラクトンナノパーティクルの取り込み実験では，非特異的なエンドサイトーシスによって取り込みがおこることが判明した。以上の結果から，ChawlaとAmiji等が作成したポリカプロラクトンナノパーティクルは，エストラゲンレセプター近傍にタモキシフェンのような薬物を送達するのに適した製剤であることが示された[7]。

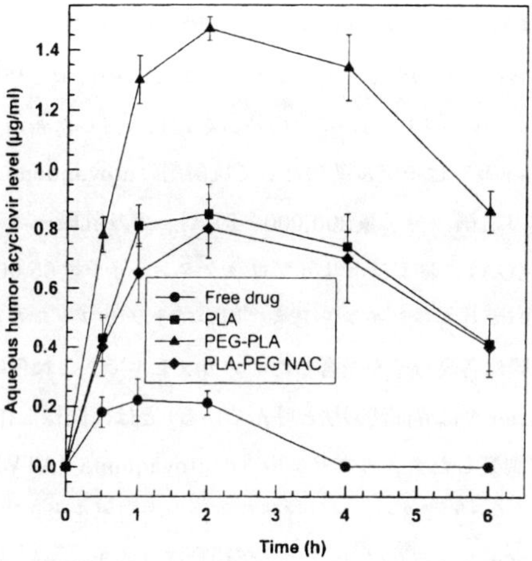

図4　Acyclovir levels in the aqueous humor after instillation of the nanoparticle and acyclovir free suspension in normal rabbit eyes and in *N*-acetylcysteine (NAC)-pretreated eyes. PLA nanospheres were made up of RES 203 (MW16,000) and prepared in the presence of Tween 80 (0.5% w/v) as nonionic surfactant. In the case of PEG-coated nanospheres, DSPE-MPEG was added to the preparation medium. Each point is the average of six different experiments ± the standard deviation. PEG-coated PLA nanosphere-acyclovir physical mixture determined no significant improvement of drug permeation compared to free acyclovir (data not reported). Acyclovir concentration in various ocular formulations was 1% (w/v).[6)]

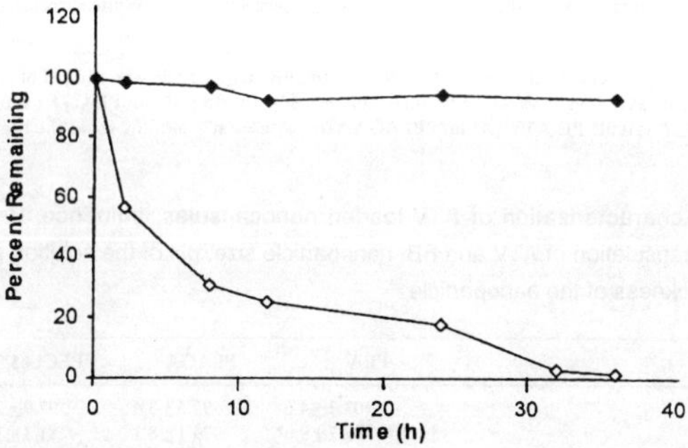

図5　Degradation kinetics of PCL nanoparticles in PBS (pH 7.4) at 37°C in the absence (◆) and presence (◇) of *Pseudomonas* lipase. The nanoparticles were incubated with 0.5mg/ml lipase in PBS and the molecular weight changes were determined by gel-permeation chromatography.[7)]

5.5 ナノカプセル用各種高分子の薬物収率および安定性の比較検討

生体内分解性高分子は各種のものが知られており，それぞれの特徴を利用した研究結果も数多く知られているものの，同一の薬物を用いてその特徴を比較検討した報告はほとんどなされていない。そこで，Cauchetier等[8]はモデル薬物として抗菌剤のatovaquoneを用いて代表的な生体内分解性高分子であるポリ乳酸（分子量200,000，PLA），ポリ乳酸ーポリグリコール酸共重合体（分子量40,000，PLAGA），およびポリカプロラクタン（分子量65,000，PECL65，分子量100,000，PECL100）をいずれもレシチンとともに用いてナノカプセルを調製した。すなわちレシチンのリン脂質二重層膜に各高分子を結合したナノカプセルで，これらは前述の2. 5. 4項で示された相分離法（Cauchetier等は界面沈殿法と呼んでいる）とほぼ同様な作製方法を用いている。

各種の高分子を用いて調製したナノカプセル中へのatovaquone（ATV）のカプセル化率を表5[8]に，またナノカプセルを4℃で3～4ヶ月貯蔵した後の内包率を表6[8]に示す。表5よりいずれの高分子を用いてもカプセル化率97％以上で，平均粒径は約230nm，pHはほぼ7であり，膜厚は約20nmであった。調製直後においては用いた高分子間に最終的に得られるナノカプセルに物性的な差はなかった。しかしながら，表6[8]より，3ヶ月以上の保存においてはPLAGAで調

表5 Stability studies: physicochemical characterization of ATV-loading nanocapsules after a storage of 3 months (PLAGA) or 4 months (PLA, PECL) at 4°C[8]

	PLA	PLAGA	PECL65	PECL100
PE ATV (%)	76.5±9.1*	79.1±3.8**	87.5±17.7	94.2±4.1
PE BB (%)	85.1±12.8	36.2±1.7*	86.5±13.6	85.1±0.7
Nanoparticle size (nm)	225.0±6.0	224.6±7.9	226.7±8.8	222.5±16.8
pH	6.75±0.90	6.59±0.28	6.98±0.13	6.96±0.44
Aspect of the suspension	White suspension	Oil sediment in the white suspension	White suspension	White suspension

Influence of the polymer on the percentage of encapsulation of ATV and BB, nanoparticle size, and pH of the solution; $P<0.05$: PE ATV (%) into PLA nanoparticles at 4 months vs. at the beginning of the study, PE BB (%) into PLAGA nanoparticles at 3 months vs. at the beginning of the study; $P<0.01$: PE ATV (%) into PLAGA nanoparticles at 3 months vs. at the beginning of the study.

表6 Physicochemical characterization of ATV-loaded nanocapsules: influence of the polymer on the percentage of encapsulation of ATV and BB, nanoparticle size, pH of the solution and the evaluation of the membrane thickness of the nanoparticle[8]

	PLA	PLAGA	PECL65	PECL100
PE ATV (%)	103.3±4.6	97.5±3.4	97.9±2.8	97.5±5.7
PE BB (%)	87.7±9.6*	79.1±8.1	81.3±1.1	80.8±1.0
Nanoparticle size (nm)	236.6±13.2	228.8±9.8	228.0±16.1	241.7±32.5
PH	7.34±0.01	7.03±0.44	6.96±0.50	6.93±0.47
Polymeric loss (%)	6.5	6.4	6.5	6.7
Evaluation of the membrane thickness (nm)	21.8	20.9	20.9	22.2

Results as expressed as mean±S.D; *, $P<0.05$: PE BB (%) into PLA nanoparticles vs. PLAGA ($P=0.0117$), PECL 65 ($P=0.0276$) and PECL 100 nanoparticles ($P=0.0258$).

製したナノカプセルが79％の薬物保持率を示し，調製直後と比べて有意に不安定化することが明らかとなった。また，PLAにおいては4ヶ月で76.5％とやはり調製直後と比べて有意に薬物保持率が減少した。一方，これらの高分子に比べて，ポリカプロラクタンを用いた場合，分子量のいかんにかかわらず，4ヶ月後においても調製直後と比べて薬物保持率はわずかに減少したものの有意な不安定化は示されなかった。

以上に示された結果は今後，体内埋め込み製剤としての薬物送達システムを調製する際に薬物供給期間の長期的な計画を進めていく上で大変貴重な情報になるものと思われる。

6　遺伝子送達用ナノパーティクル（ナノカプセルとナノスフェア）

今日，ヒトゲノムはそのほとんどが解析され，遺伝子疾患の原因究明あるいはその診断治療法に役立てるべく研究が盛んに行われている。さらに近年，遺伝子治療は種々の難治性疾患の計画的な治療法として大きな期待が寄せられている。遺伝子を因襲的な医薬品と同様に患者に投与する遺伝子治療は注目を浴び，発現効率のよいウイルスベクターが研究されている。たとえば，代表的なRNAウイルスベクターであるレトロウイルスベクターは現在最も多く遺伝子治療に使われているが，分裂している細胞にしか遺伝子を導入できない。つまり，神経細胞，肝細胞および筋細胞のような通常はほとんど分裂していない細胞には有効ではない。一方，アデノ随伴ウイルスは非分裂細胞の染色体にも効率よく取り込まれ，病原性もないなどの長所を有している。しかしながら，目的遺伝子のサイズに制限がありしかもベクターの精製方法が煩雑で大量生産に不向きであるなどの欠点も持ち合わせている。また，HIVベクターヘルペスウイルスはT細胞への選択的導入が可能で，しかも神経系への親和性も比較的高いことが知られている。しかし，毒性や免疫原性が強すぎて実用にはまだ問題点が多く残されている。つまり，十分な安全性が保障されていない上に，反復投与が困難であるなどの課題が残されている。

ここに示したウイルスベクターのいくつかの欠点を克服すべく，プラスミドDNAを用いた非ウイルス性ベクターを用いる方法が提案され，負荷電を有するプラスミドDNAを効率よく取り込むために正に荷電したナノパーティクルのキャリヤーが利用されている[9]。しかしながら，このキャリヤーは発現率が低く，これを高めるべくいくつかの報告がなされている[10]。

6.1　カチオニックリポソーム

生体膜を構成するリン脂質を水あるいは塩溶液などに分散して得られるリポソームは，細胞融合あるいは食胞作用により細胞内に容易に取り込まれると考えられてきた。しかしながら，いったん調製したリポソームは水相で比較的安定に存在するため，特にリポソームによる遺伝子発現の困難さは目的とする細胞表面への接近にあると考えられていた。そこでFelgner等[11]は生体膜上には存在しない正電荷脂質を合成して，この脂質をリポソーム膜内に組み込むことで表面電荷を正にするリポソームを作製した。そして，導入しようとするマイナスに荷電したプラスミドDNAを取り囲むように正に荷電したリポソームを静電気的に付着させる方法を提案し，リポフェクション法と称した。リポフェクションの基本的な形態を図6に示す。なお，最近ではリポソームを用いて遺伝子導入を行う方法すべてをリポフェクションとして扱うことも多い。図6に示されるように，水溶液中で正に荷電する脂質あるいはリポソーム二分子膜に取り込まれる構造の正電荷物質を，リポソーム膜表面に結合させる。次にこの正電荷リポソームとDNAを混合すると，リン酸基を有するDNAはマイナスに荷電しているために，リポソームがDNAを取り囲むようにして複合体を形成する。またこの複合体は正に荷電するために，負電荷の多い細胞表面に容易に接近できて吸着し，融合や食胞作用により細胞内へ取り込まれる。しかしながら，この正電荷複合体が都合よく細胞に接近して吸着するという手前の段階で，やはり生体中に存在する細胞以外の多くの負電荷物質と結合してしまい，目的とする細胞には到達できず吸着もできないことにもなる。このような理由が主な原因で，この正電荷リポソームとプラスミドDNAの複合体は期待されていたほど血中での導入効率が高くなかった。

Felgner等[11]が考案したリポフェクションの方法論はその後の非ウイルス性ベクターの火付け役になり，その知識・技術の集積によって遺伝子導入あるいは発現は飛躍的な進歩を遂げた。正電荷脂質の試薬としての開発の成功は，多数の商品化がそれを証明している。

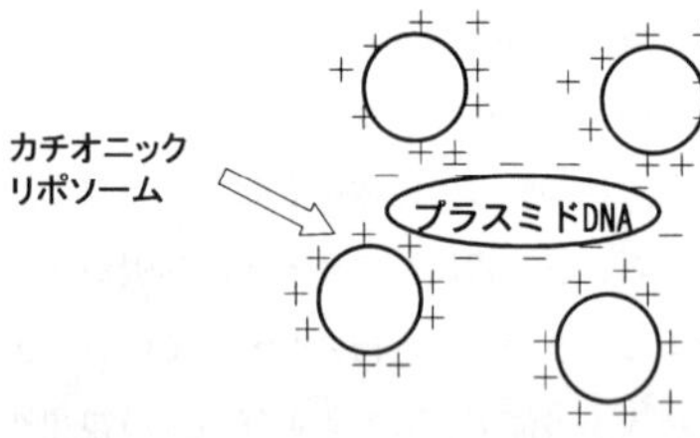

図6　Structure of lipid-mediated DNA by lipofection method[11]

6.2　プラスミドDNAでコーティングしたナノパーティクルの免疫増強

一般に粘膜表面から体内に侵入して腸，呼吸器および生殖器感染症を引き起こすほとんどすべてのウイルス，バクテリアおよび寄生病原体に対するワクチンは，粘膜の免疫性を誘発する必要があると認知されている[12]。こうした意味ではワクチンの全身投与は粘膜の免疫性を上昇させるには不向きである。しかしながら，ある種の系においては粘膜への投与のみで粘膜および全身の免疫性を引き起こすことも可能であると報告されている[13]。

そこで，CuiとMumper[10]はプラスミドDNAでコーティングしたナノパーティクルの鼻腔内投与で免疫反応を増強させることが可能かどうかを探求した。まずワックスを基剤とし，乳化剤として非イオン性界面活性剤であるBrij 78を用いて，また必要に応じてイオン性界面活性剤のヘキサデシルトリメチルアンモニウムブロマイドも併用して，マイクロエマルション法でナノパーティクルを作製した。次に得られたナノパーティクル表面に，プラスミドDNAであるベータガラクトシダーゼレセプター遺伝子（CMV-β-gal）を結合させた。こうして得られたプラスミドDNAコーティングナノパーティクルをマウスの鼻腔内へ0，7，14日に投与し，28日後に血清を集めてその免疫性を調べた。その結果を図7 [10] に示す。この図からBrij 78のみで乳化したプラスミドDNAコーティングナノパーティクルおよびカチオン性のプラスミドDNAコーティングナノパーティクルは，いずれも対照であるプラスミドDNA単独と比べ，有意に免疫能（IgGおよびIgA産生量）が上昇していることが明らかである。なお，乳化剤の異なるナノパーティクル間の有意な差はなかった。以上の結果から，一般にプラスミドDNAのトランスフェクションにはカチオン性のリポソーム粒子やナノパーティクルが優れた成績を収めてきたが，本実験結果から粒子表面に静電吸着させるプラスミドはカチオン性でなくても同程度の結果が得られることが明らかになった。この結果は一般に毒性を有するカチオン性の化合物を用いなくても，プラスミドDNAを送達させることが可能であることの情報を提供するものである。

以上，ナノパーティクルについての最近の話題を中心にその特徴と利用方法について紙面の許す限り，できるだけ多方面にわたり詳解したつもりであるが，細部についてはそれぞれの文献をお読みいただきたいと思う。

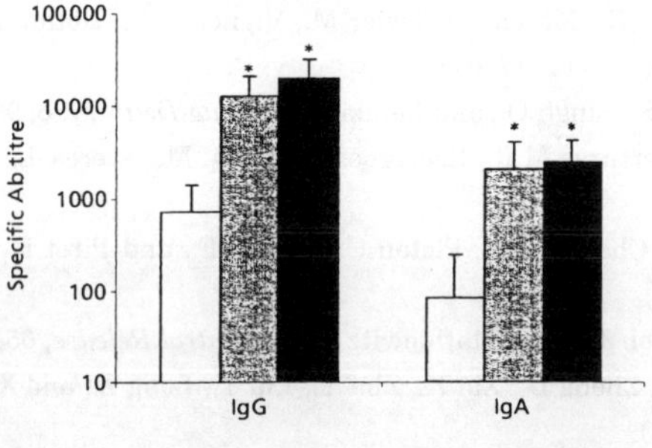

図7　Specific total IgG titre and IgA titre in serum to expressed β-galactosidase antigen 28 days after intranasal administration. Twenty-five microlitres (25μL = 1.25μg) of pDNA was administered to Balb/C mice (n = 5) on days 0, 7 and 14. The data were reported as the mean ± s.d. *The IgG and the IgA titres of the Brij-NP/DNA (grey bars) and CTAB-NP/DNA (black bars) immunized mice were significantly higher than those of the mice immunized with pDNA alone (white bars), while there was no significant difference ($P > 0.05$) between the two different nanoparticles in inducing IgG and IgA titres.[10]

文　献

1) 石井文由，油化学協会誌，**49**，1141-1148（2000）
2) 石井文由，オレオサイエンス，**2**，197-203（2002）
3) 石井文由，ケミカルエンジニアリング，**144**，21-27（1999）
4) Kayser O., Olbrich C., Yaraley V., Kiderlen A.F., and Croft S.L., *Int. J. Pharm.*, **254**, 73-75 (2003)
5) Heydenreich A.V., Westmeier R., Pedersen N., Poulsen H.S., and Kristensen H.G., *Int. J. Pharm.*, **254**, 83-87 (2003)
6) Giannavola C., Bucolo C., Maltese A., Paolino D., Vandelli M.A. Puglisi G., Lee V.H., and Fresta M., *Pharm. Res.*, **20**, 584-590 (2003)
7) Chawla J.S., and Amiji M.M., *Int. J. Pharm.*, **249**, 127-138 (2002)
8) Cauchetier E., Deniau M., Fessi H., Astier A., and Paul M., *Int J Pharm.*, **250**, 273-281 (2003)
9) Vijayanathan V., Thomas T., and Thomas T.J., *Biochmistry*, **41**, 14086-14094 (2003)
10) Cui Z., and Mumper R.J., *J. Pharm. Pharmacol.*, **54**, 1195-1203 (2002)
11) Felgner P.L., Gadek T.R., Holm M., Roman R., Chan H.W., Wenz J. P., Northrop J.P., Ringold G.M., and Danielsen M., *Proc. Natl. Acad. Sci. USA.*, **84**, 7413-7417 (1987)
12) Mestewcky J., and McGhee J.R., *Adv. Immunol.*, **40**, 153-245 (1987)
13) McGhee J.R., Lamm M.E., and Strober W., "Mucosal immunology, 2nd ed." Eds. By Ogra P.L., Mestewcky J., Lamm M.E., Strober W., Bienenstock J., and McGhee J.R., San Diego, Academic Press, pp485-506 (1999)
14) Desai S.D. and Blanchard J., *Drug Delivery*, **7**, 201-207 (2000)
15) Jiao Y.Y., Ubrich N., Marchand-Arvier M., Vigneron C., Hoffman M., and Maincent P., *Drug Delivery*, **8**, 135-141 (2001)
16) Raghuvanshi R.S., Singh O., and Panda A.K., *Drug Delivery*, **8**, 99-106 (2001)
17) Guzman M., Aberturas M.R., Rodriguez-Puyol M. Mopeceres J., *Drug Delivery*, **7**, 215-222 (2000)
18) Lboutounne H., Chaulet J.F., Ploton C., Falson F., and Pirot F., *J Control Release*, **82**, 319-334 (2002)
19) Carino G.P., Jacob J.S. and Mathiowitz E., *J. Control Release*, **65**, 261-269 (2003)
20) Chen Y., Xue Z., Zheng D., Xia K., Zha Y., Liu T., Long Z., and Xia J., *Curr Gene Ther.*, **3**, 273-279 (2003)
21) Dailey L.A., Schmehl T., Gessler T., Wittmar M., Grimminger F., Seeger W., and Kissel T., *J. Control Release*, **86**, 131-144 (2003)
22) Oyewumi M.O., and Mumper R.J., *Bioconjug Chem.*, **13**, 1328-1335 (2002)

第3章　化粧品・香料

1　界面ゲル化反応法による多孔質ミニカプセル

酒井秀樹*1，大久保貴広*2，柿原敏明*3，阿部正彦*4

1.1　はじめに

酸化ケイ素（シリカ）や酸化アルミニウム（アルミナ），酸化チタン（チタニア）などの金属酸化物は，各種触媒の担体として幅広く利用されている。触媒担体として用いる材料に望まれる物性としては，比表面積が大きいこと，比重が小さいことなどが挙げられる。これらの要求を満たす材料として，無機酸化物を多孔質で，かつ空洞（中空粒子）化[1,2]する試みが注目されている。また，チタニアは，近年光触媒材料として注目されている材料であり，そのカプセル化が可能となれば新たな水に浮く光触媒としても期待できる。

本節では，有機溶媒をゲル状に固めることができる非水系ゲル化剤（または油ゲル化剤）であるN-ラウロイル-L-グルタミン酸-α，γ-ジ-n-ブチルアミド（LGBA，図1）を用いた中空化技術，すなわち界面ゲル化反応法による無機酸化物の多孔質であるミニカプセルの調製と応用について述べることにする。

1.2　非水系ミニカプセルゲルの生成

LGBA（図1）は，有機溶媒中においてLGBA分子間で水素結合が形成し，三次元ネットワークを形成するために有機溶媒をゲル化する。そこでまず，LGBAの種々の有機溶媒のゲル形成能[3]について述べる。有機溶媒の種類によりゲルの生成および状態は異なり，例えば脂肪族炭化水素類を用いた場合には半透明の寒天状ゲルを，芳香族炭化水素類を用いた場合には無色透明の寒天状ゲルを，エステル類を用いた場合には白色不透明の寒天状ゲルを生成する。一方，低級エステルや高級アルコールを用いた場合には白色の固体が析出し，クロロホルム，脂肪酸，アミン類，低級アルコールなどの極性溶媒を用いた場合には等方性溶液となる。ゲル生成に及ぼす各種

＊1　Hideki Sakai　東京理科大学　理工学部　工業化学科　助教授

＊2　Takahiro Ohkubo　東京理科大学　理工学部　特別研究員

＊3　Toshiaki Kakihara　石川島播磨重工業㈱　エネルギー・プラント事業本部　電子機器事業推進部

＊4　Masahiko Abe　東京理科大学　理工学部　工業化学科　教授

有機溶媒の影響を，各溶解パラメーター成分（分散力成分（δ_d），極性成分（δ_a），双極子－双極子相互作用成分（δ_p），水素結合成分（δ_h））に分割[4]することにより評価したところ，水素結合成分の大きな有機溶媒は，LGBA分子のアミド結合と強く相互作用（溶媒和）するために，ゲル生成に不可欠なアミド基同士の水素結合を妨害し，ゲルを形成しにくくしていることが分かった。

次に，油ゲル化剤としてLBGA，油としてテトラデカンを用いたミニカプセルゲルの調製方法について述べる。LGBA／テトラデカンからなるゲル中に，所定量の低級アルコール（エタノール）を添加してゲルを溶解させることにより，任意の比率のLGBA／テトラデカン／エタノール混合液を調製する。アルコール存在下では，LGBA分子が溶媒和され，アミド基同士の分子間水素結合が形成されないためにゲルは形成しない。この混合液に，マイクロシリンジを用いて水を滴下すると，水内包ミニカプセルが生成する。一例として，LGBA／テトラデカン／エタノールの重量比が0.5：90：9.5の系に水を滴下することにより得られた水内包ミニカプセルの写真を図2に示す。さらに，凍結乾燥した中空ゲルの走査型電子顕微鏡（SEM）像（図3）から明ら

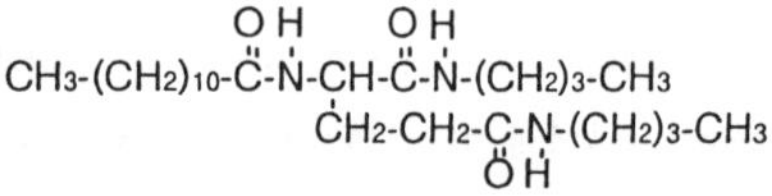

図1　油ゲル化剤LGBA（L-グルタミン酸-α-，γ-ジ-n-ブチルアミド）mの分子構造

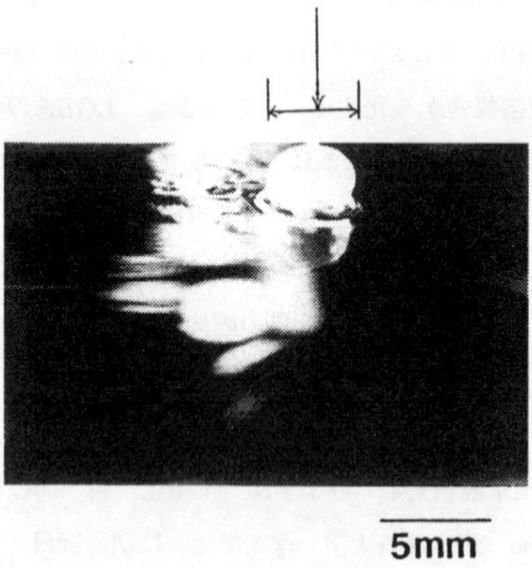

図2　LGBA／テトラデカン／エタノール（0.5：90：9.5）混合溶液に水を滴下することにより水内包ミニカプセルの外観写真（ミニカプセルをピンセットで採取してガラス製シャーレを裏返しにした上に乗せて撮影，30℃）

図3　水内包ミニカプセルのSEM写真
（テトラデカン：エタノール：LGBA＝90：9.5：0.5）

かなように，ミニカプセルの骨格は，細かい繊維状構造を取っていることが分かる。このような微細構造（3次元網目構造）は，有機溶媒全体をゲル化させたときの構造と一致したことから，油と水の界面におけるLGBA分子のゲル化反応によりミニカプセル（ゲル膜）が生成していることが分かる。

このような水内包ミニカプセルの生成機構は，以下のように考えられる。油ゲル化剤(LGBA)／有機溶媒（テトラデカン）／アルコール（エタノール）の混合液中では，アルコール分子がLGBA分子に溶媒和しているため，ゲル化の主要因であるLGBA分子のアミド基同士の水素結合が形成されず，系全体はシャバシャバの液体状態である（図4A)。この混合液に水を滴下すると，溶媒和していたアルコール分子が滴下した水相中に移動し（図4Bの⟶印はアルコール分子の移動を示す)，水滴近傍の有機溶媒のみがLGBA分子によりゲル化されるため，水内包の球状ミニカプセルが生成する（図4Cの ---- はLGBA分子同士の水素結合を示す)。

1.3　多孔質シリカミニカプセルの調製[5)]

前項で述べたように，生成したミニカプセルの有機物の壁膜（ゲル膜）は3次元網目構造を有していることから，その網目にポリマー化する無機物をトラップさせることができれば有機・無機ハイブリッドゲル膜を調製することができ，さらに高温で熱処理すれば無機物のみからなる壁

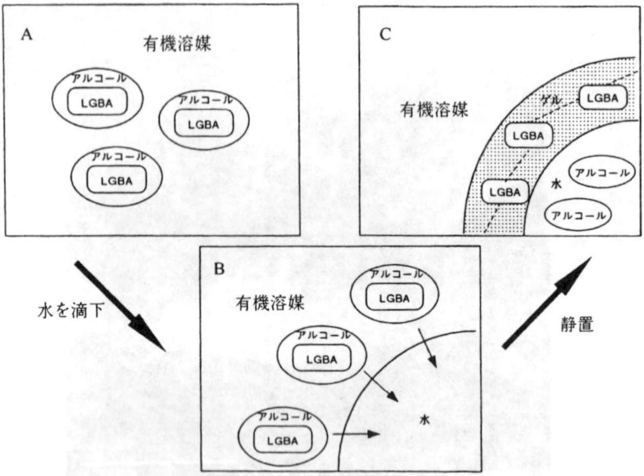

図4　水内包ミニカプセルゲルの生成機構

膜を有する多孔質ミニカプセルを得られるはずである。

そこで，シリカを壁膜とする多孔質のミニカプセルの調製と物性について述べる。n-デカン（溶媒），テトラエトキシシラン（TEOS，シリカ壁膜形成原料）からなる1：1（重量%）混合溶液にLGBAを添加してゲルを調製する。これにエタノールを添加して再溶解させた4成分溶液に，任意のpHの水溶液（pHは塩酸およびアンモニアにより調整）を滴下（5μl）して静置すると，滴下水のpHに依存せずに直径1mm程度の白色の粒子が得られる。このうち，pH13.2のアンモニア水を滴下水として用いて生成した粒子は，大気中に単離することが可能であり（図5a），この粒子に外力をかけて崩壊させたものの写真（図5b）を見ると，おわん型の破片が認められることから，この粒子は中空（カプセル）であるものと確認される。ミニカプセルの外径は約2mm，また壁膜の厚さは約100μmである。また，得られたミニカプセルを700℃で6時間熱処理すると，有機ゲルが焼失してシリカのみを壁膜とする多孔質ミニカプセルが得られた。一方，酸性および中性の滴下水を用いた場合には粒子の機械的強度は弱く，溶液から採取する際に崩壊してしまい中空の形態を維持できない。

ここで，多孔質シリカミニカプセルの生成機構について考察する。前述したように，LGBA分子からなるゲル膜は，滴下水のpHに関係なくLGBA分子間の水素結合形成により生成される。一方，シリカ骨格の形成は，LGBA分子によるゲル膜形成の場合とは異なり滴下水のpHに左右される。pH13.2のアンモニア水，すなわち塩基触媒の存在下ではシロキサン結合は3次元的に重合し，十分な強度を有するシリカ壁膜が形成される。その結果，図6aに示すようなゲル膜とシリカ壁膜が混在したミニカプセルが得られるものと考えられる。

一方，強塩基性以外の滴下水を用いた場合にはミニカプセルが得られなかったのは，次のよう

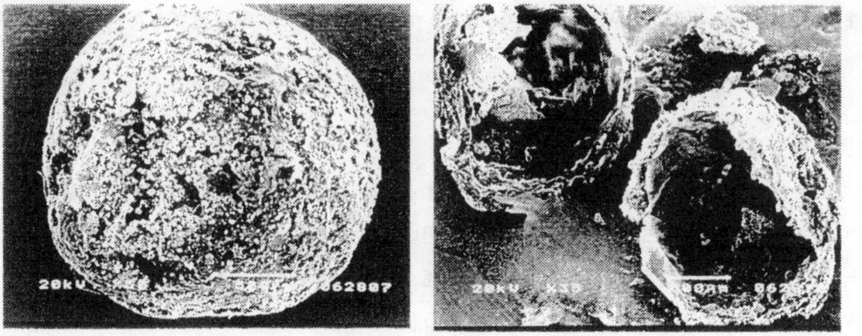

(a) ミニカプセルの外観　　(b) 断面写真

図5　シリカミニカプセルのSEM写真

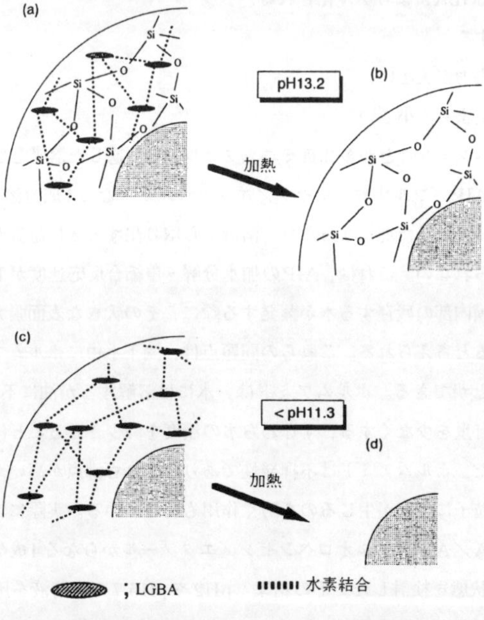

図6　多孔質シリカカプセルの形成機構

に考えられる。まず，pHが中性の場合にはTEOSの反応性が乏しいためにシリカ壁膜は得られない。また，酸性の滴下水を用いた場合には酸が触媒として働くためにTEOSの反応性は増加するが，この場合には重縮合反応が1次元的に進行する。そのため，塩基触媒を用いた場合（3次元的に重合が進行）と比べて壁膜の強度が不十分であるものと考えられる。したがって，強塩基性以外の滴下水を用いた場合には，図6bのように有機物のゲル膜（カプセル壁膜）のみが形成したものと考えられる。

1.4 多孔質アルミナミニカプセルの調製[6)]

次に，触媒担体などとして広範な用途を有するアルミナの多孔質ミニカプセルの調製方法について述べる。アルミナ壁膜形成の原料として用いるアルミニウムアルコキシドは，ケイ素アルコキシドと比べて加水分解の反応速度が著しく速く，また化学的性質も大きく異なるために，多孔質ミニカプセルの調製条件はかなり異なるものとなる。

まず，多孔質シリカミニカプセルの調製で用いた溶媒であるテトラデカンは，アルミナ壁膜形成原料であるアルミニウムイソプロポキシド（AIP）を溶解しない。そこで，界面ゲル化反応法で用いる溶媒として求められる以下の4つの物性

① 油ゲル化剤LGBAによりゲル化される，

② AIPが溶解する，

③ 油／水界面張力が大きい，

④ 滴下水の比重よりも小さい，

を満たすフルオロベンゼンなどが多孔質ミニカプセル調製に適した溶媒となる。

また，LGBA／AIP／フルオロベンゼン／エタノールからなる4成分溶液に種々のpHの水を滴下しても，中味の詰まった塊になったり，溶液から取り出すときに亀裂が入ったりして多孔質ミニカプセルは得られない。これは，AIPの加水分解・重縮合反応速度がTEOSと比べて著しく大きいことと，壁膜内部の残存する水が蒸発する際に，その大きな表面張力のために壁膜に亀裂を与えるためであると考えられる。これらの問題点は，滴下水中にホルムアミドを混合することにより解決することができる。ホルムアミドは，水には溶解するが油に不溶な極性溶媒であり，滴下溶液中の水含有量を少なくする，すなわち水の濃度を減少させることによりAIPの反応速度を制御できる。また，ホルムアミドは不揮発性であり水よりも沸点が高いため，水の蒸発後も壁膜内部に残存して粒子に亀裂が生じるのを防ぐ作用も有している。実際に，ホルムアミドと水の混合溶液を，LGBA／AIP／フルオロベンゼン／エタノールからなる4成分溶液に滴下したときに生成する粒子の状態を検討した。その結果，pH2やpH5.7の水溶液を用い，これをホルムアミドと適当な割合で混合した滴下溶液を用いたときにミニカプセルが得られた。

前項の多孔質シリカミニカプセルの作製においては，塩基性水溶液を滴下水として用いた場合にのみ得られたが，アルミナの場合には滴下溶液として水／ホルムアミド混合溶液を用い，しかも混合する水を中性または酸性とした時に多孔質ミニカプセルが得られた。この理由は次のように考えられる。多孔質シリカミニカプセルを作製する場合は，TEOSの加水分解・重縮合反応を促進させるために，滴下水を塩基性にすることにより反応速度を触媒的に促進し，かつ反応を3次元的に進行させる必要がある。一方，多孔質アルミナミニカプセルを作製する場合は，シリカの場合とは逆に，AIPの反応速度を抑制しつつ，かつ水滴と溶液との界面にカプセルとして単離できるだけの強度を有する壁膜を形成させる必要がある。そのため，AIPと反応しないホルムアミドを混合した溶液を滴下水とすることで（滴下水溶液中に占める水の絶対量を減少）AIPの反応を抑制し，さらにホルムアミドと混合する水を，加水分解反応において触媒作用のない中性水溶液（pH5.7）あるいは反応が1次元的に進行する酸性水溶液（pH2）とすることにより，中空粒子が得られたものと考えられる。

多孔質アルミナミニカプセル壁膜のXRDパターンに及ぼす焼成処理の影響を検討した。その結果，熱処理前の壁膜は非晶質であるが，700℃で12h熱処理することにより，γ-アルミナとδ-アルミナの混在したγ，δ-アルミナが生成していた。また，1000℃で熱処理した多孔質ミニカプセル壁膜においては，Alの配位数がすべて6配位であるα-アルミナに基づく回折パターンが観察された。これらの結果から，非晶質アルミナ水和物を壁膜とするミニカプセルを熱処理することで，γ，δ，α-アルミナ混合物を壁膜とするアルミナミニカプセルが得られることが分かった。さらに，700℃で熱処理後の壁膜をSEM観察したところ，熱処理前には認められなかった多数の細孔が観察され，壁膜が多孔質であることが確認された。

1.5　多孔質チタニアカプセルの調製と光触媒特性[7)]

近年，半導体の持つ光触媒作用についての研究が盛んになり，その中でも酸化チタン（チタニア）が光触媒材料として注目されている。また，光触媒材料の比重を低減させ，水に浮遊させることができれば，処理法の開発が急務とされている海面を汚染した原油の分解処理法などへの応用も可能になると考えられる。そこで，界面ゲル化反応法を用いたチタニアミニカプセルの調製およびその光触媒活性について述べる。

チタンテトライソプロポキシド（TTIP，チタニア壁膜形成材料），n-テトラデカン，LGBA，エタノールからなる4成分溶液に，ホルムアミドやジエチレングリコールなどの極性溶媒を水と混合した溶液を滴下することにより，チタニアミニカプセルを調製することができる。

得られるチタニアミニカプセル壁膜の熱処理前および大気中で600℃-2h，700℃-2h，1000℃-2h熱処理した後のXRDパターンを検討したところ，熱処理前の壁膜は非晶質であったが，600℃で2時間熱処理することによりアナターゼ型のチタニアが生成していることが分かった。さらに，700℃で2時間熱処理をしたチタニアミニカプセルはアナターゼ型とルチル型の混在した結晶型，1000℃で2時間熱処理をしたものはルチル型の結晶型をとることが分かった。

このようにして調製した多孔質チタニアミニカプセルを，重油が展開された水面上に浮遊させて紫外光照射を行うことにより，重油の分解の様子を観察した（図7)。酸化チタン粒子の添加により，光を照射しなくても重油の一部が粒子に吸着しているが，これはミニカプセルの高比表面積に起因しているものと考えられる。さらに，紫外光を照射すると，光触媒反応により重油は効率よく分解されて液面はほぼ透明となっている。つまり，このようなチタニアミニカプセルの光触媒反応を利用すると，誤って海水上に漂っている重油も光分解されることになる。

1.6 金属アルコキシドの加水分解のしやすさ

上記の種々の金属アルコキシド以外にも，ニオブ[8)]，ゲルマニウム[9)] などの金属アルコキシドを用いた多孔質ミニカプセルの調製を検討したが，総じて言えることは，多孔質無機酸化物ミニカプセルの調製は，用いる金属アルコキシドの加水分解の速さに依存されることである。すなわち，加水分解しにくい金属アルコキシドを用いる場合には，促進剤（酸またはアルカリ）の添加もしくは促進効果を図る必要があるが，加水分解しやすい金属アルコキシドを用いる場合にはエチレングリコールやホルミアミドなどの制御剤（乾燥制御剤）などの添加が不可欠である。つまり，表1の右側に位置する金属アルコキシドほど，乾燥制御剤の添加が必要である。したがって，

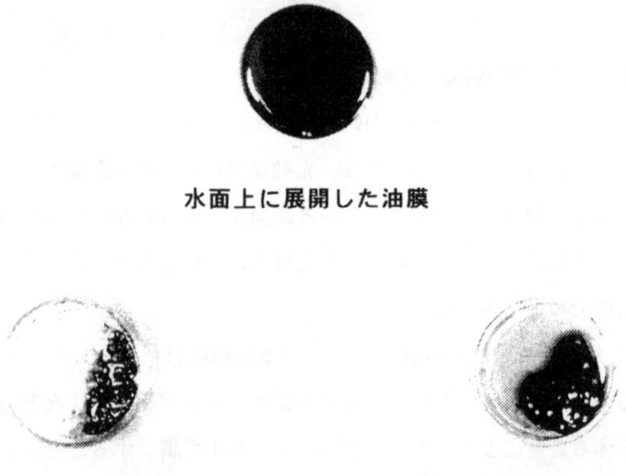

図7　多孔質チタニアミニカプセルによる重油の光分解

表1　加水分解のしやすさ

$Si(OR)_4$ <	$B(OR)_3$ <	$Ge(OR)_4$ <	$Zr(OR)_4$ <	$Nb(OR)_5$ <	$Ti(OR)_4$ <	$Al(OR)_3$ <	$Sn(OR)_4$
‖					‖	‖	
TEOS					TTIP	AlP	

OR：アルコキシル基

酸化チタン／酸化ニオブの複成分の多孔質ミニカプセル[10]の調製の場合にもホルムアミドなどの乾燥抑制剤の添加と条件の調整が必要である。また，紙面の関係で記述できなかったが，実際に界面ゲル化反応法により多孔質無機酸化物ミニカプセルを調製する場合には壁膜形成材料である金属アルコキシドの加水分解・重縮合反応速度とミニカプセル生成条件との相関[11]も重要であるので参考にされたい。

文　　献

1) 中原佳子，色材協会誌，**59**，543（1986）
2) 中原佳子，化学工学，**42**，535（1991）
3) 阿部正彦，桑原克之，荻野圭三，材料技術，**10**，48（1992）
4) Barton, A.F.M., *Chem.Rev.*, **75**, 73 (1975)
5) 阿部正彦，箱田秀一郎，稲田　直，酒井秀樹，柿原敏明，西山勝廣，色材協会誌，**68**，542（1995）
6) 箱田秀一郎，酒井秀樹，柿原敏明，西山勝廣，阿部正彦，色材協会誌，**70**，84（1997）
7) Sakai, H., Kawa, T., Kakihara, T., Nishiyama, K., Abe, M., *J. Jpn. Soc. Colour. Mat.*, **70**, 378 (1997)
8) 川　拓也，酒井秀樹，柿原敏明，西山勝廣，阿部正彦，材料技術，**17**，195（1999）
9) 柿原敏明，小浦場卓也，酒井秀樹，西山勝廣，阿部正彦，材料技術，**17**，403（1999）
10) 未発表
11) 柿原敏明，川　拓也，酒井秀樹，阿部正彦，材料技術，**17**，397（1999）

2　マイクロカプセル化香料

中村哲也*

2.1　香料の香調と香料成分[1, 2)]

香料には香粧品香料と食品香料がある。それぞれ，その香調により分類すると，香粧品香料では，柑橘系，ソフトフルーツ系，フローラル系，スパイシー系，ウッディ系，アニマル系，ミント系，グリーン系等があり，食品香料ではシトラス系，ソフトフルーツ系，トロピカルフルーツ系，乳製品系，茶系，ビーンズ系，シュガー系，スパイス系，ミント系，畜肉・水産系，野菜・穀物系，調味料系，酒類系等が代表的なものである。また，それぞれのにおいは単一の化合物から構成されているのではなく，表1に示す様々な官能基を持った化合物の混合物となっている。香料を構成する化合物はその分子量，官能基，分子構造により揮発性，安定性がそれぞれ異なるため，香料の香調のみならず，最終製品に添加された場合の残香性，安定性も考慮してフレーバーを選択し，添加量を決める必要がある。また，目的とする製品に最も適した形態に製剤化することにより，香料の特徴を有効に発揮させることが可能となる。

2.2　マイクロカプセル化香料とは

マイクロカプセル化香料とは，微小な入れ物に閉じこめられた香料を意味する。通常その大きさはマイクロメーターの領域であるが，製法によりナノメーターからミリメーター領域のカプセルが調製可能である。マイクロカプセル化技術を香料に利用することによって以下の機能性が付与可能となる。

①　一般的に常温で液体状態である香料素材の粉末化。

②　揮発性の高い香料，変化しやすい香料の安定化。

③　不要な風味，香気のマスキング。

④　素材との接触により起こる内部反応の防止。

⑤　被膜物質を工夫することによる放出制御。

これらの機能は，マイクロカプセルの被膜が，芯物質の透過の障壁となったり，芯物質を外部の環境から保護したり，被膜材料の組み合わせや膜厚をかえたりすることで芯物質を外部に溶出させる速度を調節する作用を持つことによる。香料のマイクロカプセル化に際しては，目的に応じ製法および壁材の選択を工夫する必要がある。

＊　Tetsuya Nakamura　長谷川香料㈱　技術研究所　第6部　部長

2.3　マイクロカプセル化香料の歴史

香料のマイクロカプセル化に関しては，1932年にイギリスで初めて噴霧乾燥法が香料の粉末化に応用され製品化されている。果汁を噴霧乾燥する際に，乾燥用果汁溶液の防腐剤として添加されていたイソプロピルアルコールが乾燥後の果汁粉末中に多量に残存してしまい，揮発性の高い成分も粉末化可能なことが確認された。これをきっかけとし，香料のマイクロカプセル化検討が開始された。日本における食品香料のマイクロカプセル化に関しては，昭和20年代から，主に噴霧乾燥装置を用いた香料の粉末化が研究され，昭和32（1957）年に市場に登場している[3, 4]。以降，アイスクリームミックス，ビスケットへ使用されたことをきっかけに，粉末ジュースのブームに乗り，さらにはその後，インスタント食品時代の立役者となり現在に至っている。またその間，他の多くのマイクロカプセル化法が開発されている。表2に代表的なマイクロカプセル化方法を示した[5]。最終製品によって使用可能な溶剤・被膜剤に制限があるため，食品用マイクロカプセル香料の工業的製造には噴霧乾燥法，液中硬化法（オリフィス法），コーティング法，エクストルージョン法等が主として用いられている。

表1　香料の代表的な成分

テルペン系炭化水素，アルコール，アルデヒド，ケトン
フェノールおよびその誘導体
脂肪族アルコール，アルデヒド，ケトン
芳香族アルコール，アルデヒド，ケトン
アセタール類
脂環式アルコール，アルデヒド，ケトン，エーテル，ラクトン
大環状アルコール，ケトン，エーテル，ラクトン
環状エーテル
脂肪族酸のエステル

表2　マイクロカプセルの調製方法

マイクロカプセル化方法	膜物質
相分離法（コアセルベーション法）	ゼラチン，アラビアガム，エチルセルロース
界面重合法	ポリアミド，ポリウレタン，ポリエステル等
in situ 重合法	アクリル樹脂等
界面無機反応法（無機質壁マイクロカプセル）	シリカ，アルミナ，炭酸カルシウム
液中乾燥法（界面沈殿法）	水，低沸点溶剤に可溶な高分子
超音波法	タンパク質
噴霧乾燥法	水，低沸点溶剤に可溶な高分子
転動造粒コーティング法	ワックス，ロウ，高分子等
液中硬化被覆法（オリフィス法）	アルギン酸カルシウム，キトサン，ワックス
エクストルージョン法	糖質，高分子

2.4 マイクロカプセル化香料の食品，その他製品への応用

食品業界においては，社会環境の変化，嗜好性の多様化にともなってより健康・高級・ナチュラルで高度な品質が要求されている。一方，競合食品との差別化を目的とした製品開発も行われており，使用されるマイクロカプセル化香料にも香りの嗜好性以外に，最終製品での長期間にわたるフレーバー成分の保存安定性，製品製造時の加熱工程での耐熱性，製品飲食時におけるフレーバーの放出制御（即溶性，遅効性），粉末香料溶解時の溶解状態（油浮き，透明溶解，高濁度）等の各種機能性が要求されるようになってきている。表3にマイクロカプセル化香料の使用される食品と要求される機能性を示した。マイクロカプセル化香料が使用される食品には，チューインガム，錠菓，粉末飲料，粉末スポーツドリンク，スナック，粉末デザート，プレミックスパウダー，吸物，インスタントスープ，ふりかけ，水産練り製品，畜肉製品，ハードキャンディ，ソフトキャンディ，焼き菓子（ビスケット，パン）等食品全般にわたり，食品により要求される機能性も異なってきている。

香粧品，トイレタリー製品等においても消費者のニーズの多様化に対応して新しい機能開発が求められ，新しい有効成分や基材の配合が必要となるが，共存成分との反応，熱，光，水分による劣化やその効果の失活が問題となりこれを防ぐためにマイクロカプセル化が行われている。表4に香粧品・トイレタリー製品等への応用に関してまとめた[6]。食品分野でのマイクロカプセルの応用については，その広範囲な機能にもかかわらず他の分野と比較してその製法，用途が限られているように思われるが，これは，食品に使用可能な被膜物質，及び溶剤が制限されることや，マイクロカプセル化することによるコストアップの問題があるためと思われる。

表3　マイクロカプセル化香料が使用される食品と要求される機能性

マイクロカプセル化香料の使用される食品	要求される機能性
チューインガム	フレーバーの放出制御（速放性，持続性）
錠菓	保存安定性（抗酸化性，飛散防止）
粉末飲料（粉末スポーツ飲料）	保存安定性（抗酸化性，飛散防止）
スナック	保存安定性（抗酸化性，飛散防止）
粉末デザート（粉末ゼリー，プリン）	保存安定性（抗酸化性，飛散防止）
プレミックスパウダー（ホットケーキミックス）	保存安定性（抗酸化性，飛散防止），耐熱性
粉末スープ（各種スープ，吸物，インスタントスープ）	保存安定性，溶解状態（油浮き，透明溶解）
ふりかけ	保存安定性（抗酸化性，飛散防止）
水産練り，製品畜肉製品	耐熱性（加熱工程中のフレーバー飛散防止）
ハードキャンディ，ソフトキャンディ	耐熱性（加熱工程中のフレーバー飛散防止）
焼き菓子（ビスケット，パン）	耐熱性（加熱工程中のフレーバー飛散防止）

カプセル化法：噴霧乾燥法，液中硬化被覆法，転動造粒コーティング法等

表4　マイクロカプセル化香料の香粧品・トイレタリー等への応用

製品	カプセル化方法	使用目的
化粧石鹸	コアセルベーション法	香料の揮発防止
クリーム	コアセルベーション法	香料の揮発防止
クレンジング	*in situ* 重合法	油分の酸化防止
口紅	スプレードライング法	油分高濃度配合，徐放性
おしろい，シャドー	*in situ* 重合法	油分の粉末化
シャンプー	コアセルベーション法	香料の揮発防止
	界面重合法，*in situ* 重合法	香料の徐放性向上
芳香剤	界面重合法	香料の徐放性
歯磨き	コーティング法	薬効成分の安定化
酵素洗剤	造粒，ペレット化 コーティング法	酵素の失活防止
漂白洗剤	コーティング法	過炭酸ソーダの安定化
柔軟剤	コーティング法	内部反応の防止
繊維	*in situ* 法，界面重合法 界面無機反応法	香料の安定化，徐放化
香りフェルトペン 印刷インク	コアセルベーション法 界面重合法等	香りの安定化，徐放化

2.5　マイクロカプセル化における香料の残存性，保存安定性

表2に示したように香料のマイクロカプセル化には様々な方法がある。どの方法においてもマイクロカプセル化後の乾燥工程での香料成分の残存性（単品香料の場合は残存率，調合香料の場合は残存率とフレーバーニュアンスの維持），乾燥後の保存安定性が問題となる。本節においては，工業的に最も利用されている，噴霧乾燥装置を用いた香料のマイクロカプセル化における香料成分の残存性，安定性に関していくつかの研究例を紹介しながら概説する。

2.5.1　マイクロカプセル化における香料の残存性

乾燥中の香料成分の保持は，各香料成分の蒸気圧，相対揮発度，被膜構成成分の組成とその種類，噴霧乾燥温度，微粒化方式等の多くの因子により影響され，現在まで多くの研究者により検討が行われている。杉沢[7]らの総説によると，これまでに提唱されてきた保持機構としては以下のものがあり，これらの保持機構は単独で関与するものではなく，乾燥の工程でそれぞれ密接な関係を有しているとされている。

① 包接化合物の形成

② 乾燥鋳型サイトへの香料成分の吸着

③ 香料成分が透過できない表面膜の形成

④ 低水分での香料成分の拡散抑制

⑤ 糖が形成する微小領域への香料成分の封じ込み

噴霧乾燥でのマイクロカプセル化香料の調製においても，香料を含有する乳化液が微粒化され，

熱風と接触して瞬間的に乾燥が行われる工程の中で，乾燥初期における液滴表面での被膜形成，液滴内部の水の選択拡散と表面蒸発，乾燥により形成したマトリックス内への香料成分の保持，等の過程が進行していると思われる。

香料成分には揮発性の高いものから低いものまで存在しており，香料はこれら揮発性の異なる香料の混合物（調合香料という）である。乾燥工程においては，香料混合物中の揮発性の低い成分による保留効果がある程度期待できるが，ソフトフルーツ系等，香調によっては揮発性の高い成分だけから成り立っている香料も多く存在し，このような場合には保留剤の添加が有効となる。

Kim[8]らにより，揮発性の異なる19種類の香料成分の混合物の残存性に対する，各種保留剤の添加効果に関して検討されている。これによると，香料成分の揮発性を低下させる植物油脂，Triethyl Citrateのような油性溶剤を保留剤として使用した場合には残存性が顕著に向上し，エタノールを使用した場合には得られるマイクロカプセルはバルーン状となり，残存性は低下するとしている。残存性向上の理由としては，油性溶剤による香料の蒸気圧の低下と拡散の抑制としている。この報告に記載されている以外の保留剤として，低いHLB値を持つショ糖脂肪酸エステルおよびグリセリン脂肪酸エステル類，WAX類，食用硬化油脂類などがあり，香料成分に応じ選択することにより保留性の向上が可能となる。

香料の残存性と噴霧液濃度・組成・噴霧条件の関係に関しては以下の報告がある。

Reineccius[9]らにより，20種類の香料混合物を乳化したアラビアガム，化工澱粉，マルトデキストリンの水溶液濃度と，噴霧乾燥後の各香料成分の残存性に関して検討が行われている。使用する賦形剤により残存率は異なり，また，それぞれの賦形剤で残存性に対する水溶液の最適濃度が存在するとしている。アラビアガムにおける最適水溶液濃度は40％であり，この時の香料残存率は80％であった。化工澱粉，マルトデキストリンにおける最適水溶液濃度は45％であり，この時の香料残存性はそれぞれ78％，64％であった。この理由として，被膜剤の種類によっては濃度が高すぎると溶解が不十分となり，被膜剤としての役割を果たさなくなることと，粘性が高すぎた場合には，微粒化による球状の液滴生成が良好に行われず，液滴の総表面積が大きくなるためとしている。古田[10]らはリモネン，カプロン酸エチル，酪酸エチルをモデル香料とし，これらをアラビアガムで乳化し，さらにマルトデキストリンを加えた試料溶液の単一液滴を70℃の空気で20分間乾燥後の香料残存率と，エマルション吸光度の変化速度の関係を検討している。残存率は香料成分の種類には依存せず，エマルションの吸光度減少速度が早い溶液（乳化安定性の不良な溶液）ほど乾燥後のモデル香料の残存率が低いことを報告している。また，リモネンと酪酸エチルをモデル香料とし，乳化剤（アラビアガムまたは水溶性大豆多糖類）とマルトデキストリンの混合水溶液で乳化した溶液の噴霧乾燥を行い香料残存率を測定している。その結果，乳化状態の安定なリモネンは良好な残存率を示したが，酪酸エチルは乾燥中に乳化破壊を生じ液滴表面から散失してしまうため残存率は低く，噴霧乾燥を行う乳化液の乳化安定性は香料残存率に大きく影響すると報告している。また，Rosenberg[11]らは，香気成分としてEthyl caproate，Ethyl butyrate，被膜剤としてアラビアガムを用いたカプセル化における，溶液濃度・乾燥用熱風温度の残存性に対する影響に関し検討している。これによるとアラビアガム濃度（10，20，30％）の増加に従い残存率も段階的に増加すること，乾燥用熱風温度（100，150，250℃）の上昇に従い残存率も増加し，アラビアガム濃度が高いほどその増加は顕著であることを報告している。渡辺[12]らは，加工澱粉，デキストリン（D．E8）を賦形剤として酢酸エチルを噴霧乾燥する際の乳化粒子径と残存率に関して検討を行っている。含酢酸エチル乳化液の乳化粒子径を0.5，1.0，3.5ミクロンに調製し噴霧乾燥した結果，香料エマルションの乳化粒子径が小さい方が香料の残存性が高い結果を得ている。Rulkens[13]らは，賦形剤としてマルトデキストリン類を使用した芳香成分の粉末化検討を行い，残存率は芳香成分の相対揮発度には影響されず，芳香成分分子が大きいほど残存率は高く，また，それ以上に噴霧乾燥する水溶液の固形分と粘度に影響され，噴霧条件を最適化することにより，90％以上の残存率を得ることも可能であると報告している。

以上，種々の乾燥条件化での香料成分の残存性をまとめると，微粒化が良好に行われ，固形分の初期濃度が高く，乾燥時の熱風温度が高く，乾燥用空気の湿度が低く，乾燥用熱風の風速が速い等の液滴表面の被膜形成を早める操作に加え，保留剤の添加，被膜性の高い賦形剤の選択，乾燥工程中の香料成分の乳化状態を安定性に維持可能な乳化剤・被膜剤の選択が香料成分の残存率に深く関係していると思われる。

2.6　マイクロカプセル化による香料の安定化

マイクロカプセル化香料の重要な機能の一つとして香料の安定化が挙げられる。しかし，前述のように，香料を構成する化合物はその分子量，官能基，分子構造により揮発性，安定性がそれぞれ異なり，また，マイクロカプセル化され粉末状となった香料はその表面積が極端に大きくなるために，保存中の自動酸化を受けやすく，安定性が損なわれる場合も多い。特にレモン，オレンジ等を含む柑橘系精油，調合香料，およびパプリカ色素，β-カロチン色素などの油溶性色素，脂溶性ビタミン等の酸化されやすい成分はその保存中の変化が大きいことが確認されている。本節においては，噴霧乾燥装置を用いた香料のマイクロカプセル化における，香料成分・その他の機能性成分の安定化に関していくつかの研究例を紹介しながら概説する。

Reineccius[14]は，澱粉の加水分解の指標であるdextrose equivalent（DE値）がオレンジオイルの噴霧乾燥粒子の貯蔵安定性に大きく影響し，DE値の低い賦形剤（マイクロカプセル被膜）

ほど酸化の指標としているリモネン-1，2-エポキシドの生成速度が速くなることを報告している。DE値の高いマルトデキストリンほど，その中のグルコース含量が高くなり，これがヒドロペルオキシドと水素結合し抗酸化効果を示したとしている。中村[15]らも，デキストリンのDE値に着目した研究を行い，乳化剤として高HLB値のシュガーエステル，賦形剤としてDE値(20～50)の高分解デキストリンを使用した保存安定性に優れた可食性油性材料の粉末化方法を提案しており，噴霧乾燥工程及び保存期間中の香料の揮散ロス，また光，酸素酸化による香気香味の劣化が少なく，水への分散溶解性，防湿性及び流動性にすぐれた含香料粉末が調製されるとしている。上述のように，粉末化された香料の保存安定性に関しては，DE値（dextrose equivalent：澱粉の分解度の指標）が高い分子量の小さい賦形剤を使用することで保存性が改良されることが報告されているが，粉末中の単糖，2糖類等が多くなると吸湿性が高くなり，ブロッキング，ケーキングの原因となるため，その使用量には限界があり実用的に充分な保存安定性は得られていなかった。これを改善した粉末香料として，賦形剤にトレハロースを使用した保存安定性の顕著に向上したマイクロカプセル化香料が知野，増田[16]らにより提案されている。トレハロースは難吸湿性・低甘味性・非着色性・苦み・渋みマスキング効果等の特徴を持つが，特に難吸湿性に関しては相対湿度95％まではほとんど吸放湿しない安定な糖であるため，賦形剤中に高含量添加可能となり，保存安定性が顕著に向上したとしている。本製法により調製された製品は，保存安定性を強化した粉末香料・粉末素材として“ハセロック”の登録商標を取得している。

以下，レモン精油，パプリカ色素等の酸化されやすい香料，および機能性成分のハセロックへの応用に関して紹介する。

レモン精油は柑橘精油の中でも特に変化しやすい精油であるが，粉末化した場合には表面積の増加により更に変化しやすくなる。Robert[17]らによると，レモンオイルを室温で保存した場合，容易に自動酸化してしまい，図1に示すようにγ-terpineneが減少し，p-cymeneが増加する。この酸化反応に伴い，レモンオイルの劣化臭：“cymey” odorも増加するとしている。

保存安定性を比較するために，表5に示す組成の，レモン精油を30％含有するハセロックレモン，比較用レモン粉末香料を噴霧乾燥法で調製した。調製した試料を低密度ポリエチレン袋に20g入れ，遮光下50℃で4週間保存する耐熱性試験，同様に低密度ポリエチレン袋に20g入れ，室温下4500ルクスの蛍光灯照射4週間を行う耐光性試験を行った。保存試験試料は－18℃保存品（コントロール）とともにGLC分析にて香気成分の分析を行い，ハセロックレモン，比較用レモン粉末香料中の香気成分の変化を確認した。なお，GLC分析におけるp-cymene含量の増加を安定性の指標とした。表5に熱，光に対する安定試験結果を示した。また，図2にハセロックレモン，レモン粉末香料比較品の－18℃保存品に対する耐熱試験，耐光試験品のレモン精油中

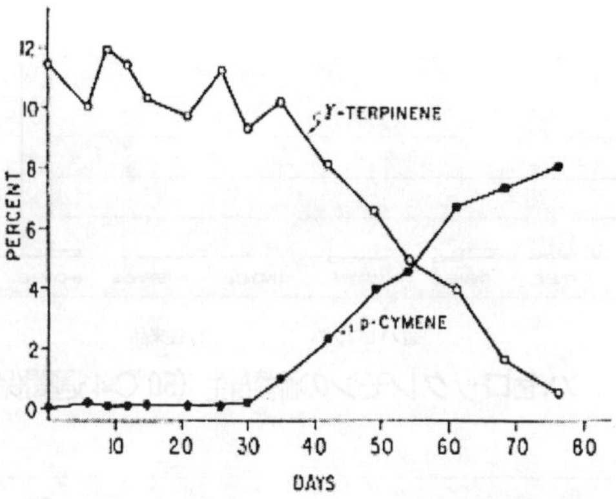

図1　レモンオイルの劣化におけるγ-terpineneの減少とp-cymeneの生成

表5　レモン粉末の組成と安定試験結果

レモン粉末の組成	ハセロックレモン			比較品		
化工澱粉	30.0％			30.0％		
デキストリン (DE10)	―			40.0％		
トレハロース	40.0％			―		
レモン精油	30.0％			30.0％		
レモン精油中の化合物	－18℃保存品	50℃保存品	蛍光灯照射品	－18℃保存品	50℃保存品	蛍光灯照射品
α-PINENE	2.17	2.36	2.32	2.25	2.35	2.32
β-PINENE	12.30	12.85	12.83	12.47	12.93	12.96
SABINENE	1.46	1.61	1.61	1.55	1.47	1.51
MYRCENE	1.37	1.34	1.37	1.41	1.32	1.16
LIMONENE	62.30	62.19	62.78	61.58	62.80	62.68
γ-TERPINENE	8.23	8.13	8.09	7.92	5.90	5.81
p-CYMENE	0.65	0.70	0.86	0.91	3.21	3.35
TERPINOLENE	0.67	0.61	0.62	0.62	0.47	0.24
CITRAL	5.83	5.30	4.66	5.98	4.41	4.49
OTHER COMPAUNDS	4.97	4.91	4.86	5.31	5.14	5.48
TOTAL	100.00	100.00	100.00	100.00	100.00	100.00

の代表的な成分の変化率を示した。比較品は耐熱，耐光試験いずれもレモン精油中の各成分の増減が大きく，特にレモン精油の劣化の指標としたp-cymeneが，耐熱試験では0.91％から3.21％と3.5倍に，耐光試験では0.91％から3.35％と3.7倍に増加していた。一方，ハセロックレモンにおけるp-cymeneの変化では，耐熱試験で0.65％から0.7％，耐光試験で0.65％から0.86％と変化が非常に少なかった。また，p-cymene以外の成分においても変化は少ないことが確認されている。図3に各粉末香料の走査型電子顕微鏡写真を示した。比較品のレモン粉末香料は，粉末

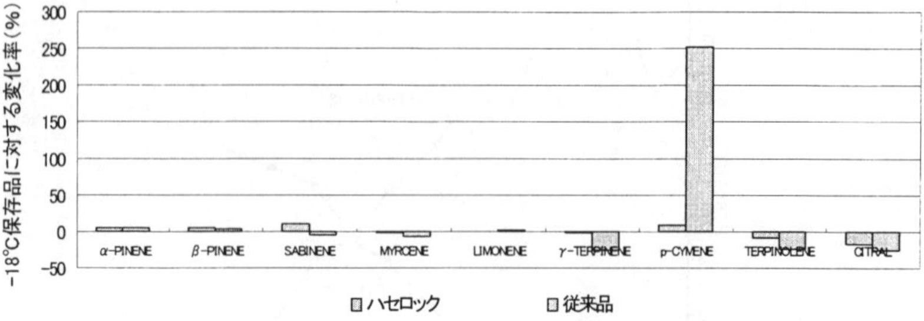

ハセロックレモンの耐熱性（50℃4週間保存品）

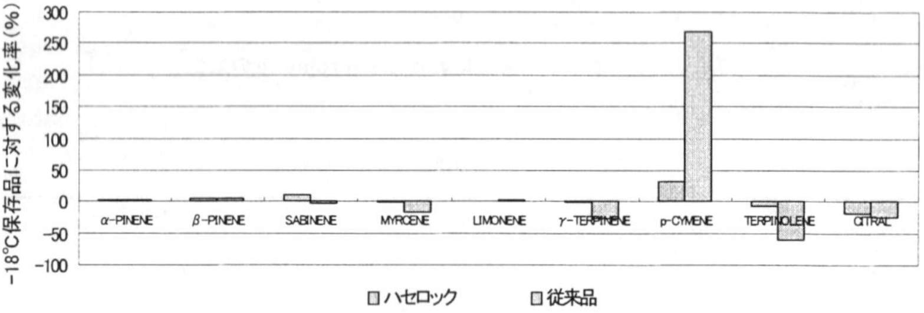

ハセロックレモンの耐光性（4500ﾙｸｽ4週間）

図2　保存試験後のレモン精油成分の変化率

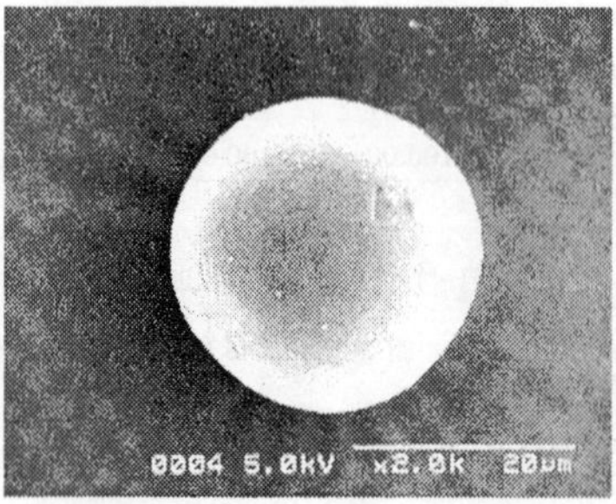

ハセロックレモン

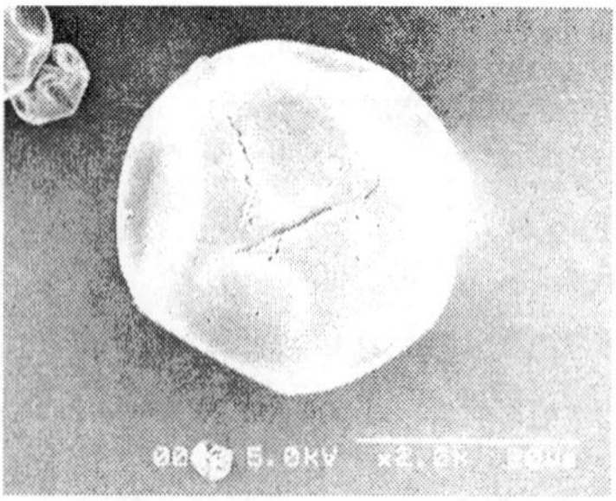

比較品

図3　試料粉末の走査型電子顕微鏡写真

表面がでこぼこで，亀裂・細孔が見られる。ハセロックレモンの表面はなめらかな球状で亀裂等は見られず，レモン精油をコーティングしている皮膜が非常に緻密な状態であると思われる。また，図4に各粉末香料の原子間力顕微鏡写真を示した。ハセロックレモンの表面は滑らかで凹凸が見られないが，従来品の表面においては，細かい凹凸が存在していることが確認され，微細構造においても差があることが確認された。この粉末のマクロ，ミクロ構造の差がそれぞれの粉末の酸化安定性と関係していると思われるが，その相関を明らかにするために，更に詳細な検討が必要と思われる。

パプリカ色素は，酸化されやすい脂溶性カロチノイドである。表6に示す組成により調製したハセロックパプリカ，および比較品の酸化安定性に関する試験結果を示す。保存試験方法は，各試料粉末をヘッドスペースバイアル瓶に密封し，遮光下50℃で保存し，経時的なパプリカ色素の残存量とヘッドスペースバイアル瓶中の酸素濃度を測定した。図5に保存試験結果を示したが，ハセロックパプリカにおいては50℃4週間保存においても残存率87.4％となっており，ヘッドスペース中の酸素濃度の減少も20.9％から18.6％と微量であった。比較品においては，保存後のパプリカ色素残存率は29.0％まで減少し，酸素濃度も12.0％と顕著に減少していることが確認された。こらは，賦形剤中にトレハロースを多く含有させることにより，被膜の酸素透過性が抑えられたためと推定される。

他の機能性成分として，プロビタミンA活性，抗がん作用，活性酸素消去能の機能性を持つことが知られているβ-カロテン，成長促進，皮膚・粘膜の正常化促進，眼精疲労防止，抗がん作用等の機能が確認されているビタミンAに関しても安定化効果が確認されている。

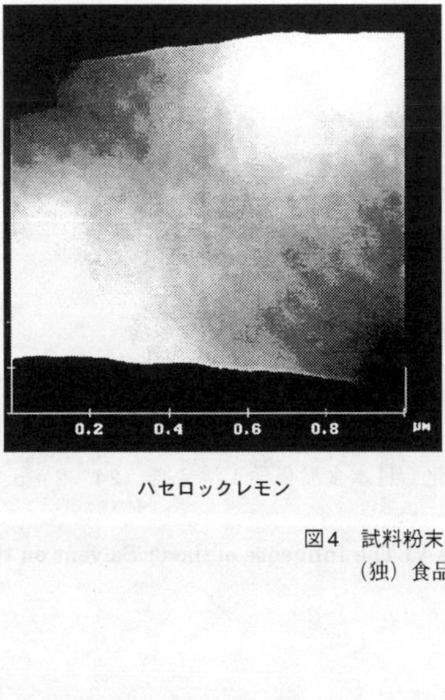

ハセロックレモン

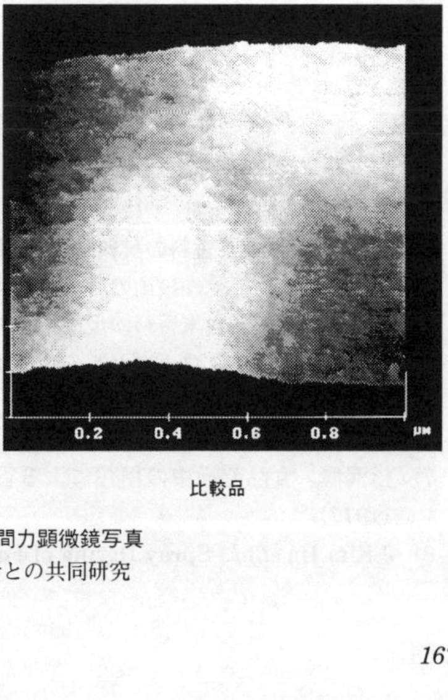

比較品

図4　試料粉末表面の原子間力顕微鏡写真
（独）食品総合研究所との共同研究

表6　パプリカ粉末の組成

（単位　%）

	ハセロックパプリカ	比較品
化工澱粉	30.0	30.0
トレハロース	60.0	15.0
デキストリン（DE10）	15.0	60.0
油溶性パプリカ色素	5.0	5.0

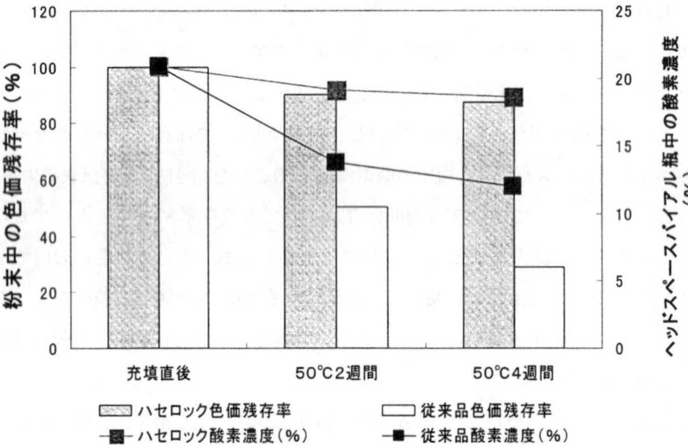

図5　パプリカ粉末の保存試験結果

文　　献

1)　長谷川香料株式会社，"においの化学"，裳華房
2)　藤巻正生ほか，"香料の辞典"，朝倉書店
3)　岩垂荘二，食品乾燥技術の歴史，食品工業，1上（1968）
4)　小畑繁雄ほか，粉末香料の現況をさぐる，食品と科学，**22**，8，20（1963）
5)　小石眞純，マイクロカプセルの理・工学的製法とそのチェックポイント，化学，**32**，9
6)　樹下基孝ほか，香粧品に用いるマイクロカプセルの開発と応用，*Fragrance. J.*，**19**，3，p.33-38（1991）
7)　杉沢博，食品乾燥中の糖類による香りの安定化，日本食品化学工学会誌，**24**，2，p.36（1977）
8)　J.Kim Ha *et al.*, Spray Drying of Food Flavors-VI.The Influence of flavor Solvent on the

Retention of Volatile Flavors, *Perfumer & Flavorist.*, Vol.13, August/September (1988)
9) Gray A.Reineccius *et al.*, Spray Drying of Food Flavors-Ⅲ. Optimum Infeed Concentrations of Artificial Flavors, *Perfumer & Flavorist.*, Vol.19, February/March (1985)
10) 古田武ほか，分子包接および噴霧乾燥による機能性フレーバー粉末の調製とその徐放性，*Foods Food Ingredients J. Jpn.*, No.191, p.23 (2001)
11) M.Rosenberg *et al.*, Facctors Affecting Retention in Spray-Drying Microcapsulation of Volatile Materials, *American Chemical Society.*, **38**, p.1288, (1990)
12) 渡辺浩也ほか，長谷川香料　未発表
13) W.H.Rulkens *et al.*, The retention of organic volatiles in spray-drying aqueous carbohydrate solutions, *J.Food Techol.*, **7**, p.95 (1972)
14) G.A.reineccius *et al.*, Spray-Drying of Food Flavores, "Flavor Encapsulation", *ACS Symposium Series.*, No.370, chapter 7 (1988)
15) 特許番号2782561
16) 特開平9-107911
17) Robert M.Ikeda *et al.*, Deterioration of Lemon Oil. Formation of p-Cymene from Gamma-Terpinene, *Food Technology.*, **15**, 9, p.379 (1961)

3　化粧品用キャリアシステムナノトープ™
—高皮膚浸透性ナノサイズ・キャリア—

関谷幸治*

3.1　はじめに

近年，美白剤をはじめとして育毛剤やビタミンの誘導体など様々な薬剤が医薬部外品あるいは化粧品用途として開発されている。これらの薬剤には優れた活性を持つものが多いが，生きた皮膚細胞内での活性が期待される薬剤の場合，ターゲットとなる部位まで安定性良く送達され且つ活性を生ずるかは重要な課題である。

皮膚の最外層である角質層が高いバリア機能を有することは周知の事実であり，このバリアを効率よく透過するために様々な工夫がなされている[1)]。その可能性の一つとして，リポソームやナノエマルジョンと呼ばれるキャリアシステムが開発されてきた[2,3)]。リポソームは，大豆や卵黄由来のレシチン等のリン脂質によって脂質二重膜が形成され，内包される水相には水溶性薬剤そして脂質二重膜間には油溶性薬剤を保持し得る[4)]。レシチンからなるリポソームの膜はさほど堅牢ではなく，むしろ動的であり，経時的に崩壊や会合を起こす[5)]。さらに，界面活性剤など他の両親媒性分子が共存する系では脂質二重膜への介入が起こり膜の不安定化や膜崩壊さえ起こり得る[6)]。このことは，ナノサイズエマルジョンにもまた同様に起こり得ると考えられる。

従って，薬剤の経皮吸収におけるキャリアシステムは界面活性剤の共存下でも安定であり，かつ優れた皮膚吸収性が望まれる[7,8)]。これらの観点から，我々が開発したキャリアシステムの界面活性剤に対する安定性，及びそれによる薬剤の皮膚吸収性に着目し試験を行ったのでここに紹介する。

3.2　ナノトープキャリアシステムについて

ナノトープは単層膜を有するキャリアで，親油性溶媒を核とする。この膜はレシチンなどのリン脂質及びコサーファクタント（ポリソルベート80）からなる[9,10)]。膜構成成分の組成を適切な比率に調製することによりコサーファクタントがレシチン分子間に挿入され，粒子径は実質的に減少する（図1）。一方，レシチンからなるリポソームは脂質二重膜による優れた安定性を有するが，粒子の状態でレシチン間に“すきま”が生じる（図2）。従って，ナノトープは，より微小サイズの粒子を作成する時膜安定性に大きく関係するレシチン分子間の“すきま”にコサーファクタントを埋める技術であると言える（図3）。シリンダー様の形状をとるレシチン分子及

---

*　Koji Sekiya　チバ・スペシャルティ・ケミカルズ㈱　ホーム・パーソナルケア
セグメント　テクニカルサービス

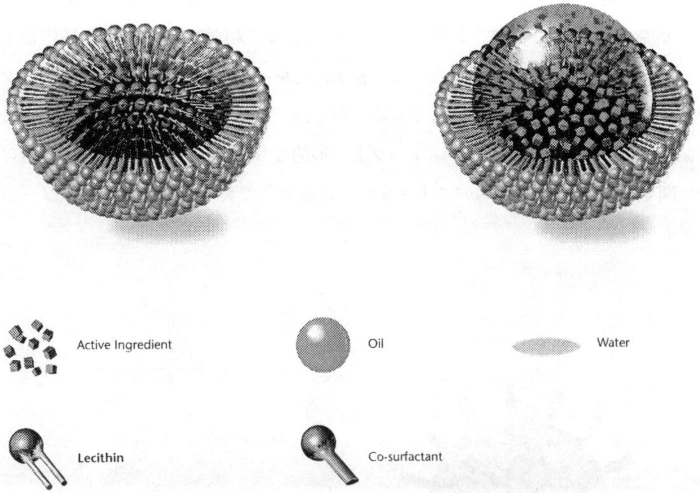

図1　Model of Nanotopes® Carrier System

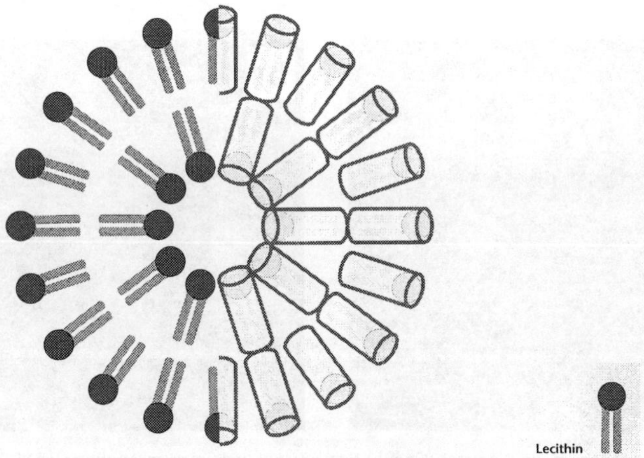

図2　Model of Conventional Lecithin

びコーン様の形状を持つコサーファクタント分子との組み合わせから，この膜構造はシリンダー／コーン構造と呼ばれており，このアプローチによって超微粒子に属する平均粒子径20-40nmのキャリア粒子の製造に成功した。この粒子は化粧品用途の薬剤，例えばビタミンEアセテートやビタミンAパルミテートを包埋することが可能である。

ビタミンEアセテートを含有するナノトープと一般的なリポソームの電子顕微鏡写真によって比較した（図4）。ナノトープは均一で小さな粒子径を有しており，一般的なリポソームは不均一な粒子群を呈している。

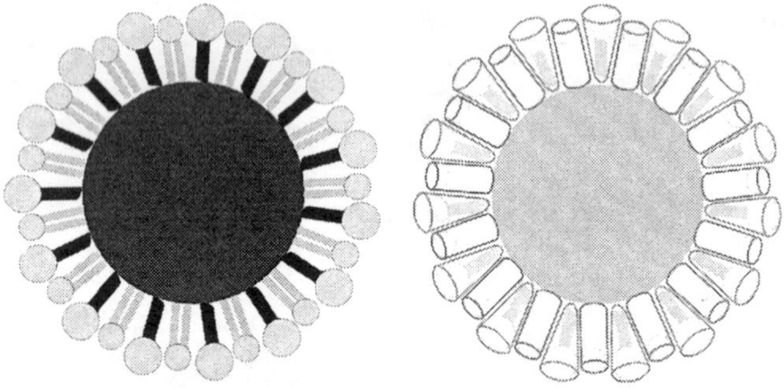

図3　Cylinder / Cone Architecture of Nanotopes

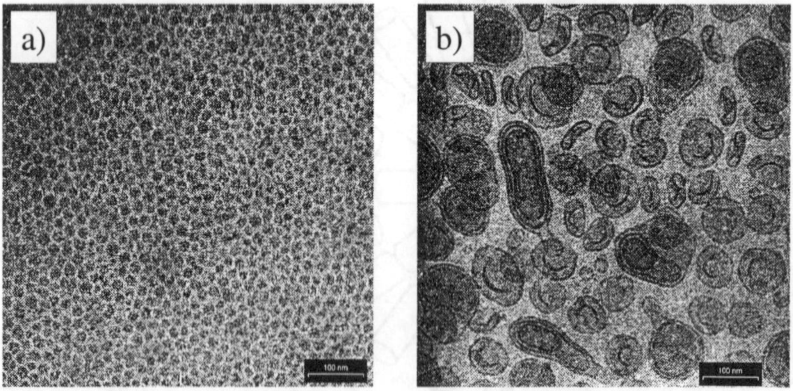

a) Nanotopes carriers, mean diameter 20nm b) conventional liposomes, mean diameter 80-100nm, bar : 100nm

図4　Cryo Electron Micrographs of Nanotopes Carriers compared with Conventional Liposomes

3.3　ナノトープキャリアの界面活性剤に対する安定性[11)]

3.3.1　ラウリル硫酸ナトリウム存在下でのナノトープの安定性

化粧品処方に配合されている界面活性剤は，リポソームなど脂質膜の安定性の障害になる。一方，ナノトープの膜はより密な膜を形成しているため，界面活性剤に対し影響を受け難いと考えられる。この仮定に基づき，化粧品処方に配合される様々な界面活性剤に対するナノトープの安定性を動的光散乱法（DLS）及び濁度計（TM）を用い試験した[12, 13)]。ナノトープ及びリポソームの粒子径を動的光散乱法で測定した結果，一様な粒子径分布が観察された（図5，6）。ナノトープは21nm，リポソームは86nmに最大値を示す粒度分布が得られた。ナノトープ分散液に

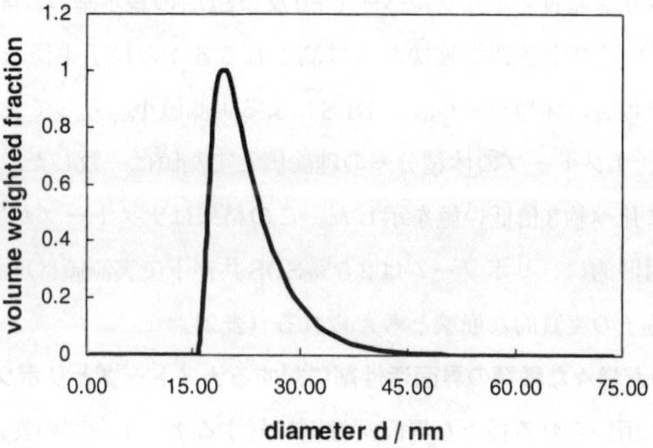

図5　Particle size distribution of Nanotopes without surfactants added, measured by dynamic light scattering at a scattering angle of 90˚, d (max.)＝21nm

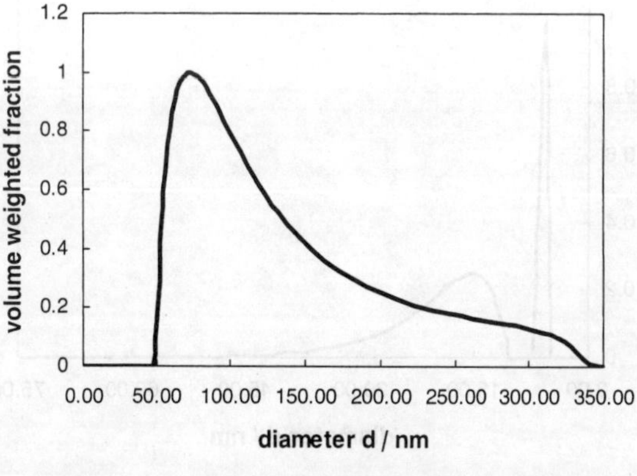

図6　Particle size distribution of liposomes without surfactants added, measured by dynamic light scattering at a scattering angle of 90˚, d (max.)＝86nm

ラウリル硫酸ナトリウム（SDS）を2.5％濃度になるよう添加すると，4.2nmの粒子径を示すピークが現れた（図7）。この粒子の半径は2.1nmとなりSDS分子長が2nmであることから，SDSで構成されるミセルであると考えられる。SDSの濃度を増加していくと，このピーク値は増加した（データ未掲載）。リポソーム分散液にSDSを2.5％濃度で添加すると，粒子径7.2nmを示す新たなピークが現れ，これはリポソームを構成するレシチン分子とSDSとの混合ミセルと考えられる（図8）。前述のとおり，界面活性剤の存在下，粒子やミセルが安定ならばその数及び粒子径は変わらない。反対に，界面活性剤による粒子の不安定化は体積分率Φの減少につながる。ここで，理論比であるΦ_{NT}（ナノトープ）／Φ_{SDS}（SDS-ミセル）とΦ_{lipo}（リポソーム）／Φ_{SDS}（SDS-ミセル）を算出し，動的光散乱法による実測比と比較した。粒子の体積分率は，脂質の濃度，親水基の表面積（リン脂質／ポリソルベート80及びSDSの親水基の表面積は各々$0.75nm^2$，$0.6nm^2$と仮定した[14)]）及び電子顕微鏡像から推測される各々の粒子半径によって与えられる。安定な粒子と仮定した場合の体積分率Φ_{stab}，DLSによる実測値Φ_{exp}として表にまとめた（表1）。2.5，5％SDS共存下，ナノトープの体積分率の理論値と実測値は一致した。10％SDS共存下では，実測値は理論値に比べ約3倍低い値を示した。この結果はナノトープが崩壊し始めていることを示唆している。対照的に，リポソームは2.5％SDS共存下で実測値は理論値の150倍低い値を示し，リポソーム粒子の実質的な崩壊と考えられる（表2）。

3.3.2 濁度計を用いた様々な種類の界面活性剤に対するナノトープとリポソームの安定性

本試験では化粧品に用いられる様々な界面活性剤に対するナノトープの安定性を検討した。先

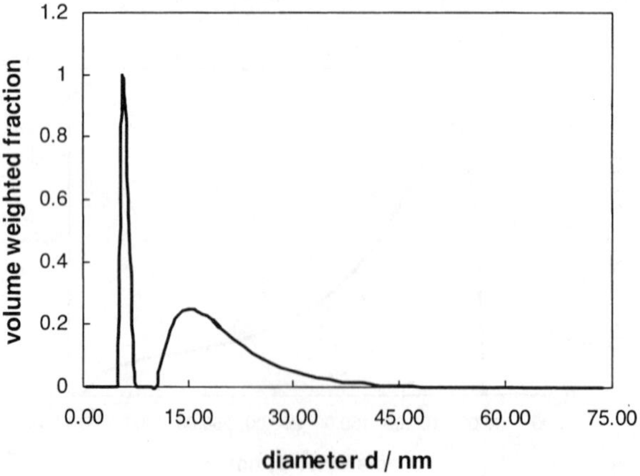

図7　Particle size disitribution of Nanotopes at 1％ lipid content in the presence of 2.5％ SDS, measured by dynamic light scattering at a scattering angle of 90˚, d (max. micelles)＝4.2nm, d (max. nanotopes)＝17nm

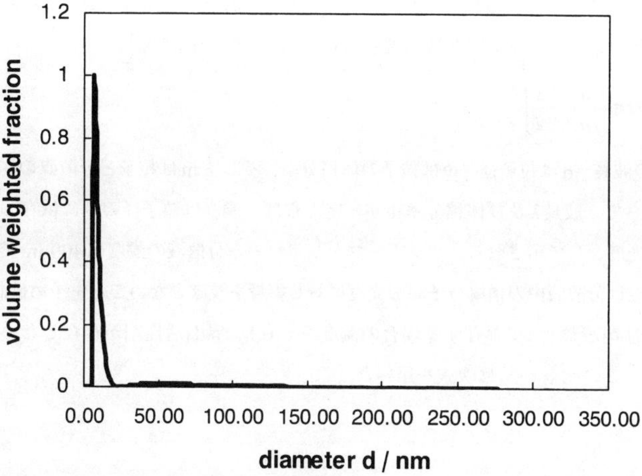

図8　Particle size disitribution of liposomes at 1％ lipid content in the presence of 2.5％ SDS, measured by dynamic light scattering at a scattering angle of 90˚, d (max. mixed micelles)＝7.2nm, d (max. liposomes)＝66nm

表1　Volume fractions Φ of Nanotopes, SDS-micelles and their ratios, obtained by calculation and from DLS-measurements

SDS (%)	Φ_{NT} (%)	Φ_{SDS} (%)	**Φstab** Φ_{NT} / Φ_{SDS} calculated	**Φexp** Φ_{NT} / Φ_{SDS} determined experimentally
0	3.0	0	-	-
2.5	2.6	2.0	1.3	1.3
5	2.6	4.0	0.7	0.8
10	2.6	8.0	0.3	0.1

表2　Volume fractions Φ of liposomes, SDS-micelles and their ratios, obtained by calculation and from DLS measurements

SDS (%)	Φ_{lipo} (%)	Φ_{SDS} (%)	Φ_{lipo} / Φ_{SDS} calculated	Φ_{lipo} / Φ_{SDS} experimentally
0	4.2	0	-	-
2.5	4.2	2.0	2.1	0.014
5	4.2	4.0	1.1	0
10	4.2	8.0	0.5	0

の結果から動的光散乱法による測定が適切であると考えられたが，試験の簡便さを考慮し本試験では濁度計を用いた。コロイド懸濁液の濁度τは，次式で示される[15)]。

$$\tau = \frac{4\cdot\pi}{\lambda^4} d^3 \cdot \Phi \cdot \left(\frac{m^2-1}{m^2+2}\right)^2$$

λは入射光の波長，dは粒子径，Φは粒子の体積分率，そしてmは粒子と分散媒の屈折率の比を意味する。従って，波長λ及び体積分率Φが一定ならば，濁度は粒子径のみに依存し，粒子の光散乱による吸光度として示される。ナノトープとリポソーム分散液の濁度は400nmで測定し，この波長での測定は分散液中の構成分子が吸光度に対し影響を及ぼさないことを予め確認した。

ある界面活性剤が濃度cで存在する場合の濁度をτ（c），界面活性剤が存在しない場合の濁度をτ（0）とし，この比率τ_{norm}は次式を用いた。

$$\tau_{norm} = \tau(c) / \tau(0)$$

ナノトープを用いた結果では，SDS約1％濃度の添加からτ_{norm}に影響し，濃度依存的に減少した（図9）。この結果はDLSによる試験結果と矛盾するようであるが，5％SDS添加で粒子径はDLS測定において21nmから17nmへの減少が認められた。粒子自体の消失は観察されなかったが，5％SDS存在下DLSによる測定で粒子径が減少していたように，無傷な粒子数はτ_{norm}として65％であった。そこで，このような粒子の縮小による損失を考慮し，界面活性剤の存在下τ_{norm}が50％に至る濁度を臨界濁度τ_{crit}と定義した。

$$\tau_{crit} = 0.5 \cdot \tau_{norm}$$

c_{crit}は粒子が縮小していく中でも，50％の粒子が安定である界面活性剤の濃度と定義した。な

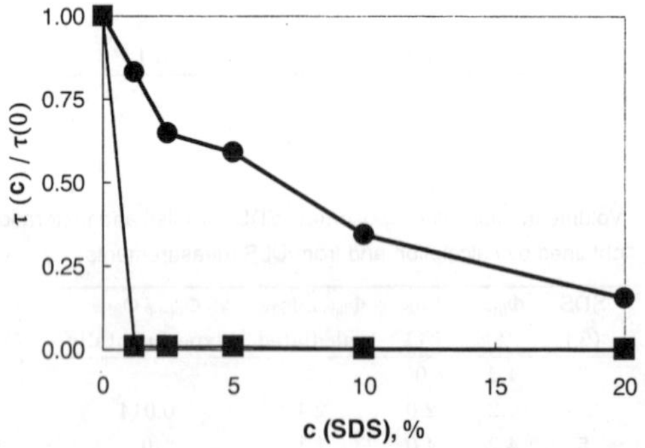

図9　Turbidity of Nanotopes and Liposome as Function of SDS Concentration

お，c_{crit}は外挿法により求めた。その結果，ナノトープのSDSによる影響を見ると，c_{crit}は外挿法により約7％となった（図9）。これらの濁度の変化は界面活性剤添加後室温で30分間インキュベーション後測定した。

以下，数種類の界面活性剤，laureth-11 carboxylic acid，cocamidopropyl betaine，trideceth-8あるいはPEG-20 hydrogenated caster oilを用い，各々20％まで添加し，c_{crit}を求めた（表3）。その結果，全ての例においてナノトープはリポソームに対して少なくとも5倍のc_{crit}を示した。

3.4 ヒト皮膚を用いた*In vitro*でのナノトープの効果[16)]

キャリアシステムの目的の一つとして，生きた皮膚細胞層等ターゲットとなる部位に薬剤を効率よく，安定に送達することが挙げられる。ビタミンEのエステル誘導体のような不活性化した薬剤は最終的に皮膚内に局在するエステラーゼにより加水分化され[17~19)]，活性体となって効果が発現すると考えられる。ここでは摘出した生きたヒト皮膚を用い，ナノトープに含有されるビタミンEのエステル体であるビタミンEアセテートが皮膚内で活性体であるビタミンEに変換されるか試験した。吸収セルはベル型の蓋でカバーし，蓋の付属コックを開閉することで開放系あるいは非開放系で試験した。

各々2％のビタミンEアセテートを含む油溶液（油剤はカプリル／カプリン酸トリグリセリド），可溶化液（可溶化剤はPPG-26-ブテス-26とPEG-40硬化ヒマシ油の混合物），リポソームあるいはナノトープ分散液を生きたヒト皮膚に同量適用し，各々の皮膚透過性を検討した。適用後8時間目に試験を終了し，角質層をテープ・ストリッピングにより採取した。皮膚表面をふき取り回収した残留検体，ストリッピングしたテープ及び残った皮膚を溶媒抽出し，HPLCで各

表3 Stability of Nanotopes and liposomes in the presence of surfactants assessed by turbidity measurements, expressed in terms of critical surfactant concentration c_{crit}

Surfactant	Critical surfactant concentration c_{crit} for Nanotopes	Critical surfactant concentration c_{crit} for liposomes
Sodium dodecyl sulphate (SDS)	7％	1％
PEG-20 hydrogenated tallow amine	＞20％	1％
Laureth-11 carboxylic acid	6％	1％
Cocoamidopropyl betaine	＞20％	4％
Trideceth-8	10％	2％

検体中のビタミンEアセテート及びビタミンEを定量した。全ての試験で検体の回収率はビタミンEアセテートとビタミンEの合計量として90％以上得られた。

開放系では，ナノトープが皮膚中の総ビタミン量（回収されたビタミンEアセテートとビタミンEの合計量）において最も高い浸透率を示し，次いでリポソーム，可溶化液の順であった（表4)。非開放系においても，各々のキャリアによる皮膚浸透率は開放系に比べ若干低下したが，開放系と同様の傾向が観察された（データ未掲載)。さらに，生きた細胞層でのビタミンEアセテートからビタミンEへの変換率は，ナノトープが最大値を示し，適用したビタミンEアセテートの約45％が生きた皮膚層に到達，さらに適用量の約20％がビタミンEに変換された（表5)。

3.5 ヒト皮膚を用いた*In vivo*でのナノトープの効果

*in vitro*での結果から，ナノトープの高い皮膚吸収性が認められたので，*in vivo*での効果を検討した。抗炎症効果が知られているD-パンテノールを含有するナノトープを用いた。インフォームドコンセントの下，ヒトボランティアに対しUV照射による紅斑を人工的に起こした後，その抗炎症効果を測定した。

● 試験の概略：

被験者：二重盲検法の下，無作為抽出による16人のボランティアを対象に行った。

検体：5％D-パンテノール含有ナノトープ，その10倍および100倍の希釈（0.5％，0.05％D-パンテノール含有)，emptyナノトープ（D-パンテノール0％）を用い，ポジティブコントロールとして0.5％D-パンテノール配合軟膏及び0.1％ハイドロコルチゾン配合軟膏を適用した。

表4　Distribution of vitamin E_{total} in Skin

Vitamin E total	surface	horny layer	viable skin
Vit E-acetate in Nanotopes	24±3	24±4	47±3
Vit E-acetate in water/solubilizer	43±5	21±8	27±9
Vit E-acetate in Liposomes	31±8	24±8	38±2
Vit E-acetate in Oil	80±8	13±31	0

Relative distribution (%) on the skin surface, in the horny layer, and in the viable skin of Vitamin E_{total} (E acetate＋free E) 8h after application as a 2% solutions in Nanotopes ; Solution with PPG-26-Buteth-26 (and) PEG-40 Hydrogenated Castor Oil ; conventional liposomes; Oil (Caprylic / Capric Ttriglyceride). All experiments performed in triplicate. All value shows mean±standard deviation.

適用方法：単位皮膚面積当たり8mg量を1日2回，2MEDのUV照射の後（40-60mj/cm^2，Philips TL 0.1-lamp），背部の特定域（6.25cm^2）に塗布した。

測定：紅斑は適用部位と未適用部位間での皮膚の赤さを比色計によってa*値で比較した。適用部位と未適用部位間での皮膚の赤さを目視によるエリスマ・インデックスによって示した。レーザー・ドップラー・フローメーターによる微小循環血流量を測定した。

ナノトープ（5％Pと0.5％P）は，UV照射後6, 24, 48時間目でコントロールと比較し，一貫して紅斑の減少に対して高い効果を示し，ナノトープ（0.05％P）は，5％D-パンテノール配合軟膏と同程度の効能を示した（図10）。他の測定結果においてもほぼ同様の傾向が認められた

表5　Conversion of vitamin E acetate into vitamin E on the skin surface, in the horny layer, and in the viable skin

	surface	horny layer	viable skin
Nanotopes (with vitamin E acetate)			
Vitamin E acetate (mg)	1460	1428	1613
Vitamin free E (mg)	62	60	1112
Control (Vitamin E acetate in Caprylic/Capric Triglyceride)			
Vitamin E acetate (mg)	4925	781	3
Vitamin free E (mg)	67	8	-

Amount of vitamin E acetate and vitamin free E measured by HPLC in extracts from the skin surface, the horny layer and the viable skin. Experiments performed in triplicate.

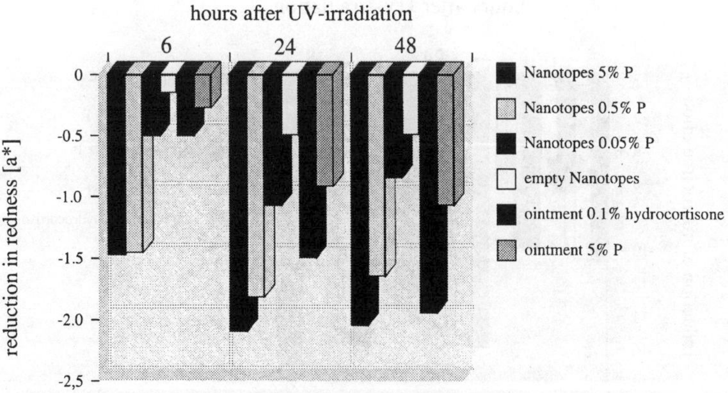

図10　UV Erythema Assessment via a * value

(図11，12)。これらの*in vivo*試験の結果からも，ナノトープのキャリアシステムとしての優れた有用性が示された。

3.6　おわりに

コスメシューティカルという言葉が次第に化粧品市場で認知されてきている中，医薬品だけではなく医薬部外品や化粧品においてもドラッグ・デリバリー・システムの概念は既に浸透している。その概念を具体化する化粧品用原料として，当社ナノサイズミセル化技術ナノトープを紹介

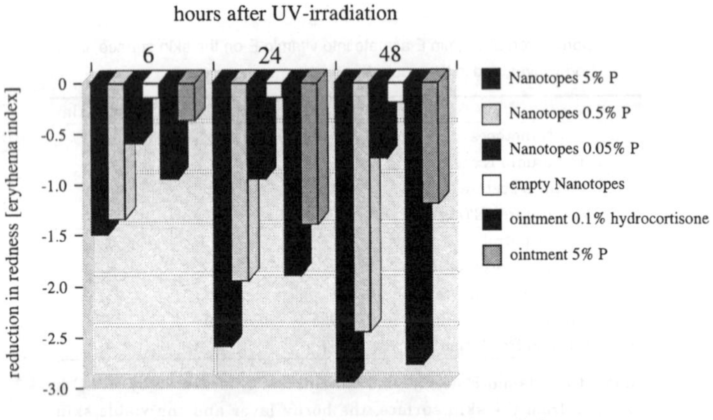

図11　UV Erythema Assessment via Erythema Index

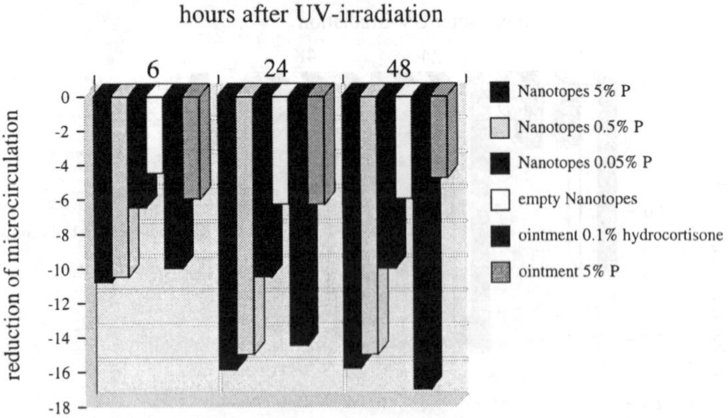

図12　UV Erythema Assessment via Microcirculation

させて頂いた。本製品は包埋された薬剤に優れた皮膚吸収性を付与する技術であるといえる。従って，この技術が薬剤送達の為の新しいツールとして認識され，より効果の優れた化粧品製造のお役に立てれば幸いである。

このようなキャリアシステムを含め，各社こぞって新規でユニークなアイデアを盛り込んだ製品が市場に紹介されてきている。化粧品業界がより一層エキサイティングな業界になることを切に願う。

®は登録商標，ＴＭは商標登録出願中です。

文　献

1） “新・ドラッグデリバリーシステム” 永井恒司監修　シーエムシー出版，東京
2） A. D. Bangham, *Proc. Biophys. Mol. Biol.*, **18**, 29 (1968)
3） Fang JY. *et al., Int. J. Pharm.*, May **21** ; 219 (1-2), 61 (2001)
4） 奥直人，“廣川化学と生物　実験ライン27：リポソームの作成と実験法”，p. 116，廣川書店（1994）
5） 寺田弘，“ライフサイエンスにおけるリポソーム　実験マニュアル”，p. 114，シュプリンガー・フェアラーク東京（1994）
6） Walde P. *et al., Biochim. Biophys. Acta.*, Nov. 27 ; **905** (1) : 30 (1987)
7） Alamelu S. *et al., J. Microencapsul.*, Oct. -Dec. ; **7** (4) : 541 (1990)
8） de la Maza A *et al., Arch Biochem Biophys.*, Sep. **10** ; 322 (1) : 167 (1995)
9） 特開11-335261
10） 特開11-335266
11） B. Herzog *et al., SOeFW Journal*, **124**, 614 (1998)
12） A. de la Maza *et al., Colloids Surf. A : Physico. Eng. Aspects*, **70**, 189 (1993)
13） I. Ribosa *et al., Int. J. Cosmet. Sci.*, **14**, 131 (1992)
14） J. Mitchell *et al., J. Chem. Soc.*, **77**, 601 (1981)
15） P. C. Hiemenz : “Principles of Colloid and Surface Chemistry”, 2nd ed., Marcel Dekker, New York (1986)
16） W Baschong *et al., J. Cosmet. Scie*, **52**, 155 (2001)
17） K. Tojo *et al., J. Soc. Cosm. Chem.*, **38**, 333 (1987)
18） J. R. Trevithick *et al., Biochem Mol. Biol. Intl.*, **31**, 869 (1993)
19） M. Rangarajan *et al., J. Cosmet. Sci.*, **50**, 249 (1999)

4　機能性ナノコーティング技術

福井　寛*

4.1　はじめに

固体を細分化していくと，ある大きさの径からその粒子の体積に対して表面積が増大し，表面の性質が特異的に影響を与えることが知られている。いわゆる［粉体］というのはこの粒子径以下の固体と定義でき，表面の性質が非常に重要となる。

最近は様々な産業で粉体の機能化が要求されている。たとえば組成の均一性や純度，形状や粒度の制御などがあげられるが，特に表面の制御，機能化については従来以上に高度な技術が要求されている。

化粧品の分野では従来から粉体は主に顔料として使用されているが，最近は紫外線防御のために超微粒子二酸化チタンなどを配合する場合も多くなっている。超微粒子を用いるとその触媒活性が非常に強くなるため，共存する香料の分解や油脂の酸化などが起こりやすく，製品の劣化に結び付く場合がある。従って，化粧品の分野での粉体の表面修飾は，まず，①粉体の触媒活性を封鎖し，その後に，②望みの機能性を付与するという二つのことを満足していなければならない。

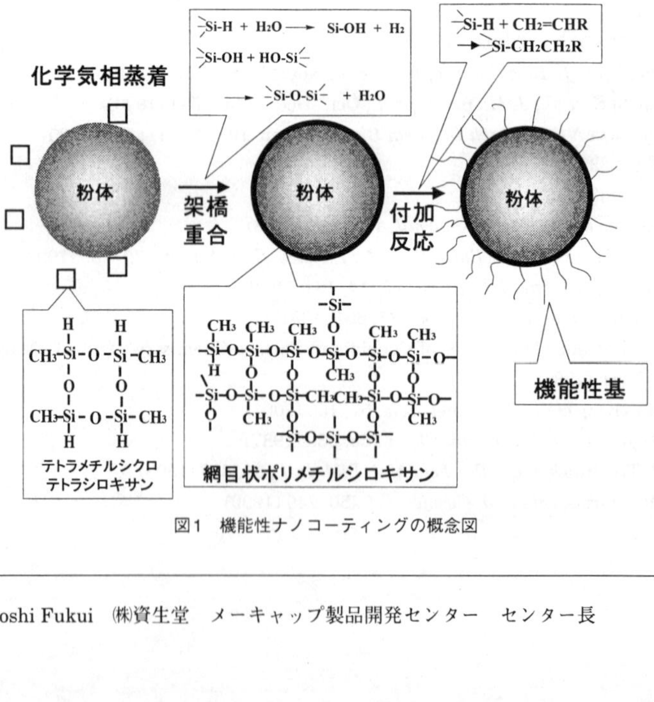

図1　機能性ナノコーティングの概念図

＊　Hiroshi Fukui　㈱資生堂　メーキャップ製品開発センター　センター長

化学蒸着法（CVD法）を用いた環状シロキサンによるナノコーティングは表面の触媒活性を封鎖することができ，さらに残存するSi-H基に不飽和化合物を付加させて，従来にない利用範囲の広い機能性粉体が調製できる。これを機能性ナノコーティング技術と呼んでおり，その概念図を図1に示す。また，この技術の特長や応用例を以下に紹介する。

4.2　環状シロキサンによるナノコーティング[1)]

この方法に用いる2,4,6,8-テトラメチルシクロテトラシロキサン（H-4）はSi-Hを有する環状シロキサンであり，沸点が136℃と比較的低く潜熱も小さいため気化し易くCVD法に適している。このH-4は粉体表面に吸着されると，粉体表面の触媒活性点によって重合していくが，その重合には図2のように二つのタイプがある。ひとつはシリコーンのシロキサン結合が固体酸で開環し重合していくパターンで，大環状ポリメチルシロキサン（PMS）が生成する。もうひとつは粉体表面でSi-H同士が脱水素しながら架橋するパターンであり，その結果網目状PMSが生成する。網目状PMSで覆われるとPMS膜上に吸着したH-4は網目を越えてH-4が粉体表面に到達することができないため1nm以下の単分子層に近い超薄膜PMSでコーティングできる。このPMSナノコーティング膜の構造については熱分解ガスクロマトグラフィー，炭素および珪素の核磁気共鳴，赤外吸収スペクトルなどで同定されており，網目が発達していることが分かっている。

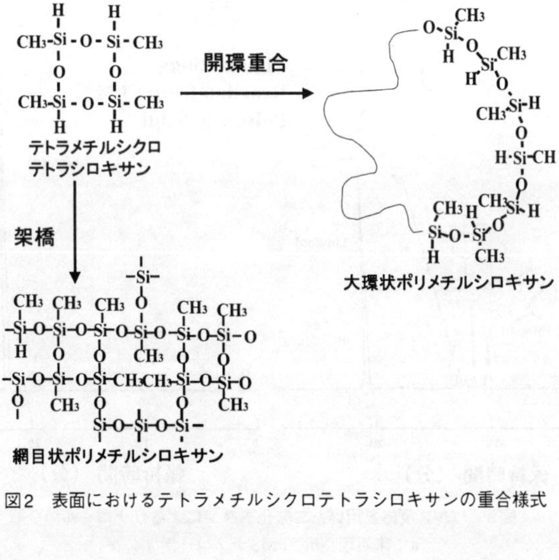

図2　表面におけるテトラメチルシクロテトラシロキサンの重合様式

4.3 PMSナノコーティング粉体の性質

① 疎水性

PMS−粉体は著しい疎水性を示す。武井らによって開発された疎水性測定装置[2]で疎水性を評価するとアセトンを40％以上添加しないと水には分散せず，水の接触角も120度以上であった。

② 触媒活性封鎖

PMS−金属酸化物による t−ブチルアルコール（TBA）の脱水反応活性を測定した結果，いずれの金属酸化物においてもPMSで覆われたものの方の脱水反応活性が著しく減少した。見掛けの反応速度定数k'の減少率は表面が均一に活性点で覆われていると仮定したときのPMSの被覆率に比例すると思われるが，減少率はいずれも90％以上であり，表面積の90％以上はPMSに被覆されて活性がなくなっていた。

香料成分のひとつであるリナロールの分解をパルス反応装置で測定した結果を図3に示す。未処理の二酸化チタンはミルセン，cis−およびtrans−オシメンなどを生成するが[3]，PMS−二酸化チタンはその分解を起こさずリナロールが回収された。このことから，PMS−ナノコーティングによって香料存在下での匂い安定性が向上することが分かった。

③ 酸化および結晶転移抑制

ナノコーティングによって粉体の酸化や結晶転移を抑制することも明らかとなった[4]。すなわち，ナノコーティングを施したマグネタイトは，未処理では赤化する200℃付近の条件でも黒色が保たれるばかりではなく，500℃付近での結晶転移も抑制された。未処理およびPMS−マグネ

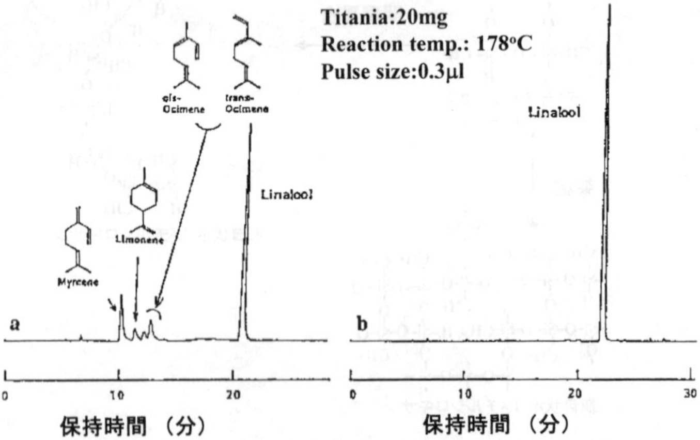

図3　パルス反応を用いた二酸化チタンによるリナロールの分解
a：未処理　b：PMSナノコーティング

タイトの熱重量分析の結果，未処理では239℃に重量増加を伴う発熱反応が認められ，マグネタイトが酸化されてマグヘマイトに変化し，さらに551℃にマグヘマイトからヘマタイトへの変化を示す重量変化を伴わない発熱が観察された。一方，PMS-マグネタイトでは2つの発熱ピークが観測されるが，その低温側のピークトップの温度は328℃で，未処理の時より約90℃高温にシフトする。このことはPMS膜によって酸化が起こり難くなったことを示している。また，高温側も593および646℃にブロードなピークが認められ，未処理より高温にシフトした。従って，PMS膜はマグヘマイトからヘマタイトへの結晶転移も抑制していることが明確となった。PMSの被覆量とこの結晶転移温度との関係を図4に示す。PMSの被覆量が多くなるに従ってどちらの転移温度も高くなるが，単分子吸着と思われる量以上被覆しても余り変化がなかった。この現象はアナターゼ型の二酸化チタンにもあてはまり，PMS膜はルチル型への結晶転移を抑制することも確認された[5)]。

また，PMS膜は高温による焼結を防止する。PMS–二酸化チタンの焼成温度と比表面積を測定したところ，未処理の二酸化チタンは高温になるに従って比表面積が減少し焼結が起こったのに対してPMS–二酸化チタンは1,000℃でも比表面積がほとんど減少しなかった[5)]。

このように本来表面が影響を与えないと思われていた結晶転移や焼結にも1 nm程度のナノコーティングが大きく関与していることが分かった。

④　焼成による複合酸化物生成

PMS–金属酸化物を焼成すると，約500℃でメチル基が脱離し，シリカ様の化合物に変化する。PMS–二酸化チタンは500℃以上で焼成すると強いルイス酸点が出現し，表面でチタニア／シリカの形成が認められた[5)]。こうしてできた複合体は白色蛍光灯による黄色ブドウ状球菌

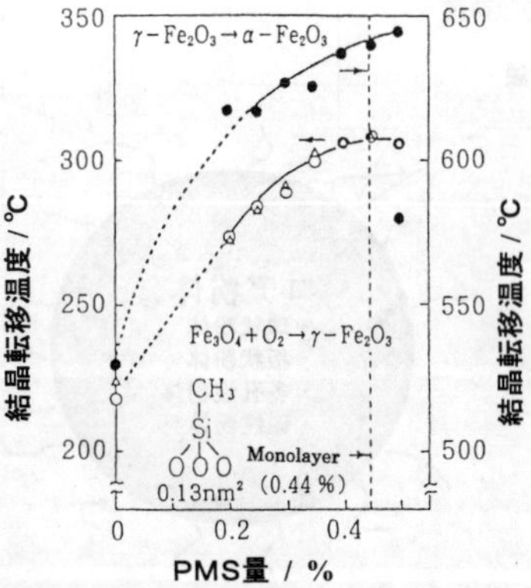

図4　PMSマグネタイトのPMS量と結晶転移温度

(Staphylococus aureus) やアクネ菌 (Propionibacterium acnes) の殺菌効果が二酸化チタンより高くなり，このチタニア／シリカ複合体の光電流によって殺菌されることが推察された[6]。二酸化チタン電極とPMS−二酸化チタン電極を500℃で焼成したチタニア／シリカ複合体電極の光電流を測定したところ，複合体電極では約3倍の光電流が観測されたが，その応答波長は変化せずバンドギャップには変化がないことが分かった。

また，Si−H基は還元作用も有しており，PMS膜の上にパラジウムなどを容易に析出させることができ，ここを触媒点として無電解メッキによる金属被覆も試みられている。

4.4　機能性ナノコーティングの調製と応用

前述したようにH−4のCVDによってPMSのナノコーティングができるが，この超薄膜には未架橋のSi−Hが存在する。Si−Hを有するシランの不飽和化合物への付加反応はヒドロシリル化反応と呼ばれ1947年Sommerにより報告されて以来，広い応用が拓かれているが[7]，この反応を利用すると粉体表面のPMS薄膜に様々な機能性基を導入することができる。図5に示すようにコア粉体と不飽和化合物の種類を変えることによって，非常に多くの機能性材料を得ることができる[8]。以下に応用分野について述べる。

①　化粧品への応用

メイクアップ化粧品における粉体の問題点は，①粉体の触媒活性，②粉体によって分散性が異なる等であったが，機能性ナノコーティングによってこの2点は解決された。

例えば乳化ファンデーション系にアルキル基付加粉体を配合すると油相に良好に分散し，しか

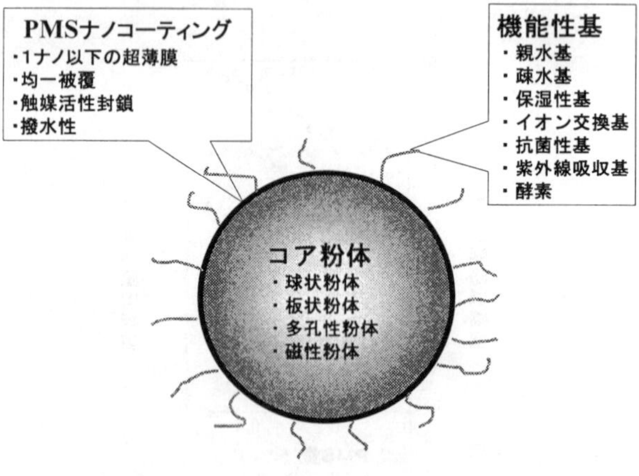

図5　機能性ナノコーティングにおけるコア粉体と機能性基

も表面がワックスと同じ構造であるためオイル／ワックス系の立体構造を破壊することなく均一に配合することができる。この特性を利用して，固形の乳化ファンデーションではあるがスポンジで取ると乳液に早変わりするというエマルジョンパクトが開発されている。このファンデーションは持ち運びが便利で使用感が良いばかりではなく，皮膚に塗布した後は水を弾く作用が強いため，汗や水に強く化粧崩れしにくいという特長を持っている。また，アルキル付加粉体を用いると油を配合しなくてもファンデーションが作れることから「オイルフリーファンデーション」が開発され，皮脂の多い若い世代の支持を得ている。

さらにアルキル基付加粉体を口紅の系に配合すると分散が良好となり彩度の高い鮮やかな色調を有する艶のある口紅が得られる[9)]。

アルコール性水酸基付加粉体は，親水基を有するペンダント基が外側にあり，内側には疎水性のメチル基を有しているため，水あり・水なし両用で使えるファンデーションに用いられている。水を含むスポンジで取りやすく，肌に塗布した後は化粧持ちが良いという特長を持っている。また，特にグリセリン残基を付加した粉体はこのような分散性以外に皮膚改善効果も認められた[10)]。すなわちテープストリッピングで障害を受けた角質層バリア機能がグリセリン付加粉体を塗布することによって早く回復し，回復期に発生する角質剥離量がコントロールに比べて少ないことが認められた。

このように化粧品では分散性以外に様々な機能が必要とされているが，機能性ナノコーティング技術を利用すれば薬剤，殺菌剤，紫外線吸収剤，色素，酵素，ホルモンなどを固定化でき，経皮吸収のない安全性に優れた機能性材料が提供できる[11)]。

②　塗膜への応用

磁性を有する針状粉体はhead-to-tail型またはparallel型の磁力相互作用があるが，この2種の相互作用は距離によってその強さのパターンが異なる。従ってPMS膜で粉体同士の距離をコントロールすることによって，塗膜中に磁性粉体を規則正しく並べることができる[12)]。また，PMS-粉体が配合されることによって，2種類の樹脂のそれぞれのガラス転移温度が1つになることも観察されており，PMS-粉体が界面活性剤の役割を持ち得ることが分かった[12)]。

顔料表面にエポキシ基を導入し，塗料中の樹脂と反応させて作成した塗膜は，熱によって体積変化が少なく，高い強度を有していた[13)]。

ユニークな応用例として木材の例を示す。木材に粉体を塗布し，その木材全体にH-4を気相接触させた後，塗装を行うと色ムラの少ない木材が得られる[14)]。ここで用いる粉体は，①サブミクロン以下の透明性を有し，②屈折率が1.5付近で，③ゼータ電位が正のものが望ましい。これに合致するのは微粒子硫酸バリウムである。塗装した各木材片の明度差（ΔL）のプロフィルを観察したところ，素地に直接着色した場合では素地の明度差を反映し，心材部では全般的にΔL

が（－）側に，辺材部では（＋）側になり変動幅が大きかった。一方，ナノコーティング24時間処理後に着色した場合ではΔLの変動値がいずれの領域においても平均化し，変動幅が小さく色ムラが少なくなった。

③　高速液体クロマト用カラム充填剤への応用

図6に従来の化学結合型C_{18}充填剤とナノコーティングしたポリマーコート型C_{18}充填剤の概念図を示す。ポリマーコート型充填剤は従来の化学結合型と異なりPMSで球状の全多孔性シリカゲルを均一コーティングした後に，1-オクタデセンを付加して得られる。図7にPMS-多孔性シリカゲルおよびそれにオクタデセンを付加した場合の細孔分布の変化を示す。PMS被覆により細孔半径は平均0.7nm減少しており，ほぼ単分子層のコーティングであることが分かる。さらにオクタデシル基の導入により細孔半径は平均0.6 nm減少し，細孔内部にアルキル基が均一に導入されたことが示されている。このように機能性ナノコーティングを用いれば多孔性粉体の細孔を封鎖することなく内面の均一なコーティングおよびペンダント基の均一導入が可能であ

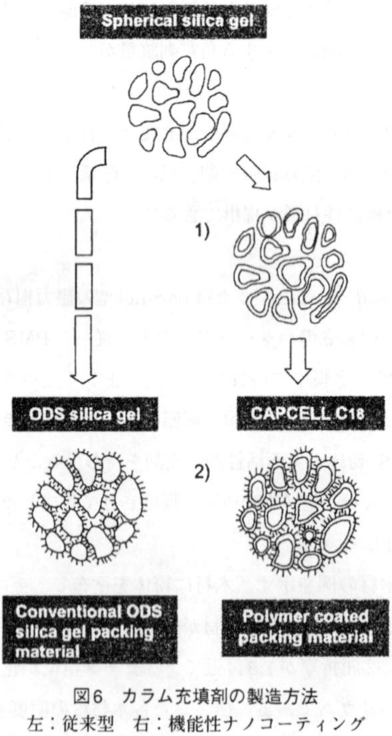

図6　カラム充填剤の製造方法
左：従来型　右：機能性ナノコーティング
1) PMSナノコーティング，2) 付加反応

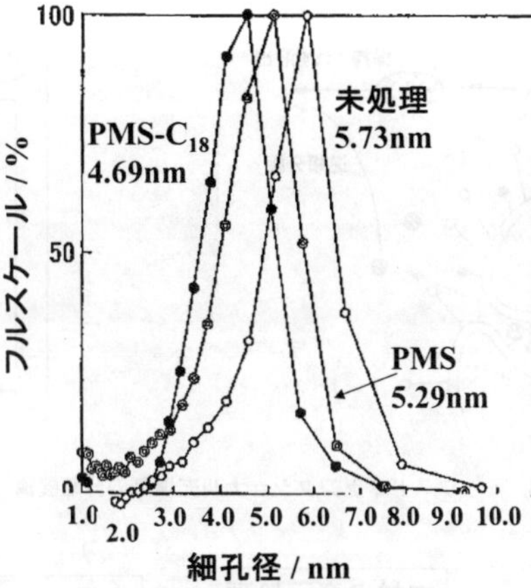

図7　PMS−C_{18}多孔性シリカゲルの細孔分布

る。

ポリマーコートC_{18}充填剤のアルカリ条件での安定性を，メタノールを含むpH＝9の移動相溶媒を用いた連続運転で検討した結果，550時間以上の使用が可能であり，従来の化学結合型ODS−シリカゲルの5～10倍の耐久性を示した[15]。

また，この他にペンダント基を選択することによって，C_8，フェニル，CN−およびNH_2充填剤[16]も開発されている。化学結合型NH_2充填剤は加水分解しやすいため，水／アセトニトリルなどの通常使用する中性の移動相溶媒によっても急速に劣化し，溶出ピークの保持時間は短期間のうちに低下するが，ポリマーコート型NH_2充填剤は極めて安定である[16]。

このようにポリマーコート型充填剤は化学結合型充填剤よりもシャープなピーク形状で，化学的安定性に優れる充填剤である。この特長はミックスドファンクショナル充填剤にも応用されている。すなわち，図8のようにポリマーコート型シリカゲルに先に疎水性基を導入した後に親水性基を導入することによって，前処理操作（除蛋白，抽出等）なしで生体試料（血清や血しょう）を直接注入しても生体試料中の薬物を分離定量することができる充填剤が開発されている[17]。

分析用充填剤以外に粒子径の大きいシリカゲル（10～40μm）に同様な処理を行った分取用充填剤も得られている。この分取用C_{18}充填剤を内径15cm，長さ100cmの工業規模分取用カラムに充填し，醗酵生産で得られたγ−リノレン酸含有油脂の精製に応用している。この充填カラムは5000回以上の試料注入を繰り返しても，劣化の兆候が認められず，生成コストの大幅低減が可能となった[18]。

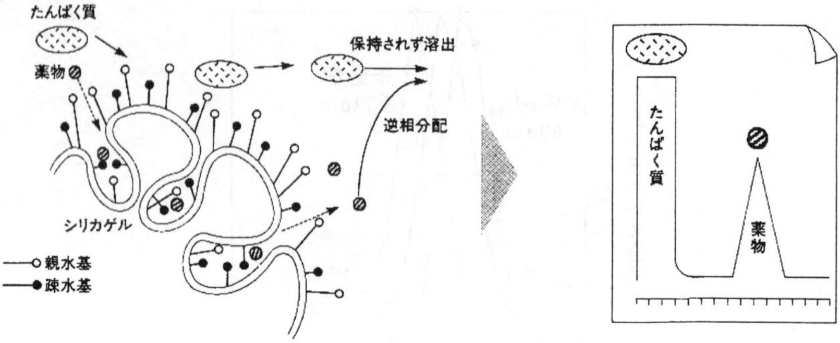

図8　ミックスドファンクショナル充填剤の分離機構

図9　機能性ナノコーティングの応用例

4.5　おわりに

粉体表面にCVDでPMSナノコーティングをすることによって表面を不活性化し，その後にヒドロシリル化反応によって機能性を付与する機能性ナノコーティングの概略と応用について述べた。このように化粧品分野にもあるがままの表面からデザインされた表面へと目的に合致した特性を設計する必要が生じてきている。こうしてできた機能性ナノコーティングは化粧品のみならず図9に示すような様々な分野への検討がなされており，一部実用化されている。

また，従来では表面の関与が少ないと思われていた金属酸化物の焼結や結晶転移なども表面の影響を受けることが認められており，表面修飾が粉体全体の性質を支配する場合も考えられる。

このように粉体の機能性ナノコーティングは様々な分野で，今後もますます重要な位置を占めると思われる。

文　　献

1) H. Fukui, T. Ogawa, M. Nakano, M. Yamaguchi and Y. Kanda, "Controlled Interphases in Composite Materials" H. Ishida, ed., Elsevier Science Publishing Co. Inc., p.469, New York, 1990
2) 武井　昇，坪田　実，長沼　桂，1990年度色材研究 発表会要旨，p.94（1990）
3) H. Fukui, R. Namba, M. Tanaka, M. Nakano and S. Fukushima, *J. Soc. Cosmet. Chemists.*, **38**, 385 (1987)
4) 福井　寛，須原常夫，小川　隆，山口道広，色材，**65**, 170（1992）
5) H. Fukui, T. Kanemaru, T. Suhara and M. Yamaguchi, " '92 International Conference on Colour Materials", preprint, p.122, Osaka, 1992
6) 五明秀之，福井　寛，小山純一，小松日出夫，日本化学会第56春季大会要旨，p.1074（1988）
7) F. C. Whitemore, F. W. Pietrusza, L. H. Sommer, *J. Am. Chem. Soc.* **69**, 2108 (1947)
8) 特開昭63-168346
9) A. Nasu, T. IKeda, H. Fukui and M. Yamaguchi, " International Federation Societies of Cosmetic Chemists 1992 " preprint, p.691, Yokohama, 1992
10) 須原常夫，福井　寛，山口道広，川尻康晴，高橋元次，熊谷重則，*J. Soc. Cosmet. Chem. Japan*, **28**, 359 (1995)
11) 日本特許登録第1635593号
12) M. Tsubota and H. Fukui, "Controlled Interphases in Composite Materials" H. Ishida, ed., Elsevier Science Publishing Co. Inc., p.767, New York, 1990.
13) 坪田　実，福井　寛，1993年度色材研究発表会要旨1A-15（1993）
14) 遠藤昌之，坪田　実，福井　寛，色材，**65**，257（1992）
15) Y. Ohtsu, H. Fukui, T. Kanda, K. Nakamura, O. Nakata and Y. Fujiyama, *Chromatographia*, **24**, 380 (1987)
16) H. Kutsuna, Y. Ohtsu and M. Yamaguchi, *J. Chromatogr.* **635**, 187 (1993)
17) 神田武利，沓名　裕，大津　裕，山口道広，第10回液体クロマトグラフィー春季討論会要旨，p.65（1993）
18) Y. Ohtsu, O. Shirota, T. Ogawa, I. Tanaka, T. Ohta, N. Nakata and Y. Fujiyama, *Chromatographia*, **24**, 351 (1989)

第4章　食　品

1　酵母細胞壁の構造的機能開発と応用

石脇尚武[*1]，江口敬宏[*2]

1.1　はじめに

酵母は私たちにとって最も身近な有用微生物であり，その強いアルコール発酵能により酒類醸造と深く関わってきたのは周知の通りである。しかしながら酵母の利用という観点で見ると，アルコール発酵という本来的な利用様式に加えて，醸造工程で副生する酵母の付加価値を高めることは経済的にも環境的にも有意義である。副生酵母の代表格であるビール酵母は，従前よりその豊富な栄養成分，整腸効果から健康食品素材として広く認知されている。また菌体内の成分を加工して旨味成分を強調した酵母エキスも，天然系調味料素材として定番化している商材である。

これらの利用方法の切り口は，機能として古典栄養学的アプローチが，利用部位としては細胞質が中心であった。筆者らは，これまでは比較的見過ごされがちであった酵母の細胞壁の構造的，物性的特長に着目し，酵母の新しい概念の活用方法を提案すべく研究開発を展開した結果，マイクロカプセル及びコーティング剤としての応用技術の開発に成功したので紹介する。

1.2　ビール酵母について

酵母というカテゴリーは，意外に思われるかも知れないが分類学的には明確に規定されておらず，通念的に括られているに過ぎない。強いて定義すれば，その多くは子嚢菌に，一部は担子菌に分類され，表層を物理的，化学的に安定な細胞壁で覆われている単細胞真核微生物である。形態は一般的には球状～楕円球状で，大きさは5～10μm程度と微生物の中にあっては比較的大型である。

本稿で紹介する研究対象はビール酵母であるが，分類学上はパン酵母（*Saccharomyces cerevisiae*）の近縁種であり，遺伝学的に相同性が高い。その形態は写真1の通りであり，上記定義がそのまま該当する。栄養細胞の増殖は出芽に拠るため，幾つかの出芽痕を確認することができる。表層の酵母細胞壁は概念的に表現すると，主にグルカンからなる内層と主にマンナンからなる外層から構成されており，その構成比は約2：1である。

＊1　Naomu Ishiwaki　キリンビール㈱　研究開発部　応用開発センター　主任研究員

＊2　Takahiro Eguchi　キリンビール㈱　研究開発部　応用開発センター　研究員

1.3 酵母マイクロカプセル

1.3.1 酵母マイクロカプセルとは

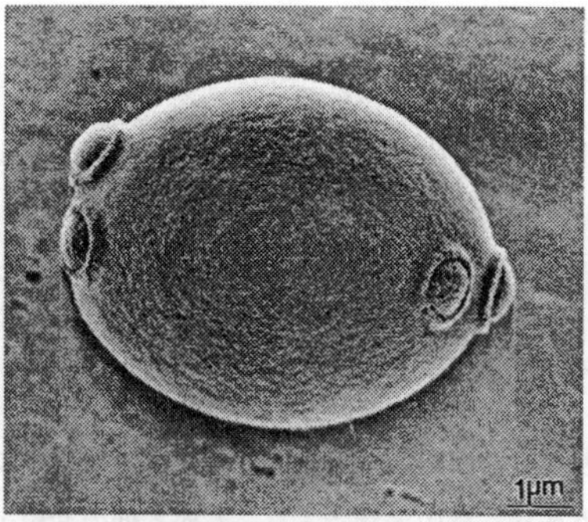
写真1　ビール酵母のSEM写真

マイクロカプセルとは，目的物質である「芯物質」を被覆材料である「壁材」により封じ込めた，大きさが文字通り1～数百μmの粒子の総称である。製造方法は，界面重合法，*in situ*法などの化学的製法，噴霧乾燥法，気中懸濁被覆法などの物理的製法などに分類される。また，芯物質をマイクロカプセル化することで，劣化防止，タイムリーな放出，ハンドリング性の向上，分散性付与などの効果が期待できる。酵母マイクロカプセルとは，酵母細胞壁を一種の微小な容器と見立てて壁材として利用し，その内部に芯物質を封入してマイクロカプセルの如く利用する方法論である。

酵母マイクロカプセルの原形ともいえる概念をはじめて世に問うたのは米国のスウィフト社で，1977年に基本特許を出願している[1)]。その後，英国ダンロップ社[2)]，日本ではキリンビール／三菱製紙のグループ[3)]などが改良技術を提唱している。

1.3.2 芯物質の取り込みプロセス

酵母マイクロカプセルを作成するプロセスは以下の工程からなる。①まず酵母の菌体内成分を可溶化除去することにより酵母細胞壁内部をいったん空洞化する。②次いで得られたクルードな酵母細胞壁と芯物質を所定条件下で高頻度に接触させることにより，芯物質の細胞壁内への取り込みを促す。③最後に遠心分離機等の固液分離装置を用い，未封入の芯物質を取り除き必要に応じて加水洗浄し，酵母マイクロカプセルを回収する。

対象となり得る芯物質は原則として脂溶性であるが，脂溶性物質の中でも酵母細胞壁内に取り込まれる難易度は様々である。脂肪酸類を例にとれば，遊離型，アルキルエステル態，グリセリンエステル態の順で取り込みが容易である。他の物質としては，有機リン系農薬，ラクトン系染料，フルオラン系染料などは極めてよく取り込まれる。相性のよい芯物質であれば，酵母マイクロカプセル全体に占める含有率として80％前後の封入レベルに達する場合もある。

ところで，芯物質が細胞壁内部へ取り込まれていくドライビング·フォースは一体何であろうか。芯物質の挙動は拡散，浸透によるものではなく，濃度勾配に逆らって起きていることが観察されている。物質収支のうえからも，分散媒に添加した芯物質のほとんどが細胞壁内に蓄積され得る。また長鎖脂肪酸の官能基をメチル化することにより，分子サイズはほとんど変化しないにもかかわらず明らかに取り込まれにくくなることから，酵母細胞壁の間隙をぬって小さな分子や粒子が往来するような単純な挙動ではないようである。おそらく酵母細胞壁の外層から内層にかけての非対称構造と，芯物質分子の物理化学特性（たとえば分子内チャージ分布など）との相性のようなものが存在するのではないかと考えている。

1.3.3　酵母マイクロカプセルの特性

既存のマイクロカプセル技術と比較しつつ酵母マイクロカプセルの特性を挙げてみたい。

①　サイズ

まず，微小でバラツキが少ないことである。酵母マイクロカプセルの形状は当然のことながら使用した原料酵母（ここではビール酵母）に支配されるため，その径は5～10μmと極めて微小な球状～楕円球状であり，しかも他の微粒子化技術と比較してバラツキが少なく，図1のようにシャープな粒度分布を持っている。

②　水分散性

水に非常によく馴染み，優れた分散性を示すことも特徴のひとつとして挙げられる。人工微粒子の製作においては，水に浮かず沈まずといった性質を持たせるための比重調整が困難であるが，酵母マイクロカプセルはほとんど水と同等の比重であり，長時間に渡って懸濁状態を安定的に保つことが可能である。

③　環境耐性

また，酵母細胞壁は強靭かつ柔軟な物性を有している。酵母細胞壁の物理的強度を支える主体成分はβ-1，3グルカンであるが，特定の酵素作用を除き分解されにくい結合様式である。オートクレーブによる加圧加熱処理や凍結解凍処理などを経ても，芯物質のリークは認められず，顕微鏡観察においても細胞壁内部に芯物質を保持している様子に変化は見られない。

④　消化吸収性

上述の通り強固な酵母マイクロカプセルであるが，食品や飼料への利用を想定した場合芯物質

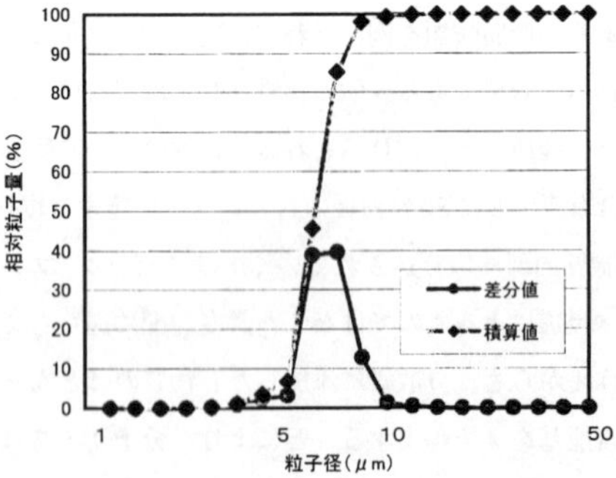

図1　酵母マイクロカプセルの粒度分布

の消化吸収性が懸念される。酵母細胞壁内に封入したオレイン酸の生体内での消化吸収性を確認するため，図2に示すようなラットを用いた簡単な系にて出納実験を行った。封入されたオレイン酸と未封入の場合の見かけ上の消化吸収率を比較すると，それぞれ86.5％，84.7％とほぼ同等であった。

⑤　酸化抑制

芯物質の保護機能のひとつとして酸化抑制効果を評価した。図3は魚介油を酵母マイクロカプセル化したものとそのままの状態のものを高温条件下で暴露し，過酸化物価の変化を追跡したものである。油脂が酵母細胞壁に内包されることにより酸化が有意に抑制されているのが確認できる。

1.3.4　水産飼料分野への応用

このような酵母マイクロカプセルの諸特性に鑑み，まず動物性プランクトンの一種であるシオ

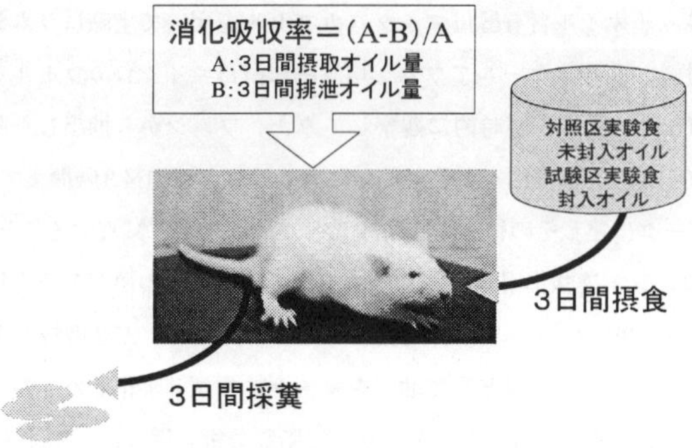

図2　マイクロカプセル化オイルの出納試験系

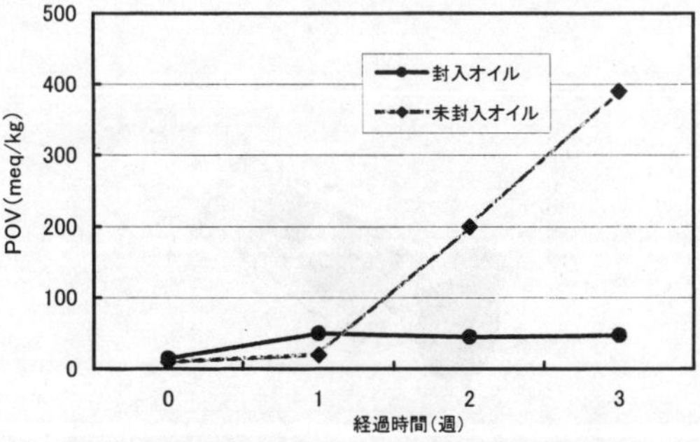

図3　酵母細胞壁への封入が油脂のPOVに及ぼす影響

ミズツボワムシ（以下ワムシ，写真2）の補助飼料として応用することを試みた。ワムシは養殖，放流目的に人工孵化した幼生時期の魚類に与えられる生物餌料である。ワムシは爆発的な増殖力，仔魚の口径に合った大きさなど餌料生物として優れた特徴を有しているが，その栄養特性は必ずしも充分ではない。特に海産魚介類の代表的な必須脂肪酸であるEPA，DHA等のn-3HUFAを欠いているため，ワムシを孵化仔魚に与える前にn-3HUFAで富化してやらねばならない。この富化操作は栄養強化と称されており，これまでもっぱらn-3HUFA含有オイルを乳化して与えるという手法が採られてきたのだがその実効性は疑問視されていた。そのような状況下，酵母マイクロカプセルの諸特性はそのツールとして適合しているのではないかと考えられた。即ち，その粒子サイズや水中安定性はワムシが捕食するのに極めて好適であり，加えて優れた環境耐性や抗酸化性は流通，保管の際に大きな強みとなる。そこで筆者らは酵母細胞壁内にEPA＋DHAリッチオイルを内包させ，ワムシの栄養強化用飼料としての評価を実施したところ良好な結果を得ることができ，実用化するに至った[4)]。

EPA＋DHAリッチオイル含有酵母マイクロカプセルを用いて実際にワムシの栄養強化を実施した事例を紹介する。現場スケールでワムシ培養槽に酵母マイクロカプセルを添加し，ワムシの体内へのEPA，DHAの蓄積を経時的に観察してみた。ワムシから抽出した脂質画分の総脂肪酸に占めるEPA，DHAの比率は図4に示すように推移した。添加後3時間まで素早く立ち上がり，6時間目でほぼピークに達しその後も両脂肪酸レベルはほとんど減衰することがなかった。

次いで従来のワムシ栄養強化用飼料と酵母マイクロカプセルの摂餌効率を比較してみた。用いた飼料は，酵母マイクロカプセル，既存製品A，Bの3銘柄で，Aは微粒子素材に油脂を吸着させたもの，Bはゼラチン等を基材として油脂をマイクロカプセル化したものである。各飼料をワムシ1億個体に与え，一晩経過後ワムシを回収して脂質分析に供した。各飼料に含有されるEPA，DHA量に対してワムシに摂取されたそれらの量の比率を示したのが図5であるが，酵母マイクロカプセルの摂餌効率の高さを端的に表す結果となっている。

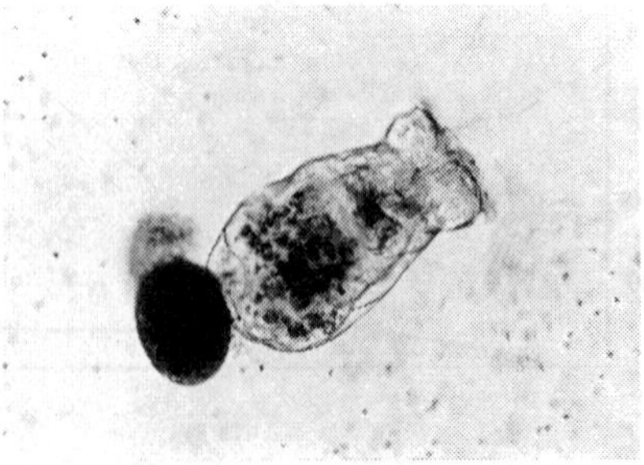

写真2　シオミズツボワムシの形態（体長約200μm）

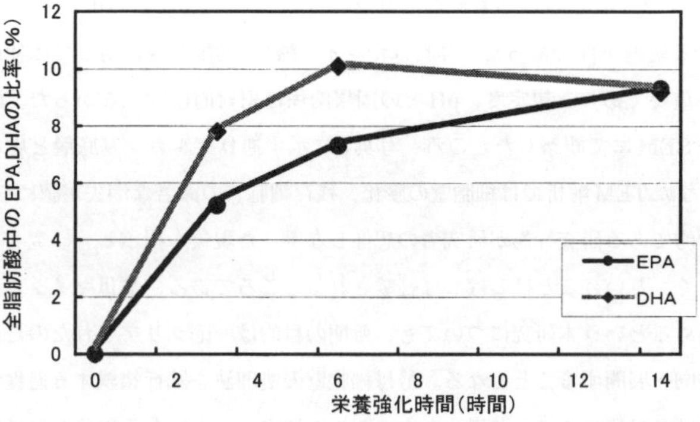

図4 酵母マイクロカプセルで栄養強化したワムシのEPA，DHAレベルの変化

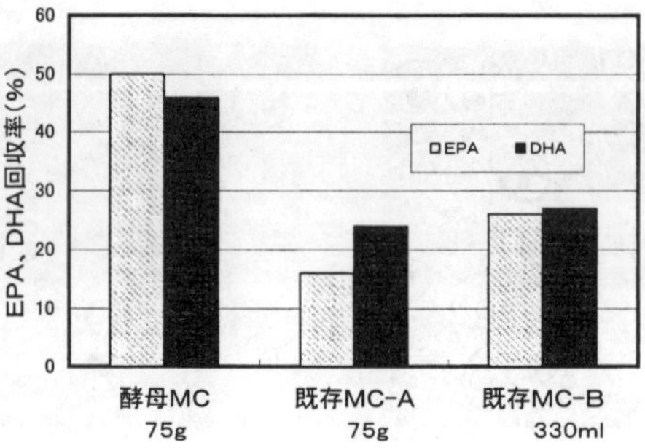

図5 各マイクロカプセル（MC）サンプルのEPA，DHAのワムシによる摂取回収率

1.4 マイクロカプセル化技術の改良とフィルム形成能の発見

以上のように，酵母マイクロカプセルは水産餌料生物の栄養強化用飼料として好都合であることが確認されたわけであるが，一方で芯物質の選択性があり封入量が限られているという欠点があった。筆者らはその欠点を克服すべく鋭意検討を重ねたところ，酵母細胞壁を酸処理することが有効であることを見出した[5)]。

検討で使用した酵母細胞壁は，ビール工場から採取したビール酵母を自己消化に処し，菌体内成分を可溶化除去して得たクルードなものである。またモデル芯物質としては，食品，飼料分野で馴染みのある脂溶性物質として遊離型長鎖脂肪酸とそのグリセリンエステルを採用した。酵母細胞壁を各種pH，温度条件下で処理したのち酵母マイクロカプセルを試作したところ，酵母細胞壁を酸処理することにより，写真3と4の比較でわかるようにモデル芯物質の封入量の顕著な上昇が観察された。最も高い効果が得られたのは，0.3～1.0Nの塩酸もしくは硫酸で85℃，10min加熱する処理条件であった（写真はオレイン酸）。効果発現に対しては使用する酸が強酸であることが重要であり，規定度，pHとの因果関係は相対的に強くなかった。酸処理に供した酵母細胞壁をSEMにて観察したところ，写真5に示す通りグルカン基底層と思われる組織の露出が見られ，またTEM解析では細胞壁の膨化，残存細胞質の顕著な消失が認められた。

本来合目的的である研究行為が研究者の想像しなかった現象を提示し，研究者を新たな研究ターゲットへ導く，ということはしばしば経験されるところである。酵母マイクロカプセル化技術の汎用性を高めるという本研究についても，所期の目的は一応クリアされたのだが，これを契機に予期せぬ方向へ展開することとなる。酵母細胞壁の処理法を試行錯誤する過程で，酸処理したものを薄く延ばして乾燥させると滑らかなフィルム様のシートになる現象が目に止まり，コーティング剤として磨く検討が始まることとなった。

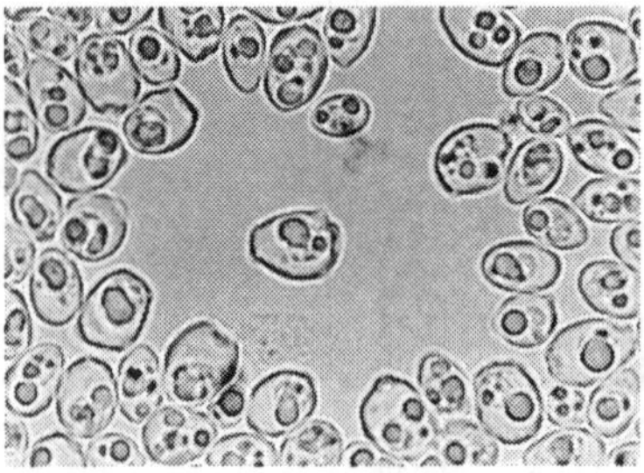

写真3　酸処理なし酵母細胞壁によるマイクロカプセル
内部に油滴状の芯物質が認められる。

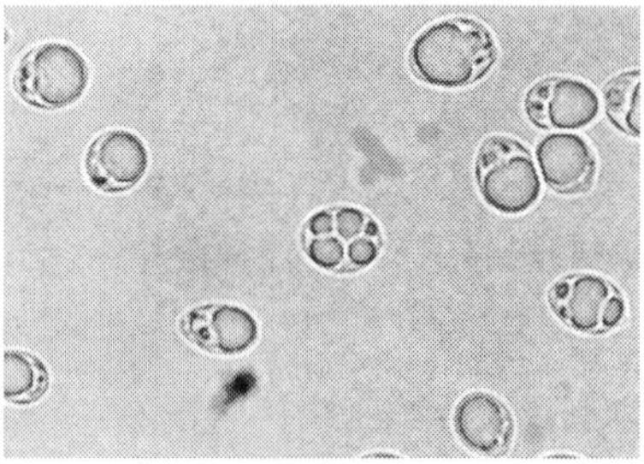

写真4　酸処理あり酵母細胞壁によるマイクロカプセル
内部がほとんど芯物質で占められている。

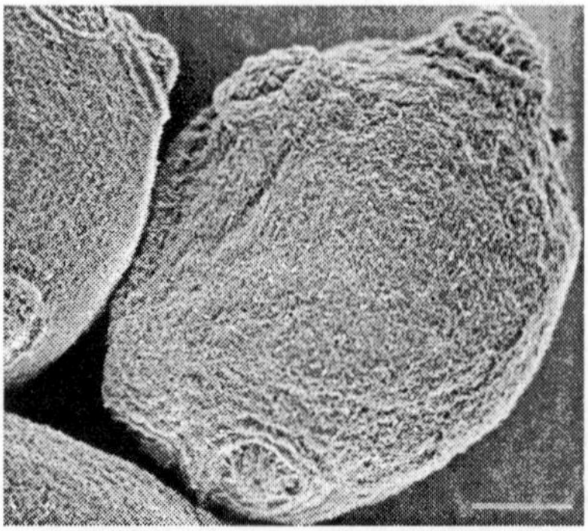

写真5　酸処理酵母細胞壁のSEM写真

1.5　コーティング剤としての開発

1.5.1　食品用コーティング剤

コーティング剤という言葉からは，一般的には塗装分野における化成品などが連想されるが，医薬品，食品分野においてもタブレットや顆粒タイプの製品に頻繁に使用されている。分野に応じて，求められる機能，適用される規制，ターゲットプライスが異なるので，当然コーティング剤も適宜使い分けられているが，とりわけ食品分野においては摂取したときの安全性が重大な関心事である。

食品をコーティングする目的は，内容成分の揮散，品質劣化，吸湿の防止，苦味や臭いのマスキング，ハンドリング性の向上などが挙げられる。現在食品分野で利用されている代表的なコーティング剤は，シェラック（カイガラムシ抽出物），ツェイン（とうもろこし抽出物），プルラン（菌体外多糖），メチルセルロース，ゼラチンなどであるが，その特性は，先述の通りまず安全性が求められるという事情から，総合的に見ると必ずしも満足度が高いとは言えない。よく指摘される問題点としては，充分な崩壊性がなく内容成分が体内で放出されない，分散媒が有機溶媒系であるため防爆仕様が必要，機器に付着するなどハンドリング性が悪い，などが例示される。

1.5.2　イーストラップの開発

酸処理した酵母細胞壁は基本的にフィルム形成能を有しているが，元来マイクロカプセルとして封入量を上げるための技術転用であり，フィルム形成能を磨き上げるという視点での技術の見直しは当然必要である。キャストフィルムの特性，素材の外観，ハンドリング性などの観点から，酸処理条件をはじめとする調製方法のモディフィケーションを行ない，新規コーティング剤「イーストラップ®」が上市される運びとなった。

イーストラップの外観形状はやや褐色がかった乳白色水分散スラリーで，固形分濃度は8.5％前後に調整されている。本品は高い水分散性を有しており，本濃度にて24時間経過しても分散成分の分離は認められない。またレオロジー特性は塑性流動を示し，粘度は約60mPa·s（5％濃度）である。そして商品力の生命線であるコーティング特性については，先述の既存食品用コーティング剤の現状を踏まえ各種検討を行い，幾つかの優れたポイントを見出すことに成功した。

1.5.3　イーストラップの優位性

①　フィルム性

粒子形状の酵母細胞壁とフィルムは概念的に結びつきにくいが，イーストラップのキャストフィルムをSEMで観察すると写真6に示すような形態を確認することができる。乾燥することにより空気の抜けた風船のように平板化した酵母細胞壁が，鱗片状に積層することでフィルムを構成している。各細胞壁同士はハイドロゲル化した表層組織の水素結合により結びついているものと推察している。気になる強度であるが，可塑剤としてグリセリンを10％添加した条件下で，

35～40MPaと充分なレベルを有している。

② 崩壊性

アセトアミノフェン素錠をベースにイーストラップ及び代表的な既存素材2銘柄でコーティングを施した錠剤を用い，日本薬局方に準じて溶出試験を行なった。図6に示すように既存素材は，溶出時間に対して一次関数的な徐放性かもしくは溶出が殆ど生じないというパターンを示した。一方，イーストラップは，一定のラグタイムを経過したあと急激な溶出に至るシグモイド型の特性を呈した[6]。この特性は，コーティング層への水の浸透によるフィルム強度低下がコーティング層の崩壊をもたらすという機構によるものと考えられ，pH変化，温度変化，酵素作用といった

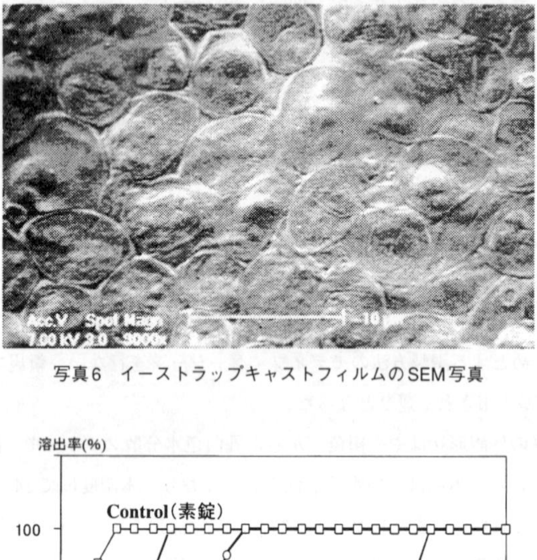

写真6 イーストラップキャストフィルムのSEM写真

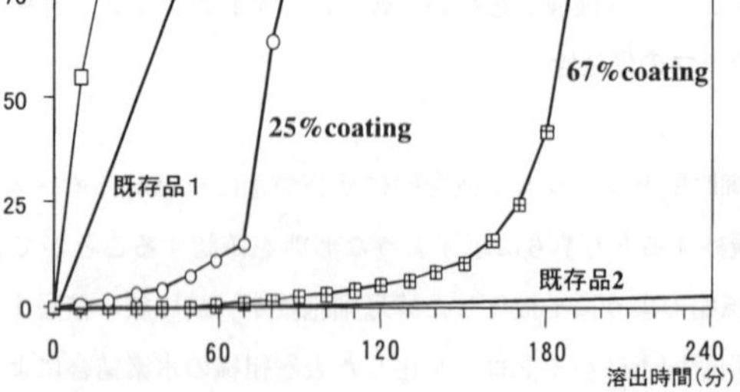

図6 イーストラップコーティング錠剤の溶出特性

トリガーを頼ることなくコーティング量のみで内容成分の放出時間を設計する場合に好適である。

③　ガスバリア性

イーストラップは高度なガスバリア性をも有する。これまでは，酸素を遮断して酸化を防止する，香気成分を封じ込めるなどのニーズに対しては，容器，包装あるいは酸化防止剤で応ずることが多かったが，パッケージの環境問題，添加物の安全性の問題に鑑み，コーティング技術が取って代わる可能性を示唆している。図7に示す通り，一般的にガスバリア性が高いと認識されている素材，例えばペットボトルでお馴染みのPET，家庭キッチン用ラップに使用されているPVDCと比較しても，酸素透過係数が低いことがわかる。

④　微粒子性

いくつか提唱されているコーティング方法の中で，自動制御に向き，均一なコーティングフィルムを作りやすいスプレーコーティング法が現在では主流になりつつある。ミスト状のコーティング液を対象とする錠剤や顆粒に吹き付けるという手法で，コーティング液噴射時のミスト径のコントロールが鍵を握る。汎用的な医薬用コーティング剤HPMCを対照としてミスト径を測定したところ，図8に示すように，コーティング液の濃度変化に関わらずミスト径はφ10μmで一定であったが，イーストラップは濃度の上昇につれてミスト径が低下するという独特の特性を示し，φ8.8μmまで微細化できることが確認された[7]。細かい顆粒のコーティング表層を滑らかに仕上げたいニーズに対して有効であると言える。

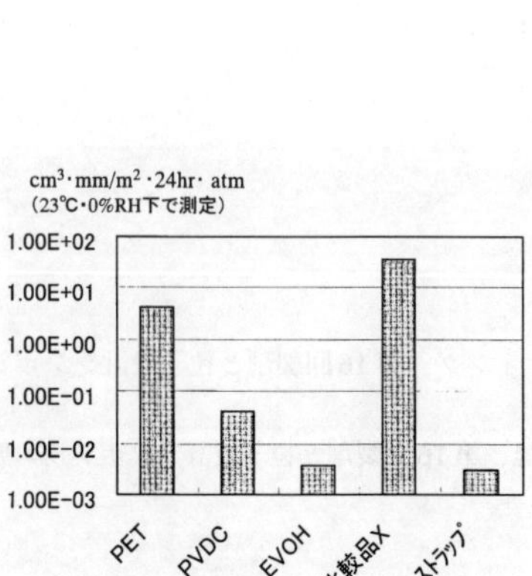

図7　イーストラップと一般フィルムとの酸素透過係数比較

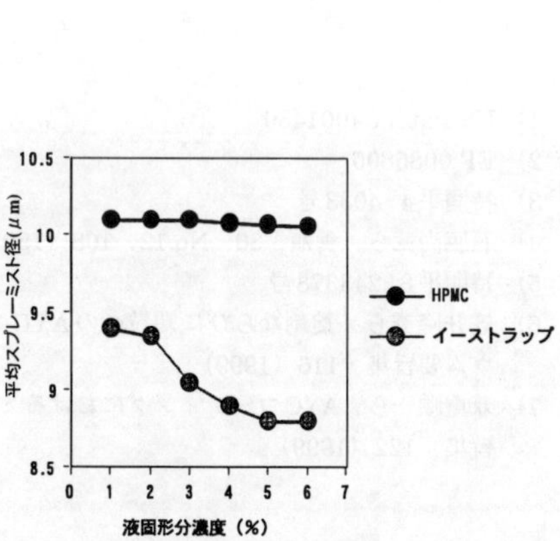

図8　イーストラップとHPMCのミスト径比較

1.6 おわりに

以上紹介した通り，酵母のイメージからは連想しにくいマイクロカプセルおよびコーティング剤としての応用が非常に有効であることが確認された。これらの応用事例の特徴的なポイントとして二点挙げることができる。ひとつは，酵母の生物としての側面，即ち代謝機能の利用や栄養成分のソースという見方から距離を置き，構造的，物性的機能を有するモノとして利用方法を追求したという点である。もうひとつは，酵母細胞壁を出発原料とする製法であるため，従前からの酵母エキスに代表される菌体内成分主体の利用方法と相補的に共存できることである。この特徴は経済的な意義のみならず環境負荷を低減するという今日の要請に適合していると言える。

ビール酵母と近縁種のパン酵母は，ゲノム解析の世界では全塩基配列が既に決定されている時代であるが，その一方で今回紹介したアプリケーションを支える機能についてはまだ未開拓な領域が多く残されているように思える。このような酵母の切り口が微粒子分野における新しい着想の契機となれば幸いである。

謝　辞

コーティング剤の研究を進めるにあたってご指導いただいた東京薬科大学　湯浅宏助教授，尾関哲也先生，電子顕微鏡写真撮影にご尽力いただいた日本女子大学　大隅正子名誉教授に感謝申し上げます。

文　　献

1）US Patent 4001480
2）EP 0085805
3）特開平4-4033号
4）石脇尚武ら，養殖，**30**，No.12，108（1993）
5）特開平8-243378号
6）笠井隆秀ら，錠剤ならびに顆粒へのAYCコーティング，第16回製剤と粒子設計シンポジウム要旨集，116（1999）
7）兼重順一ら，AYCコーティングにおけるミスト径，第16回製剤と粒子設計シンポジウム要旨集，122（1999）

2 多層シームレスカプセル化保健食品

浅田雅宣*

2.1 はじめに

「カプセル」は，硬（ハード）カプセルと軟（ソフト）カプセルに大別され，内容量が100～300mgと比較的大きなものが一般的である。食品分野においては，カプセルは今まで馴染みが少なく，健康食品等の一部の限られた用途でしか利用されていなかった。しかしながら，シームレスカプセルと呼ばれる継ぎ目のない真球のカプセルが開発され，最近では健康食品だけでなくガム類，菓子類や乳製品類などの一般食品にも急速に応用展開されつつある[1]。森下仁丹㈱では，約30年前から，独自のシームレスカプセル化技術の開発に取り組み，今日までに口中清涼剤，食品および健康食品，化粧品，医薬品への応用展開を行ってきた[2]。この技術は，従来の軟カプセルの製法とは異なり，同心多重ノズルの先端より充填物質と皮膜物質を同時に滴下させて，液滴形成と硬化を同時に行う技術である。これにより，多層皮膜のカプセルを調製することが可能になり，2層だけでなく，3層さらには4層のカプセルまで実用化された。また，内容物としては油性物質から，親水性物質にいたるまでカプセル化することが可能になり，応用範囲は格段に広がった[3,4]。

本項では，シームレスカプセルの製造方法を解説し，得られる多様なカプセルの特徴と食品および保健食品への応用例を紹介する。さらに最新のカプセル内で微生物を培養し，増殖させ得るバイオカプセルについて解説し，今後の可能性についても述べる。

2.2 シームレスカプセルの製法

2.2.1 液中滴下法

液中滴下法は，流下する凝固液中に同心2重ノズルの先端を挿入し，充填物質と皮膜物質を同時に凝固液中に吐出してカプセル滴形成と硬化を連続的に行う方式であり，量産性にも優れた製法である。2重ノズルによるシームレスカプセルの製造装置の基本フローは，図1のようになっている。液中滴下法に用いられる皮膜素材としては，水溶液が加熱により溶液状態（ゾル状態）になり，冷却することにより固化（ゲル化）するゼラチンや寒天等の水溶性高分子があげられる。この場合，内容液としては親油性の香料精油や油性のビタミン等が適している。内容液および皮膜液はそれぞれのタンクから定量ポンプで同心2重ノズルに送られる。キャリアー液体（凝固液）は冷却された液状油が用いられ矢印の方向に沿って循環し，0～10℃に冷却されている。2重ノズルの内ノズルから内容液，外ノズルから皮膜液が二相ジェットとして同時にキャリアー流体中

---

* Masanori Asada 森下仁丹㈱ 研究開発部 部長

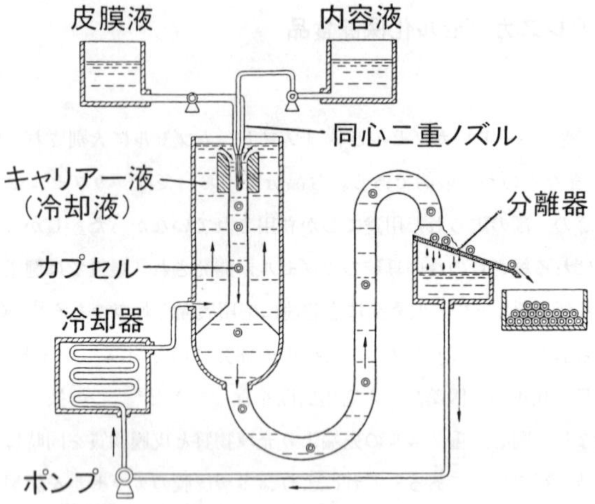

図1　液中滴下式製法によるカプセル製造装置模式図

皮膜液調合 / 内容液仕込 → カプセル化 → 冷却 → 脱油 → 乾燥 → 篩過 → 選別 → 検査 → 包装

図2　基本的なシームレスカプセルの製造フローチャート

に噴出される。噴出された二相ジェットは界面張力により内容液を内包した球となり，形成管中を流下していく過程で皮膜が冷却され固化する。固化したカプセルは分離器でキャリアー液体と分離され，クーリング脱油乾燥後選別の工程を経て製品化される。基本的なシームレスカプセルの製造フローチャートを図2に示す。

滴下式製法では，界面張力により充填物質を皮膜物質が溶液状態（ゾル）で包み込んでゲル化するため，球形で皮膜に継ぎ目のないシームレスカプセルが形成される。カプセルの直径や皮膜厚さは，ノズルから吐出する液量と凝固液の流下速度を適宜調節することで，広範囲に設定できる。粒径は量産レベルで0.3～10mm程度の範囲で自由に設定が可能である。さらに膜厚も，皮膜に継ぎ目がないので，直径3mmの場合で約30μmまで薄くすることができる。

2層カプセルの典型的な応用例は，香料精油のカプセルであり，多くの製品に使用されている。特に，ミント系の微小香料カプセルを添加したチューインガムでは，香料を逃がさずにカプセル内に保持する機能をもたらし，さらに，ガムを噛むことによって新たなはじけるような食感とミント系香料がぱっと口中に広がる清涼感をもたらすことに成功している。このような香料カプセルはフレーバーカプセルと称されており，国内だけでなく海外でも広範に使用されている。さらに，ビタミンEや機能性成分を封入したϕ 1.2mmの微小カプセルをグミ菓子の表面に隙間なく350粒付着させた栄養機能食品も開発されている。これは噛んだときにプチプチとはじける食感を楽しみながら，機能性成分を摂取できるというものである。

このように，液中滴下法は製剤設計の自由度が高く，生産性に優れた製法であると言える。

2.2.2 3層カプセル

滴下式製法では，同心ノズルを2重から3重にすることにより，比較的容易に3層構造のシームレスカプセルを作ることができる。すなわち，図3に示すような同心3重ノズルを用いると，カプセルの中心の充填物質と最外殻の皮膜との間に新たな物質層を介在させることが可能となる。この新たな物質層が皮膜形成物質であれば，異なった機能の2層膜を瞬時に形成できることになる。

親水性物質や水溶液のカプセル化には，3層カプセル形成技術はW/O/Wとするため必須の手法である。すなわち，内容液が親水性である場合，同心3重ノズルを用い，界面を形成するため中間層として油性の内皮膜液を用い，さらに最外層を親水性の外皮膜液とすることで3層カプセルとする。親水性物質の3層のシームレスカプセルの製造装置も，先の基本フローとほぼ同じで保護層形成のための3重ノズルと保護層となる内皮膜液のタンクおよびポンプが付加されているだけである。

3層カプセル化技術を用いることにより親水性物質のカプセル化が可能であることから，広範な応用が考えられる。実用例では，従来の技術では困難であった梅の水抽出エキスがカプセル化

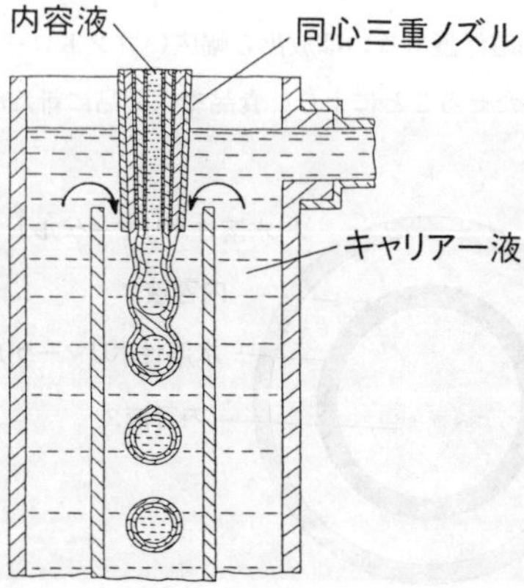

図3 同心3重ノズルによるカプセル形成

され，酸味と甘味のバランスの良い製品が市販されている。さらに，皮膜に機能を持たせることによって，後述する乾燥ビフィズス菌や魚臭が問題になり飲みにくいEPA，DHAもカプセル化され，保健食品や医薬品となっている。

2.2.3 4層カプセル

同心ノズルをさらに3重から4重にすることにより，4層構造のシームレスカプセルを作ることができる。この場合も層間の界面を明確に形成するには，界面張力が交互に作用する組み合わせにすればよい（W/O/W/O）。例えば，図4に示すように，最外層は水溶性のポリマーゲルとし，次の層は香料精油，その内側は水溶性のポリマーゲルとし，最内層は別の香料精油とすることで4層カプセルとなる。この場合，カプセルの中にもう1つ小カプセルが存在することになり，カプセルinカプセルとなっている。4層カプセルとすることで，2種の内容物を1つのカプセル内に別個に封入し，外層から溶解させ，その後内側のカプセルも溶解することで，外側の内容液と最内層の内容液という2種の異なる内容物を異なる時間や部位で順次放出させるということが可能となった。この特徴は，医薬品のDDS（drug delivery system）の概念ともつながるものであり，その方面の応用も考えられている。

4層カプセルの応用例には，口の中の臭いと，胃から上がってくる臭いを消すダブルアクションの口中清涼剤「ツインクリンスースー®」がある。作用は，まず，口中で外皮膜が約20秒で溶け，外側の内容液1が放出され，口中の臭いを抑制する。この内容液1は口中のにおいを消す成分を含んでおり，さわやかな甘味とミントの清涼感のある味に調えられている。内容液2を包んだ小カプセルは，口中で崩壊しては味が良くないため，噛まずに飲み込むことにより，胃で皮膜が溶け最内層の内容液2が放出され，胃から上がってくる臭いを抑制する。

これら多層構造のシームレスカプセルの機能発現要因には，層素材と層厚があり，これらの組み合わせにより充填成分の隔離保護あるいは放出の幅広いコントロールが可能である。今後，4層カプセルにさらに機能を持たせることにより，食品や医薬品に新たな機能を付与することが可

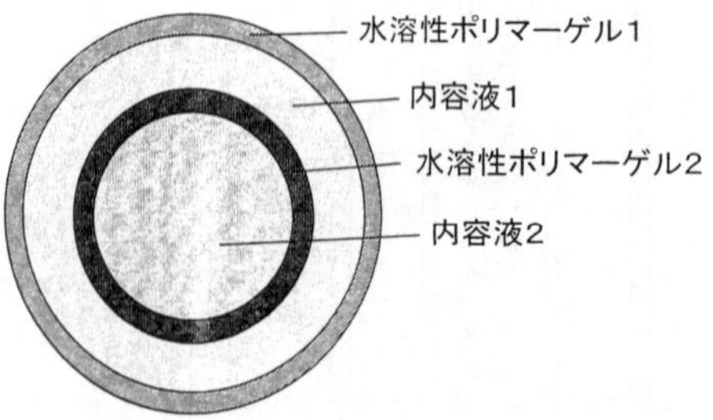

図4　4層カプセル模式図

能になり，特徴を生かした応用分野が開けると思われる。

2.2.4　乾燥ビフィズス菌カプセル

人の大腸内での優勢菌であるビフィズス菌は，感染の防御，免疫賦活，ビタミンの合成等の機能を有するとされ善玉菌といわれている。また，悪玉菌といわれるクロストリジウムなどを抑えることで，腸内腐敗産物であるアンモニアや硫化物の生成を抑制することも認められている。腸の蠕動運動の活発化と有害菌を抑える作用から，整腸機能が明らかとされた。こうした，ビフィズス菌の摂取はプロバイオティクス（Probiotics）の概念からも注目されている[5)]。しかし，ビフィズス菌は酸に弱く，経口的に摂取しても胃酸（pH1.2）の影響を受け，何の手だても打たない場合には，摂取した菌のほとんどが働く場所である大腸に到達するまでに死滅してしまい，ビフィズス菌の効果が十分に発揮されていない可能性が示唆されている。また，乾燥菌末は，熱や水分により生菌数が減少するので，錠剤の場合はその打錠熱等により高生菌数の製剤を作ることが難しいとされている。そのため，ビフィズス菌をカプセル化する新たな技術開発が行われた。

選ばれたビフィズス菌は，整腸作用が認められている*Bifidobacterium longum*である。このビフィズス菌培養物に凍結保護物質を加えて凍結乾燥を行った菌末を，融点38～40℃の硬化油脂を加温融解したものに均一に縣濁して内容物とした。図3に示した独自の同心3重ノズルを使用し，酸の透過に対するバリヤーとして，ゼラチン皮膜と内容物である菌末懸濁硬化油脂との間に硬化油だけの内皮膜の保護層を形成させた。さらに，ゼラチンにペクチンを配合することにより外皮膜は耐酸性となり，カプセルに腸溶性の性質（皮膜が胃では溶けずに腸で溶ける）を付与することが可能になった。このシームレスカプセル製剤の構造は図5のようになっており，日局崩壊性試験法の腸溶性製剤の項に適合し，また数種のpHに設定した緩衝液中でのビフィズス菌の生残率試験によると，通常の胃内崩壊型製剤と比べ，酸に対し著しいビフィズス菌保護作用が

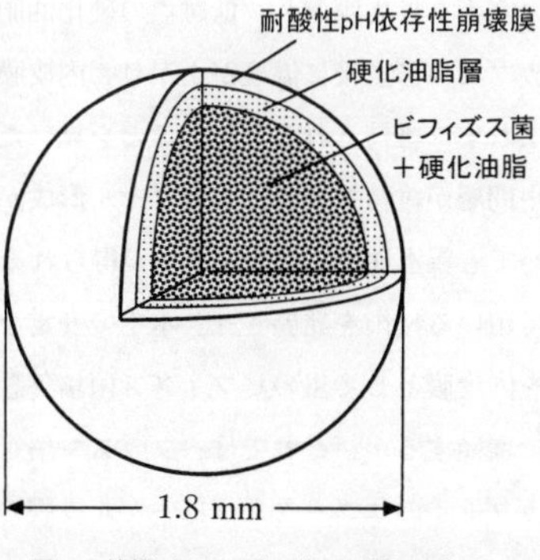

図5　乾燥ビフィズス菌の3層カプセル

示された。

このようにして得られたビフィズス菌の3層カプセルの効果を*in vivo*で検討し，便通異常患者における便通状態の改善効果[6] および透析患者における腸内細菌叢中のビフィズス菌の占有率増加効果[7] を確認した。これが保健食品の「ビフィーナ®」シリーズとして上市され，好評を博している。また，ビフィズス菌のプロバイオティクスとしての重要性は海外でも認められており，カプセル化ビフィズス菌がヨーグルトやヨーグルトドリンクに添加された製品は，国内[8] だけでなく韓国や台湾でも販売されている。

さらに，近年，家の中で飼育されたり，狭い環境，エサの偏り等で，お腹の調子をくずすペットが多くなっている。そのため，動物由来のビフィズス菌が上と同様な手法でカプセル化され，イヌ，ネコ用の製品が開発された。これは，獣医師と共同で研究を行い，モニター試験により，実際にイヌのエサにふりかけて与えることによって，下痢症状の改善と糞便の臭いが抑えられるというダブルの効果が認められた[9]。

2.3 バイオカプセル

3重ノズルを用いて親水性物質のカプセル化が可能になったことから，生細胞懸濁液のカプセル化も可能と思われ，各種バイオ分野への応用が考えられた。そのため，ビフィズス菌，植物培養細胞，酵母等の生細胞培養液のカプセル化が試みられ，さらに，そのカプセル内培養増殖も検討された。それらの検討を通してカプセルの特徴を発揮する多くの知見が得られた。この試みは世界的に見ても例のないもので，独自の技術を生かした特徴的なものになった。

このような生細胞懸濁液のカプセルをバイオカプセルと称しており，ここでは，実際に応用された生ビフィズス菌培養液のカプセル化とその応用例を述べる。

2.3.1 生ビフィズス菌懸濁液のカプセル化と培養

ゲル化すると水には溶けない寒天を外皮膜とし，低融点の硬化油脂を中間層の内皮膜として水溶液をカプセル化した場合，カプセル形成後に温度が上がり，内皮膜の硬化油脂が融けても外皮膜は安定であり，カプセルは壊れずに維持されるということを見いだした。すなわち，外皮膜がゲル化するまでの間，油性の中間層が維持できれば，カプセル形成が可能ということで，低融点の硬化油脂や，液状油脂を用いても親水性物質のカプセルが得られる新しい技術となった。

この液状油脂を内皮膜として用いる技術を発展させ，水中で安定なゲルを維持する寒天を外皮膜に用い，ビタミンEオイルを内皮膜として生のビフィズス菌培養懸濁液を包括した。これは保温すれば内部の培地の栄養源で増殖するが，それでは，フラスコ培養と同様でそれ以上の菌の高密度化は図れない。本バイオカプセルのユニークな点は，ゲル皮膜の半透性を利用し，そのカプセルを溶液に浸けることで，濃度勾配による拡散により，カプセル内外の中低分子量の物質をカプセルに供給したりカプセル内から外部に排出できることである。すなわち，図6に模式的に示したように，カプセルを栄養培地に浸漬し37℃に保つと，ビフィズス菌はカプセル内の栄養物質に引き続き外部から供給される栄養物質を食べ増殖し，生成した生育阻害を起こす乳酸や酢酸はカプセル内から外部に拡散希釈される。外部培地はpHコントローラーを用いて，生育に適したpH5～6に保ち，それより下がらないようにした。こうすることにより，ビフィズス菌は，カプセル内の空間一杯に増殖するため，きわめて高菌数となり，カプセル1g当たり5×10^{10}個以上の菌数となった。このような培養方法は，皮膜の半透性を利用した一種の透析培養であり，養分欠乏や生成物阻害が起こりにくく，多くの菌体が得られる効率の良い培養法となった。さらに，培養後の菌体の回収はミリサイズのカプセルの回収で済み，金網や篩で容易に漉しとることが可能であり，煩雑な高速遠心や菌体濾過等の操作を必要とせず，極めて容易という特徴を有している。このようにして，シームレスカプセルに新たな特長を付加することが可能となった。

2.3.2　バイオカプセルの応用

生ビフィズス菌をカプセル内で高密度に培養したバイオカプセルを各種ヨーグルトドリンクや果汁，ゼリー等に添加することは，ドリンクやゼリーの味を変えず，新鮮な活きの良いビフィズス菌を数多く摂取できる従来なかった保健食品を可能とするものである。

この例として，生ビフィズス菌培養高密度カプセルを添加した乳酸菌飲料の効果を調べた。調製したカプセルをリンゴ果汁ベースの透明乳酸菌飲料に添加し，全くビフィズス菌の味がしない飲料を試作した。このときのカプセル内の生きたビフィズス菌の数は1,000億個／ボトルとした。この高密度にビフィズス菌を培養したバイオカプセルを飲料に添加することで，従来の乳酸菌飲料では困難であったような高菌数でも味を変えずに容易に達成することが可能である。この斬新な透明乳酸菌飲料は，従来の発酵乳タイプの乳酸菌飲料のイメージとは全く異なっており，味も好評であった。そこで，このカプセル化生ビフィズス菌入り透明乳酸菌飲料とビフィズス菌の入っていないダミーカプセル入り透明乳酸菌飲料を2つのグループで1日1本（200ml），1週間試

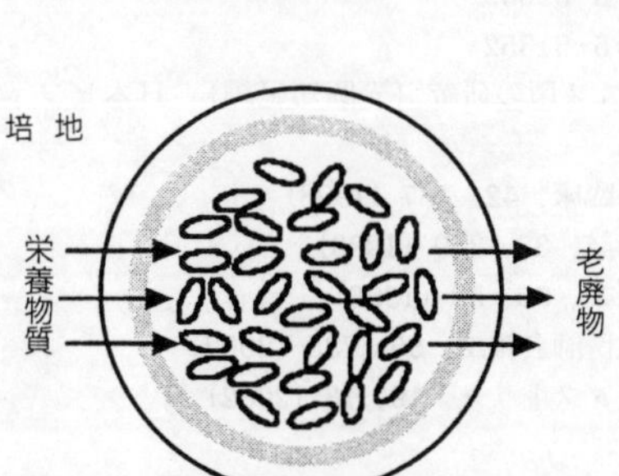

図6　カプセル内生菌の高密度培養模式図

飲するテストを行った。その結果，ビフィズス菌入りカプセルを飲んだ16人には，飲んでいる1週間の排便回数において有意な増加が認められたが，ビフィズス菌の入っていないダミーカプセル入り乳酸菌飲料を飲んだ17人には，有意な排便回数の変化は認められなかった。

生ビフィズス菌入りバイオカプセル飲料の便通改善効果が顕著であったため，最終的にさっぱりした味付けの乳酸菌飲料に生ビフィズス菌カプセルを添加した本格的プロバイオティクス飲料「ビフィーナ・バイオ®」を開発し，テスト販売を開始した。

このように，特徴のあるシームレスカプセル化技術を発展させたバイオカプセルを利用することで，味においても機能においても新しい食品の分野を開くことが可能となった。

2.4 おわりに

シームレスカプセル化技術は，一般食品，保健食品，医薬部外品，さらに医薬品等へ応用展開されてきた。現在は，動物由来のゼラチン皮膜に代わるデンプンを基材とした植物性素材の皮膜開発が行われており，新たな特性が生まれてきている。さらに，水を閉じこめることが可能であることから，カプセルに植物の不定胚を包括し，画期的なバイオカプセル種子とする研究も行われている[10)]。このように，多様な機能を有する皮膜開発により，カプセルの応用分野は多岐に広がるため，技術開発と応用開発のマッチングに大いに期待が寄せられている。

文　　献

1）春原秀基，食品加工技術，**15**，28（1995）
2）浅田雅宣，バイオサイエンスとインダストリー，**58**，31（2000）
3）鈴木敏行ほか，特開平3-52639
4）菊池幸男ほか，特開平5-31352
5）田中隆一郎，ビフィズス菌の研究（光岡知足編），日本ビフィズス菌センター，p.221（1994）
6）衣笠　昭ほか，新薬と臨床，**42**，187（1993）
7）南　浩二ほか，透析会誌，**32**，349（1999）
8）荒井　修ほか，食品工業，**39**，53（1996）
9）深田恒夫ほか，日本獣医師会雑誌，**55**，735（2002）
10）浅田雅宣，バイオインダストリー，**19**，13（2002）

第5章　農　薬

1　農薬のマイクロカプセル

辻　孝三*

1.1　はじめに

農薬は，通常10アール当たり数グラム～数100グラムの有効成分で効力を発揮するが，農薬原体のみをこのような低薬量で広範囲の圃場に均一に散布することは非常に難しい。従って，通常有効成分を適当な希釈剤で希釈し，散布しやすい形に加工している。これが農薬製剤である。

使用者に実際に用いられる最終製品は製剤であり，効力，保存安定性，安全性，取り扱いやすさ，コストなどすべての点で満足のいくものでなければ，農薬原体を開発，実用化することはできない。この意味で農薬製剤は，農薬の実用化において非常に重要な役割を果たしている。このような農薬製剤の主な目的は，次のように要約できる[1~10]。

①　農薬を使用しやすい形にする。

②　農薬の効力を最大限に発揮させる。

③　農薬の短所をカバーする。

④　使用者安全性を向上する。

⑤　環境負荷を低減する。

⑥　作業性を改善，省力化する。

⑦　既存剤を機能化し，用途拡大する。

最近，農薬の高性能化，人畜や環境に対する安全性の向上が要求され，新規農薬の構造が複雑化し，そのスクリーニング確率が3万分の1まで低下するとともに，開発経費が約100億円にまで増大し，開発期間も最短でも6～7年，長い場合には10数年と長期化している。このため既存剤に製剤的な工夫を加えて用途拡大することが要望されている。これはその分野に新しい農薬を開発したのと同じ意味を持つ上，開発費も安く済み，開発期間も短く済むことになる[1~10]。

また，国内では農業従事者の高齢化，婦人化あるいは兼業化が進行し，病害虫防除作業の重労働性の軽減が求められ，省力化や軽作業化が要望されている。

このような情勢のもとで，社会の種々の要望に応える為に，製剤の目的の④～⑦が特に重要になり，新規製剤およびその施用法の開発が進行している。

---

*　Kozo Tsuji　製剤技研　代表

最近は，農薬の有効利用と環境に対する影響の軽減の観点から，必要なときに，必要な場所に，必要な量の農薬を送達するという理念，いわゆるPesticide Delivery System（PDS，農薬送達システム）の考え方が重要になっている[1~12]。PDSは，医薬分野におけるDrug Delivery System（DDS）の考え方と類似しているとは言え，その実用化の観点からは，PDSは，①開放系である。②自然環境条件の影響が大きい。③高価な材料や技術を用いることができない。④農薬を標的まで運搬する媒体がない。などの制約のためにDDSより極めて難しいと考えられるが，新規製剤とそれに合った施用法を開発することによって，少しでもその方向に近づく技術が開発されることが望まれる。そのためには，放出制御技術及び標的指向性（ターゲッティング）を付与する技術の開発が重要になる[3,4,6,10,13,14]。放出制御技術の代表的な製剤としてマイクロカプセルがあり，それに標的指向性を付与することも行われている。ここでは農薬のマイクロカプセルについて，まず一般的なことを説明し，次いで実例を分野別に紹介する。

1.2　農薬マイクロカプセルの性状と利点[1~27]

マイクロカプセル（MC）は，農薬を高分子膜で被覆したものであり，直径が数μmから数百μmの微小球である。農薬のMCは，通常スラリー製剤であり，MCが水中に分散しており，懸濁状態をできるだけ安定に保つために増粘剤も用いられる。そして水で所定濃度に希釈して散布される。また，別の使用法として，MC化した農薬を，乾燥粉末として取り出し，水和剤や粉剤，粒剤，ベイト（毒餌）などの固形製剤に用いることもある。

農薬のMCは，次のような利点を持っている。

①作用点で長期間有効である（残効性）　②施用量が少量で良い（省資源，諸害軽減）　③施用間隔が延びる（省力化）　④人畜に対する毒性および刺激性の軽減　⑤薬害の軽減　⑥魚毒性の軽減　⑦環境分解の減少（光，水，空気，微生物など）　⑧流亡，揮散による消失の減少　⑨環境汚染の減少　⑩他薬剤との反応性の減少　⑪液体薬剤の固型化　⑫薬剤の臭気，味のマスキング　⑬ドリフトの防止　⑭標的対象の数の増加　⑮施用面の違いによる効力変動の減少　⑯取り扱いが容易。

しかし，これらの利点を得るためには，それに適した製剤設計が重要である。それには，膜物質の種類，粒径，膜厚，膜構造，架橋密度，芯物質の状態などを適切に決定する必要がある。

また先にも述べたように，既存剤に製剤的な工夫を加えて用途拡大することが要望されているが，農薬をMC化することによっても，その目的を達成することができる。

1.3　放出機構[1~27]

農薬のMCが効力を発揮するためには，MCから農薬が放出されなければならない。その主な機構には，皮膜を通しての拡散と，皮膜の破壊がある。今までに開発された農薬のMCのほとんどは拡散機構を利用した徐放性のものであるが，標的害虫との接触や摂食によって皮膜が破壊されることにより効力が発揮されるものも開発された。

MCの膜物質と芯物質の組み合わせ方によって，薬剤の放出が拡散機構となる。その場合には放出速度は，粒径，膜厚および膜の透過率によって制御することができる。そして透過率は，皮膜の架橋密度及び芯物質である農薬の組成と膜物質の組成の相性に依存する。架橋密度は，二官能性モノマーと多官能性モノマーの混合比によって変化する。具体例がラムダーシハロトリンMC[28]やメチルパラチオンMC[29]について報告されている。界面重合法で製造されたメチルパラチオンのMC，Penncap M®もこの機構である。

また破壊機構の一例として，界面重合法で製造されたゴキブリ用フェニトロチオンマイクロカプセルがある。ゴキブリが接触するとMCが破壊されて殺虫剤が放出され，それにゴキブリが接触して死亡するわけである。詳しくは後に述べる。

水溶性の皮膜を用いた場合には，乾燥状態では農薬は放出されないが，水中に入れられると，水溶性のMC壁が溶解し農薬が放出される。

1.4　製法と材料[17]

農薬のMC化は化学的，物理化学的および機械的方法のいずれによっても可能であるが，通常，界面重合法，*in situ*重合法，またはコアセルベーション法が用いられる。

材料としては合成系，半合成系および天然高分子がある。農業用には自然分解性である必要があり，ポリウレア，ポリアミド-ポリウレア，ポリウレタン，ゼラチン-アラビアガム，デンプン，アルギン酸ソーダ，セルロース誘導体，さらにポリグリコール酸，ポリ乳酸およびそれらの共重合体などが用いられる。またシリカなどの無機材料も用いられる。さらに感熱性ポリマー（Intelimer® polymer）も用いられるようになっている。

デンプンの誘導体を用いた農薬のMC化（正確にはマイクロスフェアー）が米国農務省（USDA）を中心に行われた。デンプンは供給性がよく，価格も安い天然高分子であり，安全性もよく，多くのOH基を有し容易に化学変性できる材料である[30]。

MC化に利用されたデンプン誘導体として，デンプン-キサンタイド（St-X法），デンプン-カルシウムアダクト（St-Ca法），デンプン-ホウ酸系（St-B法），スチーム処理デンプン（St-C法）などが報告されている。

St-X法は，次のような反応を利用する[31]。

デンプン-OH＋CS_2＋NaOH

→デンプン-OC(＝S)-SNa(Xanthate)

酸化剤

→デンプン-OC(＝S)-SS-C(＝S)-O-デンプン (Xanthide)

具体的にはデンプンのアルカリ性分散液をCS_2と反応させ，置換度（DS）0.1～0.3のデンプン-Xanthateを作る。ここへ農薬を混合し，次いで酸化剤を加えてpHを酸性にしてXanthateを架橋させ，不溶性のデンプン-Xanthideを作る。これを濾過して粉砕，乾燥する。農薬はXanthideの粒状粒子の中に捕捉されている。このようにして作られた農薬のカプセルの安定性は良く，一年以上乾燥状態で保存しても，分解，揮散などによる農薬の消失は認められない。農薬の放出は，カプセルを湿らせるか，水中に浸漬することによって起こる。したがって農薬の水溶解度が大きいほど放出速度が早い。さらに放出速度は，原料デンプンの種類，酸処理の有無，XanthateのDS，酸化剤の種類などによっても変わる。

St-Ca法では，アルカリデンプンのペーストの中へ農薬を混合し，その後$CaCl_2$溶液を加えると，デンプン-Caアダクトが沈澱し，その中に農薬が捕捉される。カプセル化率は60～95％である。この方法で揮散性の高い農薬でも十分に揮散を抑制することができる[32]。

St-B法では，デンプン，農薬，水を混合しそこへアルカリを加えた後，ホウ酸を加えると農薬を含有した固体のデンプン-ホウ酸塩錯体が得られる。この方法は高い固型分濃度が可能であり，水溶性の農薬原体，水不溶性の農薬原体，乳剤，水和剤いずれも高収率でカプセル化できる[33]。

St-C法は，まずデンプン分散液を蒸気加熱し，その後冷却して農薬を混合し，その系を自己架橋させた後，適当な粒度まで粉砕する[34]。

St-C法をもとにして温和な条件で農薬をMC化する方法が報告されている。これは，混合，攪拌，粉砕，濾過など多くの工程が不要になり，自動カプセル化と呼ばれる。農薬とα化デンプンとゲル化剤を混合し水を加えて12～49メッシュの粒状に凝集させる。この粒剤を湿らせた時にゲル状になり，それを乾燥すると農薬をカプセル化した固体となる[35]。

さらにデンプンを用いたカプセル化法として2軸押出機を利用した方法が開発されている[36]。デンプン，水，農薬を押出機の中で混合して90～100℃で押し出し，乾燥後，希望の大きさに細断する。この場合カプセル化の効率はよく，農薬は細かく分散しており，膨潤率は低く，農薬の放出は遅い。放出速度は，押出機の条件，粒径，他の添加剤によって制御される。カプセル化した除草剤の水中への溶出速度は，除草剤の水溶性が大きいほど大きい。

1.5 農薬マイクロカプセルの実例

農薬マイクロカプセルは世界的には60種類以上が上市されている[23]（表1）。その多くは殺虫剤であるが，除草剤もいくらか上市されている。国内でも表2に示すように25種類以上が上市

表1 海外上市農薬マイクロカプセル製剤の例

名称	有効成分	壁剤
Actelic M20（虫）	ピリミホスメチル	ポリウレア
Altosid SR-10（虫）	メソプレン	ポリアミド
Bug-X（虫）	クロルピリホス	
Bullet（草）	アラクロール／アトラジン	ポリウレア
Cap-Cyc（植調）	クロルメコート	尿素－ホルムアルデヒド
Capfos Seed Treatment（虫）	ホノホス	ポリウレア
Capsolane（草）	EPTC＋R25788	ポリウレア
CellCap（虫）	バチルス チューリンゲンシス	シュードモナス フルオレッセンス
Commodore 10CS（虫）	ラムダーシハロトリン	
Demand CS（虫）	ラムダーシハロトリン	
Duraguard（虫）	クロルピリホス	
Duratrol（虫）	クロルピリホス	
Dursban ME（虫）	クロルピリホス	
Dyfonate MS（虫）	ホノホス	ポリウレア
Empire 20（虫）	クロルピリホス	
Envirocap C（草）	硫酸銅	ポリエチレン／ワックス
Fonofos Seed Treatment（虫）	ホノホス	ポリウレア
Force（虫）	テフルトリン	ポリウレア
Fulkil（虫）	メチルパラチオン	
Gokilaht MC（虫）	シフェノトリン	
ICON 10 CS（虫）	ラムダーシハロトリン	
Knox Out 2FM（虫）	ダイアジノン	ポリアミド／ポリウレア
Kudos（虫）	ペルメトリン	ポリウレア
Lasso Micro Tech（草）	アラクロール	ポリウレア
Mexicap（虫）	メチルパラチオン＋シペルメトリン	
MicroSect（虫）	ピレトリン	ポリウレア
OPTEM PT600（虫）	シフルトリン	
Partner（草）	アラクロール	ポリウレア
Pectimone（虫）	ゴシプルア	ポリウレア
Pectone（虫）	Z,ZZ,E7,11－ヘキサデカジエニル酢酸	
Penncap M（虫）	メチルパラチオン	ポリアミド／ポリウレア
Penncap E（虫）	エチルパラチオン	ポリアミド／ポリウレア
Penncapthrin 200（虫）	ペルメトリン	ポリアミド／ポリウレア
Pennout 111（虫）	シペルメトリン	
Pennphos（虫）	クロルピリホス	
PT 170A X-CLUDO（虫）	ピレトリン	ナイロン
Racer ME（草）	フルロクロリドン	ポリウレア
Sectrol（虫）	ピレトリン	ポリウレア
SLAM（虫）	カルバリル	ゼラチン
Surpass 4S（草）	ベルノレート／ジクロルアミド	
TopNotch（草）	アラクロール	
Tossits（虫）	DDT	ゼラチン
Tox Hid（虫）	ワルファリン	
Trichocap（虫）	トリコグラマ	

表2　国内上市農薬マイクロカプセル製剤の例

名称	有効成分	濃度（%）	主対象
スミチオンMC	フェニトロチオン	20	カメムシ（水稲用，空中散布）
スミチオンMCベイト	フェニトロチオン	5	ゴキブリ（毒餌用）
ゴキブリ用スミチオンMC	フェニトロチオン	20	ゴキブリ（残留噴霧）
カレートMC	フェニトロチオン	20	シロアリ
ランバートMC	フェニトロチオン	20	ヒラタキクイムシ（合板用）
スミパインMC	フェニトロチオン	23.5	マツノマダラカミキリ （森林用，空中散布）
スミバッサMC	フェニトロチオン フェノブカルブ	10 15	ウンカ，カメムシ （水稲用，空中散布）
スミキュウルア マイクロカプセルゾル	フェニトロチオン キュウルア	10 3	ウリミバエ
ダイアジノンSLゾル	ダイアジノン	25	コガネムシ
ダイアジノンMC懸濁剤	ダイアジノン	24	ゴキブリ（残留噴霧）
カヤタックMC	クロルピリホス	25	シロアリ
レントレク20MC	クロルピリホス	20	シロアリ
バクトップMC	フェノブカルブ	15	シロアリ
エンバーMC	ペルメトリン	10	イネミズゾウムシ（育苗箱）
アニバースMC	ハルフェンプロックス	5	ハダニ類
トレボンMC	エトフェンプロックス	20	ウンカ，ヨコバイ （水稲用，地上散布）
トレボンスカイMC	エトフェンプロックス	20	ウンカ，ヨコバイ （水稲用，空中散布）
モーキャップMC粒剤	エトプロホス	3	センチュウ
ガードジェット水和剤	BT	7	コナガ，アオムシ
ディートMC	DEET	36	塵性ダニ，カ，ゴキブリ，シロアリ
ナラマイシンD80	シクロヘキシミド	8	ネズミ
ガゼットMC	カルボスルファン	20	イネミズゾウムシ， ミカンキイロアザミウマ （水稲育苗箱，園芸用）
オンコルマイクロカプセル	ベンフラカルブ	20	コナガ（セル成型苗用）
ラグビーMC粒剤	カズサホス	3	センチュウ
ラットデンS, W	カプサイシン	2	ラット
オーテフロアブル	エスプロカルブ （ベンスルフロンメチル）	30 1.4	ノビエ，マツバイ，ウリカワ， ホタルイ

されている[10]。最初は防疫用，シロアリ用などに開発されてきたが，最近は農業用にも開発が進んでいる。以下にいくつかの例を用途別に説明する。

1.5.1　殺虫剤

(1) ゴキブリ防除用[3, 13, 21, 22, 26, 27, 37～50]

ゴキブリ防除用としては，残留噴霧剤として，ゴキブリ用スミチオンMC及びダイアジノンMC懸濁剤，Knox Out 2FMなどがある。海外ではゴキラートMCがある。またベイト用にスミチオンMCベイトがある。

ゴキブリ防除用フェニトロチオンMC（ゴキブリ用スミチオン®MC，有効成分20％）について，その作用機構も含めて説明する。

このMCは界面重合法で製造され，膜物質はポリウレタンである。

表3に，フェニトロチオンMCをベニヤ板面に処理した後，2時間強制接触法によるゴキブリに対する残留接触効果試験の結果を示す。125mg/m^{2}の処理で8週間後でもフェニトロチオンMCは，100％の致死率が得られたが，対照の市販MCは致死率が非常に低下した。

食堂の厨房で行われた実用性評価試験の結果を図1に示す。図から明らかなように，フェニトロチオンMCの125mg/m^{2}散布によるゴキブリ防除効果は，処理直後の駆除率は低いものの，90％以上の駆除率が約100日間持続するという顕著な効果を示した[37]。

フェニトロチオンMCの残留噴霧剤としての効力発現機構としては，図2に示す3つの作用仮説が考えられた[21, 37, 40]。それらは，①有効成分がMC膜を通して膜外に拡散滲出することによりゴキブリに付着するというルート，②ゴキブリがMC処理面上を這い回る際に物理的にMCを破壊し（踏み潰し），そのことによって膜外に放出された有効成分がゴキブリに付着するという

表3 フェニトロチオンMCのチャバネゴキブリに対する残留接触効果
2時間強制接触法，ベニア板面処理

供試薬剤	処理濃度	致死率（％）			
	(mg AI/m^2)	0	2週間後	4週間後	8週間後
フェニトロチオンMC	250	100	100	100	100
	125	100	98	100	100
市販MC	250	100	98	95	98
	125	100	80	53	20

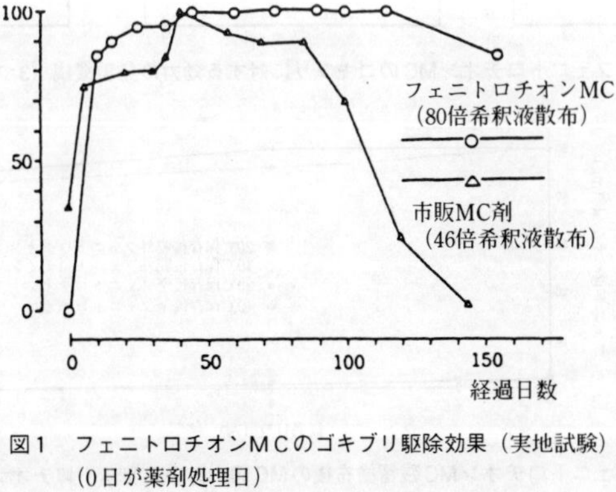

図1 フェニトロチオンMCのゴキブリ駆除効果（実地試験）
（0日が薬剤処理日）

ルート，③ゴキブリがMCを経口的に摂取し，消化管中で膜が破壊され，有効成分が毒性を発揮するというルートの3仮説である。これら3つの仮説のそれぞれについて確認実験が行われ，結論として②の踏み潰し，および③の摂食によりMCの殺虫効果が発現していることが確認された。

① 拡散作用仮説

フェニトロチオンMCを有効成分として50mgとなるようにペトリ皿に均一に塗布し，これを20℃および40℃暗所に保存した。図3に示すように，いずれの保存条件下においても，膜外フェニトロチオン量（MC膜外に拡散滲出したフェニトロチオン量）は経時的に減少し，フェニトロチオンの膜外への拡散滲出はほとんどない。また，全フェニトロチオン量（膜内外の全フェニトロチオン量）はほとんど減少せず，MC内におけるフェニトロチオンは非常に安定に存在していることがわかる。

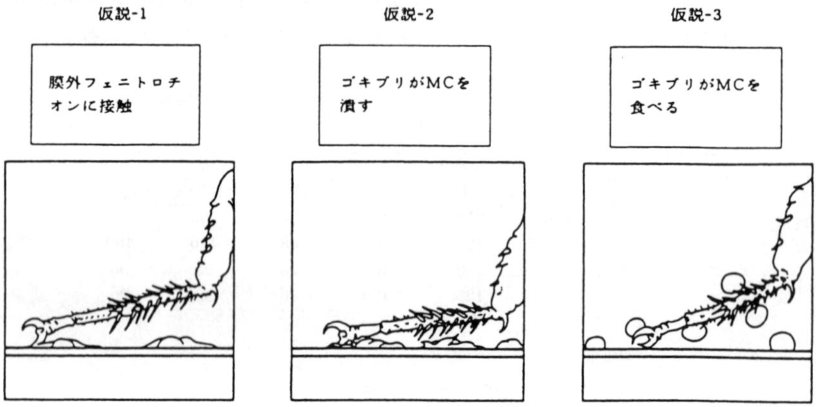

図2　フェニトロチオンMCのゴキブリに対する効力の発現機構（3つの仮説）

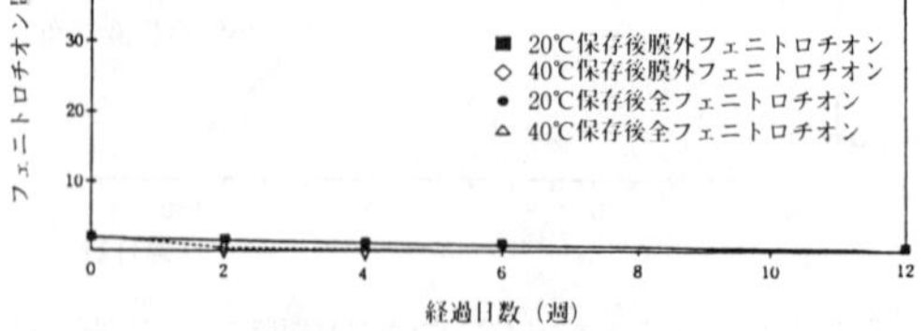

図3　フェニトロチオンMC残留塗布後のMC膜内外のフェニトロチオン量の変化

②　踏み潰し作用仮説

同様にフェニトロチオンMCを処理したペトリ皿にチャバネゴキブリ成虫10頭を2時間放虫し，その前後におけるフェニトロチオンの存在位置とその量を図4に示す。ゴキブリの接触によって，MC膜外に存在するフェニトロチオン量が有意に増加したことは，MC膜がゴキブリとの接触によって破壊され，中のフェニトロチオンが放出されたことを示している。さらにゴキブリ放虫前後のマイクロカプセル処理ペトリ皿を顕微鏡により観察すると，図5に示すように，MCがゴキブリの接触によって踏み潰されていることが確認された。また，虫体へのフェニトロチオンの付着量から，破壊されたMCから放出されたフェニトロチオンがゴキブリに付着していることが明らかである。

また，虫体内外より抽出されたフェニトロチオンの量的関係より判断し，フェニトロチオンMCの主たる効果は，破壊されたMCより放出されたフェニトロチオンが虫体に付着することにより発揮されているものと考えられるが，経口的にフェニトロチオンが摂取されていることも確認された。

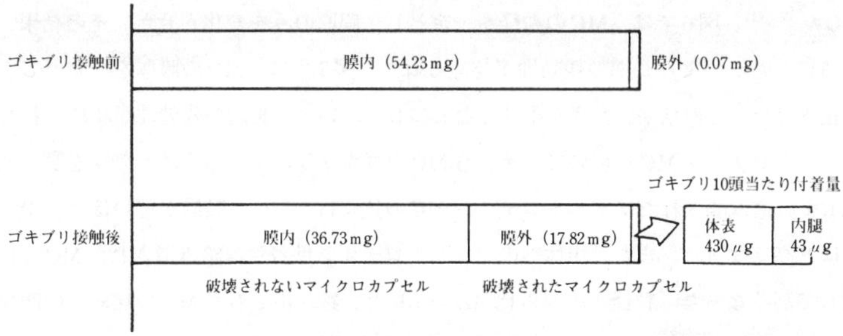

図4　チャバネゴキブリ接触試験によるフェニトロチオンMCの膜内外の
フェニトロチオン量の分析結果（ゴキブリ10頭使用）

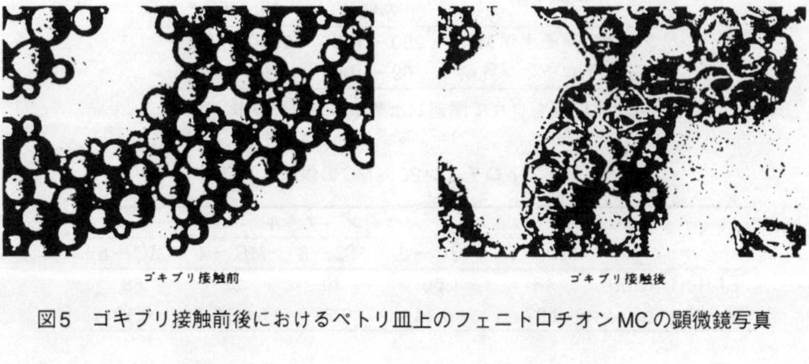

図5　ゴキブリ接触前後におけるペトリ皿上のフェニトロチオンMCの顕微鏡写真

③ 摂食作用仮説

摂食作用の有無を確認するため次のような実験が行われた。フェニトロチオンMCおよび乳剤をベニヤ板に処理し，口部をろうで閉塞したチャバネゴキブリと正常なチャバネゴキブリを放虫し，それらのノックダウン効果を表4に示す。MC剤では乳剤と比較し，明らかに口部閉塞固体ではノックダウン効果が大幅に遅延し，MC剤においては経口的な食毒効果が関与していることがわかった。次に，蛍光顔料を添加したフェニトロチオンMCを用いて，蛍光顕微鏡法によりゴキブリの消化管内に，MCの存在が認められた。また，ゴキブリの嗉嚢部においてMCの破壊像が観察された。さらに，ラジオアイソトープによって標識したフェニトロチオンMCを用いることにより，供試したチャバネゴキブリのオートラジオグラムから，消化管内での標識されたフェニトロチオンの挙動を観察することができた。

以上の結果から，フェニトロチオンMCのゴキブリに対する効力は，主として踏み潰し効果により発現し，さらに摂食による効果もあることが確認された。

このような効力発現機構から，効力発現においてはMCの強度が大きな影響を与えることがわかる。MCの強度は，膜厚と粒径により決定される。そこで，表5に示される粒径と膜厚を変化させた5種のフェニトロチオンMCを用いて，残留接触効果を経時的に調べた結果を図6および図7に示した[37, 41)]。図6では，MCの粒径を一定とし，膜厚のみを変化させた。その結果，膜厚が厚くなるにしたがいより長期の残効性が認められた。図7では，MCの膜厚を一定とし，粒径のみを変化させた。その結果，粒径が小さくなるにしたがいより長期の残効性が認められた。

同じフェニトロチオンMCを用いて，それらMCのゴキブリによる踏み潰し効果を調べた結果を表6に示す。踏み潰されたフェニトロチオンMCの比率は，MCの膜厚が薄いほど，かつ粒径が大きいほど高くなった。また，虫体へのフェニトロチオン付着量は踏み潰されたMCの比率とほぼ比例して高くなった。粒径／膜厚の比（D/T）と，踏み潰されたMCの比率との関係をプ

表4　閉口個体の残留接触におけるノックダウン効果と致死率

供試薬剤	KT_{50} −致死率（%）	
	正常個体	閉口個体*
フェニトロチオンMC	290 − 100	1500 − 96
フェニトロチオン乳剤	69 − 100	91 − 100

*口部をロウで閉塞したチャバネゴキブリ

表5　フェニトロチオン20％MCの供試サンプル

	サンプル				
	MC − 1	MC − 2	MC − 3	MC − 4	MC − 5
平均粒径（μm）	48	50	49	22	88
膜　厚　（μm）	0.07	0.14	0.28	0.16	0.10

ロットすると図8に示すように直線関係が認められ，D/T比はMCの強度を示す指標となることがわかる。すなわち，D/T比が大きくなるほどゴキブリによる1回の接触当たりに踏み潰さ

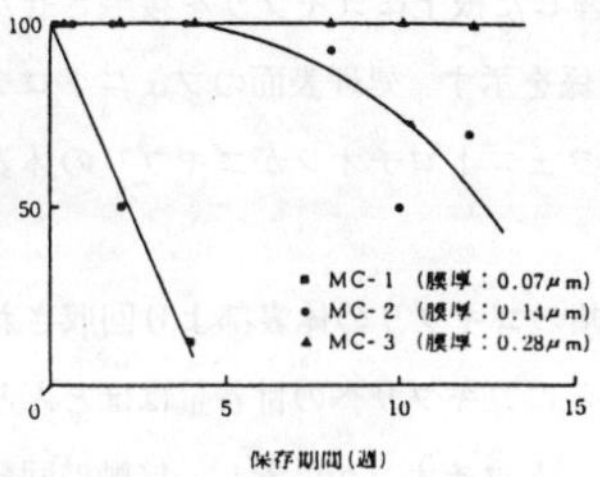

図6　粒径を50μm一定としたフェニトロチオンMCの膜厚とチャバネゴキブリに対する残留接触効果

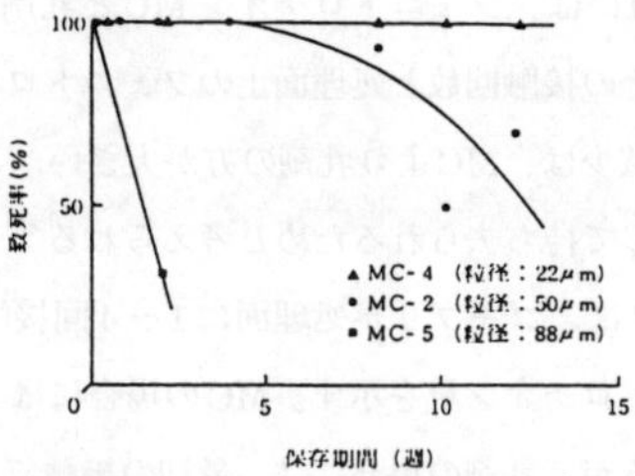

図7　膜厚を0.16μm一定としたフェニトロチオンMCの粒径とチャバネゴキブリに対する残留接触効果

表6　ペトリ皿上でのチャバネゴキブリ接触による各MCの破壊率およびチャバネゴキブリへの付着率

	サンプル				
	MC－1	MC－2	MC－3	MC－4	MC－5
破壊率　(%)	82	42	15	1	80
付着率　(μg／頭)[a]	157	60	11	5	218
平均粒径(μm)	48	50	49	22	88
膜　厚　(μm)	0.07	0.14	0.28	0.16	0.16
D/T比[b]	686	357	175	138	550

a) チャバネゴキブリ一頭当たりのフェニトロチオンの付着量
b) 平均粒径／膜厚

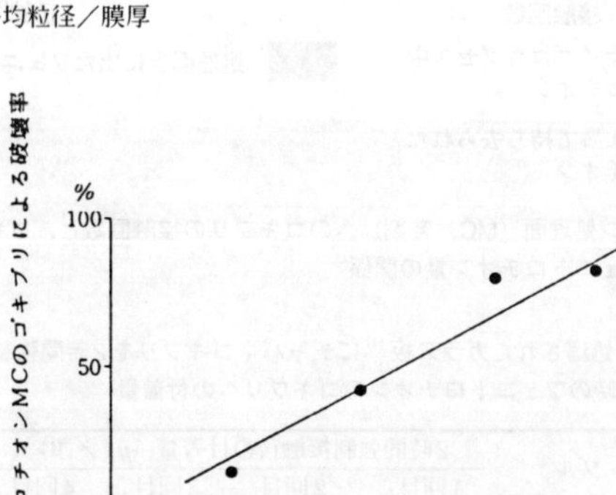

図8　MCのD/T比（粒径／膜厚比）と，チャバネゴキブリによるMCの破壊率との関係

れる率が高くなり，虫体に付着するフェニトロチオン量が増大すると考えられる。したがって，初期効力および残効性ともに優れたMCを得るためには，*D*／*T*比を適当な範囲に調節することが重要となる。この場合最適な*D*／*T*比は約150付近にあることがわかった。

図9には，フェニトロチオンMCと乳剤（EC）で処理した板上にゴキブリを接触させた場合に，その接触回数と処理面上のフェニトロチオン量の関係を示す。処理表面のフェニトロチオン量の減少は，MCより乳剤の方が大きい。この減少は，フェニトロチオンがゴキブリの体表部に付着して持ち去られるためと考えられる[45]。

表7に，ゴキブリが処理面に1～4回接触した後に1頭のゴキブリの体表部より回収されたフェニトロチオン量を示す。MCの場合には，各接触回ごとにゴキブリへの付着量はほとんど一定であるが，乳剤の場合には，最初の接触で最多量のフェニトロチオンが付着し，接触の回数が増加するごとに付着量は減少する。したがって，乳剤の場合には，1頭のゴキブリが100％致死するに必要な量1μg／虫よりかなり過剰に付着していることになる。

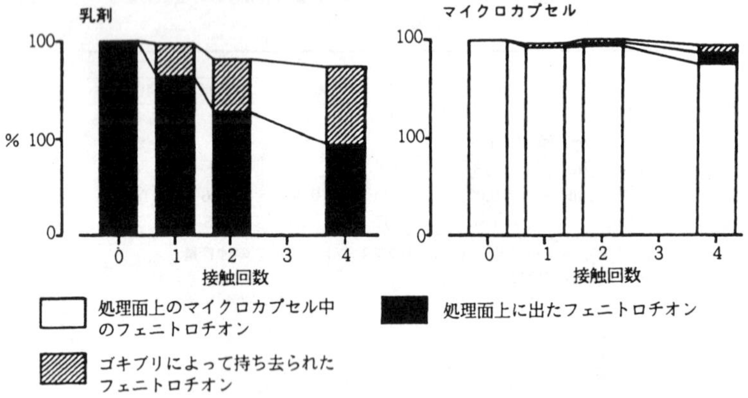

図9　フェニトロチオン処理面（MC，乳剤）へのゴキブリの接触回数と，ゴキブリによって持ち去られるフェニトロチオン量の関係

表7　製剤で処理されたガラス板[1]にチャバネゴキブリを2時間強制接触させた時のフェニトロチオンのゴキブリへの付着量

サンプル[2]	2時間強制接触後の付着量（μg／頭）			
	1回目	2回目	3回目	4回目
MC	2.1	2.2	2.5	2.7
乳剤	39	24	18	15

1）直径8cmのペトリ皿にフェニトロチオン2.5mgを処理
2）MC：マイクロカプセル

MCの破壊は中空肉薄球の破壊理論で取り扱える。同理論によれば，中空肉薄球が破壊されるときに加えられた圧力（p）と許容応力（σ max），球の直径（d），膜厚（t）との間に次の関係が成立する。

$$\sigma\ max = (p/4)(d/t) \quad (1)$$

膜の材質が決まれば，σ maxは定数となるので，球を破壊するのに必要な圧力（p）とd／t値の間には反比例の関係が成立する。実際にMCに圧力を加えていったとき，図10に示すように，破壊率と圧力の間には対数確率紙上で直線関係が得られる[46]。この際，50％のMCを破壊するのに必要な圧力をP_{50}と定義し，体積平均粒子径をD，膜厚をTとすると次の関係が成り立つ。

$$K\ (\text{定数}) = (P_{50}/4)(D/T) \quad (2)$$

式(2)より，D/TがMCの強度を制御する因子であり，Dが大きくTが小さいほどMC強度が低下することが分かる。

シフェノトリンマイクロカプセル（ゴキラート®MC，有効成分10％）が，ゴキブリ防除用に開発された[47]。シフェノトリンMCの作用機構をフェニトロチオンMCと比較すると，表8に示すように，ゴキブリの2時間の強制接触で放出される有効成分の量は，シフェノトリンMCの方がフェニトロチオンMCより約10倍多い。すなわち，シフェノトリンMCは，フェニトロチオ

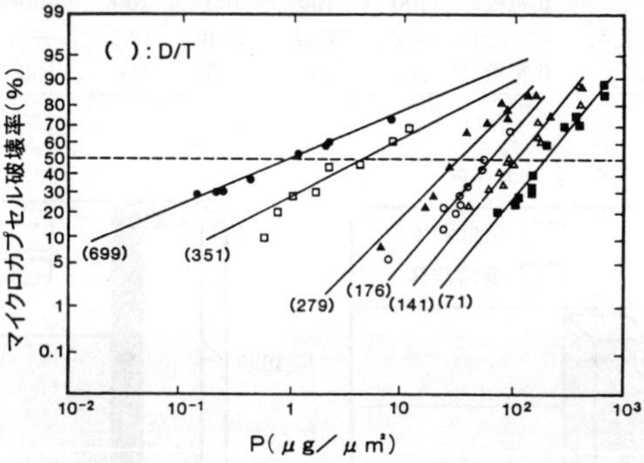

図10　MCに加えられる圧力（P）と破壊率の関係
（ ）は粒径／膜厚の値

表8　チャバネゴキブリを2時間強制接触させた時のMCからの有効成分の放出量

サンプル	接触後の有効成分量		%
	処理量	放出量	
シフェノトリンMC	2.464	0.435	17.7
フェニトロチオンMC	2.542	0.045	1.75

ンMCよりも強度的に弱く，より破壊されやすいことが分かる。

表9にシフェノトリンMCと乳剤の残効性の結果を示す。吸収性の高い表面（ベニヤ板）では，MC化することによって残効性が向上することが分かる。

シフェノトリンとフェニトロチオンのMCと乳剤をベニヤ板上に処理し，口を閉塞したゴキブリと正常なゴキブリを接触させた場合のKT_{50}の値を図11に示す。シフェノトリンMCの場合，口を閉塞したゴキブリと正常なゴキブリでKT_{50}値はほとんど変わらなかった。この結果は，フェニトロチオンMCの場合とは大きな違いであり，シフェノトリンMCはピレスロイド剤であり，食毒効果がほとんどないことを示している。したがって，シフェノトリンMCの作用機構は，ゴキブリによるMCの破壊により有効成分がMC外へ放出され，それがゴキブリの体表部に付着することによって死亡するものと考えられる。

ダイアジノンがポリアミドーポリウレア膜でMC化され，ゴキブリ用に上市されている。

表9　シフェノトリンMCと乳剤のチャバネゴキブリに対する残留接触効果
2時間強制接触法（ベニヤ板と化粧板）

サンプル	表面	致死率（%）					
		0	2	4	8	12	16週間後
シフェノトリンMC	ベニヤ板	100	100	100	100	100	93.3
	化粧板	100	100	100	100	100	100
シフェノトリン乳剤	ベニヤ板	60.0	40.0	50.0	13.3	—	—
	化粧板	100	100	100	100	100	100

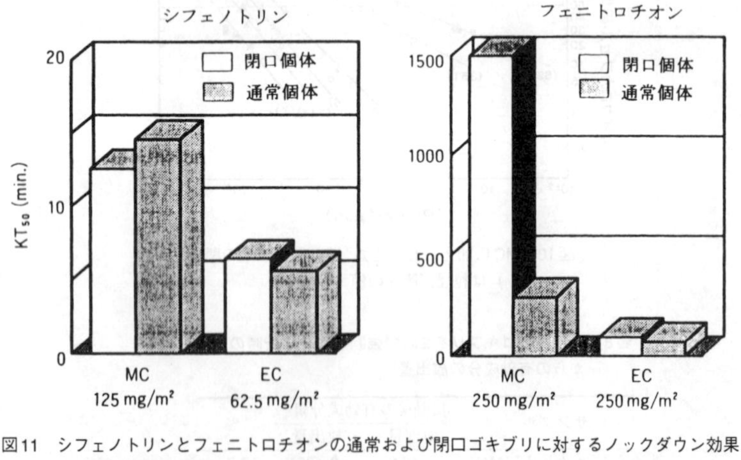

図11　シフェノトリンとフェニトロチオンの通常および閉口ゴキブリに対するノックダウン効果
（MCおよび乳剤をベニヤ板に処理）
MC：マイクロカプセル　　EC：乳剤

（Knox Out® 2FM）粒径は5～30μmである[51～53]。このMCは図12[53]に示すように乳剤と比較して優れた残効性を示す。この製剤の利点は，毒性の軽減と長い残効性である。さらにこのMCは，ダイアジノン抵抗性のゴキブリにも優れた効果を発揮する。これはダイアジノンのMC化により，作用機構が変わった為と考えられる。即ちダイアジノンは一般に乳剤などでは接触効果で効力を発揮する。これに対してMCは，ゴキブリが足に付いたMCをグルーミングすることによって，MCが口の中に入って摂食毒で効力を発揮するようになると考えられる。実際MCは体表に付着すると同時に，その摂食によって食道に入っていることが確認されている。この摂食毒はMCに特有のものであり，この新しい作用機構によりダイアジノン抵抗性のゴキブリにも効くようになる。従ってこのMCは接触毒，と摂食毒の両方で効力が発現していると考えられる。その結果初期効力も残効性も乳剤より優れることになる。

またKnox Out 2FMを散布した直後のダイアジノンの気中濃度が，非常に低く，MC化によりダイアジノンの揮散が効率よく抑制される。これは安全性の点で大きな利点である[51]。

スミスリンMCのゴキブリに対する効力が施用面（ベニヤ板，化粧板など）のいかんを問わず，常に優れた効力を維持できることが報告されている[54]。

スミチオンMCベイトはフェニトロチオンMCを有効成分にして5％を餌などと混合しドーナツ型のタブレットに加工してある。これをベイト容器の中に置く。ゴキブリは容器内に入ってベイトを食べて死ぬ[55]。またフェニトロチオンMCをホウ酸と混合したものが，ゴキブリ誘引殺虫剤として上市されている[56]。

(2) シロアリ防除用[13, 21, 22, 26, 27, 37, 39, 57]

シロアリ防除用にはカレート® MC，カヤタック® MC，レントレック® MC，バクトップ® MC等がある。

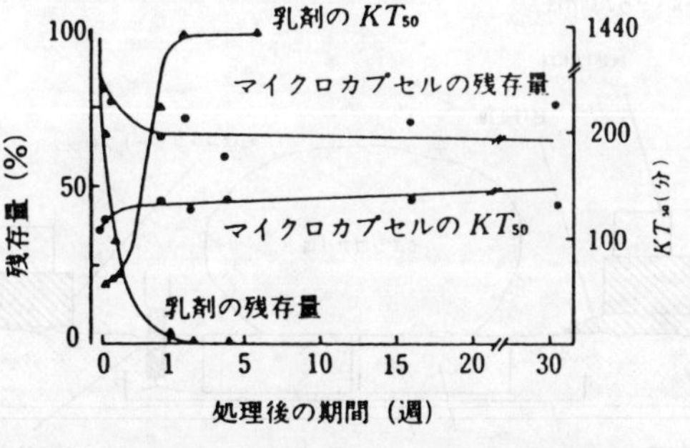

図12　ダイアジノンMC及び乳剤のチャバネゴキブリに対する残効性（KT_{50}の変化で表示）と処理ガラス面上での残存量

フェニトロチオンMC（カレート®MC，有効成分20％）について，その作用機構も含めて説明する。

このMCの膜物質はポリウレタンであり，平均粒径は20μmである。このMCは表10に示すように，木材上で高い効力と残効性を持っている。土壌中においても同様に高い効力を示す。

イエシロアリの巣を用いたモデル試験のやり方を図13に，その結果を表11に示す[22, 57]。MCの1％液をコンクリートブロックと土壌に処理しておけば，6ヵ月後でもコンクリートブロック上に蟻道は生成せず，コンクリートブロック上に置かれた木材も加害されないことが分かる。

カレート®MCで処理し40℃で1年間保存しておいた処理土壌に，①正常な職蟻　②正常な兵蟻　③口器をコロジオンで閉塞した職蟻　④口器をコロジオンで閉塞した兵蟻，のそれぞれ20頭を放して50％の個体が反応（苦悶）するまでの時間は表12のようになり，次のことがわかる。

表10　種々の薬剤の木材上でのイエシロアリ職蟻に対する残効性

薬剤	処理量 (g/m²)	処理後の致死率（％）					
		0	20	80	140	280	360日
フェニトロチオンMC	0.25	100	100	100	100	100	100
	0.5	100	100	100	100	100	100
	1.0	100	100	100	100	100	100
フェニトロチオン乳剤	0.5	100	100	35	0	0	0
	1.0	100	100	60	2	0	0
クロルピリホス乳剤	0.25	100	100	54	6	0	0
	0.5	100	100	14	0	0	0
クロルデン乳剤	0.5	100	100	5	8	3	0
	1.0	100	100	8	3	8	3
無処理	−	0	0	0	0	5	5

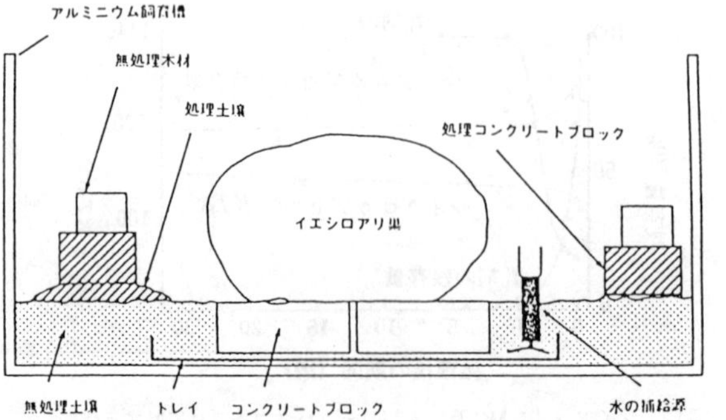

図13　シロアリのサブフィールド試験方法

1）正常な職蟻と兵蟻では，明らかに職蟻の反応の方が兵蟻より速い。

2）口器を閉塞した場合，職蟻では明らかに反応が遅れるのに対して，兵蟻では変わらない。

このように職蟻と兵蟻でカレート®MCに対し異なった感受性を示す理由は，その行動の差に起因するものと考えられる。すなわち，職蟻は土壌粒子を口器で運搬する時，土壌粒子表面に存在するMCの膜を破り，内部の有効成分に接触して死亡するのに対して，兵蟻にはそのような物理的破壊のチャンスがないため前者に比して反応が鈍いと考えられる。

職蟻はグルーミング行動と言って自分自身，あるいは他個体の体をなめ体表を清掃する習性がある。この習性の影響を調べるため，低濃度のカレート®MCの水希釈液を噴霧してそれぞれに噴霧していない職蟻あるいは兵蟻を接種した。その結果を表13に示した[37, 58]。MCを噴霧した職蟻に無処理の職蟻を接種した場合（Ⅰ），噴霧された職蟻はもちろん，無処理の職蟻も高い率で死亡する。しかし，無処理の兵蟻を接種した場合（Ⅱ）はほとんど死亡しない。また，兵蟻に噴霧して，無処理の職蟻（Ⅲ）あるいは兵蟻（Ⅳ）を接種した場合，職蟻は死亡するが，兵蟻は死亡しない。これらの結果は以下のように解釈できる。すなわち，噴霧された職蟻は自分自身を口器でなめ，MC膜を破り内部の有効成分に触れて死亡する。また接種された無処理の職蟻も噴霧処理された職蟻あるいは兵蟻をなめて同じように死亡するが，兵蟻は口器が特殊なためなめる

表11　サブフィールド試験の観察結果（設置6ケ月後）

処理区	反復 No	ブロック上の蟻道形成の有無	ブロック上の無処理木材片への加害の有無
フェニトロチオンMC1％液			
1）ブロック処理のみ	1	有	有
	2	有	無
	3	有	無
2）ブロック処理と土壌処理を併用	1	無	無
	2	無	無
	3	無	無
無処理	1	有	有
	2	有	有
	3	有	有

表12　フェニトロチオンMCの効力に及ぼすシロアリの口器の影響

階級	口器の状態	50％の個体が反応するまでの時間　KT_{50}
職蟻	正常	1〜2時間
	閉塞	6.8時間
兵蟻	正常	5.6時間
	閉塞	7.6時間

0.5％稀釈液5mlを土壌100gに混和処理し，40℃で1年間保存した後に試験に供試した。

表13　フェニトロチオンMCのシロアリ個体間伝播性試験

組み合わせ	噴霧	無処理	階級	経時的致死率（%） 2時間	4時間	24時間
I	職蟻	職蟻	噴霧職蟻	50	50	50
			無処理職蟻	0	12	25
II	職蟻	兵蟻	噴霧職蟻	50	50	50
			無処理兵蟻	0	0	0
III	兵蟻	職蟻	噴霧兵蟻	0	0	45
			無処理職蟻	8	13	62
IV	兵蟻	兵蟻	噴霧兵蟻	0	4	12
			無処理兵蟻	0	0	0

0.04％稀釈液を噴霧処理した。

ことができないので死亡しない。このように職蟻，兵蟻の体に付着したMCはグルーミング行動により他職蟻に伝播，死亡させる作用があるものと考えられる。ちなみに，表13の組合せ（Ⅲ）の噴霧した兵蟻に無処理職蟻を接種した場合の致死率の方が，組合せ（Ⅳ）の無処理兵蟻を接種した場合の噴霧兵蟻の致死率より高いことから，無処理職蟻が噴霧兵蟻体上のカプセルをグルーミングし，体の上で膜が破られ有効成分が経皮的に兵蟻に取り込まれるものと考えられる。

以上のことからフェニトロチオンMCのシロアリへの作用機構は次のように考えられる。

①　木材処理の場合は，職蟻が木材繊維を咬む時，MCを破壊して内部のフェニトロチオンに接触して死亡する。

②　土壌処理の場合は，蟻道を作るためにMCが付着している土壌粒子を口器で運ぶとき，MCを破壊しフェニトロチオンに接触して死亡する。

③　シロアリ間には伝播性がある。シロアリの体表面に付着したMCは巣に持ち込まれ，そこでグルーミング行動によりなめあい，MCを破壊して内部のフェニトロチオンに接触して死亡する。したがって，MCを運ぶ職蟻のみでなく，他のアリも死亡する。

このMCは，暗闇中では非常に安定であるが，水中や土壌表面で太陽光に当たると比較的容易に分解する。また，土壌からのリーチングも認められない。したがって，本MCではほとんど環境汚染は起こらないと考えられる。

フェニトロチオンはMCの破壊によってのみ放出され，拡散では放出されない。したがって，このMCの急性毒性は表14に示すように非常に低い。また，目や皮膚に対する刺激性もアレルギー性も認められない。さらに，コイに対する魚毒性も低く，96時間後のLC_{50}は1000ppm（製剤）以上である。

本MCを家の床下に所定の条件で散布した場合，散布作業の20～40分間で散布作業者の口付近のフェニトロチオンの気中濃度は，0.07～0.4mg/m^{3}であり，フェニトロチオンの作業環境に

表14 フェニトロチオン原体およびマイクロカプセルの急性毒性

		LD50 (mg/kg)	
動物種	投与経路	マイクロカプセル	原 体
ラット	経 口	>20,000 (M, F)[a]	330 (M), 800 (F)
	経 皮	>5,000 (M, F)	890 (M), 1,200 (F)
マウス	経 口	>20,000 (M, F)	1,030 (M), 1,040 (F)
	経 皮	>5,000 (M, F)	>2,500 (M, F)

a) M－雄；F－雌

表15 フェニトロチオンMC散布作業者の推定全身被曝量及び推定皮膚付着量

散布者		推定全身被曝量			推定皮膚付着量			無影響量
No.	体重 (kg)	mg	mg/hr	μg/kg	mg	mg/hr	μg/kg	推定皮膚付着量
1	70	34.3	50.2	490	0.155	0.226	2.21	53400
2	72	121.9	235.7	1695	1.978	3.83	27.47	4300

おける許容濃度（1mg/m^3）に比べて，十分に低い値であった。散布直後の床下および床上におけるフェニトロチオンの気中濃度は，各々0.05～0.053と0.0016～0.0023mg/m^{3}であり，これらの値は急激に低下するので，その家の居住者にとっても全く安全であると言える。

作業者の作業衣および皮膚へのフェニトロチオンの付着量は，表15に示すように非常に低く，このMCの散布作業は散布者にとっても全く安全であると言える。

フェノブカルブMC（バクトップ®MC，有効成分15％）もシロアリ用に開発されており，初期効果も残効性も優れている[59)]。このMCもフェニトロチオンMCと同様にMCが破壊されて効力が発現する。また毒性も軽減され，作業者および居住者に対する安全性，取り扱い性などに優れている。

(3) 防虫合板用[13, 21, 23, 27, 37, 48, 50, 60)]

フェニトロチオンMC（ランバート®MC，有効成分20％）が防虫合板用に開発された。本MCは，合板作製に用いる接着剤中に混入されるが，この際フェニトロチオンが直接接着剤に接触しないので，アルカリ性の接着剤中でもフェニトロチオンが安定化される。したがって，合板作製直後におけるフェニトロチオンの残存率は，図14に示すようにMCの方が乳剤に比べて，特にアルカリフェノール樹脂中で高くなる。これに対応して，表16に示すようにMCを接着剤に混入した場合には，乳剤に比べて優れた穿孔防止能が認められた。この場合，混入量が乳剤の400g/m^{3}より低い300g/m^{3}でも十分であった。

作用機構としては，ヒラタキクイムシが木材を咬んでいく時にMCを破壊し，フェニトロチオンに接触して死亡すると考えられる。

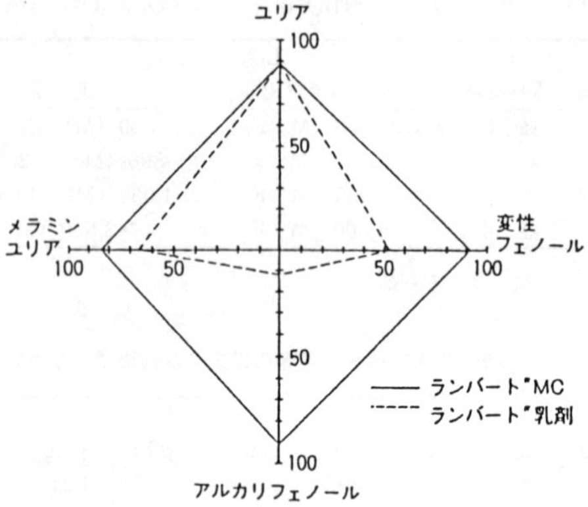

図14　ベニヤ板中での製造直後のフェニトロチオンの残存率（%）

表16　フェニトロチオンMCの合板中でのヒラタキクイムシに対する穿孔防止試験

接着剤種	合板の厚み (mm)	薬剤	仕込み量 (g／m²)	穿孔防止効果（被害枚数／供試枚数）初期	60℃2ヶ月
ユリア	4.0	乳剤	400	0／3	0／4
		MC	300	0／3	0／4
		無処理	―	3／4	4／4
メラミンユリア	4.0	乳剤	400	0／4	0／4
		MC	300	0／4	0／4
		無処理	―	3／4	―
変性フェノール	4.0	乳剤	400	0／4	1／4
		MC	300	0／4	0／4
		無処理	―	4／4	―
フェノール	4.0	乳剤	400	0／4	1／4
		MC	300	0／4	0／4
		無処理	―	3／4	―
フェノール	5.2	乳剤	400	0／4	3／4
		MC	300	0／4	0／4
		無処理	―	4／4	―

(4) 蚊防除用[61)]

フェニトロチオンMCがマラリア蚊防除用の残留散布剤として評価され，その物性と生物効果が報告されている。

フェニトロチオンMCの残留散布処理による壁面の汚れは，水和剤に比べて極めて少ないにもかかわらず，垂直な壁面への付着率は，吸収性の高いベニヤ板面や土壁面では，水和剤や乳剤とほぼ同等，吸収性の低い化粧板面ではこれらを上回ることが分かった（表17）。

室内における残留試験の結果，有効成分1g/m^{2}処理のMCが2g/m^{2}処理の水和剤と同等以上の残効性を示し，またいずれの壁面においてもMCの残効性が，乳剤や水和剤よりも優れていることが分かった（表18）。

フェニトロチオンはMCから揮散し，ガスによる殺虫効果（Air borne効果）も認められた。したがって作用機構は，蚊の接触によるMCの破壊とMC壁を通してのフェニトロチオンのAir borne効果と考えられる。

ラムダーシハロトリンMC（AI 100mg/l）が蚊防除用に開発されている[28]。このMCは界面

表17　3種類のフェニトロチオン製剤の垂直壁面への付着率

壁面の種類	製剤	フェニトロチオンの付着率（g AI/m^2）
ベニヤ板	MC	0.83
	水和剤	0.92
	乳剤	0.94
化粧板	MC	0.94
	水和剤	0.58
	乳剤	0.65
土	MC	1.35
	水和剤	1.18
	乳剤	1.28

表18　フェニトロチオンMC及び水和剤の種々の壁面上での蚊に対する残効性試験

製剤	施用量	表面	致死率（%）			（処理後の週数）			
	(gAI/m^2)		0	4	12	20	28	36	48
MC	2	ベニア板	100	100	100	100	100	100	100
		化粧板	100	100	100	100	100	100	100
		土	100	100	90.0	93.3	83.3	93.3	70.0
	1	ベニア板	100	100	100	100	100	96.7	100
		化粧板	100	100	100	100	100	100	100
		土	96.0	90.0	96.7	80.0	30.0	46.7	—
	0.5	ベニア板	100	100	100	100	86.7	48.3	40.0
		化粧板	100	100	100	100	100	100	96.7
		土	85.0	66.7	60.0	33.3	—	—	—
	0.25	ベニア板	100	100	80.0	70.0	66.7	36.7	—
		化粧板	100	100	100	100	100	69.0	76.7
		土	34.0	46.7	30.0	—	—	—	—
水和剤	2	ベニア板	100	100	100	100	100	100	100
		化粧板	100	100	100	100	100	100	100
		土	100	100	53.3	0	—	—	—
	1	ベニア板	100	100	100	100	100	100	100
		化粧板	100	100	100	100	100	100	100
		土	100	0	—	—	—	—	—

重合法で作製され，粒径は1～10μmである。膜厚はモノマーの添加量で制御された。表19にこのMCのベニヤ板上における蚊に対する効力を示す。膜厚が16～33％（モノマー添加量）の時，同じ施用法で水和剤と同等かそれ以上の効果を示している。そして28％の膜厚で最も良い効果が得られた。また室内および屋外においてセメントの上におけるハエに対する残効性試験が行われた。屋外では紫外線吸収剤を含んだ製剤が長い残効性を示した。

(5) 一般農業用[12, 13, 15, 21, 22, 26, 38, 48～50, 62～65]

メチルパラチオンのMC（Penncap®M，2 lb/gal）が最初に農業用に開発され，EPAから認可された。膜剤はポリアミドーポリウレアであり，粒径は25～30μmである。これはセバコイルクロリド及びポリメチレンポリフェニルイソシアネートとエチレンジアミンとジエチレンテトラミンの混合物との重縮合反応で製造される。このMCの作用機構は拡散機構であり，主な特徴

表19　ラムダーシハロトリンMCの蚊に対する残効性

製剤	膜厚	施用量	致死率（％，48時間後）		
	（モノマー添加量％）	mg AI/m^2	2週間後*	4週間後	8週間後
MC No.1	33	5	95.6	94.7	73.7
MC No.2	28	5	91.2	93.3	90.2
MC No.3	16	5	91.1	87.1	86.6
MC No.4	8	5	66.8	40.1	17.4
水和剤	－	5	89.2	89.2	64.9
無処理	－	0	9.0	7.6	10.4

処理面：合板，　供試虫：蚊　20頭，　接触時間：1時間

＊：処理後の期間

表20　メチルパラチオン乳剤とマイクロカプセル剤のワタ害虫に対する効果比較

製　剤	壁　材 架橋度 (％)	処　理　量 (kg a.i./ha)	処理後各経過日数後における致死率（％）										
			0	2	3	4	5	7	10	11	13	16	20
ワ　タ　ミ　ム　シ													
マイクロカプセル	0	1.12	100		96		76	25		0			
	10	1.12	100		100		96	60		24			
	25	1.12	100		100		100	100		72			
	50	1.12	100		100		100	84		56			
乳剤	－	1.12	94		60		16	4		0			
ワ　タ　ミ　ゾ　ウ　ム　シ													
マイクロカプセル	25	0.28	100	100		97		97	75			46	33
	25	0.11	100					74			33		
乳剤	－	0.28	100	13				0	0		0	0	0
	－	0.11	100			6		0					

＊壁　材：ポリアミドーポリウレア

架橋度：架橋剤添加量（％）

は毒性の軽減と優れた残効性である。効力例を表20に示す[66]。乳剤に比べて施用量が少なくても効力が良いこと，および残効性が長いことがわかる。これによって被曝や環境に対する影響を軽減することが出来る。またこの製剤では，リンゴに対する薬害も軽減されることが報告されている。

メチルパラチオンのMCについて，架橋密度とsalt-marsh caterpillar，およびcabbage looperに対する効力の関係が報告されている（表21）[29]。このMCも界面重合で製造され，架橋密度はTDIに対するPAPIの割合で表わされている。PAPIはポリメチレンポリフェニルイソシアネート，TDIはトルエンジイソシアネートである。初期効力は架橋密度が減少すると向上する。しかし残効性は適度の架橋密度で最も良くなった。そこではメチルパラチオンが適度の速度で放出されていると考えられる。このMCの作用機構も拡散機構である。

ポリウレア膜を利用したテフルトリンMCが報告されている[67]。平均粒径は3μmである。このMCはシュガービートのコート種子に添加され，土壌害虫を良く防除した。

またマラチオンの油性MCがいなごの防除に試験された[68]。膜物質はポリウレタンであり，MCはパラフィンオイルに懸濁している。ULV法で施用すると初期効力が良く，残効性も非常に優れていた。

次に破壊機構で効力を発揮するピレスロイド及びフェニトロチオンMCについて，その効力，魚毒性，急性経口毒性，薬害，耐雨性がどのような因子に依存しているかについて説明する。

a)　効　力[12, 13, 21, 22, 26, 27, 38, 62, 63]

ポリ尿素を膜物質とし，種々の粒径と膜厚を持ったフェンバレレート10％MCのコナガに対する48時間後の半数致死濃度LC_{50}を粒径／膜厚（D/T）に対して両対数でプロットすると，図15に示すように直線関係が得られ，D/Tが大きいほどLC_{50}値が低下し，効力が高まる。また，残効性もD/Tに依存し，400以上で乳剤より優れる。また，ハスモンヨトウに対しても同

表21　メチルパラチオンMCの架橋密度と効力

架橋密度*	初期効力（LD_{50} lb/acre）**	残効性（1 lb/acreで有効な日数）***
5	1／8	6.5
3	＞1／16　＜1／8	9
2	＜1／16	6.5
1	＜1／16	5
メチルパラチオン4-E（乳剤）	＜1／16	1.5

＊　架橋密度は多官能モノマーと二官能モノマーの比で表す（PAPI/TDI）
PAPI/TDIが小さくなる程，架橋密度は低くなる。
PAPI：ポリメチレンポリフェニルイソシアネート，TDI：トルエンジイソシアネート
＊＊　供試虫：Salt-marsh Caterpillar・ソルトーマーシュ　キャタピラー（鱗翅目の一種）
＊＊＊　供試虫：Cabbage Looper・キャベッジ　ルーパー（ウワバの一種）

様の結果が得られている。したがって，効力はフェニトロチオンMCのゴキブリに対する試験の場合と同様に，MCの破壊によって発現していることがわかる。

b） **魚毒性**[12, 13, 21, 22, 26, 27, 38, 62, 63]

種々の粒径と膜厚を持ったフェンバレレート10％MCのヒメダカに対する魚毒性（LC_{50}）を求め魚毒軽減比を次式に従って計算する。

魚毒軽減比＝（フェンバレレートMCのLC_{50}）／（フェンバレレート原体のLC_{50}）

この値を粒径×膜厚（$D \times T$）に対して両対数でプロットすると，図16に示すように直線関係が得られ，$D \times T$すなわち粒径，膜厚が大きいほど魚毒性は軽減されることが分かる。この結果は，次のように薬剤のMC膜を通しての拡散機構で説明できる。すなわち，拡散理論から次式が成立することが分かっている。

$$R_t = 3k\Delta C D_f W / \rho D T$$

ここで，R_tはMCからの溶出速度，kは速度定数，ΔCはMC膜内外の濃度差，D_fは拡散係数，WはMC中の薬量，ρはMCの密度である。

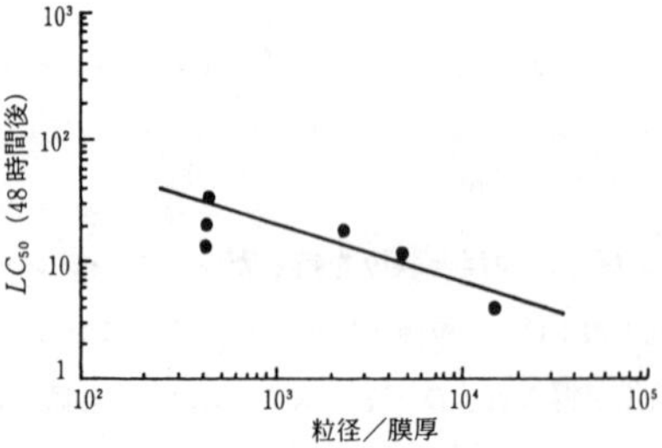

図15　フェンバレレート10％MCの（粒径／膜厚）とコナガに対する効力（LC_{50}）の関係

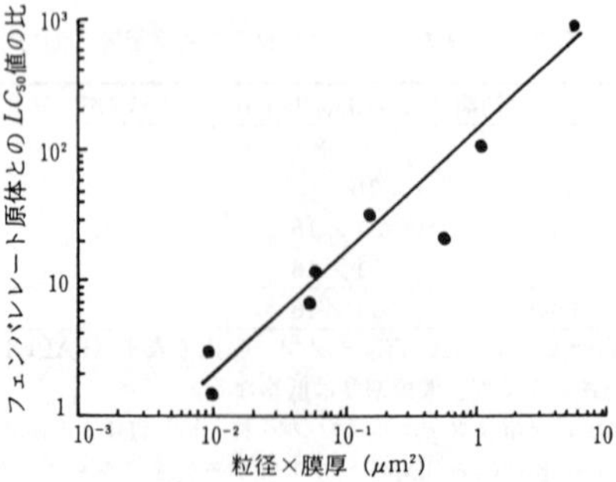

図16　フェンバレレート10％MCの（粒径×膜厚）とヒメダカに対する魚毒性の関係

この式から溶出速度は，$D \times T$と反比例の関係にあることが分かる。$D \times T$が大きいほど薬剤の溶出速度は遅くなり，水中濃度は低く，魚毒性は低下することになり，上記の実験結果と一致する。

c)　急性経口毒性[12, 13, 21, 22, 26, 27, 38, 63, 64]

ポリ尿素膜を用いたフェンプロパトリン10％MCで粒径と膜厚の異なる試料を用いて，ラットに対する急性経口毒性試験が行われた。MCを投与した場合の半数致死投与量LD_{50}値を求め，その値と乳剤のLD_{50}値との比（相対毒性比）を$D \times T$に対してプロットすると，図17に示すように，相対毒性比は$D \times T$が大きくなるにつれて低下した。この場合も薬剤の消化管液への溶出が魚毒性と同様に拡散機構であると考えられる。

d)　薬害[12, 13, 21, 22, 26, 27, 38, 63〜65]

フェンバレレート10％MCのキュウリの幼苗に対する1週間後の薬害発生の程度を観察し，薬害度を算出した。図18にこの薬害度を示す。MCの膜厚が厚いほど薬害は少ないことが分かる。フェニトロチオンについても同様の結果が得られた[38, 65]。

e)　耐雨性[12, 13, 21, 22, 26, 27, 38, 63, 64]

フェンバレレートMCおよび乳剤を濃度100ppmに希釈し，カンラン幼苗に曝露後，1時間に40mmの人工雨を曝露した。その後，処理葉を用いてハスモンヨトウの致死率を求めた。その結

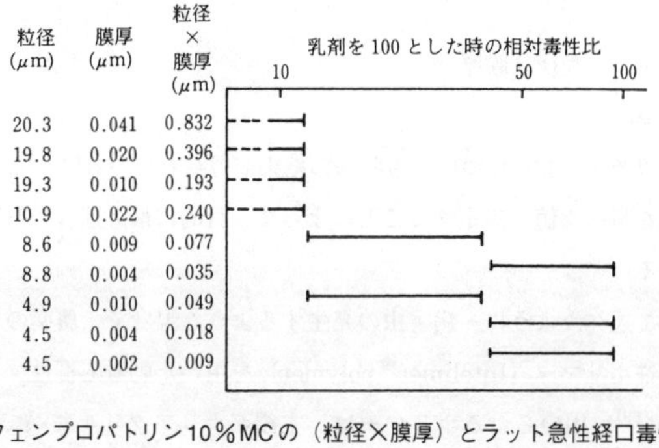
粒径 (μm)
膜厚 (μm)
粒径 × 膜厚 (μm)
乳剤を 100 とした時の相対毒性比
10
50
100
20.3　0.041　0.832
19.8　0.020　0.396
19.3　0.010　0.193
10.9　0.022　0.240
8.6　0.009　0.077
8.8　0.004　0.035
4.9　0.010　0.049
4.5　0.004　0.018
4.5　0.002　0.009

図17　フェンプロパトリン10％MCの（粒径×膜厚）とラット急性経口毒性の関係

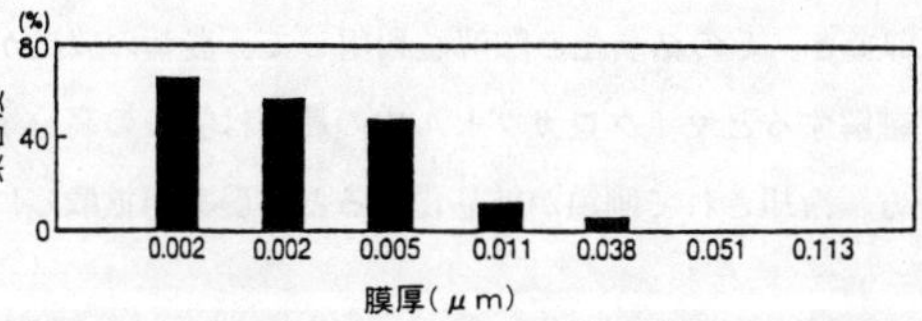

図18　膜厚の異なるフェンバレレート10％MCのキュウリに対する薬害

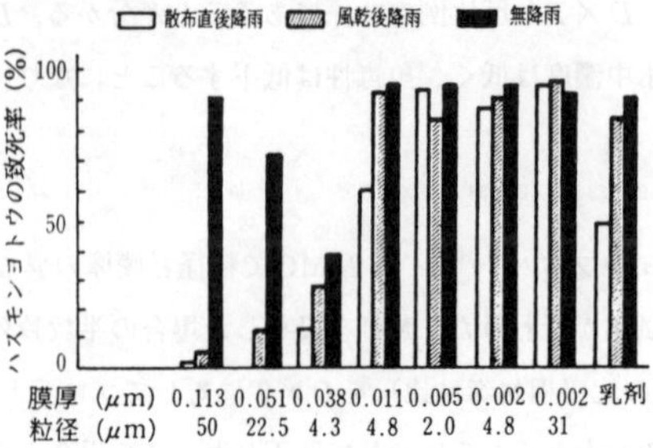

図19　フェンバレレート10％MCの耐雨性

果を図19に示す。耐雨性は膜厚が薄いほど向上している。また，膜厚が0.01μm以下になると，耐雨性は乳剤よりも優れている。これらの現象は，MCの膜厚が非常に薄いと，MCが植物の葉上に散布された後乾燥する過程で自然に壊れ，オイル状の薬剤が葉面に付着するためと考えられる。

以上の結果から，農業用のピレスロイドMCの性質は，各々次のような因子に依存していることが分かった。

効力：粒径／膜厚

魚毒性，急性経口毒性：粒径×膜厚

薬害，耐雨性：膜厚

農業用のフェニトロチオンMCについても同様の結果が得られている[65]。このような因子を考慮して，粒径と膜厚を最適な値に設定することによって，目的に最も適合した物性を持つMCを設計することができる。

先に材料のところで述べたように，病害虫の発生するような温度で，農薬の放出が増加するように設計された感熱性ポリマー（Intelimer® polymer）を用いた刺激応答性マイクロカプセルが報告されている[2, 13, 69]。用いられるポリマーは，主鎖がポリアクリル酸系であり，側鎖にC_{12}～C_{18}の脂肪族アルコールがエステル結合している。この側鎖は，その長さによって融点（Tm）が15～30℃の間で制御でき，その結晶化と融解を利用して，農薬の放出が制御される。すなわち，加熱されて側鎖が融解するとマイクロカプセル中の農薬は，この高分子中を容易に移動，拡散して放出される。一方，冷却されて側鎖が結晶化すると，農薬が拡散しにくくなり，放出が抑制される。

図20にTmが30℃のポリマーを用いたダイアジノンのマイクロカプセルについてのコーンル

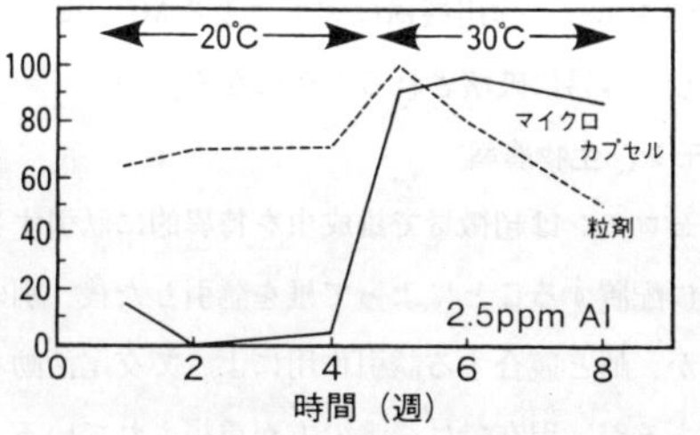

図20 ダイアジノン製剤のコーンルートワームに対する効力
－Intelimer® polymerを用いたMCと粒剤の比較－
20℃（4週間），30℃（4週間）

ートワームの防除率を示す。4週目までは土壌温度が20℃で防除率は低いが，30℃になると防除率が向上していることが分かる。一方市販の粒剤では，最初の20℃では防除率が高いが，6～8週後の30℃では50％に低下している。

センチュウ用にモーキャップ3MC粒剤がある。これはエトプロホスのMCを粒剤に製剤したもので，植え付け又は定植時に圃場全体に均一に散布し，20cm程度の深さまで土壌混和する。このMCは粒径が約5μmで，土壌水分によりエトプロホスが徐放的に放出されて効力を発揮する[70]。

(6) 水稲育苗箱処理用[71,72]

ペルメトリンMC（エンバー®MC，有効成分10％）が，イネミズゾウムシ防除用に水稲育苗箱散布用液剤として開発された。本剤は，移植前日～移植当日に250倍希釈液200～300mlを1回育苗箱に散布する。この場合にも，ポリウレタン膜で粒径と膜厚の最適化が行われた。LC_{50}はD/Tに依存し，D/Tが大きいほど効力が高い。魚毒性は$D \times T$に依存し，$D \times T$が大きいほど魚毒性は低い。これらの性質は，農業用のフェンバレレートやフェンプロパトリンMCの場合と同じである。

薬害として，イネが水田に移植された時に，イネ葉の撥水性が失われることにより発生する流れ葉現象は，製剤の表面張力を高めることにより回避できた。

本剤の主な特徴は，魚毒性の軽減と高い効力であり，粒径は30μm，膜厚は0.3μmに設定された。

(7) 水稲空中散布用[9,73～75]

フェニトロチオンMC（スミチオン®MC，有効成分20％）が水稲用のカメムシ防除用の空中散布剤として，またフェニトロチオン／フェノブカルブMC（スミバッサ®MC，有効成分10／15％）が水稲用のウンカ，カメムシ防除用の空中散布剤として開発された。これらの場合，MC

は乳剤に比べて長い残効性を示し，作用機構は害虫によるMCの破壊である。また，MCは太陽光の照射で膜強度が低下し，容易に破壊されるようになる。

(8) フェロモン，ホルモン，生物農薬

雌成虫の分泌する性フェロモンは超微量で雄成虫を特異的に誘引するので，フェロモンをマイクロカプセル化し，野外に配置することによって雄を誘引した後，別の手段で殺すか不妊化させることによって防除するか，雌と競合する誘引作用によって交尾活動を妨害し，次世代虫の生息密度を減少させる方法があるが，現在では後者の方が重視されている。また，この方法は害虫の発生予察にも利用される。この例としてマイマイガのフェロモンであるディスパールアー（disparlure）をカプセル化した製剤を散布して交尾率が抑制された[76, 77]。

St-B法でウェスターンコーンルートワームの性フェロモンのカプセル化が行われた。この製剤は室温，2年の保存後にも効力を保持していた[78]。

昆虫ホルモンのマイクロカプセルとしては幼若ホルモンであるメソプレンを10％含んだマイクロカプセルAltosid® SR10が実用化されている。これはメソプレンが安定化され，ハエ，蚊の幼虫・蛹に対してすぐれた性能を発揮する。実際，カナダのChalk Riverのプールで蚊の幼虫に対して試験が行われ，低温においても良好な効果が得られ，コスト的にも殺虫剤と同等のレベルになることが分かった[79]。

また，メソプレンのマイクロカプセルを，にわとりの餌に加えることによって糞からのイエバエの発生を抑制するいわゆるフィードスルー（feed through）の使用法も報告されている。メソプレン原体を餌の中に50ppm加えた場合，3日間はイエバエの発生を抑制したが，これに対してマイクロカプセル化した場合には餌中に有効成分にして5ppm加えたのみで8日間イエバエの発生を抑制できた[80]。

生物農薬のマイクロカプセルもいくつか報告されている。リン翅目昆虫の病原菌であるバシルス・チューリンゲンシス（BT剤）がNCR法でカプセル化され，乾燥状態で粒剤と同様に施用した場合も，スラリー状態で散布した場合もアワノメイガに対して良好な防除効果を示した[81, 82]。

BT剤のカプセル化がSt-C法でも行われた。この製剤は，室温に4ヵ月保存した後でも生物活性は低下せず安定であった[83]。この際種々の安定剤が添加されたが，コンゴーレッドを加えた場合が安定化効果がもっとも大きかった[84, 85]。

St-C法を応用した自動カプセル化法で，BT剤がカプセル化された。α化デンプンとサッカロースの等量混合物を用い，棉に散布後葉上でカプセル化が起こる。ここでは紫外線吸収剤を添加することもでき，耐雨性のあるマイクロカプセルが生成する。通常のBT製剤では，綿の葉上で7日以内に効力を失うが，この製剤では2週間以上アワノメイガに有効である[86]。

また，ワタ害虫ヘリオティス属の核多核体ウィルスがエチルセルロースを用いてマイクロカプセル化されたが，太陽光線に対する安定性は不十分で，紫外線吸収剤の併用が必要であった[87]。

またバクテリア，藻類，酵母などの細胞によるカプセル化も行われている[88, 89]。この場合，用いる細胞は生きているもの，死んでいるもの両方とも用いることができる。例として，バチルス・チューリンゲンシスを，シュードモナス・フルオレッセンスの死細胞の中に含有したCellcap®がある[90～92]。これは，発酵の過程で，タンパク質毒素（BT toxin）をシュードモナスの細胞の中に蓄積させ，その後に細胞を死滅させてカプセルを得るものである。このカプセルは，害虫によってこの細胞が，消化されたときに初めて，中の殺虫性タンパク質毒素が放出され，リン翅目幼虫の高アルカリ性中腸消化液によって可溶化され，さらにタンパク分解酵素によって，分子量約6万の殺虫活性を有するコアタンパク質に分解される。このコアタンパク質が中腸上皮細胞に作用し，消化機能を乱すことにより殺虫活性を示す。このようにリン翅目幼虫にのみ作用するので，受動的標的指向性ということができる。またこのカプセル化によって毒素は，紫外線，葉上の酵素やあるpH条件などによる分解から保護されており，カプセル化しない場合の2～5倍の残効性が得られている。

また生きた微生物の中に，殺虫活性のある毒素を含有させること（カプセル化）によって，残効性が長く，標的指向性のある製剤ができる[88, 90, 91]。例えば，殺虫毒素を生成するBt遺伝子を遺伝子工学的手法によりシュードモナスに導入することが報告されている[93]。このバクテリアは，ある種の作物に特異的に寄生するので，例えばレタスなどで1回の施用で数週間の効果があると報告されている。

またバクテリア，酵母，虫を殺す線虫などの生きた生物農薬をアルギン酸塩を用いて温和な条件でカプセル化することも報告されている[94]。また水不溶性のアクリル酸エステル共重合体の分散液を用いて，スプレードライ法でバクテリアのカプセル化ができることが報告されている[95]。

(9) 森林防除用[96～99]

フェニトロチオンMC（スミパイン®MC，有効成分23.5％）が森林防除用空中散布剤として開発された。本剤はマツクイムシの被害を予防するため，それを媒介するマツノマダラカミキリを効率よく防除するとともに，散布液による自動車の塗装汚染防止を目的として設計された。フェニトロチオンはMCから拡散機構では放出されず，マツノマダラカミキリがMCを咬んで破壊し死亡すると考えられる。こうして，MCは乳剤に比べて優れた防除効果と塗装汚染防止効果を示した。

1.5.2 殺菌剤

殺菌剤のMCは非常に少ない。

カルベンダジムやメタラクシルがMC化されており，土壌細菌に対する効力が報告されている[100, 101]。またメタラクシルのMC化粒剤はキュウリの菌核病に有効であり，激しい薬害も発生しなかった[100)]。

エディフェンホスのMC化がゼラチンとアラビアガムのコアセルベーション法で行われた[102)]。この場合生物効力は乳剤より低かった。効力を高めるために，MCからのエディフェンホスの放出速度を高めることが試みられた。即ちニューカルゲンCP-120，9002などの界面活性剤をMCの芯や外部の液層に添加された。液層に加えた場合，エディフェンホスの放出は，その溶解度まで上昇した。しかし効力は十分には向上しなかった。

ラテックス塗料の殺菌剤である2，3，5，6-テトラクロロ-4-スルホニルピリジンおよびテトラクロロイソフタロニトリルが，尿素-ホルマリン樹脂を用いて*in situ*法でMC化された（有効成分55～65％，粒径10μm）。MC化することによって，殺菌剤の溶解度が減少し，また揮散を抑制でき，長い残効性が得られた[103)]。

1.5.3 除草剤

ポリウレア膜を用いたアラクロールのMCが棉および大豆用の除草剤として開発されている(Lasso Micro Tech®)。粒径は2～15μm，膜厚は，約0.1μmである[104)]。不耕起の棉畑に3年間毎年施用し，スズメノテッポウを効率よく抑制し，2年目には棉の収量が乳剤の場合と比べて増加した[105)]。

先に述べた感熱性ポリマー（Intelimer® polymer）を用いて，トリフルラリンのMC化が行われた。トリフルラリンとIntelimer® polymerおよびイソシアネートを混合して加熱する。この油性の混合物を水中に分散して，粒径を10～100μmに調節する。水相に架橋剤であるアミンを加え，1時間攪拌を続ける[69，106～108)]。

T_m30℃のIntelimer® polymerを用いたMCからのトリフルラリンのエタノール／水（1／1）中への放出挙動を図21に，またMCと乳剤の30℃におけるノビエに対する施用90日後の効力を図22に示す。すべての施用量でMCが乳剤よりも優れた効力を示している。例えば0.83kgAI/haの施用でMCは乳剤の1.6kgAI/haの場合よりも優れた効力を示している。従って

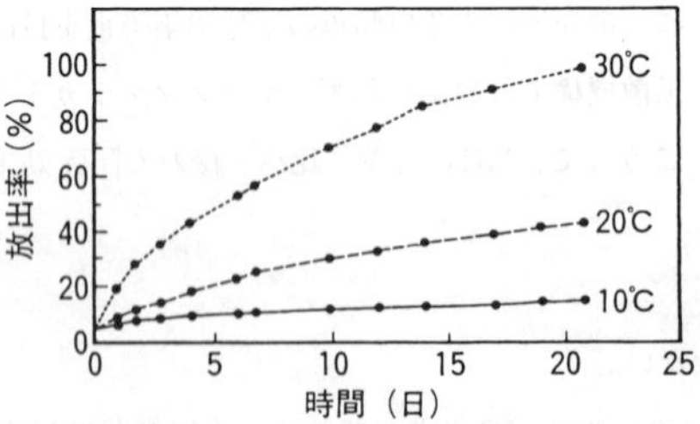

図21　Intelimer® Polymerを用いたトリフルラリンMCからの薬剤のエタノール：水（1：1）中への放出速度

MCを用いると施用量を減らすことができ経済的である。温室での実験でこのトリフルラリンMCは，棉に対する薬害を非常に減らすことができ，雑草防除に要する有効成分を50％減らすことができた。

Intelimer® polymerを用いたアラクロールのMCでは，メヒシバを長期にわたり抑制することができた。またこのMCによって乳剤に比べて地下水へのリーチングを減らすことができる。

またデンプンを用いて除草剤をMC化した研究が多く報告されている。

St-X法でMC化したEPTCのMCについて，ポット試験でのエノコログサに対する除草効果を表22に示す[109]。播種後87日までカプセルは効果を示しているが，乳剤は52日までしか効果は認められない。

St-X法でMC化したトリフルラリンのカプセルの放出挙動についても持続性が認められる[110]。

St-C方法で，アミロース含量の異なるデンプンを用いてアラクロールがカプセル化された。アミロースの含量が多いほど，アラクロールの放出速度は遅く，かつリーチングも減少し地下水

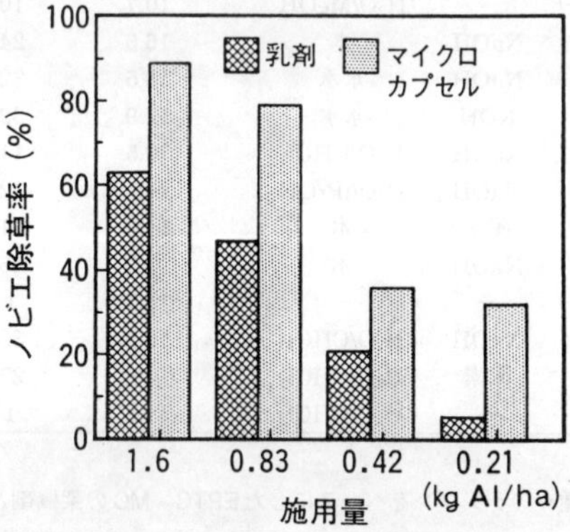

図22　温室中のノビエのトリフルラリンによる除草率（30℃，処理後90日）
Intelimer® polymerを用いたMCと乳剤との比較

表22　デンプン－Xanthide－EPTCカプセルの除草効果

処理	雑草生重量　g／ポット			
	31日	52日	87日	120日
未処理	1.6	2.0	2.8	2.2
EPTC乳剤	0	0.1	2.7	2.8
デンプン－Xanthide－EPTC	0	0.01	0.4	3.9

対象：エノコログサ，施用量：3 lb／A

汚染も減少する。また粒子径が大きいほどアラクロールの放出速度は遅くなる[34]。

St-C法でスプレーを用いて簡単にカプセル化する方法も報告されている。トリフルラリン，2，4-D，アラクロール，ブチレートなどの除草剤の乳剤を加熱処理したデンプンの分散液中に添加後，スプレーして乾燥し粉砕すると除草剤を含んだ耐水性のある製剤が得られる。最もよい捕捉をしたのは，3％のデンプンを100℃で30分クッキングしたものであった。この製剤はα-アミラーゼに対しても安定である[111]。

St-C法をもとにした自動カプセル化においてトリフルラリンのカプセル化条件とカプセル化率を表23に示す。このようなカプセル化工程で，最終段階の湿らせる工程を圃場における水分を利用して行うことができる。すなわち降雨，夜露，潅漑の水などが利用できる[35]。

揮散性の高いEPTCがデンプンを用いた種々の方法でMC化された[112]。その結果を表24に示

表23　トリフルラリンの自動カプセル化

壁物質	添加剤	溶媒	有効成分（％）	カプセル化率（％）	
				初期	スプレー後
PVA	―	―	23.1	2	52
α化コーンスターチ	―	H_2O/MeOH	10.7	10	78
真珠状デンプン	NaOH	水	16.6	24	81
	NaOH	氷水	18.5	32	79
	KOH	氷水	17.9	32	74
	NaOH	$H_2O/CHCl_3$	10.5	11	78
	NaOH	H_2O/iPrOH	8.9	12	86
	尿素	水	14.3	31	68
モモメイズ	NaOH	水	18.5	46	70
α化コーンスターチ	―	―	16.7	1	76
軟質小麦粉	NaOH	$H_2O/CHCl_3$	10.5	36	93
軟質小麦粉	尿素	$H_2O/CHCl_3$	7.9	27	47
α化コーン粉末	―	$H_2O/CHCl_3$	11.8	1	33

表24　種々のデンプンをベースにしたEPTC　MCの架橋剤と物性

デンプンの種類	架橋剤	EPTC含量（％）	製品pH	膨潤率（％）
真珠状デンプン	B	6.5	9.74	760
真珠状デンプン	Ca-B	5.8	9.33	680
真珠状デンプン	Ca	7.2	11.54	800
モチデンプン	Ca-B	5.1	9.43	840
高アミロース	Ca-B	2.3	9.38	220
真珠状デンプン	$FeCl_3$-Xan	6.4	2.80	200
モチデンプン	C	6.5	5.68	840
真珠状デンプン	C	4.4	6.37	220
高アミロース	C	5.2	5.82	180

B：ホウ酸，Ca：カルシウム，Xan：キサンタイド，C：スチーム処理

す。放出速度はデンプンの種類と架橋法に依存した。真珠状デンプン又は高アミロースデンプンを用い，ジェットクッキング法でMC化したものが，最も良い放出制御性を示した。

液体のクロロアセトアニリドが30mmの二軸押出機により，デンプン35％を用いてスティーム処理法より効率よくMC化された[36]。このMCは有効成分は細かく分散しており，膨潤性は低く，水中での放出速度がスチーム処理法に比べて遅くなる。

この方法のスケールアップの研究も報告されている。放出速度は押出機の条件，粒径，デンプンへの添加剤などに依存する[113]。

アタパルジャイトクレーをコーンスターチに混合した場合，アトラジンなどの除草剤の捕捉率はクレー量の増加と共に低下した。しかしこの場合除草剤は完全に放出される[114]。3種類の除草剤について水中への放出速度を表25に示す[115]。水中への放出速度は水溶解度の大きい除草剤で早くなる。メトラクロールの場合，初期放出速度は，50％クレーを含んだデンプンMCで最大になった。

デンプンでMC化した除草剤の土壌カラムを用いたリーチングテストが行われた。MCは乳剤にくらべて1／5しかリーチングしなかった[115]。

アトラジンMCについても，屋外試験で非常に優れた雑草防除効果が認められ，かつアトラジンのリーチングも非常に抑制された[116]。

またアトラジンの土壌表面からの流亡もMC化によって減少し，また揮散による消失も2％以下に減少した[117]。

メトリブジンがアルギン酸塩-カオリン-アマニ油を用いてMC化された[118]。この製剤ではカプセル表面にアマニ油をコーティングし，MC側のオイルと水の間の分配の関係からメトリブジンの放出速度が著しく抑えられている。

ダイカンバ（3,6ジクロロ-2-メトキシ安息香酸）がエチルセルロースを用い溶媒揮散法でMC化された。またポリアリールスルホンを用い溶媒揮散法またはスプレードライ法でMC化され

表25　カプセル化除草剤の水中への放出速度

	放出量（％）				
カプセル化物	1時間	2時間	3時間	24時間	48時間
アトラジン	9	17	22	56	67
アラクロール	31	46	56	80	91
メトラクロール	37	49	61	91	97
0％クレー	29	39	50	80	85
20％クレー	32	42	55	91	98
50％クレー	40	51	58	93	100
60％クレー	40	48	58	93	100
80％クレー	27	40	51	100	

た[119]。圃場条件下でダイカンバは比較的一定速度で放出された。しかしスプレードライ法で作製したポリアリルスルホンを用いたMCからのダイカンバの放出はエチルセルロースを用いたMCより非常に遅かった。

MCと固体農薬原体を同時に水中に分散した製剤が開発されている[120]。この製剤はエスプロカルブのMCを有効成分として30.0％とベンスルフロンメチル原体を1.4％を水中に分散した製剤であり，ノビエ2.5葉期まで有効な初中期一発処理除草剤（オーテフロアブル）である。これは通常のMC剤とフロアブル剤を混合した新しい製剤である。エスプロカルブをポリウレア膜でMC化してあり，粒径は約10μmである。このMC化により，エスプロカルブが徐放性になり，効力が安定し，残効性が付与されると同時に成分量の低減がはかられている。この製剤は人畜毒性も軽減され普通物となっている。また魚毒性も軽減され（B類），薬害の軽減，異臭防止も達成している。この製剤は畦畔から容器のまま振り込む方法で施用し，ノビエをはじめ一年生雑草，ホタルイ，ウリカワ，ミズカヤツリ，セリ，ヒルムシロなど広範囲の雑草に有効である。

1.6　おわりに

農薬のマイクロカプセルについてその意義，製造方法，材料，作用機構およびいくつかの実例を紹介した。このMCは，農薬の施用量の減少，残効性の向上，省力化，安全性の向上，標的指向性など，最近農薬開発において求められている多くの優れた特徴を持っている。

また先にも述べたように，最近は，農薬の有効利用と環境負荷の軽減の観点から，必要なときに，必要な場所に，必要な量の農薬を送達するという理念，いわゆるPesticide Delivery System（PDS，農薬送達システム）の考え方が重要になっている。マイクロカプセルは，このPDSの有効な手段の一つであり，今後も益々その重要性が高まり，種々の新しい機能性を備えたマイクロカプセルが開発されていくことが期待される。

文　献

1）辻孝三，2「農薬工業と界面活性剤」，p200，「機能性界面活性剤の開発と最新技術」，シーエムシー出版（1994）
2）辻孝三，粉体と工業，**29**，No.4，33（1997）
3）辻孝三，化学経済，**44**，No.11，27（1997年9月号）
4）辻孝三，住友化学，1998-I, 79（1998）
5）辻孝三，第3節「農薬における造粒」，p271，「造粒プロセスの最新動向と応用技術」，技術情報協会（1998）

6) K. Tsuji, Formulation Science, 1, 53 (1998)
7) 辻孝三，今月の農業，11月号，18 (1998)
8) 辻孝三，第12章「農薬」p1013，「界面ハンドブック」，高澤康裕，梅澤喜夫，澤田嗣郎，辻井薫 監修 (2001)
9) 辻孝三，第5節「機能性微粒子設計の応用・実例，5-1農薬製剤」p593,「微粒子工学大系」，第1巻 基本技術，フジテクノシステム (2001)
10) 辻孝三，第6章「製剤の動向」，p190,「新農薬開発の最前線ー生物制御科学への展開ー」，山本出 監修，シーエムシー出版 (2003)
11) 辻孝三，第1章 農薬製剤・施用技術の進歩，(3) 農薬製剤・施用法 21世紀の展望，製剤 p45，「農薬製剤・施用法の進歩」，日本農薬学会 農薬製剤・施用法研究会編 (2001)
12) 今井正芳，堀出文男，大坪敏朗，津田重典，辻孝三，住友化学，1990-II, 73 (1990)
13) 辻孝三，第5章，「製剤技術」，p101，「続医薬品の開発」第18巻，農薬の開発Ⅰ，矢島治明監修，岩村俶，上野民夫，鴨下克三編集，廣川書店 (1993)
14) 辻孝三，平成9年度 農薬バイオテクノロジー関連技術情報 調査報告書，p36 (平成10年3月)
15) 辻孝三，6「新しい製剤と施用法」，p197，「新しい農薬の科学ー食と環境の安全をめざしてー」，宮本純之編，廣川書店 (1993)
16) 辻孝三，粉体と工業，28, No.6, 55 (1996)
17) 辻孝三，第5章「医学薬学への応用」第3節「農薬」，p257「最新マイクロカプセル化技術」，近藤保監修，総合技術センター (1987)
18) 辻孝三，第3章 3. 農薬の放出制御，p65，「コントロールリリースの実際技術」，シーエムシー出版 (1985)
19) K. Tsuji, "Controlled Release Formulation", p.223, in Pesticide Science and Biotechnology, ed. by R. Greenhalgh and T. R. Roberts, Blackwell Scientific Publication (1987), 6th Intern. Cong. Pest. Chem., 4S-02, Ottawa (1986)
20) 大坪敏朗，辻孝三，16，「放出制御製剤」，63,「農薬製剤ガイド」，日本農薬学会 農薬製剤・施用法研究会編，日本植物防疫協会 (1997)
21) K. Tsuji, Chapter 6, "Preparation of microencapsulated insecticides and their release mechanism", p 99 in "Controlled Delivery of Crop Protection Agents", ed by R. M. Wilkins, Taylor & Francis, London (1990)
22) K.Tsuji, 3. "Application and Particle Design of Insecticide Microcapsules", p55, in "Controlled-Release Delivery System for Pesticides", ed. by H.B.Scher, Marcel Dekker,Inc., New York (1999)
23) K.Tsuji, 12 "Microcapsules in Agriculture", p349 in "Microspheres, Microcapsules & Liposomes", Vol. 1, ed. by R. Arshady, Citus Books, London (1999)
24) 辻孝三，「ケミカルデリバリーシステムの農業分野への利用の現状と展望ー農薬を中心としてー」，p161，「DDS技術の進歩」，嘉悦勲 編集，日本工業技術振興協会 (1990)
25) 辻孝三，今月の農業，11月号，39 (1998)
26) 辻孝三，微粒化，8，No.23，140 (1999)
27) 辻孝三，Pharm Tech Japan，6，No.1，93 (1990)

28) G. J. Marrs and H. B. Scher, Chapter 4 "Development and Uses of Microencapsulation", p 65, in "Controlled Delivery of Crop Protection Agents", ed. by R. M. Wilkins, Taylor & Francis, London (1990)
29) H. B. Scher, "Microencapsulation of pesticides by interfacial polymerization ; process and performance consideration", p295, in "Pesticide Chemistry, Human Welfare and the Environment", Vol. 4. ed. by J. Miyamoto and P.C. Kearney, Pergamon Press, Oxford (1982)
30) 辻孝三，2.「地圏環境への応用」，1.「農薬徐放システムへの応用」，p555「生分解性プラスチックハンドブック」，土肥義治編集代表，エヌ・ティー・エス（1995）
31) B.S.Shasha, "Controlled Release Technologies : Methods, Theory and Application", II, p207 ed.by A.F.Kydonieus,CRC Press Inc.,Boca Raton, Florida (1981)
32) B.S.Shasha, D.Trimnell and F.H.Otey, *J.Polym.Sci.,Polym.Chem.Ed.*, **19**, 1891 (1981)
33) B.S.Shasha, D.Trimnell and F.H.Otey, *J.Appl.Polym.Sci.*, **29**, 67 (1984)
34) R.E.Wing, W.M.Doane and M.M.Schreiber, *Pesticide Fomulations and Application Systems*, **10**, 17 (1990)
35) D.Trimnell and B.S.Shasha, *ibid*, **7**, 25 (1988)
36) R.E.Wing, M.E.Carr, D.Trimnell and W.M.Doane,*J.Control.Rel.*, **16**, 267 (1991)
37) 辻孝三，新庄五朗，伊藤高明，津田重典，高橋尚裕：住友化学，1989－I，4（1989）
38) 辻孝三，大坪敏朗，津田重典，粉体と工業，**23**，No.4，39（1991）
39) 辻孝三，粒子設計と製剤技術，p173，川島嘉明編集，薬業時報社（1993）
40) S. Tsuda, T. Ohtsubo, H. Kawada, Y. Manabe, N. Kishibuchi, G. Shinjo and K. Tsuji, *J. Pesticide Sci.*, **12**, 23 (1987)
41) T. Ohtsubo, S. Tsuda, Y. Manabe, N. Kishibuchi, G. Shinjo and K. Tsuji, *J. Pesticide Sci.*, **12**, 43 (1987)
42) K. Tsuji, S. Tsuda, T. Ohtsubo, H. Kawada, Y. Manabe, N. Kishibuchi and G. Shinjo, *Proceed. Intern. Symp. Control. Rel. Bioact. Mater.*, **13**, 44 (1986)
43) K. Tsuji, SP World, No.10, 2 (Spring 1988), *Pesticide Outlook*, **4**, Issue 3, 36 (1993)
44) H. Kawada, S. Tsuda, T. Ohtsubo, G. Shinjo and K. Tsuji, *Proceed. Intern. Symp. Control. Rel. Bioact. Mater.*, **16**, 441 (1989)
45) H. Kawada, M. Makita, S. Tsuda, T. Ohtsubo, G. Shinjo and K. Tsuji, *Jpn. J. Environ. Entomol. Zool.*, **2** (1), 6 (1990)
46) T. Ohtsubo, S. Tsuda and K. Tsuji, *Polymer*, **32**, No.13, 2395 (1991)
47) H. Kawada, T. Ohtsubo, S. Tsuda, Y. Abe and K. Tsuji, *Jpn. J. Environ. Entomol. Zool.*, **5**, (2), 65 (1993)
48) 辻孝三, *Pharm Tech Japan*, **15**, No.2, 261 (1999)
49) T.Ohtsubo and K.Tsuji, 13 "Insecticide Microcapsules : Design-Efficacy Relationship", p373, in "Microspheres, Micricapsules & Liposomes", Vol. 1, ed. by R. Arshady, Citus Books, London (1999)
50) 辻孝三，日本農薬学会誌，**14**，245（1989）
51) G. H. Dahl, *Stud. Environ. Sci.*, **24**, 203 (1984)
52) M. K. Rust and D. A. Reierson, *Pest Control*, **47** (5),14 (1979) ; **48** (3), 24 (1980)

53) M. Sakurai, M. Kuritaki, S. Asaka, T. Umino and T. Ikeshoji, *Jpn. J. Sanit. Zool.*, **33**, No.4, 301 (1982)
54) H. Fuyama, G. Shinjo and K. Tsuji, "Controlled Release Delivery Systems", p315, ed. by T. J. Roseman and S. Z. Mansdorf, Marcel Dekker Inc., New York (1983)
55) スミチオンMCベイト　技術資料
56) ゴキブリQ　カタログ
57) 伊藤高明，河野頼子，大坪敏朗，津田重典，辻孝三，新庄五朗，日本応用動物昆虫学会誌，**32**，No.2，148（1988）
58) R.Iwata, T.Itoh and G.Shinjo, *Applied Entomology and Zoology*, **24**, 213 (1989)
59) 大坪敏朗，藤本いずみ，角田秦，住友化学，1996－Ⅱ，25（1996）
60) M. Kawashima, T. Ohtsubo, S. Tsuda, T. Itoh and K. Tsuji, *J. Pesticide Sci.*, **16**, 41 (1991)
61) H. Kawada, M. Ogawa, T. Ito, Y. Abe and K. Tsuji, *J. Amer. Mosquito Control Association*, **10**, No.3, 385 (1994)
62) T. Ohtsubo, H. Takeda, S. Tsuda, M. Kagoshima and K. Tsuji, *J. Pesticide Sci.*, **14**, 235 (1989)
63) K. Tsuji, S. Tsuda, T. Ohtsubo and H. Takeda, *Proceed. Intern. Symp. Control. Rel. Bioact. Mater.*, **15**, paper No.170, 292 (1988)
64) T. Ohtsubo, H. Takeda, S. Tsuda and K. Tsuji, *J. Pesticide Sci.*,**16**, 413 (1991)
65) T. Ohtsubo, S. Tsuda, H. Takeda and K. Tsuji, *J. Pesticide Sci.*,**16**, 609 (1991)
66) S. Meghir, *Pesticide Sci.*, **15**, 265 (1984)
67) G. J. Marrs and H. B. Scher, "Development and uses of microencapsulation", p65, in "Controlled Delivery of Crop Protection Agents". ed by R. M. Wilkins, Taylor & Francis, London (1990)
68) C. Bates, Brighton Crop Protection Conference-Pest and Diseases, 8B-1, p997 (1994)
69) L.Greene and P.Meyers, Brighton Crop Protection Conference -Pests and Diseases-, 6C-11, p593 (1990)
70) モーキャップ3MC粒剤　技術資料
71) 大坪敏朗，福永雄二，篭島通夫，津田重典，笠松紀美，辻孝三，日本農薬学会　第17回大会，C203，p135（1992）
72) エンバーMC　技術資料
73) 市川良平，五月女淳，前沢嘉彰，中島満，平成4年度　農林水産航空技術合理化試験成績書（農業編），p21（1992）
74) 小山正一，平成5年度　農林水産航空事業　受託試験成績書（農業編），p97（1993）
75) 安村知子，大坪敏朗，福永雄二，津田重典，笠松紀美，辻孝三，日本農薬学会　第16回大会，A104，p38（1991）
76) J.Granett and C.C.Doane ; *J.Econ.Entomol.*,**68**, No.4, 435 (1975)
77) M.Beroza, L.J.Stevens, B.A.Bierl, F.M.Phillips and J.G.R.Tardif, *Environ. Entomol.*, **2**, 1051 (1973)
78) L.J.Meike, Z.B.Mayo and T.J.Weissling, *J.Econ.Entomol.*,**82**,1830 (1989)
79) W.F.Baldwin and G.D.Chant, *Can.Entomologist*, **108**, No.11, 1153 (1976)

80) G.C.Breeden, E.C.Turner Jr. and W.L.Beane, *J.Econ, Entomol.*, **68**, No.4, 451 (1975)
81) E.S.Raun, *Crops & Soils Magazine*, **20**, Aug-Sept.,17 (1968)
82) E.S.Raun and R.D.Jackson, *J.Econ.Entomol.*, **59**, No.3, 620 (1966)
83) R.L.Dunkle and B.S.Shasha, *Environ.Entomol.*, **17**, 120 (1988)
84) R.L.Dunkle and B.S.Shasha,*ibid.,* **18**, 1035 (1989)
85) B.S.Shasha and H.R.McGuire, *Pesticide Formulations and Application Systems*, **11**, 33 (1992)
86) H. R. McGuire and B. S. Shasha, *J. Econ. Entomol.*, **83**, 1813 (1990)
87) C.M.Ignoffo and O.F.Batzer, *J.Econ.Entomol.*, **64,** No.4, 850 (1971)
88) R.M.Wilkins, Brighton Crop Protection Conference -Pests and Diseases- ,9A-1, p1043 (1990)
89) K. Trought, Trends in Pesticide Formulation, AGROW (1989)
90) F. Gaertner, "Cellular delivery system for insecticidal proteins : living and nonliving microorganisms", p245, in "Controlled Delivery of Crop Protection Agents" ed. by R. M. Wilkins, Taylor and Francis, London (1990)
91) M. Finlayson and F. Gaertner, *J. Cell Biochem., Suppl.*, 13A, 152 (1989)
92) A. M. Thayer, C & E N, April 30, 18 (1990)
93) M. G. Obutowicz, F.J. Perlak, K.Kusano-Kretzmer, E.J.Mayer, S.L.Bolten and L.S.Watrud, *J. Bacteriology*, **168**, 982 (1986)
94) W.J.Connick Jr., "Pesticide Formulations, Innovations and Developments", *ACS Symp.Ser.*,**371**, 241 (1988)
95) J.Richard, C.Amiet-Charpentier,P.Gadille,B.Digat and J.P.Benoit, *Proceed. Intern. Symp. Control. Rel. Bioact. Mater.*, **24**, 141 (1997)
96) 大坪敏朗，津田重典，竹田久己，清水勝之助，辻孝三，日本農薬学会第15回大会，C109，p125 (1990)
97) 津田重典，大坪敏朗，真部幸夫，竹田久己，酒井正三，笠松紀美，清水勝之助，辻孝三，(住友化学)，特公平8-18936 (1996)
98) 平成6年度　農林水産航空事業　受託試験成績書（林業編），讃井孝義，松本哲彦，p11，小林俊夫，津川守，松原功，沖津幸夫，武田好二，猪野敏充，田村明浩，p21，柳田範久，大槻晃太，橋本正伸，斉藤勝男，p38
99) 平成7年度　農林水産航空事業　受託試験成績書，柳田範久，大槻晃太，斉藤勝男，橋本正伸，p1，伊藤嘉章，津川守，松原功，沖津幸夫，武田好二，猪野敏充，田村明浩，p12，周藤成次，金森弘樹，扇大輔，p34，田實秀信，瀬戸口徹，村本正博，片野田逸朗，p43
100) D.C.Thompson and S.F. Jenkins, *Phytopathology*, **75**, 1362 (1985)
101) F.J. Dainello and M.C. Black, *Hort Sci.*, **22** (5), Sec. 1, 730 (1987)
102) Y. Wada, T. Nakahara, T. Orii, Y. Okano, M. Aya, K. Yasui, A. Kamochi, Y. Yamada, O. Kataumata, S. Sakawa and Y. Kurahashi, Pesticide Chemistry ; Human Welfare and the Environment, Vol.4, p257, ed. by J.Miyamoto and P.C. Kearney, Pergamon Press, Oxford (1983)
103) G.K. Noren, M.F. Clifton, and A.H. Migdal, *J. Coatings Technol.*, **58**, No.734, 31 (1986)
104) B.B. Petersen and P.J. Shea, *Weed Sci.*, **37**, 719 (1989)

105）J.P.Doub, H.P.Wilson, T.E. Hines and K.K. Hatzios, *Weed Sci.*, **36**, 340 (1988)
106）D.H. Carter, P.A. Meyers and L.C. Greene, *Pesticide Formulation and Application Systems*, **11**, 57 (1992)
107）L.C.Greene, L.K. Phan, E.E. Schmitt and J.M. Mohr, Polymeric Delivery Systems, *ACS Symp. Ser.*,**520**, 244 (1993)
108）L.C. Greene, P.A. Meyers, J.T. Springer and P.A. Banks, *J. Agric. Food Chem.*, **40**, 2274 (1992)
109）W.M.Doane, B.S.Shasha and C.R.Russell, "Controlled Release Pesticides", ACS *Symp.Ser.*,**53**, 74 (1977)
110）D.Timnell, B.S.Shasha and W.M.Doane, *J.Agric.Food Chem.*, **29**, 145 (1981)
111）D.Trimnell and B.S.Shasha, *J.Control.Rel.*, **7**, 263 (1988)
112）M.M.Schreiber, M.D.White, R.E.Wing, D.Trimnell and B.S.Shasha, *J. Controlled Release*, **7**, 237 (1988)
113）R.E.Wing, M.E.Carr, W.M.Doane and M.M.Schreiber, *Pesticide Formulation and Application Systems*, **11**, 41 (1992)
114）M.E.Carr, R.E.Wing and W.M. Doane, *Starch / Starke*, **46**, 9 (1994)
115）R.E. Wing, M.E. Carr, W.M.Doane and M.M.Schreiber, Polymeric Delivery Systems, *ACS Symp. Ser.*,**520**, 213 (1993)
116）M.M.Schreiber, M.V.Hickman and G.D.Vail, *J. Environ. Qual.*, **22**, 443 (1993)
117）B.J. Wienhold and T.J. Gish, *J. Environ. Qual.*, **23**, 292 (1994)
118）A.B. Pepperman and J-C.W. Kuan, *J. Controlled Release*, **26**, 21 (1993)
119）J.Tefft, R.Jain and D.R. Friend, *Proc. Intern. Symp. Control. Rel. Bioact. Mater.*, **19**,172 (1992)
120）オーテフロアブル　カタログ

2　徐放性マイクロカプセル防虫剤 <ディートMC>

森岡健志*

2.1　はじめに

ディート（ジエチルトルアミド）は，害虫忌避効果を保有し現在虫よけスプレーの主成分として用いられている化合物である。しかし，ディートは大気中で比較的短期間で揮散してしまうため防虫効果を長時間にわたり持続することは困難であった。そのため，揮散を制御する製剤を開発し，長期にわたる防虫効果を実現する必要があった。

揮散を制御するためには，樹脂に練り込んだり，多層構造物質に含浸させたりする方法が行われていたが，繊維，紙製品等に応用することは困難である。そこで，いろいろな製品に応用できるよう，ディートをマイクロカプセル化し徐放性を付与したディートMCが開発された。

2.2　ディートMCの特長

ディートMCの性状と電子顕微鏡写真を表1と写真1に示した。ディートMCは，芯物質の内部あるいは外部のどちらか一方から反応して壁膜を形成する*in-situ*法で製造している。ディートMCの徐放性は，この*in-situ*法で調製されるメラミン壁マイクロカプセルの壁材物質量を調整することによって制御されている。内包物質のディートと壁材物質質量との比を変えることによって，徐放性の全くない完全カプセルから，ディート原体と同程度の急速な揮散性を示すカプセルまで，徐放性の程度を自由に変えることができる。図1にタイプの違うマイクロカプセルの

表1　ディートMCの性状

有効成分 及び含有量	ジエチルトルアミド N, N-Diethyl-m-toluamide (DEET) 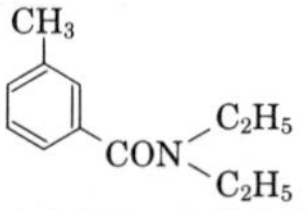 $C_{12}H_{17}NO$=191.27 水分散液の有効成分含量：36％
カプセルの性質	メラミン樹脂壁のジエチルトルアミド 内包徐放性マイクロカプセル
性状	マイクロカプセル分散液は白色の液体で わずかに臭いがある。 粉体は白色粉末
粒子径	1次粒子径　4～5μ（Median値）
安全性	普通物

---

*　Kenji Morioka　フマキラー・トータルシステム㈱　企画開発部　次長

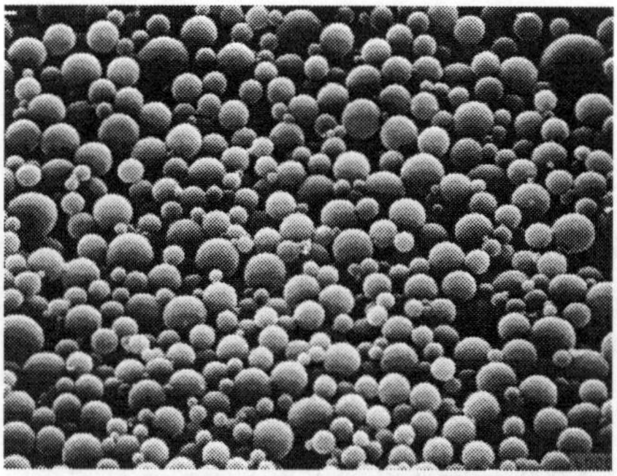

電子顕微鏡写真　　×2000

写真1　ディートMCの電子顕微鏡写真

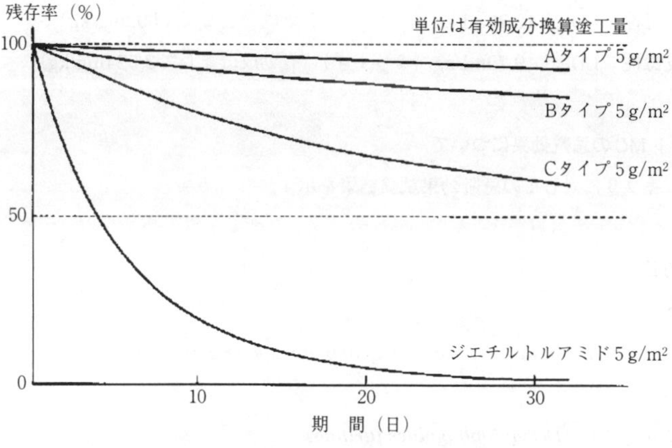

試験条件：ディートMC水分散液をアルミ箔上に塗工し，
オーブン（105℃）で乾燥後，20℃，65%RHの恒温恒湿室
中でジエチルトルアミド残存量を測定。

図1　ディートMCの徐放性能

徐放性能の試験結果を示す。

徐放性の機構は，内包物質が壁材物質中を通過し拡散していると考えられている。その裏づけとして，以下の点が確認されている。

① 徐放性を有するタイプのマイクロカプセルの電子顕微鏡観察を行ったところカプセル表面に細孔が認められなかった。

② マイクロカプセルが時間の経過とともに縮み，最後には壁膜だけとなった。

また，ディートMCはマイクロカプセル化により今まで溶剤にしか溶解しなかったディートが，水系でも粉体としても取り扱えるようになったため使用場面も増え保管も容易になった。

2.3 ディートMCの安全性

ディートMCの有効成分のディート（ジエチルトルアミド）は，人体用の虫よけスプレーの主成分として使用される安全性の高い化合物である。この化合物の安全性データは，文献では以下の通りである。

急性経口毒性：LD_{50}　1,950mg/kg（ラット）

急性経皮毒性：LD_{50}　5,000mg/kg（ラット）3,180mg/kg（ウサギ）

一方，ディートをマイクロカプセル化した「ディートMC」の36％水分散液の急性毒性試験は，以下の通りである。

急性経口毒性：LD_{50}　12.76ml/kg（マウス）（有効成分として4,592mg/kg）

急性経皮毒性：LD_{50}　9.79ml/kg（ラット♂）（有効成分として3,524mg/kg）

2.4 ディートMCの忌避効果について

ダニ及びゴキブリに対しての忌避効果試験結果を示す。

① ダニ

a）試験方法

供試検体

ケント紙にディートMCを（2.5，5.0，10.0g/m^2）処理されたもの。

供試ダニ

コナヒョウダニ（*Dermatophagoides farinae*）

忌避効果試験

直径4cm，高さ0.6cmの円形プラスチックシャーレ7個が互いに接触するように粘着シート上に円形に設置し，その中心部のシャーレにダニを含む培地1gを一様に広げた。培地の周りのシャーレの底面に密着するように供試検体紙と無処理紙を交互に敷き込んだ（図2）。このようにしたプラスチックシャーレを温度25±1℃の恒温室下で保存し，2日後にダニ数を調査し忌避効果を算出した。

なお，忌避効果の判定は，次式による。

忌避効果(％)＝(無処理区の移動数－処理区への移動数)÷無処理区の移動数×100

増殖抑制効果試験

直径5cm，高さ1.2cmの円形プラスチックシャーレに供試検体紙の薬剤処理面を上にして

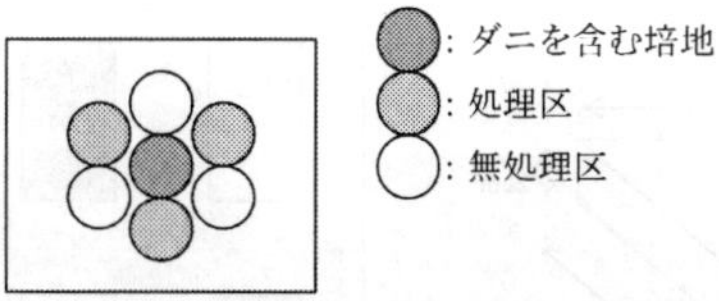

図2　試験方法の概略

表2　コナヒョウダニに対するディートMCの効果

処理量 (g/㎡)	忌避効果 (%)	増殖抑制効果 (%)
2.5	61.8	94.2
5.0	90.5	99.9
10.0	92.9	99.9

底面に密着するよう敷きこみ，その表面にダニを含む培地0.1gを一様に広げた。培地中の生存ダニ数は，試験開始直前に飽和食塩水浮遊法により0.1g中のダニ数を観察した。このようにしたプラスチックシャーレを温度25±1℃の恒温室下で保存した。なお，対照として無処理紙についても同様とした。21日後にシャーレ内の生存ダニ数を調査した。

なお，増殖抑制効果の判定は，次式による。

増殖抑制効果（%）＝(無処理区のダニ数－処理区のダニ数)÷無処理区のダニ数×100

b）試験結果

忌避効果と増殖抑制効果の試験結果を表2に示す。忌避効果は，有効成分換算で5g/m^{2}以上の塗工で，また増殖効果は同様に2.5g/m^{2}以上の塗工で高い効果を示した。

② チャバネゴキブリ

a）試験方法

有効成分がそれぞれ5g/m^2，10g/m^{2}になるように塗った紙の面を内側にして図3のような箱を作った。対照として無処理の同様の箱を作った。図3に示したように各薬量毎に薬剤処理2箱と，無処理2箱を水槽の底面に置いた。チャバネゴキブリ成虫約100個体を同水槽に入れ，暗所（20℃湿度65%）に放置した。一定期間後に各箱の中にいるゴキブリ，及び，それ以外の場所（箱の下や上，水槽内）にいるゴキブリの個体数を調査した。なお，ゴキブリが逃げ出さないように水槽内の側面にバターを塗り，網で水槽上部を覆った。水槽の底面の中央にシャーレを置き，水を染込ませた脱脂綿を入れた。

b）試験結果

試験結果を表3に示す。

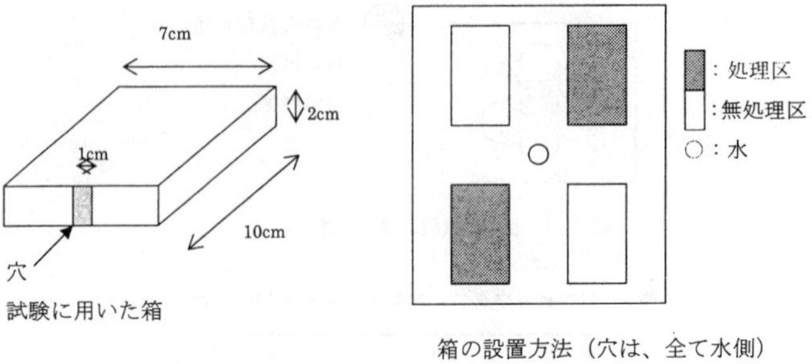

図3　試験方法の概略

表3　ディートMCのゴキブリ忌避効力

（ゴキブリ個体数）

	5g/kg			10g/kg		
処理後経過週数	処理箱	無処理箱	その他	処理箱	無処理箱	その他
0＊	0	82	4	0	89	9
4	0	93	4	0	106	10
7	0	90	12	0	74	7
12	0	85	34	0	95	6
16	0	105	27	0	42	71
19	0	53	31	0	57	17
22	0	59	28	0	77	19

＊：48時間後

薬剤処理した箱の中にはゴキブリが見られず，忌避効果が処理してから22週間後にも見られた。

2.5　ディートMCの応用

ディートMCは，いろいろ応用が考えられるが，商品化にあたっては特に以下の点につき考慮する必要がある。

①　基材の影響

塗工する基材の違いにより徐放性能が変わる可能性がある。

②　加熱による影響

成型や乾燥時に加熱する場合の徐放性能の影響を考慮する必要がある。105℃による乾燥では，問題はないが他の要因が影響する場合があるので確認が必要である。

③　使用するバインダーの影響

基材に固着する場合はバインダーを使用するが，バインダーが及ぼす影響を考慮する必要があ

写真2　繊維に固着したディートMCの電子顕微鏡写真

る。

ディートMCを繊維に固着させた例を示す。写真2が，その走査型電子顕微鏡写真である。

ディートMCを繊維に付着させて防虫・防ダニ効果を付与した繊維製品を作る場合には，磨耗や洗濯に耐えるためにバインダーを用いて繊維にマイクロカプセルをしっかり固着させる必要がある。バインダーの選択においては，繊維の風合を損なわないだけでなくディートMCとの相性も重要になってくる。特に，ディートMCの特性として，内包物質が壁材物質中を透過・拡散して徐放性を発揮するが，マイクロカプセルの周囲にディート（ジエチルトルアミド）がよく溶ける物質が存在すると，マイクロカプセルの内部から外部への透過・拡散が急速となり徐放性マイクロカプセルの有利性が失われてしまう。従って，バインダー選択にあたっては，前述の問題点を十分考慮する必要がある。現在，防虫機能を付与したカーテン・カーペット・衣類等が既に販売されている。

2.6　おわりに

以上，徐放性マイクロカプセル防虫剤「ディートMC」について説明した。有効成分のディートは，害虫忌避剤としての高い効果が認められており，現在人体への使用実績のある薬剤である。そのため，製品への応用についてはいろいろ考えられると思う。また，昨今ウエストナイルウイルスが騒がれており，世界から人および物の往来が盛んな我が国では近い将来侵入するだろうと専門家が予測している。このウエストナイルウイルスは，イエカ類及びヤブカ類が媒介することが知られている。これらの対策も含めディートMCが社会に貢献できればと思っている。

3　マイクロカプセル化薬剤の実例

江藤　桂*

3.1　はじめに

マイクロカプセルは包み込まれる芯物質の保護，隔離あるいはマスキングといった機能のほかに，必要なときに壁材が圧力や熱により破壊したり，壁材である薄膜を通して芯物質が徐々に外部へ放出されるといった興味ある機能を有している。

使用目的に応じてマイクロカプセルが具備すべき機能はそれぞれ異なるが，粒径やカプセルを構成する壁材物質の物理化学的な性質に依存しており，これらの物性をコントロールすることにより，カプセルにさまざまな特性を与えることが可能である。

以下，マイクロカプセル化薬剤の実例として，ナラマイシン（ねずみ忌避剤）ならびにジチオール（殺菌剤）の2種類の薬剤のマイクロカプセル化技術とその応用について具体的に述べる。

3.2　ナラマイシンマイクロカプセル[1~3)]

3.2.1　ナラマイシンマイクロカプセルとその要求性能

ナラマイシンのねずみ忌避効果は非常に優れているが，耐熱性や耐水性，耐アルカリ性等が十分とはいえず，用途分野で例えば電線被覆用ポリ塩化ビニル（PVC）に練り込んだ場合，加工工程で熱分解したり，またPVCの熱分解により生成する遊離の塩酸によって分解されるなどの問題点をもっているため，塗料等の限られた防鼠製品の短期間の屋内用途に使用されてきたに過ぎない。このような問題点を改良し，安定性や加工性，安全性を改善するためにナラマイシンをマイクロカプセル化することが検討され，耐熱性のメラミン樹脂や尿素樹脂の壁材の内部に閉じ込められたナラマイシンマイクロカプセルが商品化された。

ナラマイシンマイクロカプセルはナラマイシン（シクロヘキシミド）を溶剤に溶かした状態でマイクロカプセル化したものであり，各種のプラスチックスやゴム製品の防鼠加工用に練り込みタイプとして利用されている。カプセルの壁材はメラミン樹脂や尿素樹脂であり，粒子は一次粒子としては10μm以下，二次粒子としては60μm以下である。

ナラマイシンマイクロカプセルに対する要求性能は次のとおりである。

① プラスチックスへの練り込みや表面塗布加工条件下でカプセルが破壊しないこと。

② プラスチックスやゴムに練り込んだ場合でもブリードや拡散を起こさず，効力を持続すること。

③ 施用製品の物性への影響が少ないこと。

---

* Kei Etou　トッパン・フォームズ㈱　開発研究本部　中央研究所　第三研究室　室長

④ ねずみが施用製品をかじった場合カプセルが簡単に壊れて，強力な忌避効果を発揮すること。

3.2.2 マイクロカプセルの製造方法

(1) 芯物質の乳化分散方法

ナラマイシン（シクロヘキシミド）は表1からも明らかなように，結晶性の固体であり，水やアルコールなどの極性溶媒には易溶であるためそのままでは乳化分散できない。したがって，芯物質を溶解するが，水には溶解しにくい溶媒が不可欠となる。またこの溶媒は低沸点あるいは揮発性のものは使用できない。たとえば，塩ビ樹脂へ練り込んで電線加工する場合は，加工温度が180～200℃の高温に達するため，溶媒の沸点はそれ以上のものでなければならない。

上記の制約条件を満たす溶媒を探索し，かつ経済性も勘案して，筆者らはシクロヘキシミドが分解しない溶媒の中からフタル酸ジメチル（沸点282℃）およびリン酸トリブチル（沸点289℃）を選定した。

一方，施用製品の物性への影響を可能な限り少なくするためには，マイクロカプセル練り込み量をできるだけ少量にする必要がある。カプセルの添加量が多くなると当然のことであるが電線被覆材の強度に問題が生じる。

そこで，溶媒へのシクロヘキシミドの溶解濃度を上げるために，シクロヘキシミドが分解しない限界濃度まで溶解温度を上げて濃度を約20％まで高くすることができたが，乳化分散時に溶

表1 ナラマイシンの化学的物質

Streptomyces naraensis，Streptomyces griceus 等の放線菌が産生する抗生物質

一般名	シクロヘキシミド（Cycloheximide）
構造式	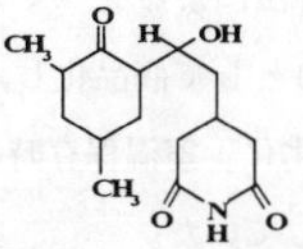
	$C_{15}H_{23}O_4N$ 分子量 281.4
性状	無色微酸性の結晶
融点	116～116.5℃
溶解性	水には室温で約2％溶解する。 石油エーテル系を除くほとんどの有機溶媒に可溶。
安定性	結晶は，熱，紫外線に安定。 水，アルカリ，鉱酸，塩素化合物に不安定。

（昭和37年8月31年付 厚生省薬事第78号通達）

解しているシクロヘキシミドが溶媒から水の方へ移行する現象がみられ，そのためにカプセル被膜がうまく生成せず，成膜しても被膜構造が粗くなり，シクロヘキシミドが漏洩してしまった。

以上のようなトラブル・問題点を勘案し，シクロヘキシミドの溶解度を8％に設定した。

(2) 壁材の選定

例えば電線の塩ビ被覆加工工程では180～200℃の高温下で行われるので，マイクロカプセル壁材の耐熱性が最も重要な要因となる。熱軟化性のポリアミドやポリウレタンは使用できない。そこで筆者らは熱硬化性樹脂であるメラミン樹脂を中心に検討を行った。

壁材の性能には，上記耐熱性の他に壁材皮膜の微視的構造，すなわち皮膜の粗密の度合いが大きな影響を及ぼす。本例の場合は，マイクロカプセル製造工程からそれを用いた樹脂練り込み工程，さらには電線被覆加工工程を通して優れたカプセル化材を指向していることから，より緻密な構造が求められる。

溶質の膜透過性に大きな影響を及ぼす膜の微視的構造は，壁材の種類（例えば疎水性・親水性）やカプセルの製法によっても大きく異なる[4)]。一般に界面重合法や*in-situ*重合法のような化学的方法によって得られたカプセルの壁材は比較的緻密な構造をとっているのに対し，相分離法のような物理化学的あるいは機械的方法によって得られた壁材はポーラスな構造をとりやすい。

これは化学的方法の場合，特に*in-situ*重合法によるカプセル化においては，芯物質の内側あるいは外側のいずれか一方のみから原料が供給され，芯物質の周りでまず高分子膜が形成され，さらに重合が進むにしたがって生成したポリマーが順次沈積されて緻密な膜構造となる。界面重合法によるカプセル化においても，液滴の界面で形成された高分子を溶媒和しやすい溶媒を用いると，比較的緻密な膜構造のものが得られる。一方，物理化学的あるいは機械的方法の場合は，物質移動を伴う相分離や乾燥凝固によって壁膜が形成されるため比較的ポーラスな構造になりやすい。芯物質の透過性は，当然緻密な膜構造の方が小さく，したがって芯物質の保持能力は高い。

上記の知見に基づいて筆者らは*in-situ*重合法によるメラミン樹脂を壁材とするナラマイシンマイクロカプセルを開発し，NM・MC-D80として商品化した。しかし，その後のユーザーからの評価によれば，塩ビ樹脂練り込み時の熱劣化，室温保存時の安定性，製造時の歩留まり，および野外使用時の耐水性などになお課題を残していた。

そこで筆者らは，壁材としてメラミン樹脂を尿素-レゾルシン樹脂に変更することを試み，樹脂組成のキメ細かい検討を重ねた結果，NM・MC-U 80により上記問題点を大幅に改善することが可能になった。

3.2.3 ナラマイシンマイクロカプセルの品質特性と用途

(1) 耐水性

ナラマイシンの水溶液は，特にアルカリ性域において安定性が悪く，加水分解を起こして忌避

MC種類	D80	U80
有効成分	ナラマイシン（シクロヘキシミド）	
MC内NM含有量	8％	
MC材質	メラミン－ホルムアルデヒド樹脂	尿素/レゾルシン－ホルムアルデヒド樹脂
耐熱性（$T_{1/2}$；25°）	4-5年	20-30年
（残存率；PVCシート）	40-80％	70-90％
（200°；10min）	30％	60％
耐圧性（ハカイリツ；25kg/cm^2）	40％	15％
忌避効果（PVC内MC濃度）	200-800ppm以上で有効	
（ネズミの種類）	Wistar＞SD＝クマ＞ハツカの順に有効	
MCの性状	しっとり	流動性高い
安全性	劇物取り扱い；皮膚刺激性はなし	
混練作業時の問題	ホルムアルデヒド（0.35-0.45%）のガス発生 175°，15minで2.5-4.0 mg/gMCの発生	
シースへの影響（外観）	表面ザラツキ	表面ザラツキ 薄茶色に変色
（特性）	引張試験，耐寒性，体積抵抗率でやや低下	

効果が喪失するが，ナラマイシンマイクロカプセルは常温（25℃）で21日後でも約65％のナラマイシンの残存が認められ，耐水性が大幅に改良された。

(2) 合成樹脂に練り込み時の安定性

ナラマイシンを軟質PVCケーブル被覆に練り込んだ場合，加工時（温度160～200℃）に発生する遊離の塩酸により分解され，ほとんど残存しなかった。しかし，マイクロカプセル化することにより練り込み量の58～74％が残存し，被覆ケーブルや樹脂加工品への応用が可能になった。

(3) 忌避効果

ナラマイシンマイクロカプセルでは，ナラマイシンが溶剤に溶解した状態でカプセル内に封入されている。ねずみが防鼠加工品を鼠咬してカプセルが破壊されると，ナラマイシンが溶液状になっているため，固体状にくらべてねずみの舌に感じる時間が早く，かつ有効に作用するため忌避効果が優れている。

(4) 取扱性・安全性

ナラマイシン結晶は粒子が細かく，飛散しやすいため，作業時に鼻，口，目や露出部の身体等に付着しやすく，人によっては皮膚刺激性を示す。しかし，カプセル化することにより，飛散性が少なくなり，作業性が大幅に改善されることが判明した。また，ナラマイシンの急性毒性および皮膚刺激性も，マイクロカプセル化により制御され，安全性が改善された。

ナラマイシンマイクロカプセルを応用した防鼠加工品は多分野にわたっており，既に製品として上市されているものとしては，防鼠ケーブル，防鼠シート，防鼠コーキング剤，防鼠塗料等である。

3.3 殺菌剤マイクロカプセル

3.3.1 殺菌剤マイクロカプセルとその要求性能

殺菌剤マイクロカプセルは，例えば製紙工程で繁殖する微生物による腐敗を防止するため，殺菌剤をマイクロカプセル化したものである。

適用される代表的殺菌剤として5-クロロ-2-メチル-4-イソチアゾリン-3-オン（CMIT）や4，5-ジクロル-1，2-ジチオール-3-オン（マイクロバン86）などがあるが，これらは極めて高い抗菌作用を有する反面，皮膚刺激性が強く取り扱いに注意を要すること，アルカリ水溶液中で分解しやすいことなどの問題点があるため，マイクロカプセル化を試み，取り扱いを容易にするとともに効果の持続性を図ったものである。

殺菌剤マイクロカプセルに対する要求性能は，水中徐放性機能を有することである。つまりカプセルの壁材があまり緻密すぎると水中徐放性機能が失われてしまうため，壁材の微視的構造を適度に制御することによって殺菌剤の隔離と水中徐放性のバランスを保つことがキーポイントとなる。

3.3.2 ジチオール殺菌剤（マイクロバン86）のマイクロカプセル化[5)]

マイクロバン86の主成分であるジオールも水に溶解すると分解しやすいので，ジチオールの溶解度が高く，かつ水に不溶性の溶媒の選定が不可欠であった。そこで種々の溶媒の中から，ジチオールが溶媒中で安定かつ安全性の高い疎水性溶媒を選定しマイクロバン86を溶解し，水系乳化液に分散させた。壁材としてメラミン樹脂によりマイクロカプセル化条件を検討したが，問題点といえば溶媒に溶けたジチオールが時間とともに水系に溶け出す傾向がいずれの場合にも認められるので，壁材による被膜の形成をいかに速めるかがポイントであった。一方ジチオールの分解が70℃あたりから始まるのでそれよりも低温で反応速度を速くするためには系のpH，重合触媒の種類と濃度などカプセル生成条件を吟味した。またカプセル一粒一粒の徐放速度を安定さ

5-クロロ-2-メチル-4-イソチアゾリン-3-オン
（CMIT）

4,5-ジクロル-1,2-ジチオール-3-オン
（マイクロバン86）

図1 殺菌剤の構造式

せるためにはカプセル粒子径を極力揃える必要があった。種々検討の結果，平均体積粒子径3.0μmで平均個数粒子径が2.2～2.7μmの間で粒度分布がシャープな粒子径になり徐放性が安定した。

マイクロカプセルに徐放性を付与する方法としてカプセル膜の密度と膜厚で調整することも可能である。比較的緻密な膜構造を形成するメラミン膜の場合は架橋密度と膜厚の両方で徐放性を調整できる。下記にメラミンとホルムアルデヒドのモル比と水中徐放性の関係のモデル図を示す。

3.3.3　ジチオール系マイクロカプセル化殺菌剤（マイクロバン86MC）の品質特性と用途

ジチオール系マイクロカプセル化殺菌剤（マイクロバン86MC）は㈱エーピーアイコーポレーションとトッパン・フォームズ㈱が共同で開発したものであり，主として紙・パルプ製造工程におけるスライムコントロール剤として使用されるエマルジョン製剤である。

製紙工場では原料のパルプを水に分散させ，すき上げて紙にしていく抄紙工程が仕上げのプロセスとして不可欠であるが，この段階でスライムと呼ばれる微生物を主体とする付着性異物が発生し，生産性低下や品質障害の原因になっている。

このためスライムコントロール用殺菌剤は必須の製紙用薬剤になっているものの，場合によっては1日3回という頻繁な投与が必要となり，薬剤の皮膚刺激性など環境問題も指摘されていた。

今回開発されたマイクロカプセル化殺菌剤は，最大2ヶ月にもわたって効力を発揮するため，投与の手間が大幅に軽減できるほか，皮膚刺激性が軽減されるとともに，エマルジョンであるため取り扱いも容易になった。

さらに近年，死亡事故の発生等，社会問題化しているレジオネラ属菌に対しても，本薬剤が極めて低い濃度で優れた抗菌力を示すことが最近明らかになった[6]。既存のレジオネラ属菌用薬剤

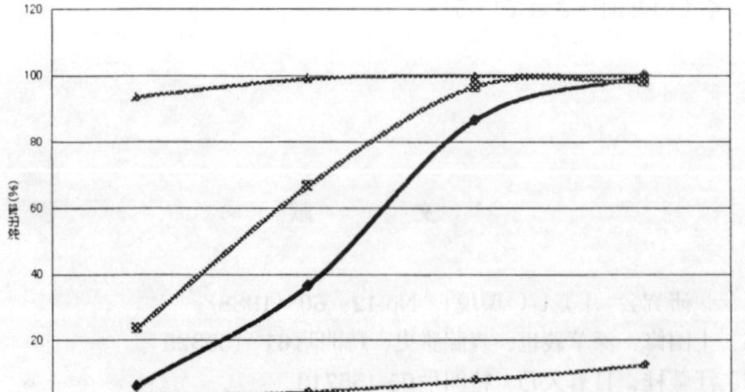

図2　メチロール化度の異なるメラミン膜材の水中徐放性
（メチロール化度　A＜B＜C＜D）：A（●）；B（◆）；C（■）；D（▲）

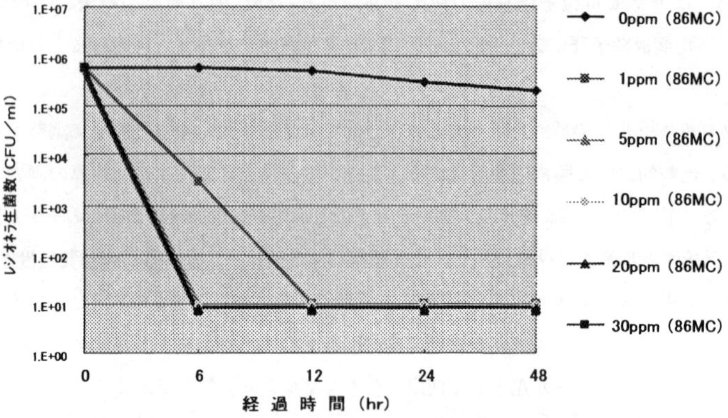

図3 マイクロバン86MCのレジオネラ菌への効力試験

試験方法
使用菌株：Legionella pneumophil
試験検体：ジチオール殺菌剤カプセル（マイクロバン86MC）
試験濃度：0，1，5，10，20，30mg／1
試験方法：各検体をレジオネラ属菌懸濁水に添加し，0，6，12，24，48時間経過後，試験液をとり，希釈後，WYO培地に塗付し，37℃で1週間培養し，コロニーを測定する。

に比べて1／5の添加量でも優れた殺菌力を示し，かつ効力が長期間持続する。また本薬剤の活性成分ジチオールは，皮膚感作性，変異原性共に陰性で，さらにカプセル化により皮膚刺激性が大幅に軽減されていることから，薬剤を取り扱う作業者や環境に対しても優しい薬剤として市場から高い評価を受け，抗レジオネラ用空調水処理剤（クーリングタワー用殺菌剤）分野での市場展開に弾みがつくものと期待されている。

文　　献

1) ナラマイシン研究会，「美しい環境」，No.12，60（1988）
2) 近藤武志，上田修，深草義也，森脇雅史，特開昭61-155325
3) 藤村元輝，江藤桂，日暮久乃，特開平05-155713
4) 江藤桂，日暮久乃，日本印刷学会誌，**37**，28（2000）
5) 渡辺泰敏，佐藤俊夫，後藤慎二，江藤桂，日暮久乃，特願2001-138307
6) 化学工業日報，2003年5月20日，記事

第6章　土木・建築

1　球状セメント〜自己調和カプセル化セメント〜

田中　勲*

1.1　セメントの球状化の意義

ポルトランドセメントは1824年，イギリスのレンガ職人のJ.Aspdinによって発明された。粘土と石灰を焼成して作られたセメントがポルトランド島の石材の色と同じ色であったことから「ポルトランドセメント」と名付けられた。その後，セメントと骨材と水を練り混ぜて固めたコンクリートが出現し，鉄筋コンクリートの実用化からほぼ150年が経過している。特に，この100年間は，コンクリートの材料・製造・施工技術の着実な進歩とともに普及し，コンクリートはわれわれの生活に必要不可欠なものとなっている[1)]。

近年，建造物の高層化・大型化や長寿命化，および工事の省力化に伴い，構造材料であるコンクリートの作業性・強度・耐久性の向上がますます強く望まれるようになった。コンクリートの物性向上のためには，いかに少ない水量で高い流動性を発現させるかが決め手となる。有力な手段として，高性能減水剤などの化学混和剤やシリカフューム・フライアッシュといった混和材料（粉体素材）の利用が一般的である。一方，セメント自体の改良も進められており，鉱物組成を調整したセメント（低熱ポルトランドセメント）や粒度分布を調整したセメントなどが開発されている[2, 3)]。

筆者らは，セメントの粒子形状に着目し，以下の理由から球形にすることが有効と考えた。

① セメントを丸くすることによって粒子自体を転がりやすくし，さらに粒子同士のベアリング効果によって，コンクリートの流動性を向上させることができる。

② 球状化したセメント粒子は，普通セメントの不定形粒子に比べて一般に充填性が高い。このことから，水和した硬化体の組織を緻密にすることができ，コンクリートの強度と耐久性を向上させることができる。

図1に球形度の異なる粒子が水中で自由に回転しようとする際に要する水量の比較の結果を示す。普通セメントのような角張った粒子と，球状粒子を比べると，回転に要する水量S_0，S_Sは各々，約1.07および0.41と計算された。すなわち，粒子断面で考えた場合，粒子が回転するために普通セメントは約同面積の水が必要であるのに対して，球状粒子は面積の1/2以下の水量で

＊　Isao Tanaka　清水建設㈱　技術研究所　先端技術開発センター　主任研究員

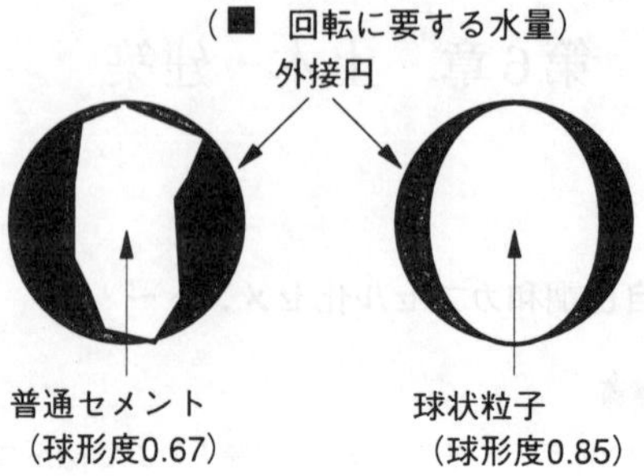

So=(S- S1)/ S1=1.07
Ss=(S- S2)/ S2=0.41
ここで
So：普通セメント粒子が回転する時に要する水量に相当する面積／粒子の断面積
Ss ：球状粒子が回転する時に要する水量に相当する面積／粒子の断面積
S ：粒子に外接する円の面積
S1：普通セメント粒子の断面積
S2： 球状粒子の断面積
球形度：真円=1.0

図1　回転に要する水量の比較

よい。このことから，セメント粒子の球状化は流動性の高いコンクリートの製造に有効であるといえる。

本稿では，球状セメントの生成機構とその物性を紹介する。

1.2　高速気流中衝撃法によるセメントの球状化

セメントの球状化方法としては，過去に粉砕機を利用して粒子表面の凸部を磨砕する方法を検討した例がある[4)]。しかし，磨砕と同時に発生する凝集性の高い微粒子が流動性を逆に低下させてしまう欠点があった。また，クリンカーやセメント粒子を高温で処理し，表面を溶融して球状にする方法も提案されている[5)]が，水和活性の消失が懸念される。

筆者らは，高速気流中衝撃法[6)]を利用してセメントの球状化を行った。この方法は，化粧品，医薬品，トナーや電池材料等の高機能化にも利用されている。すなわち，粉体を秒速100mの高速気流中で撹拌・混合して粒子同士を衝突させ，表面に強い機械的エネルギーを与えることによって，大粒子表面に小粒子（粒子径比＝10：1）を付着・固定化させる方法である。図2に処理を行う装置の模式図を示す。この装置を使用し，セメントを処理することによって写真1に示すような球状の粒子を得ることができる。原料として使用するセメントは，一般に普及している各種のセメントが利用でき，また，球状処理の前後で化学組成に変化はない。

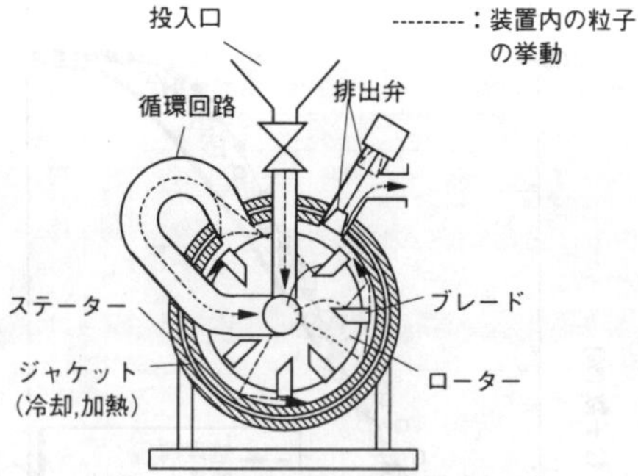

図2　セメント球状化処理装置と装置内部での粒子の動きの模式図（奈良機械製作所製ハイブリダイザー）

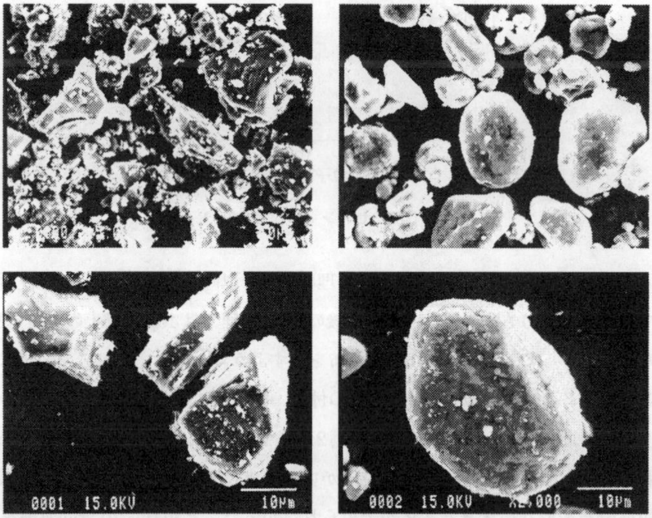

写真1　セメント粒子の走査型電子顕微鏡写真

1.3　「自己調和」による球状セメントの生成プロセス

球状セメントの生成プロセスを明らかにする目的で各処理時間における処理後のセメントの粒度分布の変化を調べた。結果を図3に示す。処理時間の増加にともなって粒度分布は変化した。最初の1分後では，処理前に比べて，40μm以上の大粒子が減少した。一方，1～10μm，特に3μm以下の微粒子が多くなり，平均粒子径は処理前よりも小さくなった。これらは，大粒子の

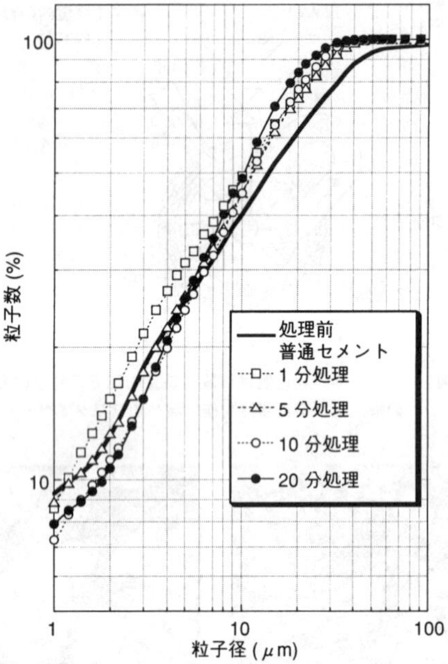

図3　セメントの粒度分布

体積粉砕と凸部の摩砕によるものである。処理時間5分以降では3μm以下の微粒子が減少し，10分処理では処理前よりも少なくなった。最後の20分処理では40μm以上の大粒子と3μm以下の微粒子の減少によって，シャープな粒度分布を示すようになった。これらの変化は，高速気流中衝撃法の特徴である微粒子の大粒子表面への付着・固定化によるものと考えられる。実際に球状セメント粒子の表面部分を観察すると，写真2に示すように，1μm以下の微粒子が粒子表面に固定化されたカプセル型多層構造を示す粒子が主要構成粒子となっている。なお，20分以上の処理では粒度分布や形状に大きな変化が認められなかったことから，20分間処理を行ったセメントを「球状セメント」と定義した。

ところで，粒子同士の凝集力としては，ファン・デル・ワールス力の他に，静電引力が関与していると考えられる。図4は，セメント構成成分の電荷量を示したものである。普通セメント，球状セメントやクリンカーは＋側の電荷を持つが，石膏やセメント増量材の一部は－側の電荷を持つ。石膏は極めて粉砕されやすいことから，球状化の処理においては，容易に微粒子となり表面積が増大し大きな－の電荷を持つ。したがって，石膏は＋の電荷を持つクリンカー粒子や増量材粒子表面に静電気的に結びつき，各粒子同士の凝集を促進するバインダー的な作用をすると考

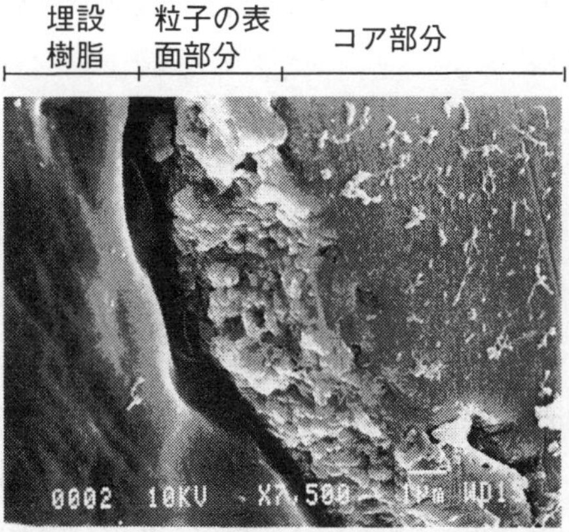

写真2　球状セメント粒子の断面の走査型電子顕微鏡写真

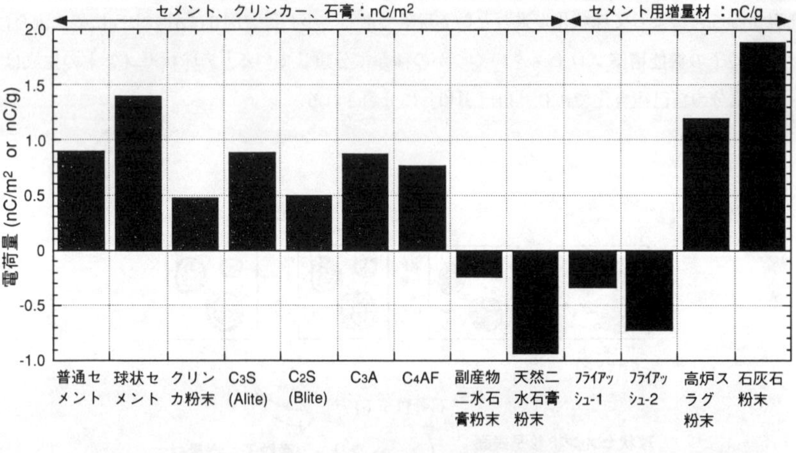

図4　セメント構成成分の電荷量の比較

えられる。実際に石膏の添加量を変化させて球状セメントを製造すると，球形度や流動性が異なることが認められている。

以上より，球状セメントの生成機構は以下のようになる。

① 大粒子の粉砕と粒子凸部の摩砕による微粒子の発生，

② ファンデルワールス力及び静電引力による大粒子表面への3μm以下の微粒子の再付着と凝集，

③ 混合・撹拌操作の結果，引き起こされる粒子表面への衝撃力や圧縮せん断力による微粒子の固定化である。

さらに，微粒子の複合化について詳述すれば，

Ⅰ クリンカーのコア粒子表面への超微粒子石膏の付着，

Ⅱ 超微粒子石膏が付着した粒子表面へのクリンカーや増量材微粒子の付着，

Ⅲ 粒子の多層構造化，

Ⅳ 各層の固定化，

であると推定される。

球状化のプロセスと粒子構造のイメージを図5に示す。

ここで，特筆すべきことは，微粒子の複合化に際して外部からの特殊な添加材料は不要であることである。すなわち，セメント中の構成成分であるクリンカーおよび石膏や増量材粒子が，球状化処理の過程で，ある時は瞬時に粉砕され，またある時は複合化に利用され，さらにバインダーの機能も示す。セメント成分自体が，それぞれのタイミングで極めて最適な機能をバランスよく発現することによって球状化が進むという現象である。小石は，図6に示すように乾式混合における微粒子の機能構築プロセスをいくつかの種類に分類している[7]。球状セメントの生成は，セメント成分の自己複合化であり「自己調和」に分類される。

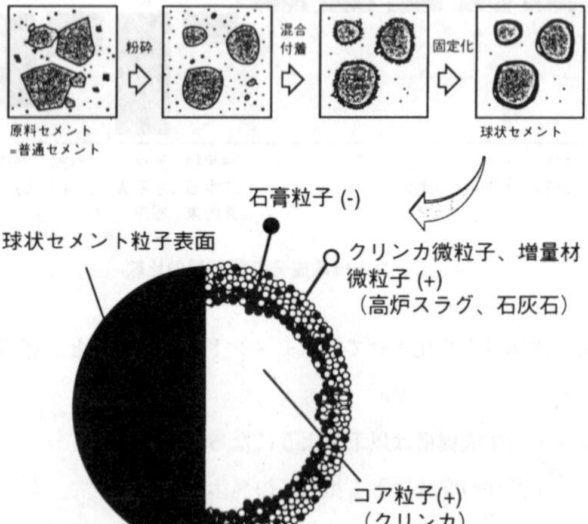

図5 球状化のプロセスと粒子構造のイメージ

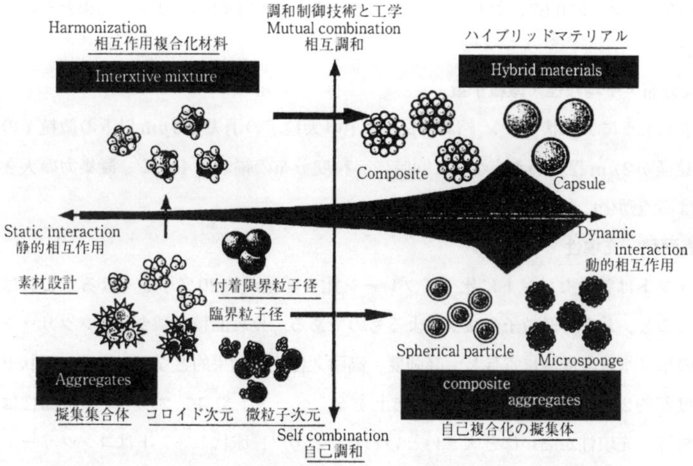

図6　調和—相互作用座標軸を用いた乾式混合における機能構築プロセス[7)]

表1　セメントの粉体物性

項目＼種類		球状セメント	普通セメント
球形度		0.85	0.67
平均粒径（μm）		11.34	13.46
3μm以下微粒子量(%)		9.00	14.20
比表面積 (cm^2/g)	ブレーン	2698	3368
	窒素吸着	5026	9694
かさ密度 (g/cm^3)	疎充填	1.19	0.98
	密充填	1.91	1.86

1.4　球状セメントの諸物性

1.4.1　粉体物性

球状セメントは普通セメントと比較して，表1に示す特徴がある。

(1) 形　状

写真1に示したように，球状セメントは普通セメントに比べて粒子の角張りが消失し，全体に丸みを帯びた球形粒子から構成されている。粒子の表面はセメントクリンカーの劈開面の集合体ではなく，微粒子を締め固めたような状態となっている。なお，球状セメントの球形度（真球＝

1）は，普通セメントの0.67に対して0.85と大きくなり，粒子のベアリング効果と充填性の向上が期待される。

（2）粒度分布・平均粒径・微粒子量

図7に示すように，球状セメントは40μm以上の大粒子の消失と3μm以下の微粒子の減少が生じ平均粒径が2μm程度小さくなると同時に，粒度分布の幅が狭くなる。凝集力の大きな微粒子の減少は高流動化に有効なものとなる。

（3）比表面積・充填性

球状セメントは普通セメントに比べてブレーン比表面積が約20％小さくなる。これは粒子が球状化したこと，および微粒子の減少によるものである。比表面積の減少はコンクリートを練り混ぜる際の単位水量の低減に寄与し，高強度，高耐久性化に効果的となる。また，球状セメントはかさ密度が約20％大きくなり充填性が向上する。ペーストやコンクリートの流動性は，セメントや骨材等の充填性が高いほど大きいといわれており[8]，球状セメントはコンクリートの高性能化の有効な手段になるといえる。

1.4.2 モルタルおよびコンクリートの物性

（1）流動性

図8，図9はモルタルおよびコンクリートの水と練混ぜ直後の水セメント比・水結合材比と流動性の関係を示したものである。モルタルフローやスランプ値が大きいほど，流動性が高いことを示している。球状セメントを用いたモルタル，コンクリートは，普通セメントを使用した場合に比べて，同一水セメント比・水結合材比でモルタルフローやスランプ値が大きく，良好な流動性を示す。この傾向は水結合材比の低い条件の時に顕著であり，コンクリートの配合で水結合材比（セメント＋粉体素材に対する水の重量）が16％の時に，普通セメントコンクリートのスラ

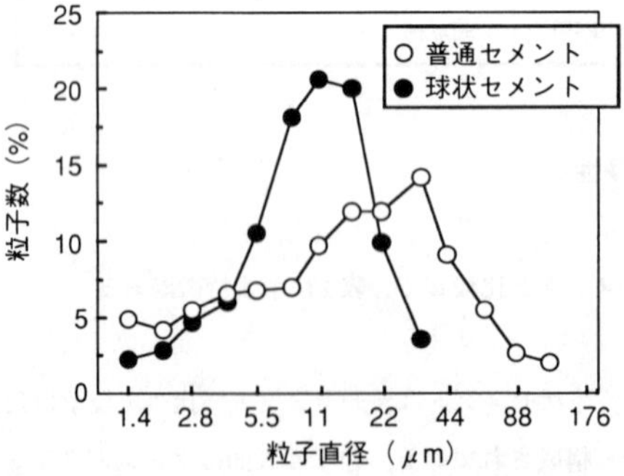

図7　球状セメントと普通セメントの粒度分布の比較

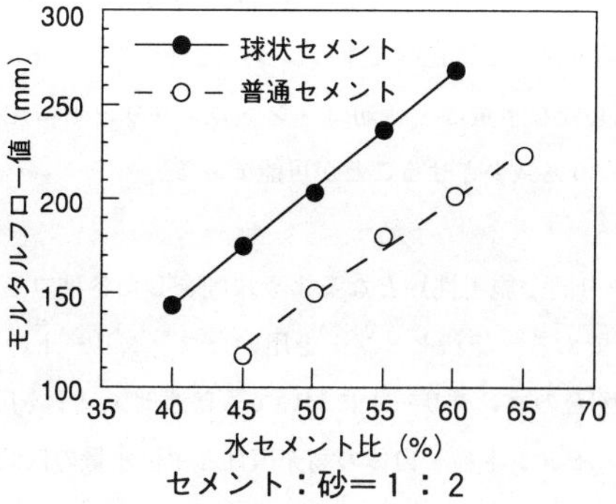

図8　水セメント比とモルタルフロー値の関係

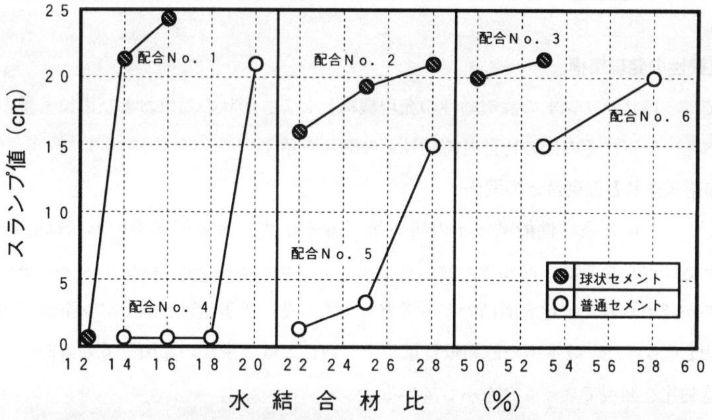

配合No.	セメントの種類	単位セメント量（Kg／m³）	W／C（＋SF）（%）	S／a（%）	混和材料（Kg／m³） Ad.*	シリカフューム	空気量（%）
1	球状セメント	517	12−16	37	23.0	58	1.0
2		512	22−28	39	8.2	−	1.0
3		305	50−53	40	2.3	−	4.0
4	普通セメント	517	14−20	37	23.0	58	1.0
5		512	22−28	39	8.2	−	1.0
6		305	53−58	40	2.3	−	4.0

Ad*：ナフタレン系高性能AE減水剤

図9　水結合材比とコンクリートスランプ値の関係

ンプ値が0cmに対して，球状セメントは25cmの高流動性を示した。写真3に示すように球状セメントコンクリートは普通セメントに比べて水のように流れやすい。また，同一スランプ値（同一施工性）を得るために必要な水量は，普通セメントコンクリートに比べて水結合材比で最大8％程度，単位水量で9～30％減少させることが可能である。

(2) 強　度

図10は同一スランプ値（同一施工性）となるように配合した各種コンクリートの材令と圧縮強度の関係を示したものである。球状セメントを用いたコンクリートの圧縮強度は普通・高強度・超高強度のいずれの配合のコンクリートにおいても普通セメントを用いた場合を10～50％上回った。高強度特性は，セメント粒子自体の高充填性と単位水量の低減効果によりコンクリートの組織が緻密化したことによるものである。

(3) 耐久性

硬化組織の緻密化によって，コンクリートに要求される各種の耐久性能は向上し，普通セメントコンクリートに比べて同等以上の性能を示す。

1.5　高流動性の発現機構

前項までに，球状セメントの高流動性の発現機構として，形状の効果および微粒子量の少ないことを述べた。以下にその他の物性と流動性との関係を示す。

(1) 混和剤吸着量と流動性との関係

図11にナフタレン系高性能減水剤の吸着等温線を示す。吸着等温線の形状は，いずれもLangmuir型に近くなるが，飽和吸着量は普通セメントが約16mg/g，球状セメントが約5mg/gと大きな差が認められた。比表面積の差を考慮しても，その吸着量は球状セメントが普通セメントの1/2程度であった。減水剤の飽和吸着量が少ないことは，少ない添加量で効果的にコンクリートの高流動化を発現できることを示している。

普通セメントコンクリート（スランプ0 cm）　球状セメントコンクリート（スランプ25 cm）

写真3　コンクリートの流動性の比較（スランプ試験，水結合材比＝16％）

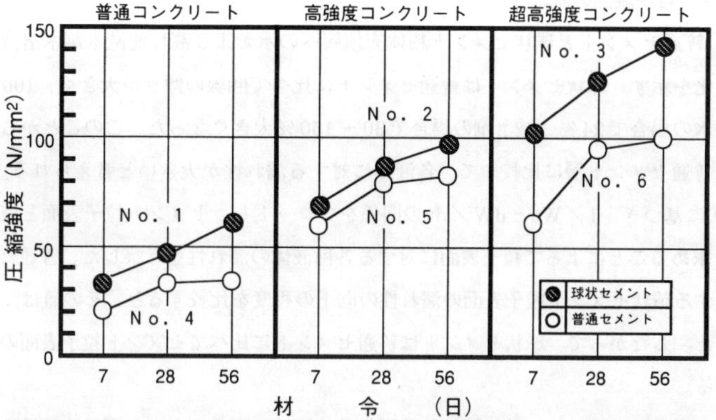

配合No.	セメントの種類	単位セメント量（Kg／m³）	W／C（＋SF）（%）	S／a（%）	混和材料（Kg／m³） Ad*.	混和材料（Kg／m³） シリカフューム	スランプ（cm）	空気量（%）
1	球状化セメント	310	45	49	3.1	—	19	5.8
2	球状化セメント	492	27	45	6.0	—	21	1.0
3	球状化セメント	517	14	37	23.0	58	21	1.0
4	普通セメント	310	52	49	3.1	—	19	5.8
5	普通セメント	492	32	45	6.0	—	21	1.0
6	普通セメント	517	20	37	23.0	58	21	1.0

Ad*：ナフタレン系高性能AE減水剤

図10　各種コンクリートの材令と圧縮強度

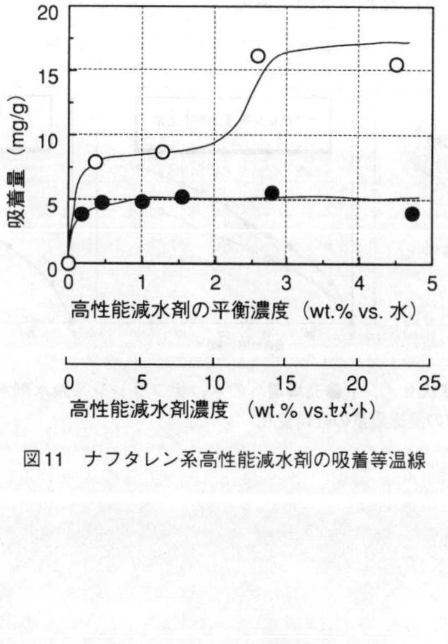

図11　ナフタレン系高性能減水剤の吸着等温線

(2) セメント粒子表面の濡れ性

図12に，普通セメントと球状セメント粉体充填層への水および高性能減水剤水溶液の浸透重量の経時変化を示す。球状セメントは普通セメントに比べて曲線の傾きが大きく，100秒後の浸透重量が，水の場合で24％，減水剤の場合で30～150％大きくなった。このことから，球状セメント層は普通セメント層に比較して，各液体に対する濡れ性が大きいと考えられる。さらに，Poiseuille式に基づき，1／Wtと dW／dtの関係をプロットし，セメント粒子表面と液体の付着力$\gamma \cos \theta$を求めることによって粒子表面に対する各種液体の濡れ性を考察した。普通セメント粒子表面に対する球状セメント粒子表面の濡れ性の向上の程度を比較すると，その値は，2～50倍の値を示した。したがって，球状セメントは普通セメントに比べてセメント粒子表面の濡れ性が向上している。

以上より，球状セメントは，粉体特性と界面化学的特性の両方によって高い流動性を発現するといえる。

1.6 おわりに

球状セメントは，高速気流中衝撃法により「自己調和」プロセスによって調製される。その粒子構造はナノメートルサイズの微粒子が表面に集積したカプセル状である。球状セメントは高い流動性によって，コンクリートの作業性や強度・耐久性の向上を可能にすることから建築土木分野での利用が期待される。さらに，高速気流中衝撃法によるセメントの処理は球状化のみならず，異種粒子の複合化によるセメントのさらなる高機能化を可能にするといえよう。

本稿が読者の皆様のご参考になれば幸いである。

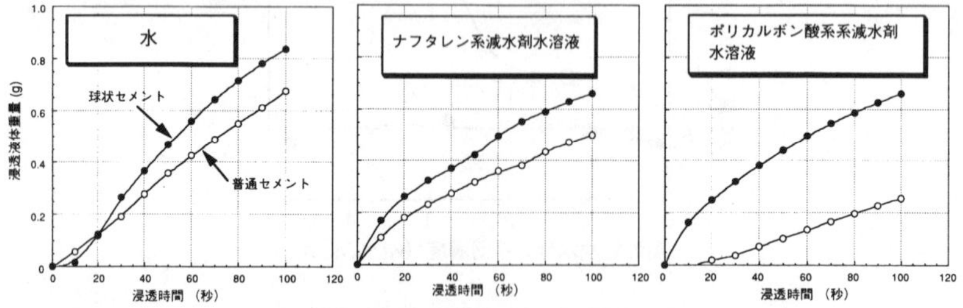

図12　普通セメント○と球状セメント●充填層への水，ナフタレン系減水剤水溶液およびポリカルボン酸系減水剤水溶液の浸透重量の経時変化

文　　献

1) 伊藤要，無機工業化学概論，培風館，pp.152-157（1981）
2) 社団法人日本コンクリート工学協会，コンクリート技士研修テキスト，pp.271-276（2000）
3) 友澤史紀ほか，高強度・高流動コンクリート用バインダーの開発に関する研究，1992年度日本建築学会大会学術講演梗概集，pp.523-524（1992）
4) 特許1857138号：流動化セメント
5) 例えば，特許3016564号：球状セメントとその製造方法，特許3181970号：球状化セメントの製造方法
6) 例えば，小石眞純編，微粒子設計，工業調査会（1987），および小石眞純，三原一幸他編集，実用表面改質技術総覧，pp.783-822（1993）など
7) 牧野昇，江崎玲於奈編，総予測21世紀の技術革新，小石眞純，pp.237-251，工業調査会（2000）
8) 宇智田俊一郎ほか，モルタルの流動性及び強度発現に及ぼすセメントの粒度分布と骨材の種類の影響，セメントコンクリート論文集，No.45，pp.98-103（1991）

その他，本稿は以下の論文をまとめたものである。

1. 田中勲，鈴木信雄，一家惟俊，球状化セメントの流動特性，セメント・コンクリート論文集，No.46（1992）198-203
2. 田中勲，成田一徳，今井実，佐竹紳也，小野義徳，球状化セメントを使用したコンクリートの流動性と強度性状，セメント・コンクリート論文集，No.48（1994）286-291
3. Isao Tanaka, Nobuo Suzuki, Yoshinori Ono and Masumi Koishi, Fluidity of spherical cement and mechanism for creating high fluidity, *Cement and Concrete Research*, Vol.28（1998）63-74
4. Isao Tanaka, Nobuo Suzuki, Yoshinori Ono and Masumi Koishi, A comparison of the fluidity of spherical cement with that of broad cement and a study of the properties of fresh concrete using spherical cement, *Cement and Concrete Research*, Vol.29 (1999) 553-560
5. Isao Tanaka and Masumi Koishi, Fundamental properties of powder, paste and mortar of surface modified cement and process of the surface modification, *Construction and Building Materials*. Vol.13 (1999) 285-292
6. Isao Tanaka, Masumi Koishi and Kunio Shinohara, A study on the process for formation of spherical cement through an examination of the changes of powder properties and electrical charges of the cement and its constituent materials during surface modification, *Cement and Concrete Research*, Vol.32 (2002) 57-64
7. Isao Tanaka, Masumi Koishi and Kunio Shinohara, Evaluation of the wettability of spherical cement particle surfaces using penetration rate method, *Cement and Concrete Research*, Vol.32 (2002) 1161-1168

2 マイクロカプセル化金属触媒—グリーンケミストリーを指向して—

大野桂二*[1]，佐野淳典*[2]，小林　榮*[3]

2.1 はじめに

触媒を少量使用することによって反応速度や反応収率が飛躍的に高まる触媒反応は，エネルギーの節減や廃棄物の削減につながるなど，グリーンケミストリーの中でも中心的な役割を担う優れた化学技術の一つである。それ故，多くの化学の先人たちは遷移金属を中心に数多くの特色ある有用な触媒を開発してきた。しかし，これらは有機溶剤に溶解しないものが多い。そのため，有機化合物との間で錯体を形成させ，有機溶剤に可溶にする工夫が凝らされている。

こうした錯体触媒が，酸化還元反応や炭素－炭素結合形成反応，さらには置換反応なども可能にし，近年では，不斉配位子との組み合わせによる不斉触媒も開発されている。BINAP触媒などは工業的規模での不斉触媒反応を可能にしており，ファインケミカルの基幹技術になりつつあると言っても過言ではない。しかし，これらの金属錯体触媒およびそれらを利用する触媒反応には，いくつかの課題が残されている。特に，触媒に用いた金属による環境の汚染や生成物への混入は深刻な事態を引き起こしかねない。電子工業材料分野においては残留金属が電気特性に影響し，医薬品分野においては生体に対する毒性の発現が危惧される。

これらの問題を解決するための一つの手法として，高分子などの担体に触媒を固定化する方法が行われており，イオン結合，配位結合を利用して担持させる方法や共有結合で固定化させる方法などが開発されている。その中の一つに，東京大学の小林らによって開発されたマイクロカプセル化の手法を利用した新しい触媒の固定化技術による，漏洩の少ない固定化触媒（マイクロカプセル化触媒）がある[1)]。この非共有結合で担持された固定化触媒は，触媒の変質を伴わず，固定化が容易なこともあって注目の度合いが高い。

当社では，小林らの指導の下にこれらのマイクロカプセル化触媒の量産に成功し，試薬として販売するに至っている。筆者らの知る限り，マイクロカプセル化技術を利用した世界初の反応試薬（触媒）である。本稿では，マイクロカプセル化技術が反応試薬の開発に応用された事例のひ

---

*1　Keiji Oono　和光純薬工業㈱　試薬化成品事業部　研究開発本部　試薬研究所　主任研究員

*2　Atsunori Sano　和光純薬工業㈱　試薬化成品事業部　研究開発本部　化成品開発部　化成品開発部長

*3　Shigeru Kobayashi　和光純薬工業㈱　試薬化成品事業部　研究開発本部　取締役　研究開発本部長

とつとして，本技術を利用した高分子固定化金属触媒（マイクロカプセル化金属触媒）の開発とこれらの触媒を利用した反応について紹介する。

2.2　マイクロカプセル化金属触媒の特長

マイクロカプセル化金属触媒の合成法を図1（概念図）に示した。すなわち，溶媒に溶解したポリスチレンの溶液に金属触媒の溶液を撹拌下に加えて均一に混合すると，溶解していた金属触媒がコアとなり，これをポリマーが包み込み，マイクロ相分離（コアセルベーション）が生じる。生じた分散液を貧溶媒に加えると，金属触媒がポリスチレンに包み込まれた（マイクロカプセル化された）ポリマーが塊状となり，これを粉砕することにより反応に供与できる形状の高分子固定化触媒が得られる。

マイクロカプセル内に包み込まれた金属触媒は，ポリスチレンのベンゼン環との電子的な相互作用により強固にポリマーに担持されており，単なる高分子に練り込んだものや染み込ませたものとは全く異なるものである。こうして形成されたマイクロカプセルは数十から数百ナノメートルサイズであり，大きさも形状も整っていないアモルファスとなっているが，ポリマー上にきれいに分散している。

金属触媒はカプセル中に均一に存在するが，反応に寄与するのは表在する触媒と考えられ，担持された触媒は変質しておらず，触媒活性が高い。また，ポリマーとの相互作用で固定化されているため反応液中への漏れ出しが極力抑えられているなどの特長がある。反応系内から容易に分離することができ，再使用が可能であり，系中への触媒の漏れ出しも少ない。

当社ではこれら3種類のマイクロカプセル化金属触媒［MC $Sc(OTf)_3$（マイクロカプセル化スカンジウムトリフラート），MC OsO_4，PEM-MC OsO_4（いずれもマイクロカプセル化四酸化オスミウム）］の量産に成功し，試薬として販売している。

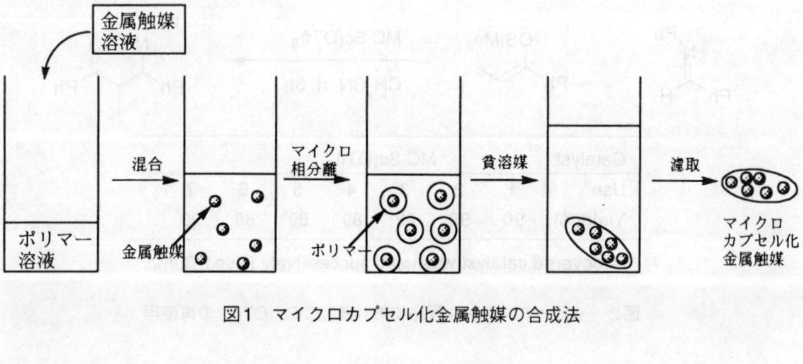

図1　マイクロカプセル化金属触媒の合成法

2.3 マイクロカプセル化スカンジウムトリフラート（MC Sc(OTf)$_3$）[2)]

水に対して安定なルイス酸であるSc(OTf)$_3$ [3)] はアルドール反応をはじめ，ディールスーアルダー反応，マンニッヒ反応，フリーデルークラフツ反応などの有用な反応を水中で行うことを可能にした優れた触媒である。

小林らは，このSc(OTf)$_3$を先に述べたマイクロカプセル化の手法を用いてポリスチレンに固定したマイクロカプセル化スカンジウムトリフラート［MC Sc(OTf)$_3$］を開発した。この固定化触媒は，単体であるSc(OTf)$_3$のルイス酸触媒活性と同等の活性を持っているが，反応によっては高分子に固定した触媒の方がむしろ活性や選択性などが高くなる，いわゆる「高分子効果」を示す場合もある[4, 5)]。また，MC Sc(OTf)$_3$は単純なろ過操作だけで容易に反応系から回収することができ，回収した触媒を数回再使用しても収率の低下は見られない（図2）。

種々の反応に対しても単体であるSc(OTf)$_3$と遜色なく広範囲に適用することが可能で先のイミノアルドール反応の他に，マンニッヒタイプの反応，アザディールスーアルダー反応，シアノ化反応，イミンのアリル化反応，ストレッカー反応，キノリン生成反応などの有用な反応の触媒として利用できる（図3）。いずれの反応においても固定化触媒は回収再利用が可能で，グリーンケミストリーを目指す多くの化学合成の場で利用されることが期待される。

さらに固定化触媒の特長を付け加えれば，種々の反応形態に対応できることである。例えば，MC Sc(OTf)$_3$を反応用のカラム管に充填し，このカラムに反応液を通過させることによって各種反応を行うことが可能で，原料をカラムに連続的に加えると連続的に目的物が排出されるので，工業的プロセスにおいて理想的な反応形態を実現することができる（図4）。

このように，MC Sc(OTf)$_3$は活性が高く，触媒の漏洩が少なく，連続フロー反応システムにも利用できる効率のよい触媒であり，回収再使用が容易であるため，従来のルイス酸のように使用後に多量の廃棄物を排出することのないエコマテリアルとして位置付けることができ，数多くの反応のグリーン化に役立つことが期待される。

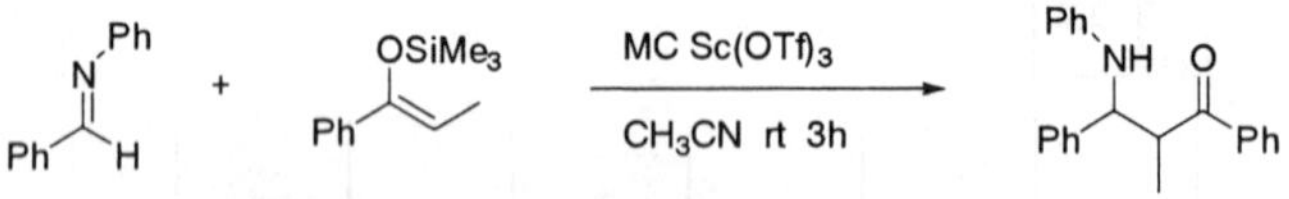

Catalyst	MC Sc(OTf)$_3$						
Use[a]	1	2	3	4	5	6	7
Yield(%)	90	90	88	89	89	88	90

[a]Recovered catalyst was used successively (Use 2,3,4....

図2　イミノアルドール反応におけるMC Sc(OTf)$_3$の再使用

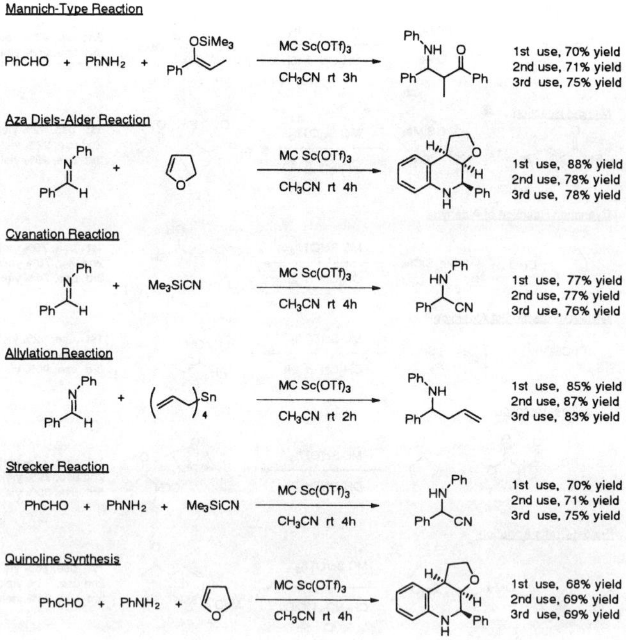

図3　MC Sc(OTf)$_3$ を用いた各種反応（バッチ反応）

2.4　マイクロカプセル化四酸化オスミウム（MC OsO_4，PEM−MC OsO_4）

(1) ポリスチレン−マイクロカプセル化四酸化オスミウム（MC OsO_4）[6, 7]

四酸化オスミウム（OsO_4）は炭素−炭素二重結合へのシス−ジヒドロキシル化反応，*N*-クロルアミン化合物を用いたアミノヒドロキシル化反応に用いられる穏やかな酸化剤で，過ヨウ素酸塩とともに用いることにより二重結合の開裂によるカルボニル化合物の合成にも使用される。また，*N*-メチルモルホリン-*N*-オキシド（NMO）やフェリシアン化カリウムなどの再酸化剤の存在下，反応系に不斉配位子を共存させることにより不斉ジヒドロキシル化反応を簡便に行なうことができ，不斉を必要とする医薬品の合成への応用も期待される。

しかし，OsO_4は昇華性（蒸気圧1.5Kpa/27℃）が高く，吸引毒性（許容濃度0.0016mg/m^3）が強く，さらに価格も高い。その他にも，反応後の回収が困難（人と環境に大きな負荷が掛かる）などの問題点があり，天然物の全合成には頻繁に利用されているが工業的スケールで使用された例はない。そのため，これらの問題点を改善する目的で，上述したマイクロカプセル化技術を用いて高分子担体にポリスチレンを使用したMC OsO_4の開発が試みられた。この固定化触媒はポ

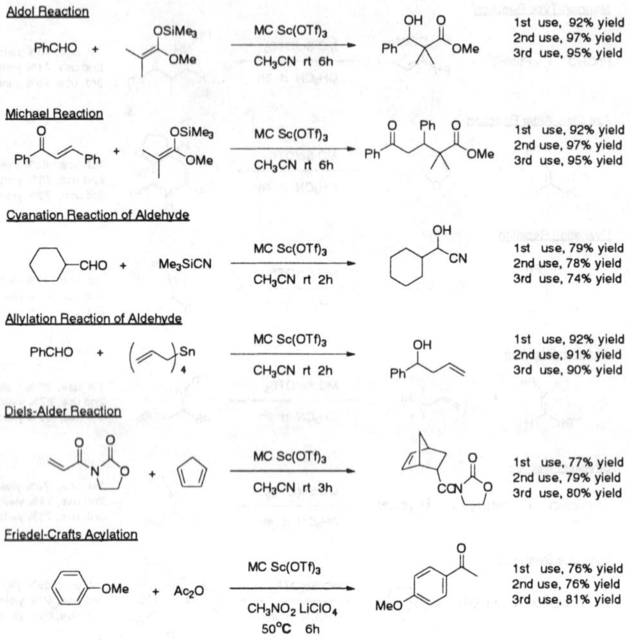

図4　MC Sc(OTf)$_3$ を用いた各種反応（連続フロー反応）

リスチレンにOsO_4が包み込まれ電子的な結合で固定化されているため，図5のように単体のOsO_4では2分後に揮発が認められるのに対して3日後においても揮発が押さえられている。

マイクロカプセル化したMC OsO_4は毒性も低減されており，マウスを用いた経口投与の毒性発現量は2000mg/kgで，各臓器への蓄積も認められないことが確認された。

一方，酸化反応触媒としての触媒活性を調べるため，シクロヘキサンを基質としたNMO共存下の反応で単体のOsO_4と比較したところ，MC OsO_4は反応の立ち上がりがやや遅くなるものの最終的にOsO_4と同程度の収率で酸化物を得ることができた。当然，固定化されているMC OsO_4は，簡単なろ過操作で反応液から分離することができ，触媒の漏洩が低いため繰り返し使用しても活性が衰えることはない（図6）。

触媒の一般性を確認するために検討された種々の脂肪族アルケンを原料に用いたジヒドロキシル化反応においても，MC OsO_4は触媒として効率よく働き，対応するジオール体が好収率で得られる（図7）。

ただし，MC OsO_4の担体には直鎖状のポリスチレンを使用しているため，担体と親和性の高

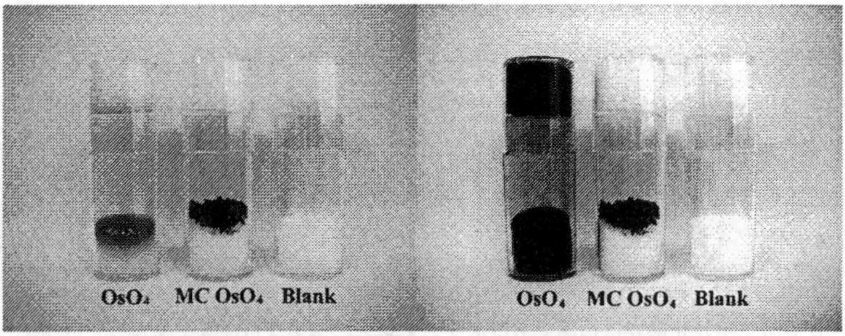

図5　OsO_4とMC OsO_4の揮発性の比較（左：放置2分，右：放置3日）

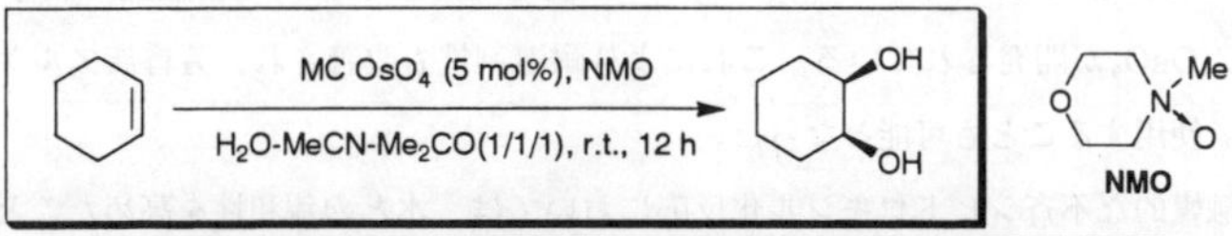

Run	1	2	3	4	5
Yield(%)	84	84	83	84	83
Recovery of Catalyst (%)	quant.	quant.	quant.	quant.	quant.

図6　MC OsO_4によるシクロヘキサンのジヒドロキシル化反応と触媒の再使用

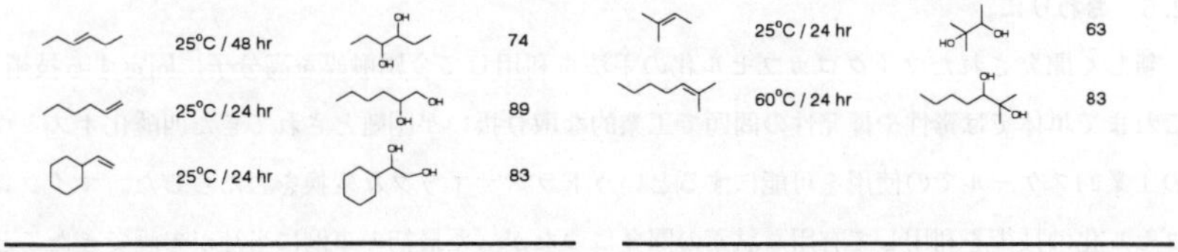
substrate　condition　product　yield(%)
25°C / 24 hr　84
25°C / 38 hr　81
25°C / 24 hr　68
25°C / 48 hr　74
25°C / 24 hr　89
25°C / 24 hr　83
substrate　condition　product　yield(%)
25°C / 24 hr　84
25°C / 24 hr　76
25°C / 24 hr　78
25°C / 24 hr　63
60°C / 24 hr　83

図7　MC OsO_4による各種アルケンのジヒドロキシル化反応

い芳香族系の基質や担体を溶解するような脂溶性の高い溶媒を使用すると反応系内で分散していたMC OsO_4が固着して大きな固まりになったり，マイクロカプセルが崩れて触媒が漏れ出すことがある。したがって，反応基質はポリスチレンを溶解しない脂肪族アルケンに限定され，使用する溶媒も含水系の水溶性溶媒に限られるなど，使用上の制限がある。

このようにMC OsO_4には改良の余地が残されているものの，マイクロカプセル化したことにより，毒性が高く，揮発性のあるOsO_4を安全かつ簡便に取り扱うことができるようになった。オスミウム酸化の工業化に拍車をかける，これまでの常識を変える触媒と言えよう[8]。

(2) 4-フェノキシエトキシメチルスチレン－コースチレン－マイクロカプセル化四酸化オスミウム（PEM-MC OsO_4）[9]

マイクロカプセル化触媒は担体であるポリスチレンに適切な官能基を導入し，ポリマーの性質を変えることで，触媒の性能を改善することができる。この特長を利用して，ポリスチレンに親水性基としての2-フェノキシエトキシメチル（PEM）基を導入し，触媒の親水性を高めたPEM-MC OsO_4が開発されている。これにより耐溶剤性も改善され，芳香族アルケン類を反応基質として使用することも可能となった。

また，触媒的な不斉ジヒドロキシル化反応においては，水との親和性を高めたことにより再酸化剤としてフェリシアン化カリウム水溶液を用いることが可能になった。そのため，反応基質を徐々に滴下する（slow addition）という煩雑な操作も不要となり，種々の基質を用いた反応でも高い不斉収率で目的のジヒドロキシル化合物が得られ，本触媒を用いる不斉ジヒドロキシル化反応には一般性がある（図8）。

なお，PEM-MC OsO_4は，ポリスチレンに約5％含有されている4-クロロメチルスチレンのクロロ基をフェノキシエトキシ基に置換した後，OsO_4をマイクロカプセル化することによって合成することができる（図9）。

このようにマイクロカプセル化四酸化オスミウムは改良を重ねながら発展しており，今なお，耐溶媒性や耐熱性の向上を求めて改良型のマイクロカプセル化OsO_4の開発が進められている。

2.5 おわりに

新しく開発されたマイクロカプセル化の手法を利用して金属触媒を高分子に固定する技術は，これまで単体では毒性や揮発性の問題で工業的な取り扱いが困難とされてきた四酸化オスミウムの工業的スケールでの使用を可能にするというドラスティックな変換をもたらした。マイクロカプセル化の技術を利用して有用な試薬の開発につながった最初の事例に当社が参画できたことは幸いである。

マイクロカプセル化手法を用いた高分子固定化触媒の開発は多くの化学者にも認知されつつあり[10]，ラタンチとリードビーターはポリアミドにマイクロカプセル化したバナジウム触媒を開発している[11]。

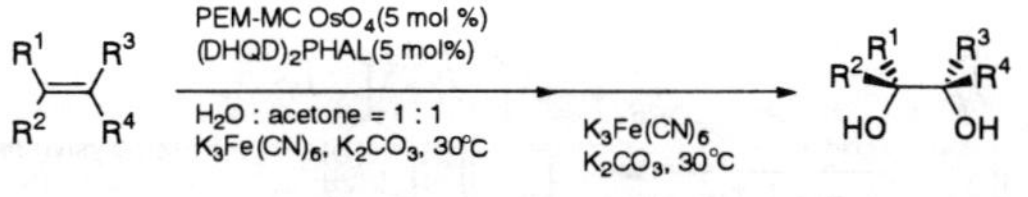

entry	olefin	time(h)	yield(%)	ee(%)
1	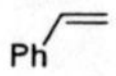	3+2	85(80)[a]	78(-82)[a]
2	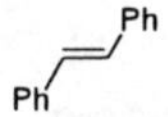	3+2	86	94
3	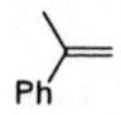	3+2	85	76
4	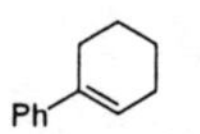	5+4	85	95
5	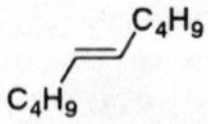	3+2	41	91
6[b]	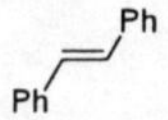	3+2+2+2[c]	66	>99
7[b]	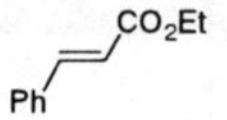	3+2	51	>99

[a] $(DHQ)_2PHAL$ (5 mol %) was used instead of $(DHQD)_2PHAL$.

[b] Methanesulfonamide(1.0 equiv) was added.

[c] One equivalent each of $K_3Fe(CN)_6$ and K_2CO_3 was added four times.

図8　PEM-MC OsO_4を用いた不斉ジヒドロキシル化反応

マイクロカプセル化触媒のさらなる改良研究は，その後も小林らによって続けられており，ごく最近，マイクロカプセル化触媒の欠点とされる高い耐溶剤性，高い耐磨耗性を有する高分子Carcerand型パラジウム触媒の開発に至っている[12)]。当社ではこうした発展型のマイクロカプセル化触媒も引き続き試薬として，さらには工業用触媒として提供すべく，量産化の検討に励んでいる。

謝　辞

マイクロカプセル化触媒の商品開発に当たり，小林修教授の多大なご指導，御鞭撻に深謝いたします。

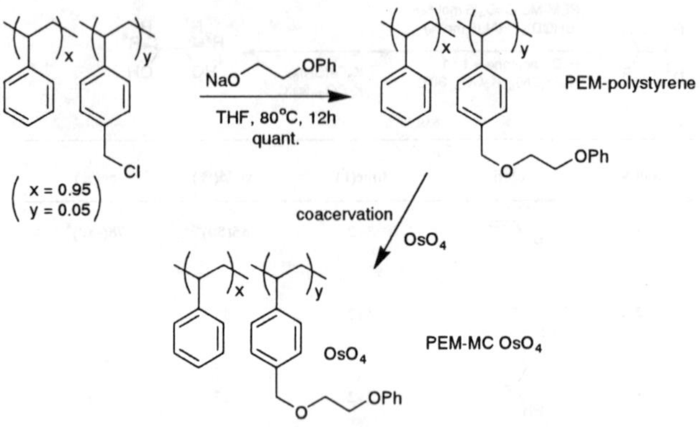

図9　PEM-MC OsO_4の合成

文　　献

1) S.Kobayashi, R.Akiyama, *Chem. Commun.*, **449** (2003)
2) a) S. Kobayashi, S. Nagayama, *J. Am. Chem. Soc.*, **120**, 2985 (1998) ; b) 小林　修，和光純薬時報，**67**（2），6（1999）
3) S. Kobayashi, *Eur. J. Org. Chem.*, 15 (1999)
4) S. Kobayashi, S. Nagayama, *Synlett*, 653 (1997)
5) T. Suzuki, T. Watahiki, T. Oriyama, *Tetrahedron Lett.*, **41**, 8903 (2000)
6) S. Nagayama, M. Endo, S. Kobayashi, *J. Org. Chem.*, **63**, 6094 (1998)
7) 文献によってはポリスチレンにマイクロカプセル化したOsO_4をPS-MC OsO_4と表記されている場合もあるが，ここではMC-OsO_4と表記する。
8) O. Okitsu, R. Suzuki, S. Kobayashi, *J. Org. Chem.*, **66**, 809 (2001)
9) S. Kobayashi, T. Ishida, R. Akiyama, *Org. Lett.*, **3**, 2649 (2001)
10) a) S. Aoki, K. Matsui, K. Tanaka, R. Satari, M. Kobayashi, *Tetrahedron*, **56**, 9945 (2000) ; b) M. Yamashita, N. Ohta, I. Kawasaki, S. Ohta, *Org. Lett.*, **3**, 1359 (2001) ; c) H. Kikuchi, Y. Saito, J. Komiya, Y. Takaya, S. Honma, N. Nakahata, A. Ito, Y. Ohshima, *J. Org. Chem.*, **66**, 6982 (2001)
11) A. Lattanzi, N. E. Leadbeater, *Org. Lett.*, **4**, 1519 (2002)
12) R. Akiyama, S. Kobayashi, *J. Am. Chem. Soc.*, **125**, 3412 (2003)

機能構築のための微粒子技術 編

第1章　新規ポリマー微粒子の調製とモルフォロジー

酒井俊郎*1，加茂川恵司*2，阿部正彦*3

1　はじめに

ポリマー微粒子は，機能構築微粒子[1]のマトリックス材料の一つである。特に，ポリマー微粒子中に微細なトンネルを有するマイクロスポンジ[2]などは機能構築微粒子のマトリックスとして有効な材料となり得る。例えば，高比表面積を活かしたクロマトパックとしての使用や，細孔中へのナノ粒子の充填などによる色調材料，触媒材料，生体材料など広範囲にわたり応用できる可能性がある。一方，ポリマー微粒子の代表的な調製法である乳化重合法や懸濁重合法は，現在市販されているポリマー微粒子の作製法の主流であり，サイズコントロールなどはかなりの精度で行われている[3,4]。しかし，これら水分子などの液体中で作製する方法は球形粒子の作製には適しているものの，高比表面積を有するポーラス材料の作製には適しておらず，むしろ乾式の方法が適している。筆者らの最近の研究において，懸濁重合の過程で超音波を照射し続けると，ポリマー粒子の内部および表面にナノスケールの空洞を有する多孔質ポリマー粒子（ディンプルポリマー粒子）が作製できることを報告した[5]。これは，超音波が持っている特性の一つであるキャビテーションを利用したものである[6,7]。さらに，超音波の周波数特性を利用するためにより高周波数領域の超音波を照射すると水分子をラジカル解離させることができ，そのラジカルを反応開始剤として作用させると，新たに反応開始剤を添加することなくポリマー粒子を作製することができる[8]。このように，ナノポリマーマトリックスの調製に，高エネルギーを有する超音波発振機の利用の可能性が広がったと言える。以下に，これまでに得られた結果を紹介する。

2　超音波の特性

まず，超音波の歴史と特性について簡単に述べる。今から約90年前の1912年に大西洋航路で新造豪華船タイタニック号が氷山に衝突して沈没し，約1000名に近い人命が失われた。その直

＊1　Toshio Sakai　ニューヨーク州立大学　バッファロー校　博士研究員

＊2　Keiji Kamogawa　東京理科大学　界面科学研究所　客員研究員

＊3　Masahiko Abe　東京理科大学　理工学部　工業化学科　教授

後，海難事故を防止すべく海中に超音波を発射して氷山からの反響を探知することの可能性が論じられたが，当時はそれを実現するために真空管すらも使えない時代であった。第一次世界大戦で超音波による潜水艦の探知が真剣に取り上げられ，フランスのP. Langevinはそのとき，鉄盤の間に水晶のモザイクをサンドウィッチにしたランジュバン式振動子を発明し，1921年頃に実用化した。これが超音波の実用としては最初のものであると思われる[9)]。今日における超音波は我々にとって身近なものとなり，生命を授かった母親の体内にいるうちから超音波による診断を受け，また，大人になっては趣味の釣りで魚群探知器を操る人もあり，また超音波診断・治療などを受ける人もいる[10)]。

超音波の特徴を電磁波と比較してみると，両者とも広い周波数にわたって活用が開拓されてきたものであり，両者の対照的な点を比較することは興味深い。例えば，速度と媒体中の伝搬能力は好対照である。超音波の速度は電磁波の速度より約5桁遅い。超音波は，電磁波が苦手とする液体や固体中での伝搬能力が高いので，金属などの非破壊検査や海洋・地殻探査などの分野への応用は今後とも拡大するであろう。また，電子走査の導入，信号処理，画像処理の発展に伴い，医療分野においてもその応用は著しく，人体の断面を*in situ*で観測することができ，医療として必要不可欠なものとなっている[10)]。

超音波がエマルションの調製などの乳化・分散に用いられた最初の報告例は，WoodとLoomisが1927年に発表した論文である[11)]。それから80年余，多くの研究や実用化が推進され，超音波発振機も高効率の超音波振動子とパワートランジスタ式発振機が主流となって，応用分野も広範囲にわたっている[12)]。我々も，界面活性剤を添加していないエマルション，すなわちサーファクタント・フリー・エマルションの調製において，超音波発振機を有効に利用させていただいている[13~21)]。

超音波（通常，20kHz以上の周波数を指す）の特徴の一つに，キャビテーションがある。キャビテーションとは，超音波が生み出す減圧力によって発生した空洞（キャビティー）が，圧縮力によりつぶれて消滅する際に強力な衝撃波を発生する現象である。超音波を利用したエマルションの調製や超音波洗浄においては，この強力な衝撃波が水中の油滴を破砕したり，被洗浄物に付着している固体性の汚れを直接破砕して洗浄液中に分散させる効果を持っている。このような現象は超音波領域の比較的低周波側で顕著に起こることが知られている。キャビテーションは超音波の周波数に依存し，キャビテーション発生に必要な最低音波強度は，周波数の増大に伴って指数関数的に増大する（図1）。すなわち，比較的低周波数の超音波ほどキャビテーションは起こりやすいことを意味している。一方，高周波側ではキャビテーションが発生しない代わりに，加速度の効果が顕著に現われてくる。例えば，950kHzの超音波洗浄機の場合，水分子の加速度は重力加速度の10^5倍にも達することが予想される[22)]。粒子の細かい汚れを除去するためには波

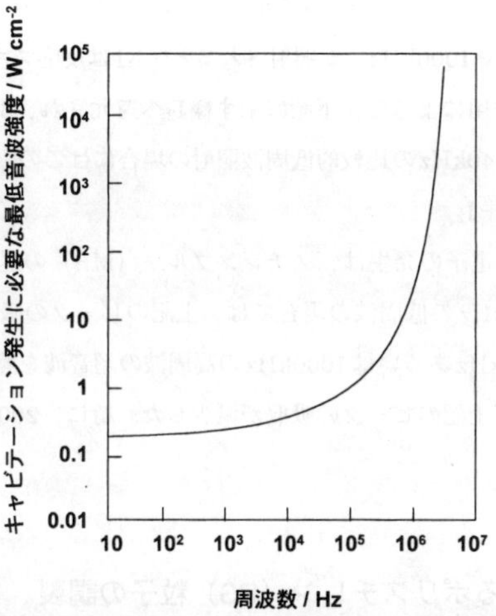

図1　超音波周波数とキャビテーションに必要な最低超音波強度の関係[13]

長が短く，加速度の大きい高周波の超音波が有効であり，特に除去すべき汚れの粒子径が0.1～0.2μmのサブミクロン領域まで小さくなると，現在多用されている28～50kHzの低周波超音波では洗浄効果が不十分であることがある。高周波超音波を使用することによって洗浄にむらがなくなって均一洗浄が可能となり高精密洗浄に適するようになる。

キャビテーションによって生成したキャビティーは，数千度と数百気圧を同時に有しており[7,23,24]，化学反応を引き起こすことも知られている[25～29]。例えば，超音波領域の高周波を水に照射すると，水分子が分解してHラジカルおよびOHラジカルを発生し，さらに過酸化水素を形成する反応が起こる[30,31]とされている。

$H_2O \rightarrow H\cdot\ OH\cdot$　(1)

$H\cdot + H\cdot \rightarrow H_2$　(2)

$H\cdot \rightarrow H^+ + e^-$　(3)

$OH\cdot + OH\cdot \rightarrow H_2O_2$　(4)

$OH\cdot + e^- \rightarrow OH^-$　(5)

このようにして発生したOHラジカルの強い還元作用を利用して金属粒子やマイクロカプセルの調製が注目を集めている（ソノケミカルリアクション）[32,33]。後述するように，筆者らも200kHzの高周波の超音波発振機を使用してOHラジカルを発生させ，そのOHラジカルを反応開始剤としてスチレンモノマーを重合した微細ポリスチレン粒子の調製に成功している[8]。上記の反応スキームは，よう化カリウム（KI）の還元反応によって容易に確認することができる[8, 35]。水中に高周波数（200kHzや1000kHz）が照射されると，KIは反応スキーム(4)によって生成した過酸化水素の強い還元作用によって，下記に示す様I_2へ還元され，300nm～400nmに吸収を持つようになる。しかし，40kHzの比較的低周波照射の場合にはこの吸収はない[34]。

$$H_2O_2 + 2KI \rightarrow 2KOH + I_2 \quad (6)$$

また，反応スキーム(3)の電子の発生は，メチレンブルー（MB）の退色によって確認することができる[35]。やはり，40kHzの低周波の場合では，上記のピークの吸収はその超音波の照射には依存しなかったが，200kHzあるいは1000kHzの高周波の超音波を照射した場合には，超音波の照射時間の経過に伴って上記のピークの吸収が減少した。特に，200kHzの超音波照射の場合が最も効果的の様である。

3　懸濁重合法によるポリスチレン（PS）粒子の調製

まず，比較的低周波数（40kHz）の超音波を照射して懸濁重合法することにより調製したポリスチレン粒子について述べることにする。スチレンモノマー（安定化剤を除去して窒素雰囲気下で精製したもの）中に反応開始剤となるAIBN（2,2'-Azobis（isobutyronitrile)（α,α'）を10mM溶解して，その混合溶液を蒸留水中に体積比で1：50となるように添加した。25℃に保ちながら2分間超音波（40kHz）照射を行い，スチレンモノマー油滴分散液を調製した。超音波発振機は，ブラウンソニック220（Smithkline社製，周波数40kHz，出力125W）である。この場合のラジカル重合の開始は，スチレンモノマー分散液を75±1℃に昇温することにより行った。なお，反応開始剤であるAIBNは油溶性であるため，重合はバルク水相では進行せずにスチレンモノマー油滴中のみで進行する。約20分間，75±1℃で重合した後，反応容器を0℃の氷浴に移して5分間静置して反応を停止させた。ポリスチレン（PS）の形成は，固液分離したPS粒子をFT-IR（KBr法）により確認したところ，750cm^{-1}と700cm^{-1}および2930cm^{-1}と2850cm^{-1}にそれぞれポリスチレンのCH面外振動およびCH伸縮振動，さらには2000cm^{-1}-1600cm^{-1}付近にベンゼン一置換体の吸収が現れた。

図2は，調製したPS粒子のTEM像である（JEOL製の透過型電子顕微鏡JEM1200EX型）。黒色に見える部分がPSである。図2の左図中のPS粒子は，平均粒子径350nm，標準偏差60nmの球形であり，粒子の輪郭は滑らかな球面をしている。また，図2の右図で見られるような直径2～3μmの大きな粒子も観察された。TEM観察から得られた粒子径分布は，直径300nmと3μmの2つのピークを持つ分布となった。また，動的光散乱法（Particle Sizing Systems社製，NICOMP380ZLS型）によって測定したところ，図3の左図に示すようにTEM観察で得られた

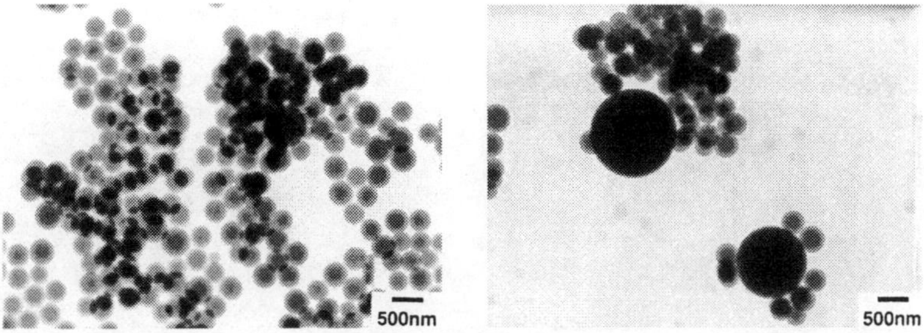

図2　懸濁重合法によって調製されたPS粒子のTEM像
サブミクロンサイズのPS粒子（右図），ミクロンサイズのPS粒子（左図）

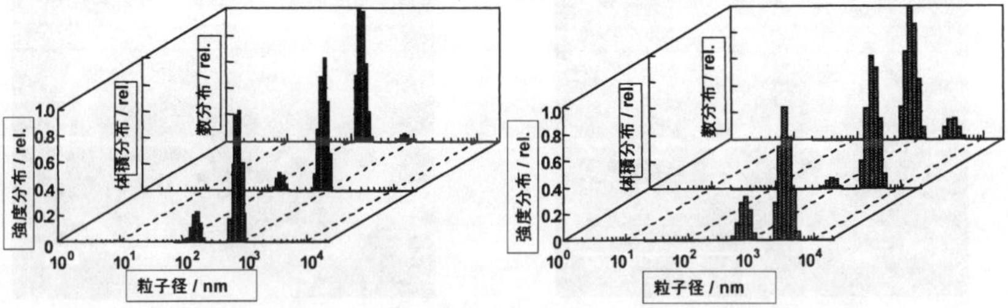

図3　動的光散乱法によって測定されたPS粒子の粒子径分布（強度，体積，数分率）
PS粒子の粒子径分布（右図），重合前のスチレンモノマー油滴の粒子径分布（左図）

粒子径分布と同等の分布が観測された。重合前のスチレンモノマー油滴の粒子径分布を測定したところ，図3の右図のような直径約600nmと4μmの2つの分布が観測された。これは，スチレンモノマー油滴が液体であるために容易に融合して粒子径が増大してしまうので，ポリマー状態の粒子径よりも大きくなったものと考えられる。

4　低周波超音波を用いた表面多孔質（ディンプル）PS粒子の調製

図4に示すTEM像には，球形のPS粒子に複数の空洞が観察される[20]。この空洞を有するPS粒子は，前節と同様に，40kHzの超音波を照射することによってスチレンモノマー油滴を形成させてから昇温して重合を開始した後も，引き続き40kHzの超音波照射を行った結果得られたものである。図4の左図ではPS粒子中の空洞は，直径が120±50.3nmである。TEM像からは，それぞれの空洞は独立に存在しており，互いに内部接触していない様子が伺われる。さらに，そのPS粒子中の空洞は一様に分布しているのが分かる。また，空洞が貫通しているように見える

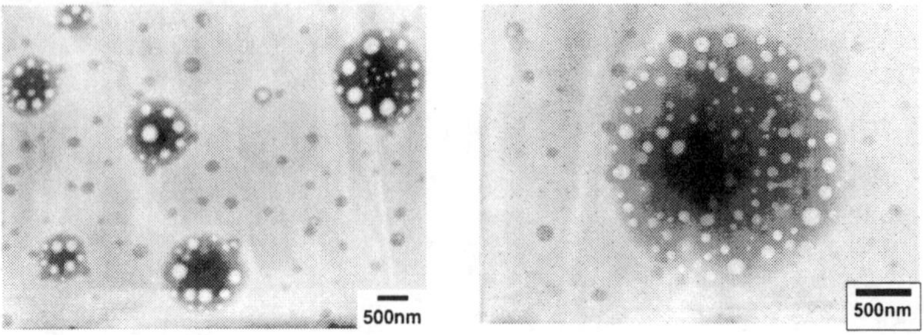

図4 超音波処理中に重合を行って形成したディンプルPS粒子のTEM像（右図），拡大図（左図）

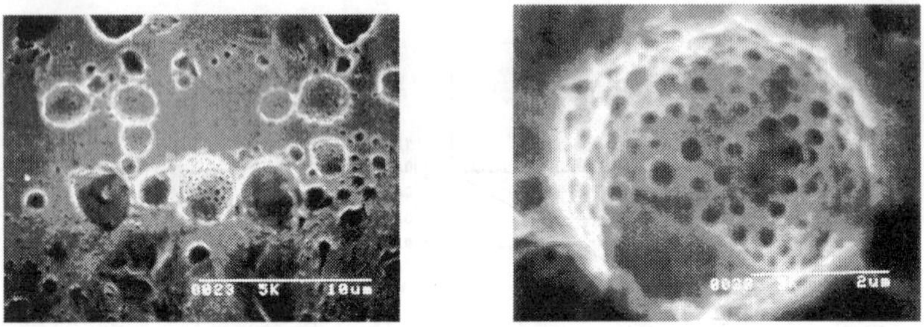

図5 ディンプルPS粒子のSEM像（右図），拡大図（左図）

が，これは電子線の透過によるものである。次に，PS粒子の表面形状をJEOL社製の走査型電子顕微鏡（SEM）JSM−5310を用いて観察した（図5）。なお，SEM試料はPS粒子上に金蒸着して用いた。SEM観察によってもPS粒子表面にも多数の空洞を形成していることが確認された。そのサイズは直径約100nm～200nmであった。

この実験において使用した40kHzの低周波数領域の超音波では，上記のソノケミカルリアクション（前述の反応スキーム(1)～(4)）は起こらず，ラジカルは形成しない[35]。このことからPS粒子中の空洞の形成にはソノケミカルリアクションの寄与は考えにくい。つまり，超音波照射によって生み出される負圧によってスチレンモノマー油滴中に無数のキャビティーが形成し，それが鋳型となり重合後もPS粒子中に空洞を残したものと考えられる。キャビティーは，超音波照射中に形成と崩壊を繰り返している。そのキャビティーのサイズは超音波の周波数の増大に伴って減少し，サブミクロンからミクロンオーダーである[7]。このサイズはこの研究において得られたPS粒子中の空洞のサイズによく一致していることから，スチレンモノマー油滴中に形成したキャビティーが鋳型となってPS粒子中の空洞となった可能性を支持している。

5　高周波超音波を用いた反応開始剤フリーの懸濁重合

前述したように，高周波数領域の超音波の照射によって，水分子が分解してラジカルを発生する。このラジカルをスチレンの反応開始剤として使用することができれば，反応開始剤フリーの重合が可能となる。この超音波重合法（Ultrasonically initiated polymerization）は1970年頃から研究が種々なされるようになり[27, 36)]，現在はより残留物汚染の少ない高分子合成や反応制御の視点から国内でも複数の大学・研究室で検討が行われている。我々はラジカル発生[35)]と高周波乳化[34)]とをベースに，40kHz，200kHz，1000kHzの3種類の周波数の超音波発振機を組み合わせて反応開始剤フリーPS粒子の調製を検討した。試料と濃度は前節と同様である。用いた超音波発振機は，40kHz（Smith−Kline社製，Bransonic220型，40kHz，125W），200kHz（カイジョー製，CA-66S-61型，～600W），1000kHz（本田電子製W−357HP型，～600W）の3種類である。まず，前節と同様に，40kHzの超音波で8分間，スチレンモノマーを水中に分散させてモノマー油滴を形成する。その後40kHz，200kHz，1000kHzの超音波をそれぞれ1時間照射した。その結果，200kHzあるいは1000kHzの超音波を照射したときにナノスケールのPS粒子が形成することが分かった（図6）[8)]。これは，200kHzや1000kHzの高周波数の超音波を照射するとラジカルが発生し，それが反応開始剤となって重合が進んだことを示唆している。また，PS粒子サイズは30nm程度の極めて小さいものが形成している。動的光散乱法によって約50nmの単分散のピークをもつ粒子径分布が測定された（図7）。このように高周波の超音波を照射した時に微細PS粒子が形成したのは，超音波の特性の一つの加速度の効果[34)]が寄与している。

高周波乳化におけるモデル系として，水中のオレイン酸油滴に比較的低周波数（40kHz）の超音波を照射した場合には，小さな粒子はできないが，水中でのオレイン酸油滴の分散量は増大する。一方，高周波数（200kHzや1000kHz）の超音波を照射した場合には，小さな粒子は形成するが，水中への油の分散量は減少する[35)]。したがって，低周波および高周波超音波を併用すれば，両方の利点を活かすことが可能になるものと考えられる。まず，低周波の超音波を照射して大きな油滴を多量に分散させ，その後高周波の超音波を照射して，いわゆる加速度効果を利用してその粒子を微細化する。さらには油滴の分散安定性も向上するので，種々の周波数の超音波発振機を単独で使用した場合よりも，併用した場合には粒子径の増大も抑制できる。実際に，例えば，40kHz単独照射により調製した油滴は1ヶ月で2相分離したが，多段階で照射した場合には，調製2日後には粒子径の増大は抑制されて約2年6ヶ月以上ほぼ同一粒子径を維持し，超音波の多段階処理の有効性を示している[34)]。

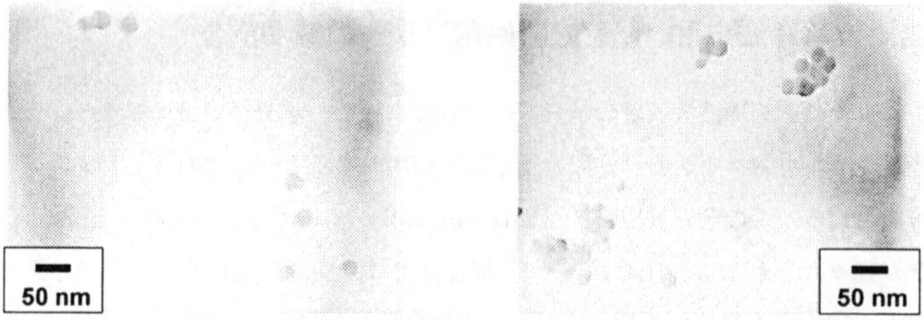

図6　反応開始剤フリー懸濁重合法で調製されたナノPS粒子のTEM像（200 kHz）

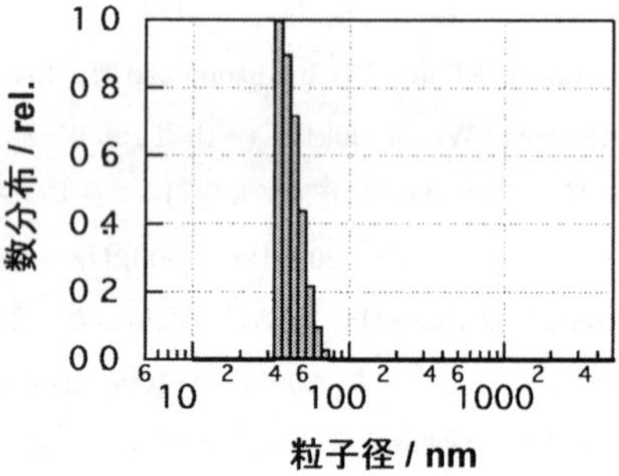

図7　動的光散乱法によって測定されたナノPS粒子の粒子径分布（200 kHz）

6　おわりに

以上述べてきたように，超音波の周波数を上手に利用することにより形成するポリマー粒子のサイズや形態を変化させることができる。超音波分散した油滴を懸濁重合すればサブミクロンスケールの球形ポリマー粒子を作製でき，さらに懸濁重合中に低周波超音波を照射すると多数の空洞を有するポリマー粒子が作製でき，またより高周波の超音波を照射すれば反応開始剤を使用することなくナノスケールのポリマー粒子を作製することができる。本稿で述べた方法は操作も極めて単純であり，特にディンプル粒子などは新たなハイブリッドミクロン粒子の提供となりうる。さらに，超音波の低周波数側からの段階的な照射は微細粒子の作製ならびに分散量の増大，さらには分散安定性の向上につながるなど，水中に分散した液滴の能動的な制御方法としても有効な手段となりうると考えている。

文　　献

1）牧野昇，江崎玲於奈，総予測21世紀の技術革新，237（2000）
2）Embil, K., Nacht, S., *J. Microencapsulation*, **13**, 575 (1996)
3）Boundy, R. H., Boyer, R. F., *STYRENE Its Polymers, Copolymers and Derivatives*; American Chemical Society, New York (1952)
4）Gu, S., Mogi, T., Konno, M.,*J. Colloid Interface Sci*, **207**, 113 (1998)
5）Sakai, T., Sakai, H., Abe, M., *Langmuir*, **18**, 3763 (2002)
6）Suslick, K. S., *Science*, **247**, 1439 (1990)
7）Noltingk, B., Neppiras, E. E. A., *Proc. Phys. Soc* **B63**, 674 (1950)
8）Okudaira, G., Kamogawa, K., Sakai, T., Sakai, H., Abe, M., *J. Oreo Sci*, **52**, 167 (2003)
9）実吉純一，井出正男，電子情報通信学会誌，**72**, 352（1989）
10）宇都宮敏男，電子情報通信学会誌，**72**，351（1989）
11）Wood, R. W., Loomis, A. L., *Phil. Mag. S*., **4**, 22, 417 (1927)
12）谷沢公彦，電子情報通信学会誌，**72**，441（1989）
13）Kamogawa, K., Sakai, T., Momozawa, N., Shimazaki, M., Enomura, M., Sakai, H., Abe, M., *J. Jpn. Oil Chem. Soc*., **47**, 159 (1998)
14）Kamogawa, K., Matsumoto, M., Kobayashi, T., Sakai, T., Sakai, H., Abe, M., *Langmuir*, **15**, 1913 (1999)
15）Kamogawa, K., Akatsuka, H., Matsumoto, M., Yokoyama, S., Sakai, T., Sakai, H., Abe, M., *Colloids Surf., A* , **80**, 41 (2001)
16）Sakai, T., Kamogawa, K., Harusawa, F., Momozawa, N., Sakai, H., Abe, M., *Langmuir*., **17**, 255 (2001)
17）酒井俊郎，加茂川恵司，阿部正彦，オレオサイエンス，**1**, 33（2001）
18）Kamogawa, K., Abe, M., Encyclopedia of Surface and Colloid Science; Marcel Dekker: New York, pp. 5214-5229 (2002)
19）Sakai, T., Kamogawa, K., Kwon, K. O., Sakai, H., Abe, M. *Colloid Polym. Sci*., **280,** 99 (2002)
20）Sakai, T., Kamogawa, K., Nishiyama, K., Sakai, H., Abe, M., *Langmuir*, **15**, 1985 (2002)
21）Kamogawa, K., Kuwayama, N., Katagiri, T., Akatsuka, H., Sakai, T., Sakai, H., Abe, M., *Langmuir*, in press.
22）柴田元，電子情報通信学会誌，**72**，437（1989）
23）Neppiras, E. A., Noltingk, B. E., *Proc. Phys. Soc*., **B63**, 1032 (1950)
24）Doktycz, S. J., Suslick, K. S., *Science* , **247**, 1067 (1990)
25）Mason, T. J., Advances in Sonochemistry 1, 2 and 3; JAI Press: London, 1990, 1991 and (1993)
26）Suslick, K. S., Ultrasound Its Chemical, Physical, and Biological Effects; VHC Pub. Inc., Weinhem (1988)
27）Hengein, A., *Ultrasonics*, **25**, 6 (1987)
28）Riezs, P., Kondo, T., *Free Radical Biol. Med*., **13**, 247 (1992)

29) Price, J., Current Trends in Sonochemistry; Royal Society of Chemistry: Cambridge (1992)
30) Makino, K., Mossoba, M. M., Riesz, P., *J. Am. Chem. Soc.*, **104**, 3537 (1982)
31) Makino, K., Mossoba, M. M., Riesz, P., *J. Phys. Chem.*, **87**, 1369 (1983)
32) Hart, E. J., Fischer, C-H., Henglein, A., *J. Phys. Chem.*, **94**, 284 (1990)
33) Nagata, Y., Hirai, K., Okitsu, K., Dohmaru, T., Maeda, Y., *Chem. Lett.*, 203 (1995)
34) Kamogawa, K., Okudaira, G., Matsumoto, M., Sakai T., Sakai, H., Abe, M. (投稿中)
35) Kamogawa, K., Okudaira, G., Sakai, T., Sakai, H., Abe, M. (投稿中)
36) Kruus P., *Advances in Sonochemistry*, **2**, 1 (1991)

第2章　コアにハロゲン化銀を含むコアーシェル構造球状シリカ系粒子

岡林南洋*

1　はじめに

ハロゲン化銀を含むシリカ系ガラスは，暗所と明所とで無着色を可逆的に繰り返すホトクロミズムを有す。こうしたガラスは，ホトクロミックガラスとして汎用されており，シリカ，アルミナ，酸化ホウ素，酸化ナトリウム等を主成分とするガラス中に，粒子径が10nm前後のハロゲン化銀の結晶微粒子が分散したものである。ガラス中のハロゲン化銀は無色で粒子径が可視光の波長よりもはるかに短いナノサイズであるので，暗所では無色透明である。しかし，直射日光が当たるような明るい所では，ハロゲン化銀は光分解して銀とハロゲンになるので着色する。これを暗所に置くと，銀とハロゲンはハロゲン化銀に戻って，無色透明になり，化学反応式で示すと，$2AgX \Leftrightarrow 2Ag + X_2$になる。このようなガラスは，一般にケイ砂，水和アルミナ，ホウ酸，硝酸銀，塩化ナトリウム等の混合物を融解した後，急冷し製造される[1]。こうして製造されたホトクロミックガラスは，塊状や板状等かさ高いものとなる。そこで，近年は微粒子，繊維や薄膜等への形状制御が可能なゾルーゲル法が検討されている[2～15]。中でもハロゲン化銀が分散したガラスは，繰り返し耐久性が優れているため，ホログラム，光スイッチング，光学バルブ等，新しい分野への応用が期待されている。

ゾルーゲル法は，オルトケイ酸エチル（TEOS），ホウ素トリエトキシド，カルシウムジエトキシド等のアルコキシド化合物を原料とするガラスやセラミックスの製法である。原料はアルコール等に可溶，高純度，均一混合や共縮合が可能，加水分解反応により固体を生成する等のため，組成，形状，熱処理温度等の製法上の選択幅が広い。ゾルーゲル法でハロゲン化銀が分散したシリカ系ガラスを得ようとする場合，シリカの主原料であるTEOSのようなケイ素アルコキシドとハロゲン化銀との均一溶液にする必要がある。しかし，ケイ素アルコキシドはアルコールなどの有機溶媒に可溶であるが，ハロゲン化銀は親水性または疎水性どちらの溶媒に対しても溶解度が低いので，両者を均一に混合することはできない。そこで，銀化合物とハロゲン化合物を混合してガラスを形成後，ハロゲン化銀を析出させる方法が考えられる。例えばハロゲン化銀の原料と

---

*　Minahiro Okabayashi　高知工業高等専門学校　物質工学科　教授

してアルコールなどの極性溶媒にわずかに溶ける過塩素酸銀や硝酸銀等の銀塩は，微量であればケイ素アルコキシドとの混合が可能である。このように混合した後，加水分解すれば銀の微粒子が分散したガラスが得られ，これを塩化水素に暴露すれば塩化銀を析出させることが可能である[4)]。しかし，ケイ素アルコキシドと銀化合物との混合溶液に塩化カリウムや塩酸などのハロゲン化合物を添加すれば，ただちにハロゲン化銀が沈殿分離する。そのため，このような化合物を用いた場合には，ケイ素アルコキシドと銀化合物，ハロゲン化合物を均一に混合することはできず，結局，ハロゲン化銀が均一分散したガラスを得ることはできない。そこで，銀イオンは錯体として保護し，一方，ハロゲンは炭素に直接結合している化合物を用いる方法がある[2, 6, 7)]。銀錯体としては，ケイ素アルコキシドと共重合可能なものが適しており，このような錯体に，その配位子として末端が銀イオンに配位可能な基でもう一方の末端はトリアルコキシシリル基である $H_2NCH_2CH_2NH(CH_2)_3Si(OC_2H_5)_3$（entmsと略す）を用いた $[Ag(entms)_2]NO_3$ がある[16~18)]。ハロゲンが炭素に結合したハロゲン化合物は，ハロアルキルトリアルコキシシランが適している。ケイ素アルコキシド，アルコキシシリル基を有する銀錯体，およびハロアルキルトリアルコキシシランは，均一に混合できるばかりでなく，それぞれアルコキシシリル基を有するので共重合が可能である（図1）。これらの化合物を原料とするゾル－ゲル法により，ハロゲン化銀を含むガラスの薄膜[6, 7)]や微粒子[2)]が得られる。

ここでは，図2に示すようなホトクロミックであり，ナノサイズのハロゲン化銀が分散したコアと，シリカ被覆層であるシェルとで構成されるコアーシェル二層構造のサブミクロンサイズのシリカ系球状粒子について述べる。

2　粒子の合成法

粒子合成法のフローチャートを図3に，反応模式図を図1にそれぞれ示す。合成した銀錯体とハロアルキルトリアルコキシシランをあらかじめ部分的に加水分解したTEOSに添加すると，銀錯体とハロアルキルトリアルコキシシランは，TEOSと結合する。これを，アンモニア水とメタノールの混合溶液に滴下すると，銀錯体とハロゲンを含む単分散球状のシリカ粒子が生成する。

銀の原料として用いる銀錯体 $[Ag(entms)_2]NO_3$ とハロアルキルトリアルコキシシランは，TEOSとの共重合が可能であるが，粒子合成中に互いに反応してハロゲン化銀を生成することはない。この銀錯体は，硝酸銀にentmsを添加した後，暗室，室温，で撹拌して合成する[16~18)]。ハロゲン化銀の生成に必要なハロゲンとして用いるハロアルキルトリアルコキシシランは，炭素に直接結合したハロゲンを有し，かつ，TEOSと共重合が可能なアルコキシシリル基を有するものを用いる。例えば，$Cl(CH_2)_3Si(OCH_3)_3$（cptmsと略す），$ClCH_2Si(OC_2H_5)_3$（cmtesと略

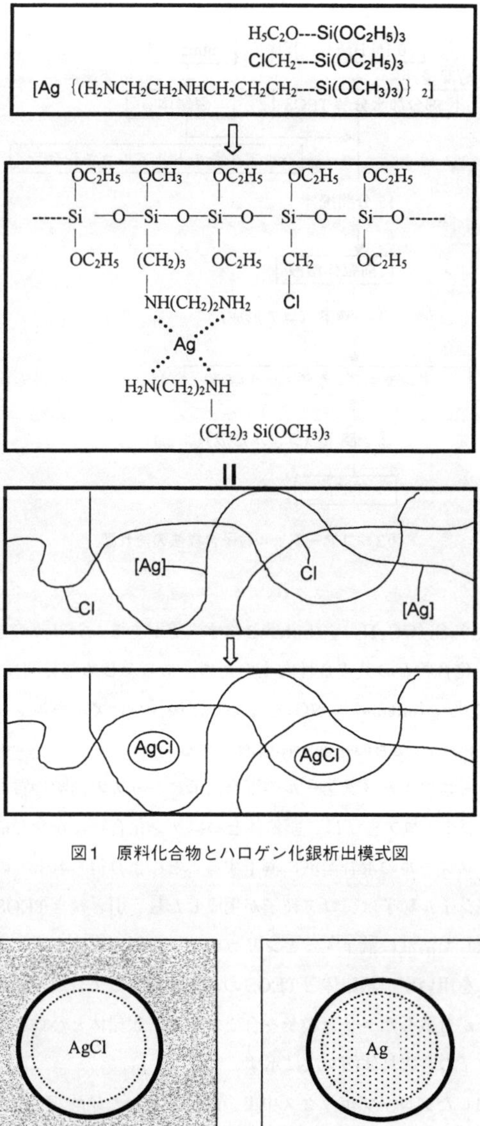

図1　原料化合物とハロゲン化銀析出模式図

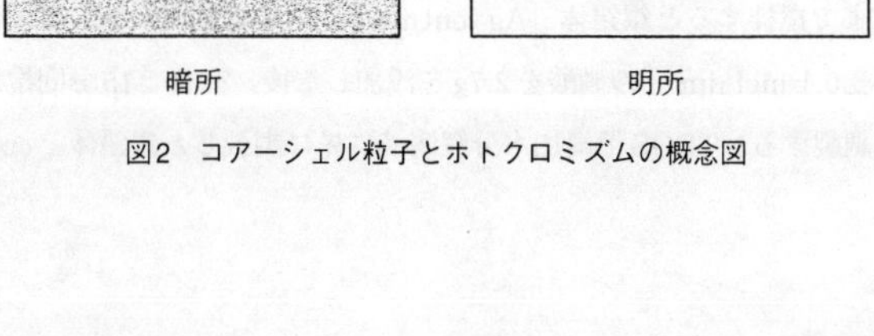

図2　コアーシェル粒子とホトクロミズムの概念図

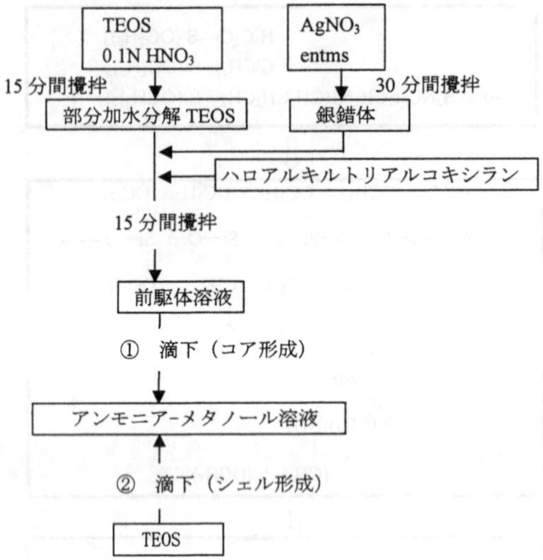

図3　コアーシェル粒子合成法の流れ図

す），または，$Br(CH_2)_3Si(OC_2H_5)_3$（bptesと略す）等がある。シリカの原料としてのTEOSは，銀錯体やハロゲン化合物との共重合性向上のため，あらかじめ部分的に加水分解しておく。この部分加水分解物に［$Ag(entms)_2$］NO_3を添加した後，ハロアルキルトリアルコキシシランを加えた後，約15分間攪拌したものを前駆体溶液とする。

粒子の合成は，アンモニア水とメタノールの混合溶液にシリカの前駆物質であるTEOSを滴下するStöber法[19]に基づく。コア粒子は，銀錯体とハロゲン化合物とを含む前駆体溶液を攪拌しているアンモニアとメタノールの混合溶液に滴下することにより得られる。コアとシェルとからなる二層構造のコアーシェル粒子は，コア粒子が生成した後，引き続きTEOSのみのメタノール溶液をコア粒子が分散した溶液に滴下するとシリカのシェル層が形成する。また，ハロアルキルトリアルコキシシランを用いず，銀錯体とTEOSのみを原料として合成すると，銀錯体含有シリカ粒子を経て銀微粒子が分散したシリカ粒子を合成できる。銀錯体とハロアルキルトリアルコキシシランを含有する粒子の合成具体例を次に示す。

遮光および窒素置換したグローブボックス中で，細かく砕いた硝酸銀0.65gとentms 1.70gを硝酸銀が溶解するまで攪拌すると銀錯体［$Ag(entms)_2$］NO_3が生成する。TEOS 32.0gのメタノール溶液に，濃度0.1 mol dm^{-3}の硝酸を2.7gを添加した後，室温で15分間攪拌し，TEOS予備加水分解溶液を調製する。TEOS予備加水分解溶液に先に調製した銀錯体とcmtes 0.88gを加え，15分間撹拌して前駆体溶液を調製する。この前駆体溶液を25％アンモニア水150cm^{3}とメタノール600cm^{3}とからなるアンモニア性アルコールに，約1cm^3/minの速度で滴下する。滴下にはマイクロチューブポンプを使い，この間，アンモニア性アルコールはマグネチックスターラーまたは撹拌羽根付撹拌装置で撹拌する。滴下終了後，さらに1時間撹拌した後，溶媒を除去するとコア粒子よりなる粉末が得られる。

上記操作で，滴下終了後更に1時間撹拌した，引き続きTEOS 62.5gのメタノール溶液を滴下すれば，コア粒子がシリカで被覆されシェルを形成する。シェル形成に用いるTEOSの量によってシェルの厚さを調整できる。滴下終了後，更に1時間撹拌するとコアーシェル粒子が得られる。

3　コアーシェル粒子のシェル形成

シェルの形成は，粒子の合成途中で採取したコア粒子の粒子径と，シェルを形成した後のコアーシェル粒子の粒子径を比較することにより確認することができる[2)]。銀錯体とcmtesを含むコア粒子とコアーシェル粒子のSEM写真（図4）と粒子径分布（図5）によると，両粒子ともほぼ単分散であり，シェルを形成する際に，新たな粒子の生成がない。図4に示す例では，平均粒子径は，コア粒子が約0.16μm，コアーシェル粒子が約0.21μmであるので，シェルの厚さは約25nmである。以上のことは，Stöber法でシリカ系粒子を合成する際，合成途中で原料のケイ素アルコキシドの組成を変更しても粒子が連続的に成長すれば，多層構造粒子の製造が可能である。

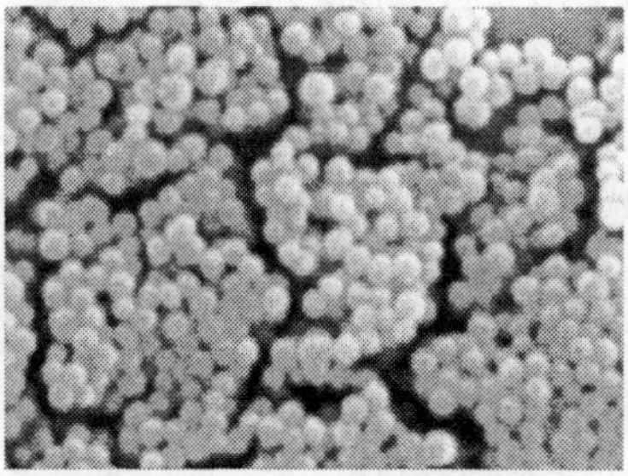

0.5μm　×30,000

0.5μm　×30,000

図4　コア粒子（上）とコアーシェル粒子（下）の走査型電子顕微鏡写真[2)]

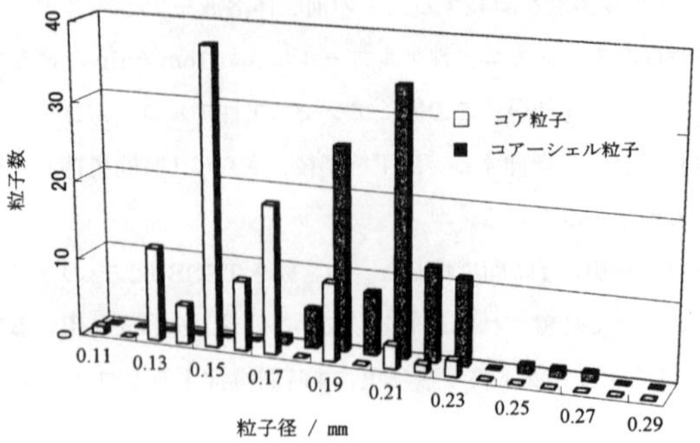

図5　コア粒子とコアーシェル粒子の粒度分布[2)]

4　シリカ粒子中でのハロゲン化銀や銀の生成と粒子中物質の安定性

粒子中での銀やハロゲン化銀の析出挙動は，粉末X線回折測定（XRD）によって調べることができる。銀錯体含有コア粒子，および銀錯体と臭化銀を含有するコアーシェル粒子のXRDパターンをそれぞれ図6と図7に示す。

ハロゲンを含まず銀錯体のみを含有したコアシリカ粒子（図6）およびコアーシェルシリカ粒子では，熱処理前は結晶を示すピークは観察されない。ところがこれを加熱すると，コア粒子では300～900℃で銀の結晶によるピークが検出され，コアーシェル粒子では700～900℃で銀の結晶が析出する。加熱前の粒子は淡黄色であるが，加熱により銀の結晶ピークを示すものは褐色であることからも，合成粒子中の銀錯体が加熱により分解して銀が析出したことがわかる。コアーシェル粒子の方がより高温で銀の結晶を析出するのは，コア粒子の場合よりもコアーシェル粒子中の銀錯体がより安定であるため銀結晶粒子が成長しにくいためと考えられる。

銀錯体と塩素化合物（cmtes）および臭素化合物（bptes）を含む粒子の場合は，熱処理前はハロゲン化銀の鮮明な結晶ピークは観察されないが，300℃の熱処理によって臭化銀の結晶ピークが観察され，塩化銀は生成しない。この系のコア粒子では，臭化銀のピークは700℃でほぼ消失するが，銀のピークは900℃でも検出されない。一方，この系のコアーシェル粒子では，塩化銀によるピークは300～500℃で最も高く，700℃で痕跡程度になり，900℃では消失し，痕跡程度ではあるが銀のピークが新たに検出される（図7）。この結果は，銀錯体の場合と同様に塩化銀についてもコアーシェル粒子の方が安定性が高いことを示している。

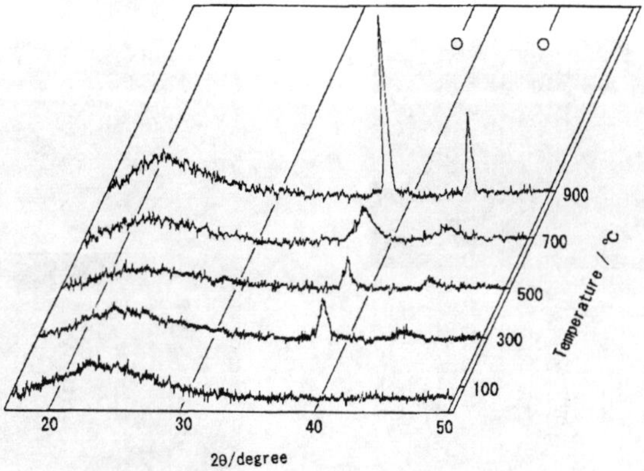

図6　銀錯体含有量コアーシェル粒子のXRDパターン
○印は銀結晶が検出される2θの位置を示す[2)]。

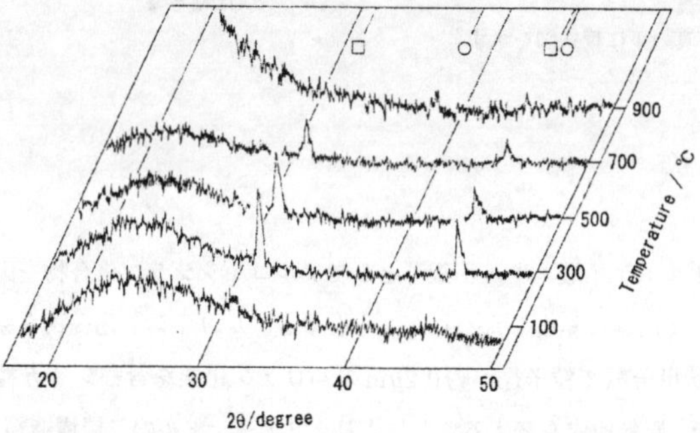

図7　銀錯体，cmtms，bptesを含むコアーシェル粒子のXRDパターン
○印は銀，□は臭化銀，それぞれの結晶が検出される2θの位置を示す[2)]。

5　透過型電子顕微鏡によるシリカ粒子中の銀の観察

銀錯体と塩素化合物を含む粒子の合成途中にアンモニアーメタノール混合溶液から試料採取したコア粒子，ならびに，シェル形成が終了した後で採取したコアーシェル粒子を透過型電子顕微鏡（TEM）で観察した写真を図8に示す。コアに分散した塩化銀の大きさは2～5nmであり，コアーシェル粒子の中に観察されるリングは，コアとシェルの境界を示す。これをもう少し解像度の高いTEMで観察したものが図9に示す写真で，粒子のコアに相当する部分に銀が分散していることがわかる[20)]。

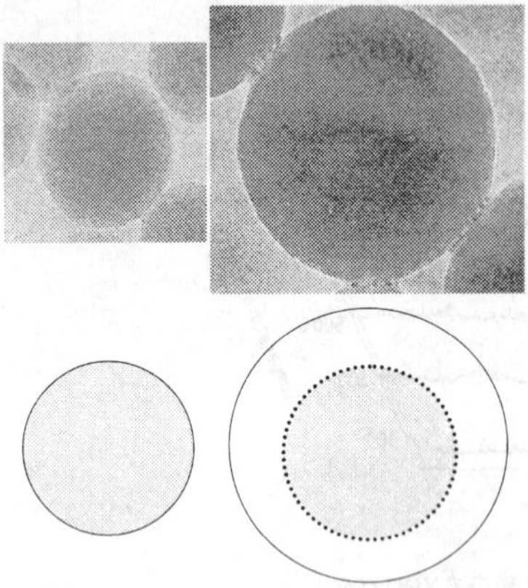

図8　コア粒子（左）とコアーシェル粒子の透過型電子顕微鏡写真
それぞれの写真の下に模式図を示す[2]。

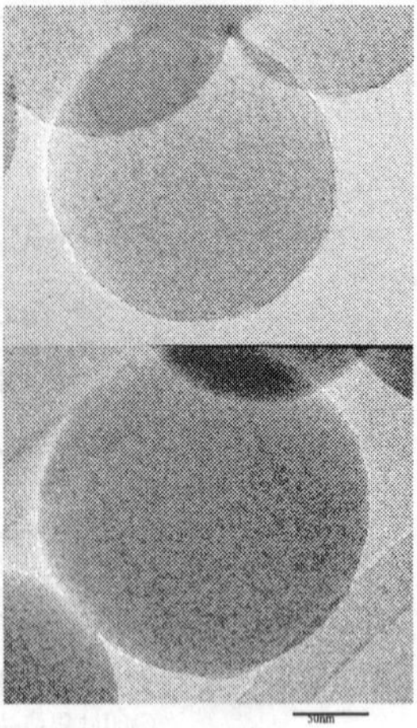

図9　コア粒子（上）とコアーシェル粒子（下）のTEM写真[20]

6　おわりに

シリカ源としてオルトケイ酸エチル，銀源としてアルコキシシラン化合物を配位子とする銀錯体，ハロゲン源として炭素に結合したハロゲンを有するアルコキシド化合物を原料とするゾルーゲル法により，球状単分散で粒子径が約0.2μmのハロゲン化銀を含むシリカ粒子の合成が可能である。合成途中で，原料組成を変えることにより，コアーシェルの二層構造粒子を合成できる。また，コアとシェルの原料量比によってシェル層の厚さを調整できる。

銀錯体とTEOSを原料として合成した粒子では，熱処理によって粒子中の銀錯体が分解して銀の結晶になる温度がコアー粒子よりもコアーシェル粒子の方が高いことより，コアーシェル粒子の方がコア粒子の場合よりも粒子中に含まれる物質が安定であることがわかる。同様に，銀錯体，TEOS，ハロアルコキシシラン化合物を原料として合成した粒子に析出するハロゲン化銀も，コアーシェル粒子の方がコア粒子よりも安定性が高い。

この方法によれば，コアーシェル二層構造粒子の製造が可能であり，また，コアーシェルにすることによりコアに含まれる物質の安定性の向上を期待できる。ここで述べた方法に基づけば，コアに種々の物質，例えば各種半導体，機能性有機色素，磁性体，医薬品，酵素などを固定できるので，多くの分野への応用が可能である。また，コアに固定しようとするものが金属のようにアルコキシシラン化合物と共溶性のないものでも，金属錯体にするなどして共溶性を持たせ粒子に固定した後，粒子内での熱や光による反応で析出させることが可能である。ここでは，粒子の形成をStöber法に基づいたので粒子の大きさは0.1～0.5μmとなるが，更に小さい10～数10nmの粒子を得たい場合には，逆ミセル中でナノサイズの金属微粒子を析出させた後，TEOSを用いて金属微粒子を被覆する方法もある[21]。

文　献

1） 作花済夫ほか，“ガラスハンドブック”，朝倉書店，p.993（1994）
2） 岡林南洋ほか，日本化学会誌，**2001**, 299（2001）
3） 岡林南洋ほか，開平5-238756（1993）
4） M. Menning *et al., SPIE*, **1590**, 152 (1991)
5） M. Menning *et al., SPIE*, **1758**, 387 (1992)
6） H. Schmidt, *J. Non-Cryst. Solids*, **178**, 302 (1994)
7） H. Schmidt, *J.Sol-Gel Sci. Tech*., **1**, 217 (1994)
8） 中村徹ほか，特開平7-157751（1995）
9） A. Kriltz *et al., J. Mater. Sci*., **32**, 169 (1997)
10） L. Hou *et al., J. Sol-Gel Sci. Tech*., **8**, 923 (1997)
11） L. Hou *et al., J. Sol-Gel Sci. Tech*., **8**, 927 (1997)
12） F. Tang *et al., J. Sol-Gel Sci. Tech*., **9**, 279 (1997)
13） H. Nakazumi *et al., J. Sol-Gel Sci. Tech*., **8**, 901 (1997)
14） D. Levy *et al., J. Sol-Gel Sci. Tech*., **8**, 931 (1997)
15） A. Kriltz *et al., J. Sol-Gel. Sci. Tech*., **11**, 197 (1998)
16） M. Okabayashi *et al.,* United States Patent **5**, 468, 738 (1995)
17） 岡林南洋ほか，防菌防黴，**25**，195（1997）
18） 岡林南洋ほか，高知工業高等専門学校学術紀要，**46**，39（2001）
19） A. Stöber *et al., J. Colloid Interface Sci*., **26**, 62 (1968)
20） 田中美代子ほか，物質材料研究機構，支援報告書，印刷中（2003）
21） T. Li *et al., Lnagmuir*, **1999**, 4328 (1999)

第3章　金・半導体ナノ粒子の調製

長崎幸夫*

1　はじめに

数ナノメートルから数百ナノメートルサイズの金ナノ粒子はその表面プラズモン吸収による鮮やかなピンク色を呈し，古くからステンドグラスなどの着色用に使われてきたことは有名である。また，ナノサイズの半導体粒子は量子効果による様々な発光特性が注目されてきている。

1971年，Faulk，Taylorらは透過型電子顕微鏡用の免疫細胞マーカーとして金ナノ粒子を利用することを始めた。これ以来，電子顕微鏡分野では免疫金ナノ粒子は必修ツールの一つとなっている。ごく最近，この金ナノ粒子や半導体ナノ粒子がさらにホットな話題を集めているのはなぜだろうか。これは上に述べた吸収・発光現象を利用し，免疫診断だけでなく，遺伝子などの様々なバイオ検出のためのツールとしてバイオ関連分野で利用する試みが盛んとなりつつあるためである。本稿では最近の金・半導体ナノ粒子の試みを筆者らの例を中心に紹介する。

2　金ナノ粒子の調製

塩化金酸（$HAuCl_3$）を水溶液中で還元すると金が析出する。クエン酸などの還元剤によって還元すると，光の波長よりも小さな粒子で，しかも沈澱とならずに水の中に分散した状態の粒子が生成する。これはクエン酸が金ナノ粒子の表面に吸着することにより粒子同士がイオン反発して水中で凝集することなく分散しているためである。

しかしながらこのような吸着分子のイオン反発では，高イオン濃度などの厳しい条件下では静電遮蔽が起こって分散性が著しく低下してしまい，容易に凝集してしまうのが現状である。安定性を向上させるため，でんぷんを加えて保護コロイドにする等の試みが行われている。Murrayらはメルカプト基を有するポリエチレングリコール（PEG-SH）を金ナノ粒子表面に修飾し，極めて安定な分散粒子を調製することに成功している[1)]。

---

*　Yukio Nagasaki　東京理科大学　基礎工学部　材料工学科　教授

3　バイオディテクションのための金ナノ粒子

金ナノ粒子上への抗体の担持は上述の細胞ラベリングから細胞内動態解析，さらには免疫診断用へと展開を見せ，広く利用されるようになってきている。1996年，Mirkinらは金ナノ粒子を遺伝子検出に展開することを提案した。オリゴDNAを粒子表面に担持させ，完全相補鎖によるハイブリダイゼーションを粒子の色調変化（ピンク→紫）によって検出でき，遺伝子の一塩基多型の検出にも適応できることを示した[2]。遺伝子検出はこの後広く展開されてきている（図1）。

4　安定金ナノ粒子の分子設計

このように金ナノ粒子はそのナノサイズの特徴，エックス線検出，色調変化等を利用することにより様々な展開をしつつある。しかしながらナノ粒子の分散安定化と表面の機能化は相反する関係にあり，機能性を追求すると安定性が低下するなど，様々な問題を抱えているのが現状である。

金ナノ粒子の分散安定化と機能化を併せ持つ金ナノ粒子はどうやってできるであろうか？　筆

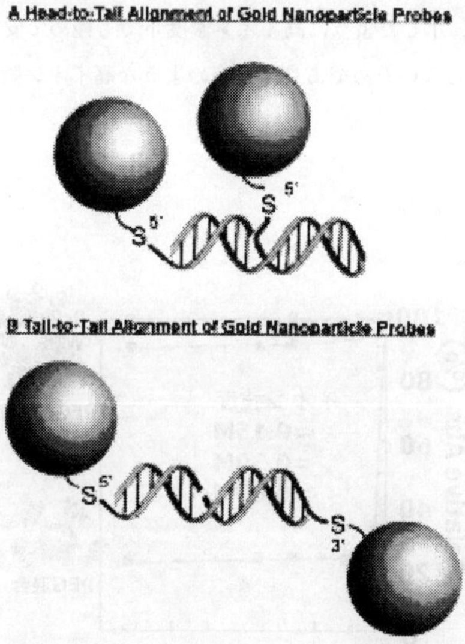

図1　金ナノ粒子によるオリゴDNA相補鎖の検出
（Mirkinら，*J. Am. Chem.* Soc., 20, 1959（1998）より引用）

者らは従来よりバイオ材料の表面設計の観点から両末端に異なる官能基を有するポリエチレングリコール（ヘテロPEG）の合成を行ってきた。このなかから金表面への配位能の高いメルカプト基やポリアミン鎖を有するヘテロPEGを利用し，金ナノ粒子の安定化を行った[3)]。つまり，上述したように金表面にPEGブラシを構築すると，ポリマーのエントロピー効果により表面に電荷がないにも関わらず分散安定化される。しかも末端に官能基導入部位を配することにより高機能な安定分散ナノ粒子が得られるという訳である。

さて，メルカプト基は金と強い結合を形成することが知られている。メルカプト基を有するヘテロPEG（R-PEG-SH）は市販のクエン酸還元金ナノ粒子と混合することにより金表面にブラシを構築することが可能である。

アミノ基はメルカプト基に比べて配位能が弱いものの，複数のアミノ基を有するブロックポリマーは多点配位するため，興味深い。このブロックポリマーをクエン酸還元金ナノ粒子と混合することにより安定分散粒子の調製が可能であった。さらに興味深いことに，アミノ基が適度な還元能を有しているため，ブロックポリマー水溶液と塩化金酸水溶液を混和させると還元が起こるとともにポリマーが粒子に配位する。このため，穏和な条件で極めて単分散な金ナノ粒子が構築された。

このようにして調製した反応性PEGブラシ修飾金ナノ粒子の表面ゼータ電位はほぼゼロであるにもかかわらず，図2に示したように高イオン濃度下でも極めて安定である。これはナノ粒子の分散がイオン反発によらないためであり，血清のような高イオン強度下でも利用可能であることを意味する。

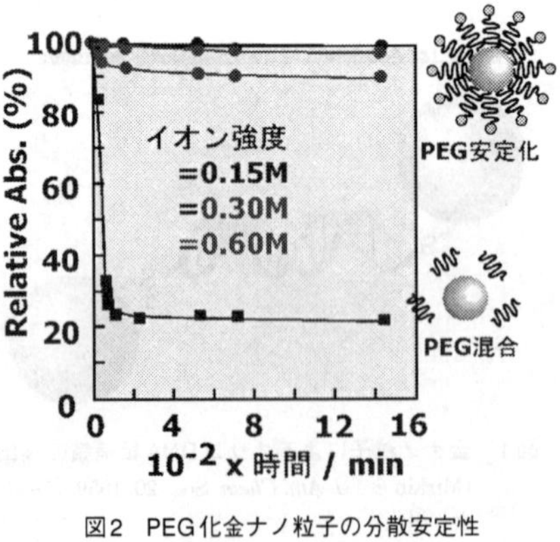

図2　PEG化金ナノ粒子の分散安定性

5　安定金ナノ粒子による分子認識

さて，このようにして調製したPEG化金ナノ粒子はその表面のPEG自由末端に官能基を有する。ここにリガンドとして抗体やオリゴDNAなどを導入すれば実用的な診断・分析ナノ粒子として利用できるであろう。

特異的分子認識としてよく知られている糖とレクチン，あるいはビオチンとアビジンなどを用いて粒子の機能化を試みた。図3にはラクトースをPEG末端に導入した金ナノ粒子分散液にラクトース中のガラクトースと選択的に相互作用するRCAレクチンタンパク質を加えたときの溶液の写真を示す。分散状態のナノ粒子が粒子表面のラクトースとレクチンとの相互作用によって凝集し，紫色に変化していることがわかる。これはフリーのガラクトースをこの型に添加することにより再びピンク色に戻ることからこの相互作用が可逆であることを示している。

6　バイオ検出用半導体ナノ粒子

CdSのような半導体をナノサイズの粒子は，そのサイズ依存的に発光挙動を変化させるだけでなく，有機発光体に比較して退色しにくく，白色光で励起できる等の特色がある。Nieらはこのような半導体ナノ粒子をバイオ検出に利用することを提案し，世界的に注目された[4)]。現在，世界的に半導体ナノ粒子を利用したバイオ検出に関する検討が進められている。しかしながら上述したように，ナノサイズの粒子は分散安定性や表面の非特異吸着の問題があり，この点を十分考慮しなければならない。

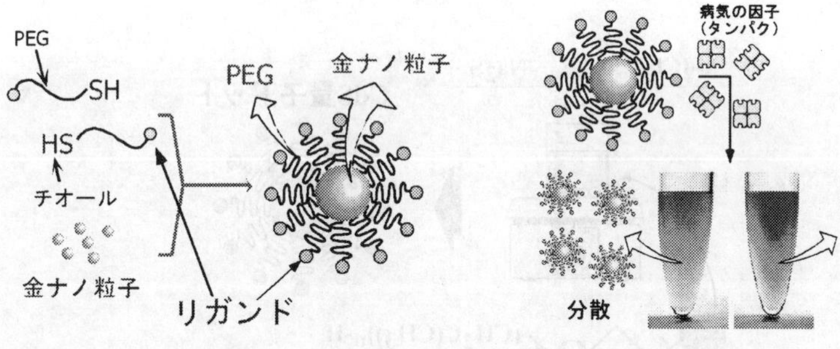

図3　ラクトースPEG化金ナノ粒子調製とレクチンとの混和

7　PEG分散安定化半導体ナノ粒子の調製と機能

PEG／ポリアミンブロック共重合体は上述したように金属だけでなく，半導体ナノ粒子の安定化にも有効である。我々はブロック共重合体水溶液に$CdCl_2$とNa_2Sとを混合することにより，数ナノメートルサイズのCdS半導体量子ドットが精製することを見いだした。これは上述の金ナノ粒子と同様，表層PEGブラシによって高い分散安定化能を示すため，ナノ診断の基盤材料として有用である（図4）。

調製したPEG化CdS量子ドットのPEG末端にビオチンを配し，テキサスレッドラベルしたストレプトアビジンを混合し，400nmの励起光によって励起した。テキサスレッドは400nmには吸収を示さないため，単独では発光しないものの，PEG化CdSナノ粒子存在化で効率よく発光する。これはCdS表層のビオチンとアビジンが相互作用することによりCdSの発光エネルギーがTxに移動していることを示す。このように相互作用して初めて発光するシステムは，ハイスループット診断を溶液中で可能にする新しいシステムとして期待される。

8　将来性

このように我々が作ってきた反応性PEG安定化金・半導体ナノ粒子は大型の装置を必要とせずに調製することができ，目視のみによって定性的に分析が可能であるだけでなく，様々な健康状態で大きく異なる血液や尿などの検体などでも非特異的な吸着を抑制して診断できることが期待される。このような目視で判断できる検出システムは，個々の診療所で簡単に検出したり，大型設備の十分でない発展途上国に対して貢献する新しい手法として期待される。

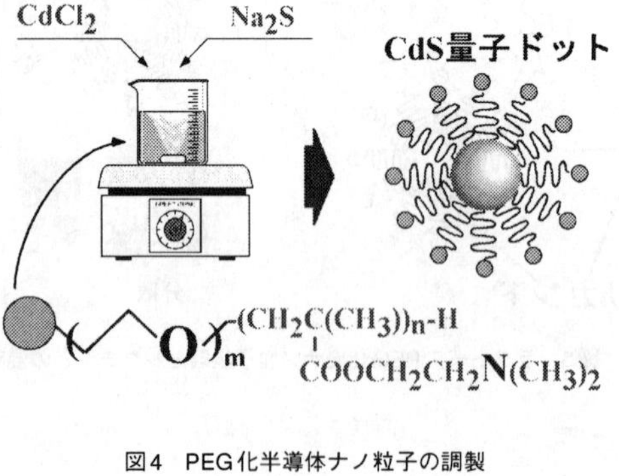

図4　PEG化半導体ナノ粒子の調製

ナノテクノロジーをになう代表的な材料の一つとして，ナノ粒子を利用するための一つのツールとして，ヘテロPEG安定化粒子への期待は大きい。

9　おわりに

これまで進められてきた材料システムから進化し，ナノサイズのテクノロジー，サイエンスを遂行する上で界面の問題は避けて通れない重要な観点の一つである。サイズを小さくすればするほど相対的な界面の影響が増し，今まで考える必要がなかった問題点も多く出現してくる。これはナノ粒子にとどまらず，平面やナノ空間などすべての領域で考慮しなければならない点を忘れてはならない。

文　　献

1）W. Peter Wuelfing, Stephen M. Gross, Deon T. Miles, Royce W. Murray *J. Am. Chem. Soc.*, **120**, 12696 (1998)
2）Chad A.Mirkin,Robert L.Letsinger, Robert c.Mucic, James J. Storhoff, *Nature* (*London*), **382**, 607 (1996)
3）Hidenori Otsuka, Yoshitsugu Akiyama, Yukio Nagasaki, Kazunori Kataoka , *J.Am.Chem.Soc.***123**, 8226 (2001)
4）W.C.W.Chang, S.Nie, *Science*, **281** 2016 (1999)

第4章　均一液滴噴霧法によるPbフリーはんだボールの作製とその評価

伊達正芳*

1　はじめに

近年，携帯電話を中心とした情報端末機器における小型軽量化，高機能化が著しく進んでおり，ブロードバンド時代の到来やBluetooth™などの無線通信の普及によって，今後その傾向が一段と強まることが予想される。その実現のためには端末機器に搭載される電子部品の高集積化，高機能化が不可欠であり，特に電子回路の中枢をなすICパッケージは各社凌ぎを削って開発を進めている。

ここでICパッケージの形態の変遷を図1に示す。図1(a)に示されるような，従来型のパッケージであるQFP（Quad Flat Package）やSOP（Small Outline Package）は周辺端子型と呼ばれ，Siチップの配線ピッチとパッケージを搭載する基板のピッチとの整合を得るためにリードフレームを用いている。しかしこのような再配線方法ではSiチップのサイズに対してパッケージが周囲に拡大されるだけでなく，パッケージの下の領域がデッドスペースとなり，電子部品の実装密度を高めることが困難である。一方，図1(b)および図1(c)に示された格子配列端子型のBGA（Ball Grid Array）やCSP（Chip Scale Package）では，インターポーザと呼ばれる再配線のための基板と，パッケージを基板に実装するためのはんだバンプと称される突起状の端子をパッケージの下に配することで，スペースを有効に活用することが可能である。はんだボールは格子配列端子型パッケージのはんだバンプを形成するために使用され，接続端子，すなわちはんだボールの小径化，狭ピッチ化により端子数を飛躍的に増加することができる。現在，主流となっているボール径は300～760μmであるが，以上のような背景から今後ますます小径化が進むことが予想される。さらに図1(c)に示されたような，フリップチップ接続と称されるチップとインターポーザをAuワイヤの代わりにバンプによって接続する方法では，その接続のために100μm以下の小径はんだボールを適用する動きがある[1]。

一方，はんだボールに関するもう一つの動向としてPbフリーはんだ化が挙げられる[2,3]。これは，従来のSn-Pbはんだを使用した電子機器が廃棄された場合，酸性雨によりはんだ中のPb

---

＊　Masayoshi Date　日立金属㈱　冶金研究所　所員

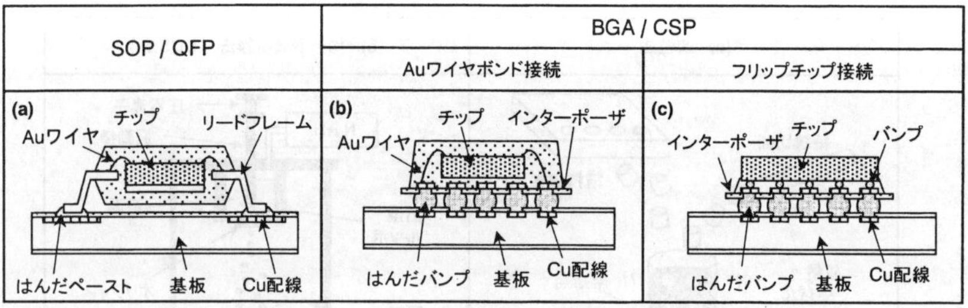

図1　ICパッケージにおける形態の変遷
(a) SOP / QFP；(b), (c) BGA / CSP（(c) はフリップチップ接続法によりチップとインターポーザを接続）

が溶出して自然環境や人体への影響が懸念されるため，Pbを含まないはんだを電子機器内の接続に使用しようというものである。

そこで当社では，均一液滴噴霧法（UDS法：Uniform Droplet Spray Method）と称される手法を用いてPbフリーはんだを中心としたはんだボールの製造を行うとともに，Pbフリーはんだの実用化に向けた様々な研究開発，評価を実施している[4, 5]。本稿では，はんだボールの製造方法および製品例について第2節で，Pbフリーはんだの動向と当社内で実施した評価結果について第3節で述べる。

2　はんだボール製造方法と製造例

2.1　はんだボール製造方法

はんだボールの製造方法として，現在主流となっている2種類の方法を図2に示す。図2(a)に示された油中造粒法では，まずはんだのインゴットを細線や箔に加工した後，目標とするボール径と同等の体積となるように定量切断して個片を作製する。次に，上部ははんだの融点以上の温度で，底部ははんだの融点以下の温度となるような温度勾配を有する油浴に個片を滴下する。個片は油中を沈降する間に溶融し，表面張力および油圧により球状化した後，凝固する。一方，図2(b)に示されたUDS法はインクジェットプリンタの原理を応用したものであり，マサチューセッツ工科大において開発された[6]。製造手順としては，まず還元性ガスが充填された坩堝（るつぼ）の中で，はんだのインゴットを溶融して溶湯を作製する。次に坩堝の下に設けられている，不活性ガスが充填された凝固・回収チャンバーと坩堝との間に差圧を加え，チャンバー内にはんだ溶湯のジェットを飛ばす。それと併行して，圧電素子と連動した振動棒により溶湯に一定間隔で圧力を付加することで，ジェットに規則的な脈絡が発生し，ジェットを均一な液滴に分断する

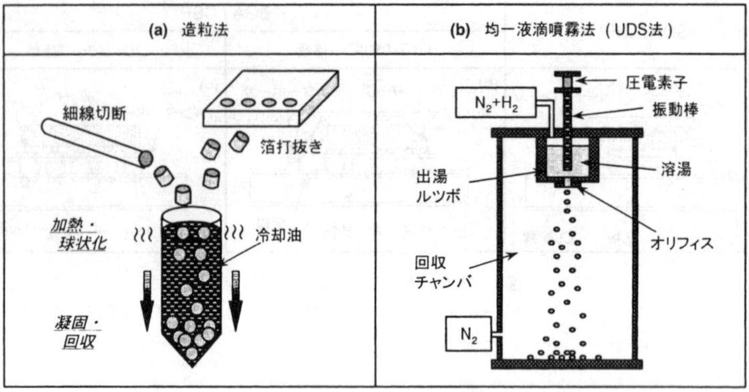

図2　はんだボール製造法
(a) 油中造粒法；(b) 均一液滴噴霧法（UDS法）

ことができる。液滴はチャンバー内を飛行している間に表面張力によって球状化し，チャンバー底部に到達したときには既に凝固が完了している。

油中造粒法と比較してUDS法には次のような利点が挙げられる。

①　製造工程および製造コスト

インゴットを細線や箔に加工したり，油中凝固させた場合にボール表面に付着した油を洗浄したりする工程が不要となる。このため製造工程の短縮および製造コストの削減が可能である。また油を洗浄した後に排出される溶剤を処理する必要もなくなる。

②　ボール組成の自由度

細線や箔への加工が困難な合金であっても，坩堝で溶融できるようなものであればボールの製造が可能である。このため素材ははんだに限定されず，Al基合金やCu基合金等への展開も可能である[7)]。また，インゴットに偏析が生じやすく，細線や箔に加工したときにその偏析が残存し，結果として定量切断した個片に組成のばらつきが発生してしまうような合金であっても，UDS法では溶湯から直接ボールを製造するためボール間の組成ばらつきをほとんど無視できる。

③　ボールの表面性状

油を使用せず不活性雰囲気中で製造を行うため，油の使用による表面汚染が回避できるだけでなくボールの表面酸化を抑制できる。

④　ボールの均一サイズ化および小径化

油中造粒法では細線や箔への加工や定量切断の際に誤差が生じやすく，冶工具の磨耗に関しても細心の注意が必要となる。加えて，小径のボールを製造するためには細線や箔自体を細く，薄くする必要があるが，その加工そのものが困難となってくる。一方UDS法の場合，ボール径はジェット速度とジェット径，圧電素子の周波数に依存するが，ジェット径はオリフィス径によって一義的に決定されるため，ジェット速度と圧電素子の周波数を変化させるだけでボール径を制御できる。ここでUDS法におけるボール径の制御方法について簡単に述べる[6)]。はんだ溶湯に差圧ΔPが負荷されたとき，エネルギーの釣り合いからジェット速度v_jは次式で定義される。

$$v_j = C_d\sqrt{\frac{2\Delta P}{\rho}} \tag{1}$$

ここでC_dはオリフィス形状に依存した流量係数，ρははんだ溶湯の密度である。また，はんだジェットの流束と得られるはんだボールの総量との間には体積一定の法則が成り立つことから，次の関係式が得られる。

$$d_s = \left(\frac{3{d_j}^2 v_j}{2f}\right)^{\frac{1}{3}} \tag{2}$$

ここでd_sおよびd_jはそれぞれボール径およびジェット径（オリフィス径），fは圧電素子の周波数である。従ってC_dを半経験的に求めることで，差圧ΔPを加えたときのジェット速度v_jが式(1)より求められ，その値と目標とするボール径d_sの値を式(2)に代入することで，設定すべき周波数fが得られる。

2.2　はんだボール製造例

UDS法により製造したはんだボール（公称径100μm）の外観写真を図3に，代表的な粒径分布および真円度分布の測定結果を図4に示す。なお，真円度Rはボール投影像から求めたフェレット径Dをボール最長径Lで除した値として次式で定義している。

$$R = \frac{D}{L} = \frac{2}{L}\sqrt{\frac{S}{\pi}} \tag{3}$$

ここでSはボール投影面積である。式(3)から明らかなように，真円度Rは必ず1以下の値を示し，1に近づくほどボール投影像が真円に近く，3次元的には真球に近いものと推測される。
図4(a)に示された粒径分布の測定結果から，100μmという小径ボールであってもサイズが揃っており，ボール径のばらつきを表す標準偏差も小さい。また図4(b)より，真円度は1に近い値を示しており，UDS法によって製造されるボールの精度の高さがうかがえるであろう。
現在，当社では0.08～1mm径のボールについて安定製造条件を確立しており，今後その領域をさらに広げるための技術開発を行っている。また以上のような優れた製法に加え，高精度の分級技術も独自開発しており，品質管理には万全を期している。

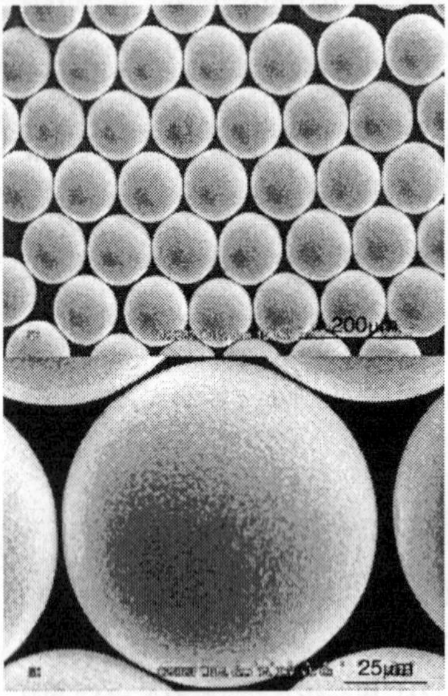

図3　はんだボール外観像（公称径100μm）

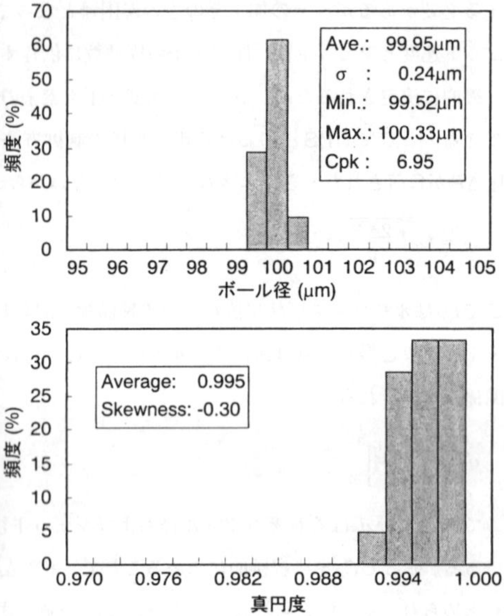

図4　ボール粒径分布，真円度分布（公称径100μm）

3　Pbフリーはんだとその実装評価

3.1　Pbフリーはんだの動向

自然環境や人体へのPbの影響に配慮して，4000年もの永きに渡り使用されてきたSn-Pb共晶はんだに代わり，Pbを含まない新規のはんだ合金が提案されている。現在最も有力な候補はSn-Ag-Cu系合金（特にSn-3Ag-0.5Cu）であり，Sn-Pb共晶はんだと比較して耐クリープ性に優れ，組織の粗大化が進行しにくいといった利点を有する。しかしはんだの特性として重要な融点に関しては，従来はんだの融点が183℃であるのに対して約220℃と高くなるため，はんだ付けの際に基板やパッケージを構成する樹脂の変質を招く可能性が指摘されている。これに対し，Sn-Zn系合金は共晶温度が199℃と従来はんだにより近いことから，Pbフリーはんだの候補組成の一つとなっている[3)]。しかし，Sn-Zn系合金はZnの含有により塑性加工の困難さや表面酸化を伴うため，はんだボールの製造が困難な状況にあった。このような中，当社ではUDS法を採用することでこれらの課題を解決し，安定したSn-Zn系はんだボールの製造に成功している。

3. 2　はんだボールの実装評価

UDS法により作製したはんだボールを，実際に基板の上にはんだ付けしてはんだバンプを形成し，接合部の組織観察と接合強度測定を行った。実験条件を図5に示す。はんだボールは従来の共晶はんだ（Sn-37Pb），Sn-3Ag-0.5Cu，Sn-8Zn-3Biの3種類が用意され，無電解Ni-P/Auめっきを施したCu基板上にはんだ付けされた。ここで，Ni-Pめっきははんだと Cu基板が反応して強度が低下するのを抑制するバリア層として，AuめっきはNi-Pめっきの表面酸化を抑制し，はんだの濡れ性を向上させるためのはんだ付け層として施されている。また，はんだ接合部の劣化挙動を把握するため，はんだ付け後にさらに時効処理（150℃，1000h）を行った試料も併せて作製した。それぞれの試料について走査型電子顕微鏡（SEM：Scanning Electron Microscope）による断面組織観察と，常温プル試験法を用いた接合強度測定を行った。ここで常温プル試験の概略図を図6に示す。常温プル試験とはツィーザによりはんだバンプを摘み，引き上げることによって接合強度を測定する方法である。引き上げ速度は300μm/sとした。

はんだ接合部の断面SEM写真を図7に示す。はんだ付けでは主にはんだと基板が反応し，接合界面に化合物が形成されることによって接合が得られる。従って接合強度は化合物の種類や状

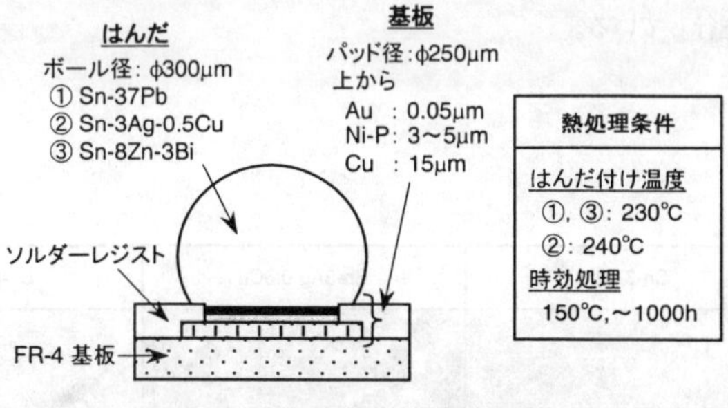

図5　はんだボール実装評価条件

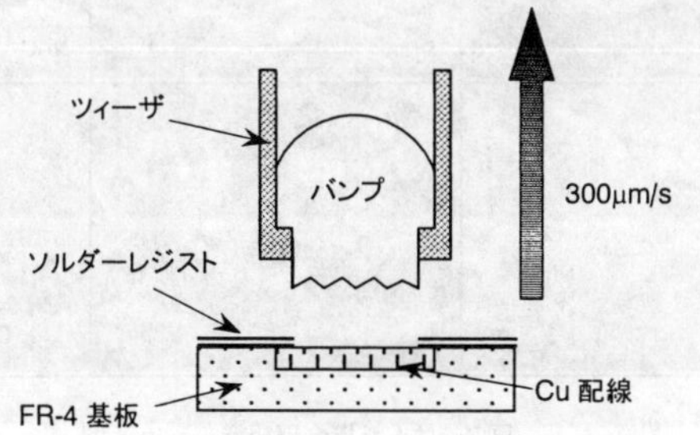

図6　常温プル試験

態に依存する。図7から明らかなように，はんだ組成によってはんだ付け時に形成される化合物やその形状が異なっており，時効処理の間に反応を伴う原子の相互拡散が接合部で発生している。結果として接合状態がはんだ付け直後の状態から変化する。

常温プル試験によって測定した接合強度を図8に示す。従来はんだ（Sn-37Pb）は非常に軟らかく延性に富む素材であるため，プル試験によりすべてのバンプではんだの破断による破壊を示した。その結果，他のはんだと比較して低い強度を示している。これに対して，Sn-Ag-Cuはんだははんだ付け直後の値は高いものの，時効処理の間に徐々に低下した。この要因としては，はんだ組織の粗大化による軟化に加え，接合界面の化合物成長に伴い接合強度が低下し，接合界面で破壊が生じたことが挙げられる。一方，Sn-Zn-Biはんだははんだ付け直後，時効処理後とも最も高い値を示した。これはZn，Biの含有によるバルク強度の上昇に加え，時効処理の間に接合界面に金属間化合物よりも延性に富むZn層が形成されることにより，接合強度が向上したためである。

以上のように，はんだ組成によって融点のみならず接合組織や接合強度が変化するため十分な検討が必要である。これに加え，携帯機器におけるキー操作を想定した繰り返し曲げ特性や，落下衝撃を想定した耐衝撃性なども考慮すべき因子であり，当社では現在様々な観点からPbフリーはんだの評価を遂行している。

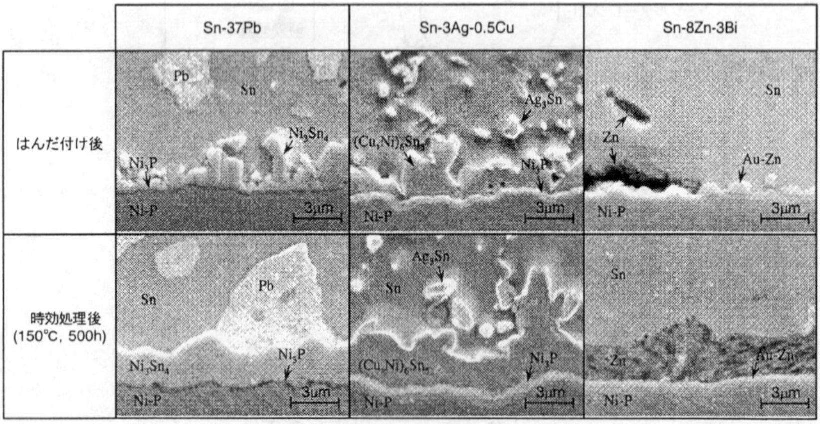

図7　はんだ接合部組織
Sn-37Pb，Sn-3Ag-0.5Cu，Sn-8Zn-3Bi

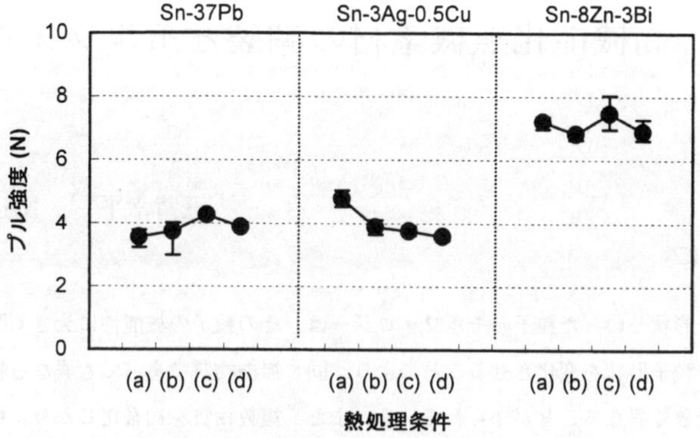

図8　はんだ接合強度
(a) はんだ付け後；(b) 150℃，100h；(c) 500h；(d) 1000h

4　おわりに

UDS法により作製したボールの品位と，Pbフリーはんだボールの実用化に向けた実装評価について紹介した。上述のように，UDS法は均一サイズの合金球を製造するための手法として非常に有効であることから，今後様々な合金へ応用されるであろう。また，UDS法では均一な液滴を連続して噴霧できることから，コーティング法としての利用も検討されており[8]，これまでにない特性を有する合金層の形成が期待される。

文　献

1）J. P. Jung *et al.*, Proceeding of 2003 TMS Annual Meeting and Exhibition, 363 (2003)
2）例えば菅沼，エレクトロニクス実装学会誌，**5**，202（2002）
3）例えば金ほか，エレクトロニクス実装学会誌，**5**，666（2002）
4）伊達ほか，日立金属技報，**18**，43（2002）
5）庄司ほか，第16回エレクトロニクス実装学術講演大会論文集，97（2002）
6）P.Yim *et al.*, *Int. J. Powder Metall.*, **32**, 32 (1996)
7）J. P. Cherng *et al.*, Solidification 1998, TMS, Warrendale, 317 (1998)
8）C. D. Tuffile *et al.*, *J. Mater. Process. Manu.*, **8**, 232 (2000)

第5章　高機能化無機素材の調製とモルフォロジー

三觜幸平*[1]，田辺克幸*[2]

1　はじめに

粒子径や粒子形状といった粒子のモルフォロジーは，その粒子の機能性に大きく影響する。例えば，粒子径や粒子形状を変化させることにより，同じ無機物質であっても異なる特性を発現したり，物性が大きく異なることが知られている。また，複数物質を複合化したり，複合化のモルフォロジーを制御することによって，複数の機能をもつ粒子が得られるばかりでなく，複合化により新たな機能を付与できることもある[1)]。

筆者らは，無機素材の中のアルカリ土類炭酸塩に注目し，その粒子形状及び複合化といったモルフォロジーの制御による高機能化無機素材の創製について検討を進めた結果，チューブ状という独特な粒子形状の塩基性炭酸マグネシウム，及びシリカ微粒子を複合化（表面被覆）した炭酸カルシウムを開発するに至った。本稿では，これら2素材の調製方法，物性，高機能化無機素材としての利用等について述べる。

2　チューブ状塩基性炭酸マグネシウム

チューブ状塩基性炭酸マグネシウムは，薄片状微結晶がチューブ状に集合した特異な粒子形状の塩基性炭酸マグネシウムである（図1，図2）。このチューブ状構造を容器として活用することにより，機能性カプセル粒子などとしての応用が考えられる。

(1) 調製方法

硫酸マグネシウムなどの可溶性マグネシウム塩の水溶液と，炭酸ナトリウムなどの可溶性炭酸塩の水溶液とを混合すると，(1)式及び(2)式に示す反応の通り，中間生成物として正炭酸マグネシウム（$MgCO_3 \cdot 3H_2O$）を経由して，塩基性炭酸マグネシウム（$4MgCO_3 \cdot Mg(OH)_2 \cdot 4H_2O$）が生成する。

＊1　Kohei Mitsuhashi　日鉄鉱業㈱　研究開発部　資源素材開発課　主任

＊2　Katsuyuki Tanabe　日鉄鉱業㈱　研究開発部　資源素材開発課　課長

図1　チューブ状塩基性炭酸マグネシウムのSEM像

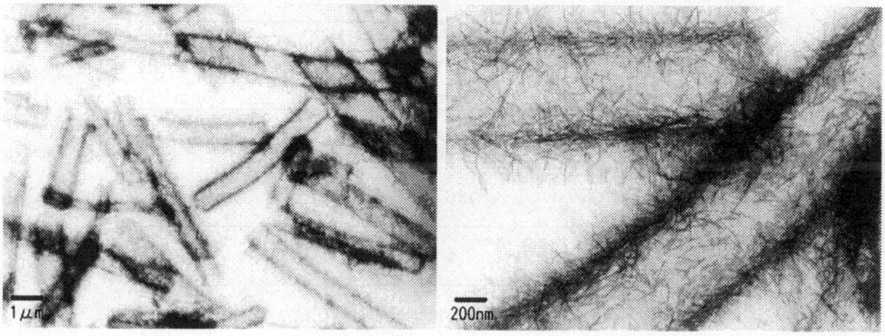

図2　チューブ状塩基性炭酸マグネシウムのTEM像

$$MgSO_4 + Na_2CO_3 + 3H_2O \rightarrow MgCO_3 \cdot 3H_2O + Na_2SO_4 \quad (1)$$

$$5(MgCO_3 \cdot 3H_2O) \rightarrow 4MgCO_3 \cdot Mg(OH)_2 \cdot 4H_2O + CO_2 + 10H_2O \quad (2)$$

(1)式及び(2)式の反応における温度及びpHを適切に調節することにより，薄片状微結晶がチューブ状に集合した塩基性炭酸マグネシウムが得られる。

(1)式の反応では，正炭酸マグネシウムが生成する際の液温を25～55℃，pHを7.5～11.0とする。中間生成物である正炭酸マグネシウムは，径0.5～5μm，長さ5～200μmの柱状粒子として析出する。

(2)式の反応は，35～80℃でかつ(1)式で正炭酸マグネシウムを生成させた際の液温よりも高い液温，pHは9.5～11.5の条件下で行う。この反応条件下で(2)式の反応を行うことにより，塩基性炭酸マグネシウムの薄片状微結晶が正炭酸マグネシウムの柱状粒子表面から析出する。それとともに正炭酸マグネシウムは溶解していき，最終的には正炭酸マグネシウムの柱状粒子の存在していた部分が空隙となることにより，チューブ状塩基性炭酸マグネシウムが形成される。

また，(1)式の反応時の温度及びpHを調節することにより，チューブ内径を0.5～5μmの範囲でコントロールすることも可能である。

(2) 物　性

チューブ状塩基性炭酸マグネシウムの粉体物性の測定例を表1に示す。チューブ状塩基性炭酸マグネシウムは，薄片状微結晶の集合体でありかつチューブ内部に空間が存在することから，かさ密度は小さくなり，比表面積や細孔容積は高くなる。また，水銀圧入法で測定される細孔分布は，チューブ状塩基性炭酸マグネシウムのチューブ内径に相当する細孔径にピークを有する(図3)。

表1　チューブ状塩基性炭酸マグネシウムの物性測定例

項目		チューブ状塩基性炭酸マグネシウム チューブ内径 0.5μm	チューブ内径 1μm	チューブ内径 5μm
粒子径（外径×長さ）	(μm)	1×5～15	2×10～20	10×30～100
BET比表面積	(m^2/g)	196	160	118
細孔容積 ※水銀圧入法	(mL/g)	7.4	9.3	7.2
かさ密度	(g/mL)	＜0.1	＜0.1	＜0.1

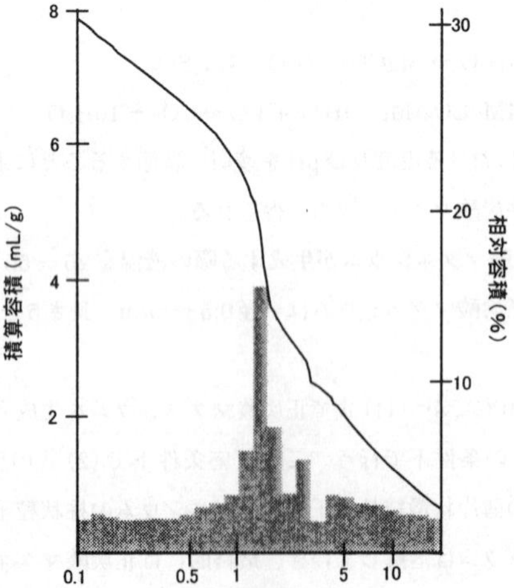

図3　チューブ状塩基性炭酸マグネシウム（内径約1μm）の水銀圧入法による細孔分布測定例

表2　チューブ状塩基性炭酸マグネシウム
（チューブ内径1μm）の吸液量測定例

液成分	吸液量（g/100g）
精製水	150
アマニ油	220
流動パラフィン	360

チューブ状塩基性炭酸マグネシウムをカプセル粒子として使用する際には，カプセル中への他物質の内包可能量が重要な項目のひとつとなる。その指標となる吸液性についてみると，チューブ状塩基性炭酸マグネシウムは，自重に対して2～4倍量の液体を吸収することが可能である(表2)。

(3) 高機能化無機素材としての利用

チューブ状塩基性炭酸マグネシウムは，そのチューブ構造内部に様々な物質を内包することが可能であり，機能性カプセル粒子としての利用が考えられる。

例えば，チューブ状塩基性炭酸マグネシウムを担体として，その内部に揮発性の高い有効成分を内包する。チューブ状塩基性炭酸マグネシウムに内包された有効成分は，外気との接触を制限されるため揮発が抑制され，有効成分の効果が徐々にかつ持続的に発現する徐放性カプセル粒子として利用できる。この際，チューブ状塩基性炭酸マグネシウムのチューブ内径を変えることにより，徐放効果の強弱を調節することも可能である。

また，物理的応力によりチューブ状塩基性炭酸マグネシウムを破壊したり，酸によりチューブ状塩基性炭酸マグネシウムを溶解させることにより，内包成分を放出するリリースコントロール性のカプセル粒子としての機能も有する。

この他にも，チューブ状塩基性炭酸マグネシウムに特定物質を内包することにより，外環境との接触により分解あるいは変質してしまう物質の保護や，不快臭あるいは不快味を発する物質のマスキングなどの効果を有する高機能化素材としての利用も考えられる。

3　シリカ被覆炭酸カルシウム

シリカ被覆炭酸カルシウムは，合成炭酸カルシウム粒子表面がシリカ微粒子により覆われた複合粒子である（図4，図5）[2～4]。母粒子となる炭酸カルシウムには，紡錘状や柱状といった形状の粒子が適用でき，炭酸カルシウムとシリカの両方の特性を併せもつ高機能化素材として利用できる。

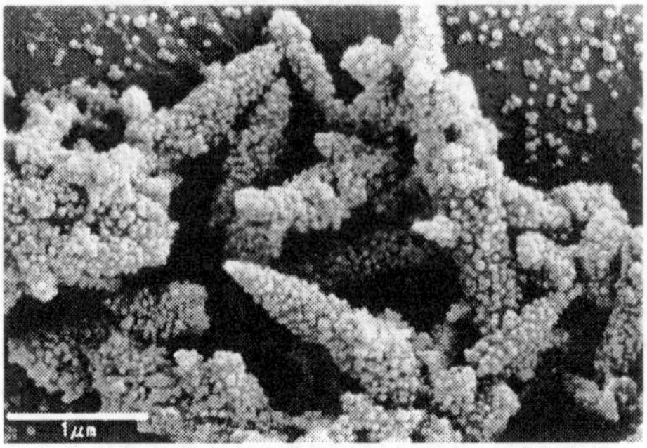

図4　シリカ被覆炭酸カルシウム（紡錘状）のSEM像

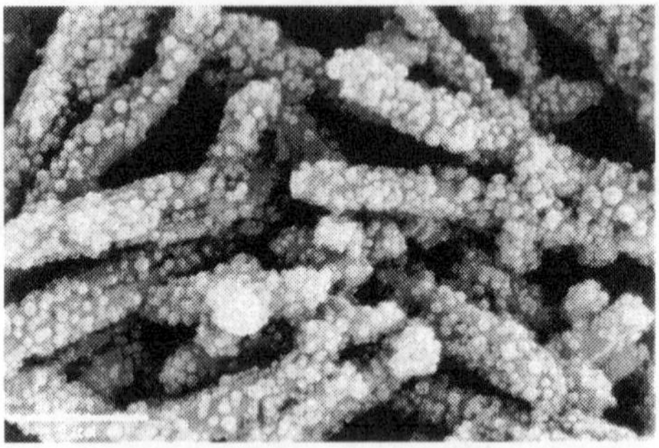

図5　シリカ被覆炭酸カルシウム（柱状）のSEM像

(1) 調製方法

合成炭酸カルシウムを炭酸ガス化合法（水酸化カルシウムスラリーに炭酸ガスを導入し，炭酸カルシウムを沈殿させる方法；$Ca(OH)_2 + CO_2 \rightarrow CaCO_3 + H_2O$）にて調製する炭酸化反応過程において，シリカ微粒子を添加することにより，添加したシリカ微粒子を炭酸カルシウム粒子表面に被覆することができる。添加したシリカ微粒子は，成長途中の炭酸カルシウム粒子に吸着し，その後の炭酸カルシウム粒子の成長によりその表面に固定化されると考えられる。

また，炭酸ガス化合法における諸条件を調節することにより，母粒子となる炭酸カルシウムの形状を紡錘状や柱状などに制御することも可能である。

(2) 物　性

シリカ被覆炭酸カルシウムは，母粒子である炭酸カルシウムの特性と表面被覆されたシリカ微粒子の特性とを併せもった素材である。例えば，炭酸カルシウムの特性に由来して，白色度や不透明度などの光学特性に優れるほか，スラリー化した際の粘度が低く，スラリーの高濃度化が可能となる。また表面被覆されたシリカ微粒子に由来して高い吸液性を示すほか，ゴムやプラスチックの補強効果をも有する。

(3) 高機能化無機素材としての利用

シリカ被覆炭酸カルシウムは，上記したような炭酸カルシウムの特性とシリカの特性の両方が要求される用途への応用が考えられる。例えば，製紙用途では，炭酸カルシウムの高白色度，高不透明度という特性と，シリカの高吸液性という特性とを活用して，印刷用紙や情報記録紙用のフィラーや塗工顔料として使用できる。また，現状でシリカと炭酸カルシウムとを併用しているインク，塗料などの用途においても，複合化の効果により比重差などによる両物質の分離を防止できる。さらに，ゴムやプラスチックの補強用フィラーとしても有効であると考えられる。

4　おわりに

チューブ状塩基性炭酸マグネシウムは，その独特形状を利用した担体などの素材として，医薬，化粧品，食品，塗料，インク等様々な分野での応用が想定できる。またシリカ被覆炭酸カルシウムはシリカと炭酸カルシウムの両方の特性を併せもつ素材として，製紙，塗料，インク，化粧品，食品，ゴム，プラスチックなどの用途が考えられる。これらの高機能無機素材としての応用検討が，今後の課題である。

文　献

1) 小石眞純編著，微粒子設計，工業調査会（1987）
2) 田辺克幸・三觜幸平，資源と素材，vol.118，No.5，6，p.346-349（2002）
3) 特許第3392099号公報（2003）
4) 特開2003-63821号公報（2003）

第6章　ミクロン／ナノレベル多層被覆の調整による複合素材

新子貴史*

1　はじめに

近年様々な機能を有する微粒子が開発され，さらにその機能の向上が求められている。

微粒子の機能を向上するため，コア粒子の特性と膜の特性を利用して複合化させることによって，両者の機能を同時に有する微粒子が得られる。

そこで本稿では，ミクロンあるいはサブミクロンのコア粒子の表面に，ナノメーターないしサブミクロンオーダーのコア粒子と異物質膜を形成することによって，それらの複合機能材料の形成を試みてきた[1~5]。その内容の一部を紹介する。

2　液相法による製膜

核となるコア粒子の表面に異種の物質を形成しカプセル化する方法としては，ハイブリダイゼーション等の機械的方法，CVD，PVDなどの気相法，そして有機溶媒や水溶液を用いる液相法がある。

液相法による膜形成方法は，溶媒中で膜を形成する物質を化学反応あるいは物理析出などにより固相の溶解度を調整して，選択的にコア粒子表面に固相（膜物質）を析出させることにより形成する。以下にその原理につき説明する。

液中で固相核が形成される場合のGibbsの自由エネルギーの臨界値ΔG^*は，コア粒子表面で核が形成される場合のGibbsの自由エネルギーの臨界値ΔGS^*以下である。その大きさは膜物質とコア粒子の接触角θに依存する関数で与えられる（式1）[6,7]。

$$\Delta GS^* = \Delta G^* \{(2+\cos\theta)(1-\cos\theta)^2\}/4 \quad (1)$$

言い換えれば，液中に接触角が小さい親和性の良い物体（例えばコア粒子）が存在する場合の方が，何も他にない場合に比べ，よりその表面に固相が析出しやすいということである。

しかし実際の製膜では液中で分解等の化学変化あるいは溶解度などの変化により固相が析出す

---

*　Takafumi Atarashi　日鉄鉱業㈱　研究開発部　資源素材開発課　課長

る場合，反応により固相濃度が指数関数的に増加し，核形成に必要な臨界エネルギーΔG^*を越えると核が形成され，膜の形成が始まる。このとき固相の析出速度が適切であれば膜被覆された粒子が形成される。しかし逆に固相の析出速度が適切でないと形成された核は液中でも核同士の結合や，粒子径の小さい核の再溶解により微粒子形成が起こり，被膜された粒子と膜原料だけの固相からなる遊離粒子が形成される。

これに対し，本研究の目的は，あらかじめコア粒子を液中に入れ，その表面で選択的に核形成が起こりやすくすることであり，形成されたコア粒子表面核にさらに液中の固相析出物の供給を受け膜成長を続け，やがて原料を全て消費して均一な膜を形成させせることである。この方法について粒子成長と膜成長の場合の違いをLaMer diagram[8)]（図1）を用いて説明する。

析出する固相濃度を縦軸に，時間を横軸にとると，何もない液中での固相析出の場合，液中の固相濃度は，固相濃度上昇に伴い，飽和濃度Csを超え過飽和になる。しかし核形成のためには，前記自由エネルギーバリアがあるため，核が形成されるまでにはC^*minを超えて急速に核形成域まで固相濃度が上昇しなければならない。その後核同士の結合，核の再溶解を繰返しながら粒子へと成長し，固相が析出しなくなるまで成長する。

一方，液中に粒子がすでにある場合には，固相濃度がC^*minから核が粒子表面で形成されはじめる。その後，粒子表面の膜成長速度と固相の分解速度を釣り合わせることにより，C^*minを超えることなく液中で粒子ができずに，膜のみを形成することができる。

これを利用し，初期の原料の組成および反応時間で固相析出量を最適化することにより膜厚の制御が可能であり，原料をほとんど完全に反応させ膜のみを形成することができ，同時に不純物となる固相粒子の形成の抑制が可能となった。

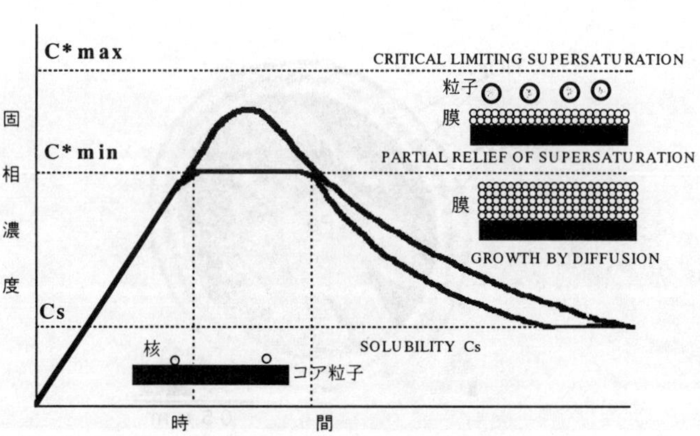

図1　膜成長と粒子成長を表すLaMer Diagram

液相法の利点は，前記のようにコア粒子表面から同時に放射線方向に同じ速度で膜成長させることができるため，均一な厚さの膜となる。さらに，その厚さを液組成や反応条件で精密に制御することが可能である。

3　被膜粒子

前述の製膜方法を応用した例について紹介する。図2は磁性粉（鉄粉）の表面に干渉で着色するために，アルコールを溶媒とし膜原料をアルコキシドとして酸化チタンおよび酸化ケイ素を数ナノメーターオーダー膜厚を制御し被覆した粉体である。

干渉で着色する場合，目的の波長でピークあるいはボトムを形成し，目的とする色に着色することが必要である。ピークあるいはボトムを形成する方法について以下に簡単に説明する[9, 10]。

平板上に形成された膜の場合，基盤，膜および周囲の雰囲気の屈折率および膜厚を図3のようにおくと，膜表面の反射光と膜底面の反射光により干渉で形成されるピークあるいはボトムの反射強度は式(2)のようになる。

$$R = 1 - \frac{8n_0 n^2_1 n_s}{(n^2_0+n^2_1)(n^2_1+n^2_s) + 4n_0 n^2_1 n_s + (n^2_0-n^2_1)(n^2_1-n^2_s)\cos 2\delta} \qquad (2)$$

この式は膜表面の反射光と膜底面の反射光の位相差2δ式(3)で振動する関数であり，光学膜厚と

$$2\delta = 4\pi n_1 d_1 \cos\phi_1 / \lambda \qquad (3)$$

呼ばれるndが目標とする波長λの4分の1の自然数倍のとき最大あるいは最小となる。

粉体の場合もこの考えを応用することができるが，厳密にはKishimoto *et al*[11] の方法を用い

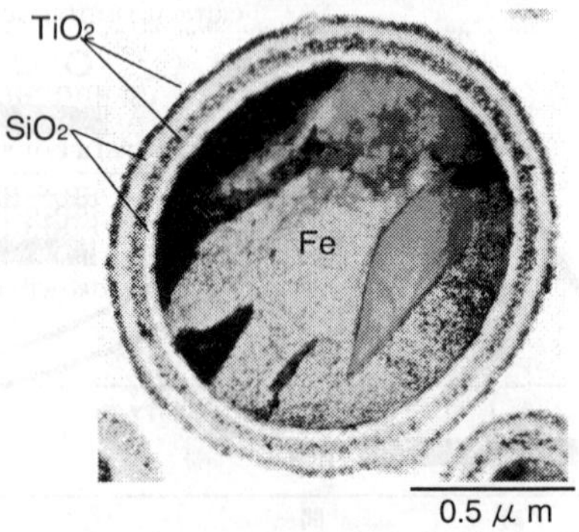

図2　球状鉄コア粒子にSiO_2とTiO_2を各2層被覆した着色磁性粒子の断面TEM写真

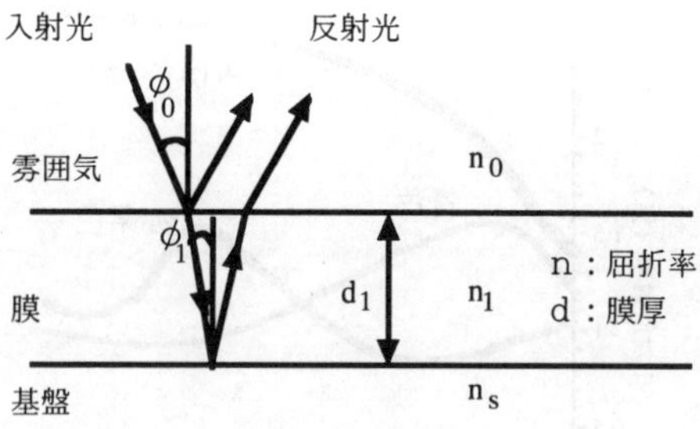

図3　平板に入射する光の干渉

コンピュータシミュレーションを行いながら補正する必要がある。

前述の4層膜のシミュレーションにより得られた波形とそれに基づき膜厚を調整し製膜した結果を図4に示す。ピーク位置は2層でも4層でも同じ位置にないと反射率が上がらず，目的の色にならないことがわかった。

この際の膜厚制御の程度は，干渉を起こし特定の波長の光だけを反射させ着色するためには70から200nmの各膜の厚さを，数nm以内で膜厚制御することが必要であった。例えば青色の場合これらの膜厚が，もし1層だけあるいは累積でも10nm程度厚くなってしまうと，青色が緑色になってしまうほど色変わりして目的の色ができないことが分かった。また青，黄色，赤紫の各色の分光曲線を図5に示す。

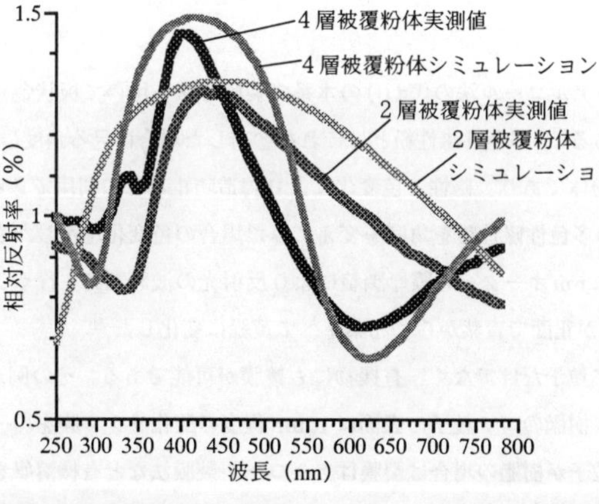

図4　2層被覆粉体と4層被覆粉体のコンピュータシミュレーションと実測分光曲線の比較

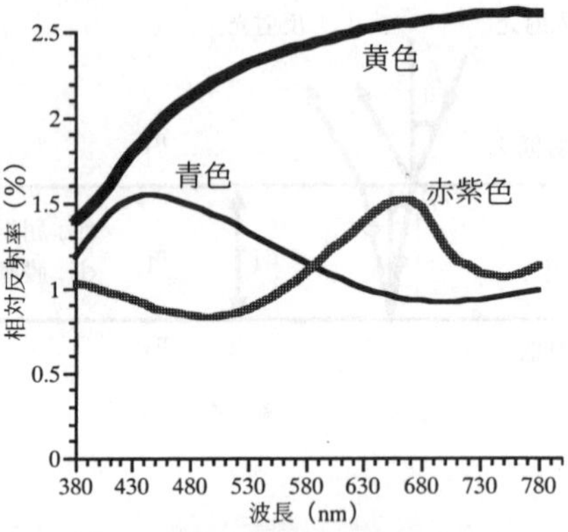

図5　各色の分光曲線

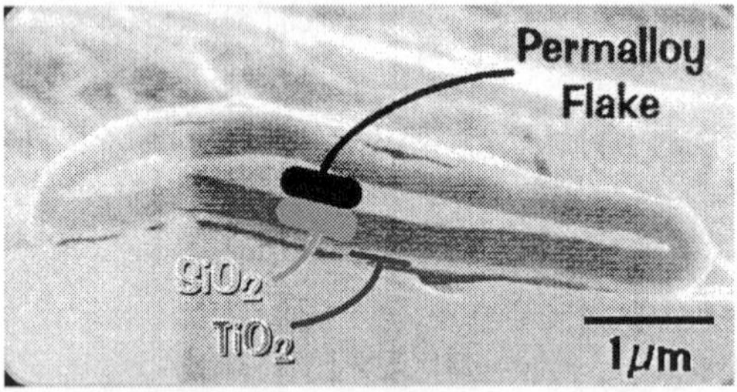

図6　板状金属粉体（パーマロイ）にSiO_2とTiO_2を被覆した多色性磁性粉体の断面SEM写真

図6は製膜方法をアルコール法の代わりの水系の製膜方法を用いて板状金属コア粒子に製膜した多色性磁性粉である[5)]。多色性磁性粉とはこれを塗布した場合に見る角度によって色が変化し，かつ磁性を有する粉体であり，磁性と色変化により偽造防止などに利用できる。図7はこの方法で試作した2種類の多色性磁性粉を角度を変えてみた場合の色変化を示したものである。前記着色磁性粉体と同様にnmオーダーの膜厚調整により反射光の波形制御を行うことができた。例えば試料No. 1では色が正面で青紫から，赤紫をへて黄緑に変化した。

次に無機物のコア粒子だけでなく，有機物にも被膜が可能である。その例が図8である。この試料はポリアクリル樹脂のコア粒子の表面に10nm程度の酸化チタン膜を均一に被覆したものである。なお，コア粒子が樹脂の場合は製膜はアルコール製膜法など有機溶媒を用いた製膜法が普通である。しかし，本試料はコア粒子に表面処理を施し水系製膜法で試作したものである。

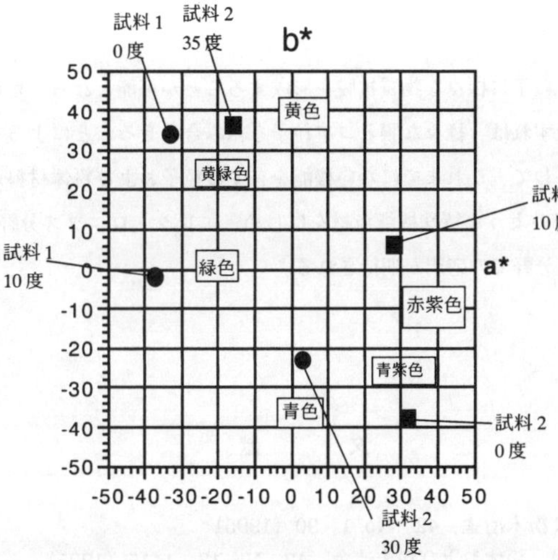

図7　多色性粉体塗付紙の角度による色変化

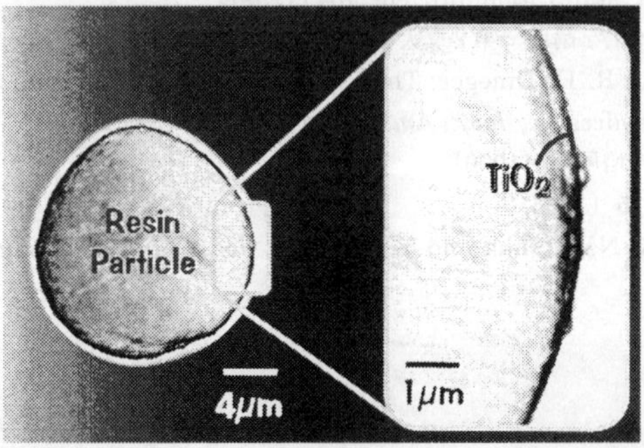

図8　球状樹脂コア粒子にTiO_2膜を被覆した粉体粒子の透過電子顕微鏡写真

ここまで酸化物膜を中心に説明したが，現在では他にも銀，銅，ニッケルなどの金属膜あるいは硫化亜鉛などの硫化物膜も被覆可能となっている。さらにこれまでにない複合材料を創製することが可能となってきた。

4 おわりに

液相法によってコア粒子に様々な物質被膜を形成することが可能となってきた。この精密な薄膜精密製膜技術を応用すれば，様々な膜とコア粒子を組み合わせることによって，様々な機能を有する複合機能粒子として，これまでにない機能を有する粒子および粉体材料が開発できると考えられる。そして前記のような特殊機能色材をはじめ，エレクトロニクス分野，医療分野など，ナノ材料を利用可能な分野での応用が期待される。

文 献

1）新子，粉体および粉末冶金，**42**，No. 1，90（1995）
2）新子，岸本，中塚，粉体および粉末冶金，**42**，No. 12，1415（1995）
3）新子ら，資源と素材，**115**，No. 5，5（1999）
4）星野ら，資源と素材，**116**，No. 5, 16（1999）
5）新子ら，資源と素材，**117**，No. 5, 4（1999）
6）J. W. Mullin, "Crystallization" 3rd. ed., 184 (1992)
7）奥山，島田，粉体工学講座　第2章大きさの制御（2），粉体工学会誌，**29**，618（1992）
8）V. K. Lamer and R. H. Dineger, Theory, production and mechanism of Formation of Monodispersed hydrosols., *Jour., Am., Chem. Soc.*, **72**, 4847 (1950)
9）吉田，薄膜，83，培風館（1990）
10）藤原，光学薄膜，5（1985）
11）A. Kishimoto, K. Nakatsuka and T. Atarashi, *Jour. Applied Physics*. **85**, No. 8, 5723 (1999)

《CMCテクニカルライブラリー》発行にあたって

弊社は、1961年創立以来、多くの技術レポートを発行してまいりました。これらの多くは、その時代の最先端情報を企業や研究機関などの法人に提供することを目的としたもので、価格も一般の理工書に比べて遙かに高価なものでした。

一方、ある時代に最先端であった技術も、実用化され、応用展開されるにあたって普及期、成熟期を迎えていきます。ところが、最先端の時代に一流の研究者によって書かれたレポートの内容は、時代を経ても当該技術を学ぶ技術書、理工書としていささかも遜色のないことを、多くの方々が指摘されています。

弊社では過去に発行した技術レポートを個人向けの廉価な普及版**《CMCテクニカルライブラリー》**として発行することとしました。このシリーズが、21世紀の科学技術の発展にいささかでも貢献できれば幸いです。

2000年12月

株式会社　シーエムシー出版

マイクロ/ナノ系カプセル・微粒子の応用展開　(B0865)

2003年 8月31日　初　版　第1刷発行
2009年 2月23日　普及版　第1刷発行

監　修　小石 眞純　　Printed in Japan
発行者　辻　賢司
発行所　株式会社　シーエムシー出版
東京都千代田区内神田1-13-1　豊島屋ビル
電話03 (3293) 2061
http://www.cmcbooks.co.jp

〔印刷　倉敷印刷株式会社〕

ISBN978-4-7813-0047-4 C3043 ¥4600E